建筑企业专业技术管理人员
业务必备丛书

机械员

本书编委会◎编写

JI XIE YUAN

知识产权出版社
全国百佳图书出版单位

内容提要

本书以《建筑与市政工程施工现场专业人员职业标准》JGJ/T 250—2011、《建筑机械使用安全技术规程》JGJ 33—2012等现行国家标准、行业规范为依据，主要介绍了机械员应掌握的专业知识和技术要求。全书共分为七章，内容主要包括：机械员专业基础知识、土方机械、桩工机械、起重运输机械、混凝土机械、钢筋加工及连接机械、施工机械设备管理。

本书可供施工现场机械员学习参考，也可供相关专业大中专院校及职业学校的师生学习参考。

责任编辑：陆彩云　栾晓航　　**责任出版：**卢运霞

图书在版编目（CIP）数据

机械员/《机械员》编委会编写. —北京：知识

产权出版社，2013.6

（建筑企业专业技术管理人员业务必备丛书）

ISBN 978-7-5130-2070-1

Ⅰ．①机… Ⅱ．①机… Ⅲ．①建筑机械—基本知识

Ⅳ．①TU6

中国版本图书馆 CIP 数据核字（2013）第 105794 号

建筑企业专业技术管理人员业务必备丛书

机械员

本书编委会　编写

出版发行：**知识产权出版社**

社　　址：北京市海淀区马甸南村 1 号		邮　编：100088		
网　　址：http：//www. ipph. cn		邮　箱：lcy@cnipr. com		
发行电话：010—82000893		传　真：010—82000860 转 8240		
责编电话：010—82000860 转 8110		责编邮箱：luanxiaohang@cnipr. com		
印　　刷：北京紫瑞利印刷有限公司		经　销：新华书店及相关销售网点		
开　　本：720mm×960mm　1/16		印　张：27		
版　　次：2013 年 8 月第 1 版		印　次：2013 年 8 月第 1 次印刷		
字　　数：492 千字		定　价：52.00 元		

ISBN 978-7-5130-2070-1

前　　言

　　随着我国国民经济的快速发展，建筑规模日益扩大，施工队伍也不断增加，对建筑工程施工现场各专业的职业能力要求也越来越高。为了加强施工现场专业人员队伍建设，适应建筑业的发展形势，住房和城乡建设部经过深入调查，结合当前我国建设施工现场专业人员开发的实践经验，制定了《建筑与市政工程施工现场专业人员职业标准》JGJ/T 250—2011，该标准的颁布实施，对建筑工程施工现场各专业人员的要求也越来越高。基于上述原因，我们组织编写了此书。

　　本书共分七章，内容包括机械员专业基础知识、土方机械、桩工机械、起重运输机械、混凝土机械、钢筋加工及连接机械、施工机械设备管理等。具有很强的针对性和实用性，内容丰富，通俗易懂。

　　本书体例新颖，包含"本节导图"和"业务要点"两个模块，在"本节导图"部分对该节内容进行概括，并绘制出内容关系框图；在"业务要点"部分对框图中涉及的内容进行详细的说明与分析。力求能够使读者快速把握章节重点，理清知识脉络，提高学习效率。

　　本书可供建筑工程施工现场机械员及相关管理人员使用，也可作为相关专业大中专院校师生的参考用书。

　　由于编者学识和经验有限，虽经编者尽心尽力，但难免存在疏漏或不妥之处，望广大读者批评指正。

编　者

2013.4

目　　录

第一章　机械员专业基础知识

第一节　工程力学基础知识

本节导图：

本节主要介绍工程力学基础知识，内容包括静力学的基本概念、物体的受力分析与受力图、简单力系、平面任意力系、材料力学基础知识等。其内容关系框图如下：

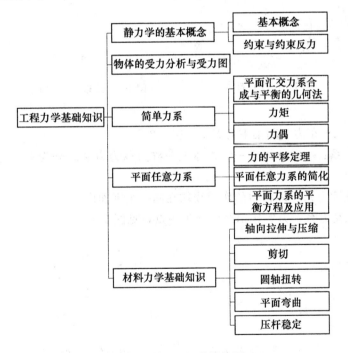

工程力学基础知识关系框图

业务要点 1：静力学的基本概念

1. 基本概念

1) 刚体：在外力的作用下，其形状、大小始终保持不变的物体。刚体是静力学中对物体进行分析所简化的力学模型。

2）力：力是物体之间相互的机械作用。

力使物体的运动状态发生改变的效应称为外效应，而使物体发生变形的效应称为内效应。静力学只考虑外效应。

力的三要素包括力的大小、方向、作用位置。改变力的三要素中的任一要素，也就改变了力对物体的作用效应。

力是矢量，用一带箭头的线段来表示，见图1-1，其单位为牛顿（N）或千牛顿（kN）。

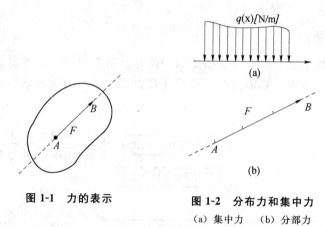

图 1-1　力的表示

图 1-2　分布力和集中力

（a）集中力　（b）分部力

力分为分布力 q 和集中力 F，见图1-2。

3）力系：同时作用于一个物体上一群力称为力系。分为平面力系和空间力系。

① 平面力系：即各力的作用线均在同一个平面内。

a. 汇交力系：力的作用线汇交于一点，见图1-3。

图 1-3　平面汇交力系

图 1-4　平面平行力系

b. 平行力系：力的作用线相互平行，见图1-4。

c. 一般力系：力的作用线既不完全汇交，又不完全平行。

② 空间力系：各力的作用线不全在同一平面内的力系，称为空间力系。

4）平衡：物体相对于地球处于静止或匀速直线运动的状态。

静力学是研究物体在力系作用下处于平衡的规律。

5）静力学公理

① 二力平衡公理：作用于同一刚体上的两个力成平衡的必要与充分条件是：力的大小相等，方向相反，作用在同一直线上，见图1-5。

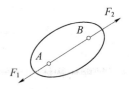

图 1-5 二力平衡条件

可以表示为：$F_1 = F_2$。

在两个力作用下处于平衡的杆件，称二力杆件。

② 加减平衡力系公理：可以在作用于刚体的任何一个力系上加上或去掉几个互成平衡的力，而不改变原力系对刚体的作用效果。

③ 力的平行四边形法则：作用于物体上任一点的两个力可合成为作用于同一点的一个力，即合力，$F_R = F_1 + F_2$。合力的矢是由原两力的矢为邻边而作出的力平行四边形的对角矢来表示，见图1-6a。

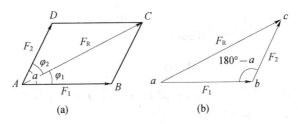

图 1-6 力的合成

（a）平行四边形法则 （b）三角形法则

在求共点两个力的合力时，我们常采用力的三角形法则，见图1-6b。

推理出三力平衡汇交定理，见图1-7。刚体受同一平面内互不平行的三个力作用而平衡时，则此三力的作用线必汇交于一点。

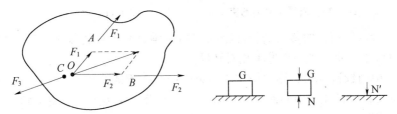

图 1-7 三力平衡汇交定理   **图 1-8 作用力与反作用力**

④ 作用与反作用公理：任何两个物体相互作用的力，总是大小相等，作用线相同，但指向相反，并同时分别作用于这两个物体上。如图1-8所示的 N 和 N′ 为一对作用力与反作用力。

2. 约束与约束反力

对物体运动起限制作用的周围物体称为该物体的约束。如桌子放地板上，地板限制了桌子的向下运动，因此地板是桌子的约束。

约束对物体的作用力称为约束反力。

约束反力的方向总是与约束所能阻碍的物体运动或运动趋势的方向相反，它的作用点就在约束与被约束的物体的接触点。

把能使物体主动产生运动或运动趋势的力称为主动力，如重力、风力、水压力等。通常主动力是已知的，约束反力是未知的，它不仅与主动力的情况有关、同时也与约束类型有关。下面介绍常见的几种约束类型及其约束反力。

1）柔性约束：绳索、链条、皮带等属于柔索约束。柔索的约束反力作用于接触点，方向沿柔索的中心线而背离物体，其约束为拉力。图1-9所示的皮带对带轮的拉力 F 为约束反力。

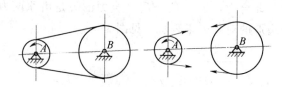

图1-9　皮带约束

2）光滑接触面约束：光滑接触面的约束反力作用于接触点，沿接触面的公法线指向物体，见图1-10。

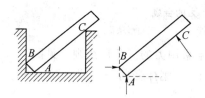

图1-10　光滑接触面约束

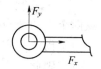

图1-11　中间铰链约束

3）铰链约束：两带孔的构件套在圆轴（销钉）上即为铰链约束。用铰链约束的物体只能绕接触点发生相对转动。

① 中间铰链约束：用中间铰链约束的两物体都能绕接触点发生相对转动。其约束反力用过铰链中心两个大小未知的正交分力来表示，见图1-11。

② 固定铰支座：用铰链约束的两物体其中一个固定不动作支座。其简化记号和约束反力见图1-12b、c。

③ 活动铰链支座：在固定铰支座下面安放若干滚轮并与支承面接触，则构成活动铰链支座。其约束反力垂直于支承面，过销钉中心指向可假设，见图1-13。

在桥梁、屋架等工程结构中经常采用这种约束。

4）二力杆约束：两端以铰链与其他物体连接、中间不受力且不计自重的

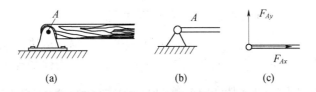

图 1-12　固定铰约束

（a）示意图　（b）简化记号　（c）约束反力

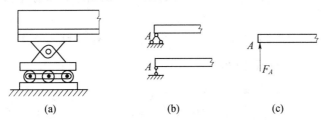

图 1-13　活动铰链支座

（a）示意图　（b）简化记号　（c）约束反力

刚性直杆称为二力杆，见图 1-14a。二力杆的约束反力沿着杆件两端中心连线方向，或为拉力或为压力，见图 1-14c。

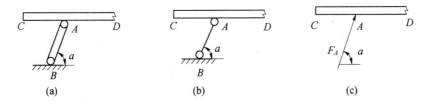

图 1-14　二力杆约束

（a）示意图　（b）简化图　（c）约束反力

5）固定端约束：被约束的物体即不允许相对移动也不可转动，如图 1-15a 所示。

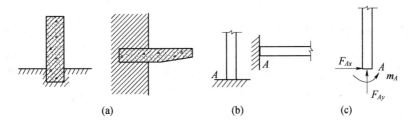

图 1-15　固定端约束

（a）示意图　（b）简化图　（c）约束反力

固定端的约束反力，一般用两个正交分力和一个约束反力偶来代替，见图 1-15c。

5

业务要点2：物体的受力分析与受力图

静力学问题大多是受一定约束的刚体的平衡问题，解决此类问题的关键是找出主动力与约束反力之间的关系。因此，必须对物体的受力情况作全面的分析，它是力学计算的前提和关键。

物体的受力分析包含下列两个步骤：

1）把该物体从与它相联系的周围物体中分离出来，解除全部约束，称为取分离体。

2）在分离体上画出全部主动力和约束反力，这称为画受力图。

业务要点3：简单力系

1. 平面汇交力系合成与平衡的几何法

平面汇交力系是指各力的作用线位于同一平面内并且汇交于一点的力系。如图1-16a所示建筑工地起吊钢筋混凝土梁时，作用于梁上的力有梁的重力 W、绳索对梁的拉力 F_{TA} 和 F_{TB}，见图1-16b，这三个力的作用线都在同一个直立平面内且汇交于 C 点，故该力系是一个平面汇交力系。

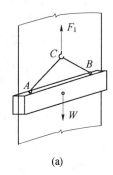
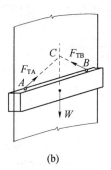

(a)　　　　　　　　　　(b)

图1-16　平面汇交力系

（a）受力图　　（b）力系

1）平面汇交力系合成的几何法，用平行四边形法则或力三角形法则求两个共点力的合力。当物体受到如图1-17a所示由 F_1、F_2、F_3、…、F_n 所组成的平面汇交力系作用时，根据作用于物体上的力的可传性，可将该力系中各力作用点沿其作用线移至汇交点 O，得到一个共点力系，如图1-17b所示，我们可以连续采用力三角形法则得到如图1-17c所示的几何图形：先将 F_1、F_2 合成为 F_{R1}，再将 F_{R1}、F_3 合成为 F_{R2}，如此类推，最后得到整个力系的合力 F_R。当我们省去中间过程后，得到的几何图形如图1-17d所示。多边形 abcde 是一个由力系中各分力和合力所构成的多边形，即称为力多边形。

$$\sum F_R = F_1 + F_2 + F_3 + \cdots + F_n = \sum F \tag{1-1}$$

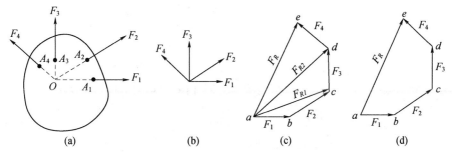

图 1-17　汇交力系合成的几何法

2）平面汇交力系平衡的几何法条件。平面汇交力系的合成结果，是作用线通过力系汇交点的一个合力。如果力系平衡，则力系的合力必定等于零，即由各分力构成的力多边形必定自行封闭（没有缺口）。平面汇交力系平衡的几何条件是：该力系的力多边形自行封闭。其矢量表达式为 $\sum F=0$。用几何法解平面汇交力系的平衡问题时，要求应用作图工具并按一定的比例先画出力多边形中已知力的各边，后画未知力的边，构成封闭的力多边形，再按作力多边形时相同的比例在力多边形中量取未知力的大小。

2. 力矩

1）力使物体绕某点转动的力学效应，称为力对该点的力矩。

2）力矩计算：见图 1-18，力 F 对 O 点的力矩以符号 M_O（F）表示，即

$$M_O（F）=\pm F \cdot d \qquad (1-2)$$

力矩是一个代数量，其正负号规定如下：力使物体绕矩心逆时针方向转动时，力矩为正，反之为负。

在国际单位制中，力矩的单位是牛顿·米（N·m）或千牛顿·米（kN·m）。

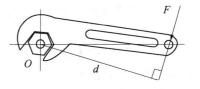

图 1-18　力矩

O—矩心　d—力臂

3）力矩的性质：

① 力对点的力矩，不仅取决于力的大小，还与矩心的位置有关。

② 力的大小等于零或其作用线通过矩心时，力矩等于零。

4）合力矩定理：平面汇交力系的合力对其平面内任一点的力矩等于所有各分力对同一点力矩的代数和，如图 1-19 所示。

$$M_A（F）=M_A（F_x）+M_A（F_y） \qquad (1-3)$$

3. 力偶

1）力偶的概念：一对等值、反向而不共线的平行力称为力偶，见图 1-20。

两个力作用线之间的垂直距离称为力偶臂，两个力作用线所决定的平面称为力偶的作用面。

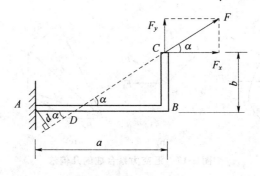

图 1-19　合力矩定理

2）力偶矩：把力偶对物体转动效应的量度称为力偶矩，用 m 或 m（F，F'）表示，$m=\pm F \cdot d$。

通常规定：力偶使物体逆时针方向转动时，力偶矩为正，反之为负。

在国际单位制中，力偶矩的单位是牛顿·米（N·m）或千牛顿·米（kN·m）。

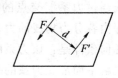

图 1-20　力偶

3）力偶的性质

① 力偶既无合力，也不能和一个力平衡，力偶只能用力偶来平衡。

② 力偶对其作用面内任一点之矩恒为常数，且等于力偶矩，与矩心的位置无关。

③ 只要保持力偶矩的大小和转向不变，可以同时改变力偶中力的大小和力偶臂的长短，而不改变其对刚体的作用效果。

力偶即用带箭头的弧线表示，箭头表示力偶的转向，m 表示力偶矩的大小，见图 1-21。

4）平面力偶系的简化与平衡

① 在同一平面内由若干个力偶所组成的力偶系称为平面力偶系。平面力偶系的简化结果为一合力偶，合力偶矩等于各分力偶矩的代数和。

即

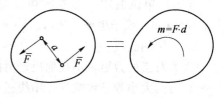

图 1-21　力偶的表示

$$M=m_1+m_2+\cdots+m_n=\sum m \qquad (1\text{-}4)$$

② 平面力偶系平衡的充要条件是合力偶矩等于零，$\sum m=0$。

业务要点 4：平面任意力系

各力作用线在同一平面内且任意分布的力系称为平面任意力系。图 1-22 的简易起重机，其梁 AB 所受的力系为平面任意力系。

1. 力的平移定理

力的平移定理：作用于刚体上的力可以平行移动到刚体上的任意一指定点，但必须同时在该力与指定点所决定的平面内附加一力偶，其力偶矩等于原力对指定点的力矩。见图 1-23，附加力偶的力偶矩为：$m = F \cdot d = mB$（F）。力偶系 m_{O1}、m_{O2}、$\cdots$、m_{On}，见图 1-24b。

2. 平面任意力系的简化

设刚体受到平面任意力系作用，见

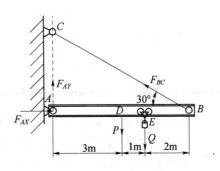

图 1-22　平面任意力系

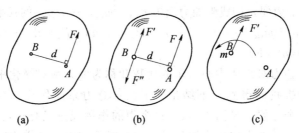

图 1-23　力的平移定理

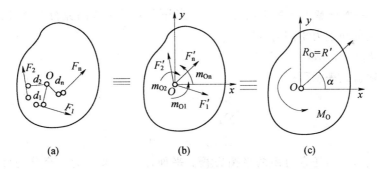

图 1-24　平面任意力系的简化

图 1-24a。将各力依次平移至 O 点，得到汇交于 O 点的平面汇交力系 F_1'、F_2'、$\cdots$、F_n'，此外还应附加相应的力偶，构成附加力偶系 m_{O1}、m_{O2}、$\cdots$、m_{On}，见图 1-24b。

所得平面汇交力系可以合成为一个力 F_R：

$$F_R = F_1' + F_2' + \cdots + F_n' = F_1 + F_2 + \cdots + F_n = \sum F \qquad (1-5)$$

主矢 F_R 的大小与方向可用解析法求得。按图 1-24b 所选定的坐标系 Oxy，有：

$$F_{Rx} = F_{1x} + F_{2x} + \cdots + F_{nx} = \sum F_x$$

9

$$F_{Rx} = F_{1y} + F_{1y} + \cdots + F_{ny} = \sum F_y \qquad (1\text{-}6)$$

主矢量 F_R 的大小和方向由下式确定：

$$\left.\begin{aligned} F_R &= \sqrt{F_{Rx}^2 + F_{Ry}^2} = \sqrt{\left(\sum F_x\right)^2 + \left(\sum F_y\right)^2} \\ \alpha &= \tan^{-1}\left|\frac{\sum F_y}{\sum F_x}\right| \end{aligned}\right\} \qquad (1\text{-}7)$$

其中 α 为主矢量 R' 与 x 轴正向间所夹的锐角。

各附加力偶的力偶矩分别等于原力系中各力对简化中心 O 的力矩。

所得附加力偶系可以合成为合力偶，其力偶矩可用符号 M_O 表示，它等于各附加力偶矩 m_{O1}、m_{O2}、$\cdots$、m_{on} 的代数和，即设刚体受到平面任意力系作用，见图 1-24a。将各力依次平移至 O 点，得到汇交于 O 点的平面汇交力系。此外，还应附加相应的力偶，构成附加力偶矩 m_{O1}、m_{O2}、$\cdots$、m_{On} 的代数和，即

$$\begin{aligned} M_O &= m_{O1} + m_{O2} + \cdots + m_{On} = m_O\left(F_1\right) + m_O\left(F_2\right) + \cdots + m_O\left(F_n\right) \\ &= \sum m_O\left(F\right) \end{aligned} \qquad (1\text{-}8)$$

原力系中各力对简化中心力矩的代数和称为原力系对简化中心的主力矩。

由上述分析我们得到如下结论：平面任意力系向作用面内任一点简化，可得一力和一个力偶，见图 1-24c。这个力的作用线过简化中心，其力矢等于原力系的主矢；这个力偶的力矩等于原力系对简化中心的主力矩。

3. 平面力系的平衡方程及应用

（1）平面任意力系的平衡方程　平面任意力系平衡的充分与必要条件是：力系的主矢和主力矩同时为零。

即 $F_R = 0$，$M_O = 0$

用解析式表示可得：

$$\left.\begin{aligned} \sum F_x &= 0 \\ \sum F_y &= 0 \\ \sum m_O\left(F\right) &= 0 \end{aligned}\right\} \qquad (1\text{-}9)$$

上式为平面任意力系的平衡方程。平面任意力系平衡的充分与必要条件可解析地表达为：力系中各力在其作用面内两相交轴上的投影的代数和分别等于零，同时力系中各力对其作用面内任一点的力矩的代数和也等于零。

平面任意力系的二矩式平衡方程形式如下：

$$\left.\begin{aligned} \sum F_x &= 0 \text{（或 } F_y = 0\text{）} \\ \sum m_A\left(F\right) &= 0 \\ \sum m_B\left(F\right) &= 0 \end{aligned}\right\} \qquad (1\text{-}10)$$

其中矩心 A、B 两点的连线不能与 x 轴垂直。

应用时可根据问题的具体情况，选择适当形式的平衡方程。

（2）平面特殊力系的平衡方程

1）平面平行力系的平衡方程

$$\left.\begin{array}{l}\sum F_x = 0 \text{（或} \sum F_y = 0\text{）} \\ \sum m_O \ (F) \ = 0\end{array}\right\} \tag{1-11}$$

或

$$\left.\begin{array}{l}\sum m_A \ (F) \ = 0 \\ \sum m_B \ (F) \ = 0\end{array}\right\} \tag{1-12}$$

其中两个矩心 A、B 的连线不能与各力作用线平行。

平面平行力系有两个独立的平衡方程，可以求解两个未知量。

2）平面汇交力系的平衡方程

平面汇交力系平衡的必要与充分条件是其合力等于零，即 $F_R = 0$。

$$\sum F_x = 0, \quad \sum F_y = 0 \tag{1-13}$$

上式表明，平面汇交力系平衡的必要与充分条件是：力系中各力在力系所在平面内两个相交轴上投影的代数和同时为零。

3）平面力偶系的平衡方程：$\sum m_O \ (F) \ = 0$。

业务要点 5：材料力学基础知识

为保证工程结构安全正常工作，要求各杆件在外力的作用下必须具有足够的强度（构件抵抗破坏的能力）、刚度（构件抵抗变形的能力）和稳定性（杆件保持原有平衡状态的能力）。

杆件受到的其他构件的作用，统称为杆件的外力。外力包括主动力以及约束反力（被动力）。

本章只简单介绍杆件在外力作用下的四种基本变形：轴向拉伸与压缩、剪切、扭转、平面弯曲。

1. 轴向拉伸与压缩

（1）轴向拉伸与压缩的概念　受力特点：杆件受到沿杆件轴线方向的外力作用，见图 1-25a。

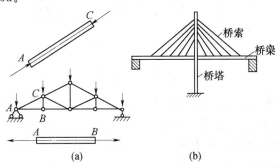

图 1-25　轴向拉伸与压缩的实例

变形特点：杆沿轴线方向伸长或缩短。

产生轴向拉伸与压缩变形的杆件称为拉压杆。图 1-25a 所示屋架中的弦杆、图 1-25b 所示牵引桥的拉索等均为拉压杆。

（2）轴向拉压杆的内力　为了分析拉压杆的强度和变形，首先需要了解杆的内力情况，采用截面法研究杆的内力。

截面法：将杆件假想地沿某一横截面切开，去掉一部分，保留另一部分，同时在该截面上用内力表示去掉部分对保留部分的作用，建立保留部分的静力平衡方程求出内力。

如图 1-26a 所示为一受拉杆，求 $m-m$ 截面上的内力。

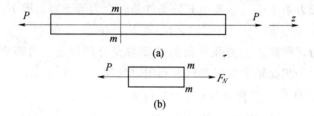

图 1-26　截面法求内力

在 $m-m$ 处假想用截面把杆件切开，取左段为研究对象，见图 1-26b，为求截面 $m-m$ 处的内力 F_N，建立平衡方程：

由 $\sum F_x = 0$、$F_N - P = 0$ 解得 $F_N = P$。

（3）横截面上的应力

1）应力：单位横截面上的内力。如图 1-27a 所示，p 为 O 点处的应力：

$$p = \lim_{\Delta A \to 0} \frac{\Delta F_R}{\Delta A} \tag{1-14}$$

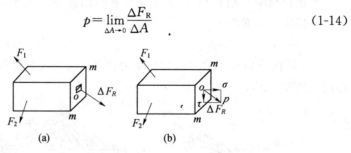

图 1-27　应力

将应力 p 分解为垂直于截面的分量 σ 和相切于截面的分量 τ，其中 σ 称为正应力，τ 称为切应力，见图 1-27b。

2）在国际单位制中，应力的单位为帕斯卡（Pa）或兆帕（MPa），$1Pa = 1N/m^2$，$1MPa = 1N/mm^2 = 10^6 Pa$。

工程上经常采用兆帕（MPa）作单位。

3）横截面上的正应力计算：轴向拉压时横截面上的应力均匀分布，即横截面上各点处的应力大小相等，其方向与内力一致，垂直于横截面，故为正应力，应力分布见图1-28。

图 1-28 轴向拉伸时横截面上的应力

横截面上的正应力：

$$\sigma = \frac{F_N}{A} \tag{1-15}$$

式中　F_N——该横截面的内力；

　　　A——横截面面积。

正负号规定：拉应力为正，压应力为负。

4）轴向拉压的变形分析：杆件受拉会变长变细，受压会变短变粗。长短的变化，沿轴线方向，称为纵向变形；粗细的变化，与轴线垂直，称为横向变形。

5）轴向拉压杆的强度条件：轴向拉压杆在力的作用下不发生破坏的强度条件。

$$\sigma = \frac{F_N}{A} \leqslant [\sigma] \tag{1-16}$$

式中　σ——最大工作应力；

　　　$[\sigma]$——材料的许用应力；

　　　F_N——压力；

　　　A——杆件受力面积。

2. 剪切

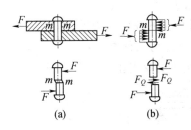

（a）　　　　（b）

图 1-29 剪切的受力特点

（1）剪切与挤压的概念　受力特点：杆件受到垂直杆件轴线方向的一组等值、反向、作用线相距极近的平行力的作用，见图1-29b。

变形特点：二力之间的横截面产生相对的错动。

产生剪切变形的杆件通常为连接件，见图1-29a。

（2）剪切的实用计算　构件受剪切作用时，其剪切面上将产生内力——剪力，与剪力 F_Q 对应，剪切面上有切应力 τ 存在。"实用计算法"假设切应力均匀地分布在剪切面上。设剪切面的面积为 A，剪力为 F_Q，则应力 τ 的计算公式为：

$$\tau = \frac{F_Q}{A} \tag{1-17}$$

为了保证构件工作时不发生剪切破坏，必须满足剪切强度条件：

$$\tau = \frac{F_Q}{A} \leqslant [\tau] \tag{1-18}$$

式中 $[\tau]$ ——材料的许用剪应力。

3. 圆轴扭转

扭转的受力特点：杆件两端受到一对大小相等、转向相反、作用面与轴线垂直的力偶作用，见图1-30。

扭转的变形特点：相邻横截面绕杆轴产生相对旋转变形，见图1-30。

产生扭转变形的杆件多为传动轴。

图 1-30 扭转的受力特点

4. 平面弯曲

(1) 平面弯曲的概念 弯曲是工程实际中最常见的一种基本变形，例如火车轮轴等，见图1-31。

平面弯曲的受力特点：在通过杆轴线的平面内，受到力偶或垂直于轴线的外力（横向力）作用。

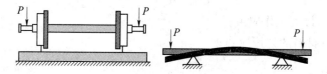

图 1-31 平面弯曲的受力特点

弯曲的变形特点：杆的轴线被弯成一条曲线。

在外力作用下产生弯曲变形或以弯曲变形为主的杆件称为梁。

(2) 梁的类型 根据梁的支座情况可以将梁分为三种类型：

1) 简支梁：其一端为固定铰支座，另一端活动铰支座，见图1-32。

图 1-32 简支梁

2) 悬臂梁：其一端为固定支座，另一端为自由端，见图1-33。

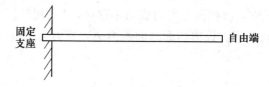

图 1-33 悬臂梁

14

3）外伸梁：其一端或两端伸出支座之外的简支梁，见图1-34。

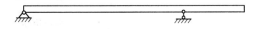

图1-34　外伸梁

5. 压杆稳定

对于细而长的轴向压杆，仅满足强度要求是不够的。因为细长压杆常常会由于丧失保持直线状态的能力而导致破坏，即杆件在轴向压力的作用下会由直变弯以致折断。

失稳即压杆丧失保持原有直线平衡状态的能力而被破坏的现象。解决压杆稳定问题的关键是确定临界力，确保压杆上的轴向压力小于临界力。

第二节　工程预算基础知识

📀 本节导图：

本节主要介绍工程预算基础知识，内容包括工程定额、工程计价方法及特征、建筑安装工程费用构成和计算原理、建筑面积及主要基数的计算、机械台班费用确定等。其内容关系框图如下页所示：

📀 业务要点1：工程定额

定额，即人为规定的标准额度。就产品生产而言，定额反映生产成果与生产要素之间的数量关系。在某产品的生产过程中，定额反映在现有的社会生产水平条件下，为完成一定计量单位质量合格的产品，所必须消耗一定数量的人工、材料、机械台班的数量标准。

建设工程定额是一个大家族，定额的类型主要有：投资估算指标、概算指标、概算定额、预算定额、施工定额、劳动定额、材料消耗定额、机械台班使用定额、工期定额。

1. 投资估算指标

投资估算指标，是在编制项目建议书可行性研究报告和编制设计任务书阶段进行投资估算、计算投资需要量时使用的一种定额。它具有较强的综合性、概括性，往往以独立的单项工程或完整的工程项目为计算对象。它的概略程度与可行性研究阶段相适应。它的主要作用是为项目决策和投资控制提供依据，是一种扩大的技术经济指标。

投资估算指标是确定和控制建设项目全过程各项投资支出的技术经济指标。其范围涉及建设前期、建设实施期和竣工验收交付使用期等各个阶段的

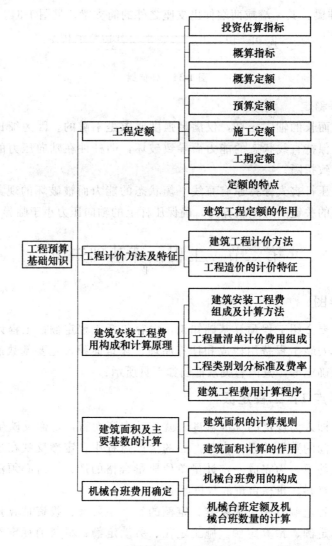

工程预算基础知识关系框图

费用支出，内容因行业不同而各异，一般可分为建设项目综合指标、单项工程指标和单位工程指标三个层次：建设项目综合指标一般以项目的综合生产能力单位投资表示；单项工程指标一般以单项工程生产能力单位投资表示；单位工程指标按专业性质的不同采用不同的方法表示。

2. 概算指标

指以某一通用设计的标准预算为基础，按 100m² 为计量单位的人工、材料和机械消耗数量的标准。概算指标较概算定额更综合扩大，它是编制初步设计概算的依据。

（1）概算指标的作用

1）概算指标是编制初步设计概算，确定概算造价的依据。

2）是设计单位进行设计方案的技术经济分析，衡量设计水平，考核基本建设投资效果的依据。

3）概算指标是编制投资估算指标的依据。

（2）概算指标的编制原则

1）按平均水平确定概算指标的原则。

2）概算指标的内容和表现形式，要贯彻简明适用的原则。

3）概算指标的编制依据，必须具有代表性。

（3）概算指标的内容　概算指标比概算定额更加综合扩大，其主要内容包括五部分。

1）总说明：说明概算指标的编制依据、适用范围、使用方法等。

2）示意图：说明工程的结构形式。工业项目中还应表示出吊车规格等技术参数。

3）结构特征：详细说明主要工程的结构形式、层高、层数和建筑面积等。

4）经济指标：说明该项目每 $100m^2$ 或每座构筑物的造价指标，以及其中土建、水暖、电气照明等单位工程的相应造价。

5）分部分项工程构造内容及工程量指标：说明该工程项目各分部分项工程的构造、内容，相应计量单位的工程量指标，以及人工、材料消耗指标。

3. 概算定额

概算定额是在预算定额基础上根据有代表性的通用设计图和标准图等资料，以主要工序为准，综合相关工序，进行综合、扩大和合并而成的定额。其以扩大的分部分项工程为对象编制，是确定建设项目投资额的依据，编制扩大初步设计概算的依据。概算定额的分类情况如下：

1）按定额的编制程序和用途分。

2）按定额反映的物质消耗内容分。

3）按照投资的费用性质分。

4）按照专业性质。

5）按管理权限分。

4. 预算定额

预算定额是指在正常的施工条件下，完成一定计量单位的分项工程或结构构件所需人工、材料、机械台班消耗和价值货币表现的数量标准。

预算定额，是在编制施工图预算时，计算工程造价和计算工程中劳动量、机械台班、材料需要量而使用的一种定额。它以工程中的分项工程，即在施工图纸上和工程实体上都可以区别开的产品为测定对象，其内容包括人工、材料和机械台班使用量三个部分，经过计价后编制成为建筑安装工程单位估价表（手册）。它是编制施工图预算（设计预算）的依据，也是编制概算定额、估算指标的基础。预算定额在施工企业内部被广泛用于编制施工组织计划，编制工程材料预算，确定工程价款，考核企业内部各类经济指标等方面。因此，预算定额是用途最广的一种定额。预算定额主要以施工定额中的劳动定额部分为基础，经汇列、综合、归并而成。

预算定额是一种计价性的定额。在工程委托承包的情况下，它是确定工程造价的评分依据。在招标承包的情况下，它是计算标底和确定报价的主要依据。所以，预算定额在工程建设定额中占有很重要的地位。从编制程序看，施工定额是预算定额的编制基础，而预算定额则是概算定额或估算指标的编制基础。可以说预算定额在计价定额中是基础性定额。

（1）主要作用

1）预算定额是编制施工图预算，确定和控制项目投资、建筑安装工程造价的基础。

2）预算定额是对设计方案进行技术经济比较，进行技术经济分析的依据。

3）预算定额是编制施工组织设计的依据。

4）预算定额是工程结算的依据。

5）预算定额是施工企业进行经济活动分析的依据。

6）预算定额是编制概算定额和估算指标的基础。

7）预算定额是合理编制标底、投标的基础。

（2）预算定额的构成要素

1）项目名称：预算定额的项目名称也称定额子目名称。定额子目是构成工程实体或有助于构成工程实体的最小组成部分。一般是按工程部位或工种材料划分。一个单位工程预算可由几十个到上百个定额子目构成。

2）工、料、机消耗量：工、料、机消耗量是预算定额的主要内容。这些消耗量是完成单位产品（一个单位定额子目）的规定数量。这些消耗量反映了本地区该项目的社会必要劳动消耗量。

3）定额基价：定额基价也称工程单价，是上述定额子目中工、料、机消耗量的货币表现。

$$定额基价＝工日数×工日单价＋\sum（材料用量×材料单价）$$
$$＋\sum（机械台班用量×台班单价） \tag{1-19}$$

5. 施工定额

施工定额，是施工企业（建筑安装企业）为组织生产和加强管理在企业内部使用的一种定额，属于企业生产定额的性质。它是建筑安装工人在合理的劳动组织或工人小组在正常施工条件下，为完成单位合格产品，所需劳动、机械、材料消耗的数量标准。它由劳动定额、机械定额和材料定额三个相对独立的部分组成。施工定额是施工企业内部经济核算的依据，也是编制预算定额的基础。

为了适应组织生产和管理的需要，施工定额的项目划分很细，是工程建设定额中分项最细、定额子目最多的一种定额，也是工程建设定额中的基础性定额。在预算定额的编制过程中，施工定额的劳动、机械、材料消耗的数量标准，是计算预算定额中劳动、机械、材料消耗数量标准的重要依据。

施工定额在企业管理工作中的基础作用主要表现在以下几个方面：

1）施工定额是企业计划管理的依据。施工定额在企业计划管理方面的作用，表现在它既是企业编制施工组织设计的依据，又是企业编制施工作业计划的依据。

施工组织设计是指导拟建工程进行施工准备和施工生产的技术经济文件，其基本任务是根据招标文件及合同协议的规定，确定出经济合理的施工方案，在人力和物力、时间和空间、技术和组织上对拟建工程作出最佳安排。

施工作业计划则是根据企业的施工计划、拟建工程施工组织设计和现场实际情况编制的，它是以实现企业施工计划为目的的具体执行计划，也是队、组进行施工的依据。因此，施工组织设计和施工作业计划是企业计划管理中不可缺少的环节。这些计划的编制必须依据施工定额。

2）施工定额是组织和指挥施工生产的有效工具。企业组织和指挥施工队、组进行施工，是按照作业计划通过下达施工任务书和限额领料单来实现的。

3）施工定额是计算工人劳动报酬的依据。

4）施工定额是企业激励工人的目标条件。

5）施工定额有利于推广先进技术。

6）施工定额是编制施工预算，加强企业成本管理和经济核算的基础。

7）施工定额是编制工程建设定额体系的基础。

6. 工期定额

工期定额，是为各类工程规定施工期限的定额天数。包括建设工期定额和施工工期定额两个层次。

建设工期是指建设项目或独立的单项工程在建设过程中所耗用的时间总量。一般以月数或天数表示。它从开工建设时算起，到全部建成投产或交付使用时停止，但不包括由于决策失误而停（缓）建所延误的时间。施工工期一般是指单项工程或单位工程从开工到完工所经历的时间。施工工期是建设工期中的一部分。如单位工程施工工期，是指从正式开工起至完成承包工程全部设计内容并达到国家验收标准的全部有效天数。

建设工期是评价投资效果的重要指标，直接标志着建设速度的快慢。在工期定额中已经考虑了季节性施工因素对工期的影响、地区性特点对工期的影响、工程结构和规模对工期的影响；工程用途对工期的影响，以及施工技术与管理水平对工期的影响。因此，工期定额是评价工程建设速度、编制施工计划、签订承包合同、评价全优工程的可靠依据。可见，编制和完善工期定额是很有积极意义的。

建筑安装工程工期定额，是依据国家建筑工程质量检验评定标准和施工及验收规范有关规定，结合各施工条件，本着平均、经济合理的原则制定的。工期定额是编制施工组织设计、安排施工计划和考核施工工期的依据，是编制招标标底、投标标书和签订建筑安装工程合同的重要依据。

施工工期有日历工期与有效工期之分。二者的区别在于前者不扣除法定节假日、休息日，而后者扣除。

7. 定额的特点

1）科学性。

2）权威性。

3）群众性。

4）统一性。

5）稳定性。

6）时效性。

8. 建筑工程定额的作用

1）建筑工程定额是招标活动中编制标底标价的重要依据。建筑工程定额是招标活动中确定建筑工程分项工程综合单价的依据。在建设工程计价工作中，根据设计文件结合施工方法，应用相应建筑工程定额规定的人工、材料、施工机械台班消耗量标准，计算确定工程施工项目中人工、材料、机械设备的需用量，按照人工、材料、机械单价和管理费用及利润标准来确定分项工程的综合单价。

2）建筑工程定额是施工企业组织和管理施工的重要依据。为了更好地组织和管理工程建设施工生产，必须编制施工进度计划。在编制计划和组织管理施工生产中，要以各种定额来作为计算人工、材料和机械需用量的依据。

3）建筑工程定额是施工企业和项目部实行经济责任制的重要依据。工程建设改革的突破口是承包责任制。施工企业对外通过投标承揽工程任务，编制投标报价；工程施工项目部进行进度计划和进度控制，进行成本计划和成本控制，均以建筑工程定额为依据。

4）建筑工程定额是总结先进生产方法的手段。建筑工程定额是一定条件下，通过对施工生产过程的观察，分析综合制定的。它比较科学地反映出生产技术和劳动组织的先进合理程度，因此我们可以以建筑工程消耗量定额的标定方法为手段，对同一工程产品在同一施工操作条件下的不同生产方式进行观察、分析和总结，从而得出一套比较完整的先进生产方法。

5）建筑工程定额是评定优选工程设计方案的依据。以工程定额为依据来确定一项工程设计的技术经济指标，通过对设计方案技术经济指标的比较，确定该工程设计是否经济。

业务要点 2．工程计价方法及特征

1. 建筑工程计价方法

（1）计价　计算建筑工程造价。建筑工程造价即建设工程产品的价格。建筑工程产品的价格由成本、利润及税金组成，这与一般工业产品是相同的。但两者的价格确定方法大不相同，一般工业产品的价格是批量价格，大范围甚至全国是一个价。而建筑工程的价格则不能这样，每一栋房屋建筑都必须单独定价，这是由建筑产品的特点所决定的。

建筑产品有建设地点的固定性、施工的流动性、产品的单件性，施工周期长、涉及部门广等特点，每个建筑产品都必须单独设计和独立施工才能完成，即使利用同一套图纸，也会因建设地点、时间、地质和地貌构造、各地消费水平等的不同，人工、材料的单价不同，以及各地收费计取标准的不同等诸多因素影响，从而带来建筑产品价格的不同。所以，建筑产品价格必须由特殊的定价方式来确定，那就是每个建筑产品必须单独定价。当然，在市场经济的条件下，施工企业的管理水平不同、竞争获取中标的目的不同，也会影响到建筑产品价格高低，建筑产品的价格最终是由市场竞争形成。

（2）计价模式　由于建筑产品价格的特殊性，与一般工业产品价格的计价方法相比，采取了特殊的计价模式及其方法，即按定额计价模式和按工程量清单计价模式。

1）定额计价模式：按定额计价这种模式，是在我国计划经济向市场经济转型时期，所采用的行之有效的计价模式。

按定额计价的基本方法是"单位估价法"，即根据国家或地方颁布的统一预算定额规定的消耗量及其单价，以及配套的取费标准和材料预算价格，先计算出相应的工程数量，套用相应的定额单价计算出定额直接费用，再在直接费用的基础上计算各种相关费用及利润和税金，最后汇总形成建筑产品的造价。

预算定额是国家或地方统一颁布的，视为地方经济法规，必须严格遵照执行。一般概念上讲不管谁来计算，由于计算依据相同，只要不出现计算错误，其计算结果是相同的。

按定额计价模式确定建筑工程造价，由于有预算定额规范消耗量，有各种文件规定人工、材料、机械单价及各种取费标准，在一定程度上防止了高估冒算和压级压价，体现了工程造价的规范性、统一性和合理性。但对市场的竞争起到了抑制作用，不利于促进施工企业改进技术、加强管理、提高劳动效率和市场竞争力，现在提出了另一种计价模式——工程量清单计价模式。

2）工程量清单计价模式：按工程量清单计价这种模式，是在 2003 年提出的一种工程造价确定模式。这种计价模式是国家统一项目编码、项目名称、计量单位和工程量计算规则（四统一），由各施工企业在投标报价时根据企业自身情况自主报价，在招投标过程中经过竞争形成建筑产品价格。

工程量清单计价模式的实施，实质上是建立了一种强有力而行之有效的竞争机制，由于施工企业在投标竞争中必须报出合理低价才能中标，所以对促进施工企业改进技术、加强管理、提高劳动效率和市场竞争力会起到积极的推动作用。

按工程量清单计价模式的造价计算方法是"综合单价"法，即招标方给出工程量清单，投标方根据工程量清单组合分部分项工程的综合单价，并计算出分部分项工程的费用，再计算出税金，最后汇总成总造价。

3）工程量清单计价的意义：

① 工程量清单计价是工程造价改革的产物。

② 工程量清单计价是规范建设市场秩序，适应社会主义市场经济发展的需要。

③ 工程量清单计价有利于工程造价的政府管理职能转变。

④ 工程量清单计价有利于促进建设市场有序竞争和企业健康发展。

⑤ 工程量清单计价是加入世界贸易组织，融入世界大市场的需要。

4）清单计价原则：工程量清单计价应遵循公平、合法、诚实信用的原则。

5）招标标底及投标报价的编制：

① 招标标底：设有标底或预算控制价（拦标价）的招标工程，标底或预算控制价由招标人或受其委托具有相应资质的工程造价咨询机构及招标代理机构编制。

标底或预算控制价的编制应按照当地建设行政主管部门发布的消耗量定额、市场价格信息，依据工程量清单、施工图纸、施工现场实际情况、合理的施工手段和招标文件的有关要求等进行编制。

② 投标标价：投标标价由投标人或其委托的具有相应资质的工程造价咨询机构编制。

投标标价由投标人依据招标文件中的工程量清单，招标文件的有关要求，施工现场实际情况，结合投标人自身技术和管理水平、经营状况、机械配备，制定出施工组织设计以及本企业编制的企业定额（或参考当地建设行政主管部门发布的消耗量定额），市场价格信息进行编制。投标人的投标报价由投标人自主确定。

6）工程量清单计价依据及程序：

① 计价依据：工程量清单的计价依据是计价时不可缺少的重要资料，内

容包括：工程量清单、消耗量定额、计价规范、招标文件、施工图纸及图纸答疑、施工组织设计及材料预算价格及费用标准等。

② 工程量清单：工程量清单是由招标人提供的，供投标人计价的工程量资料，其内容包括：工程量清单封面、填表须知、总说明、分部分项工程量清单、措施项目清单、其他项目清单零星工作项目表。工程量清单是计价的基础资料。

③ 定额：定额包括消耗量定额和企业定额。

消耗量定额，是由当地建设行政主管部门根据合理的施工组织设计，按照正常施工条件下制定的，生产一个规定计量单位工程合格产品所需人工、材料、机械台班的社会平均消耗量。主要供编制标底使用，这个消耗量标准也可提供施工企业在投标报价时参考。

企业定额，是施工企业根据本企业的施工技术和管理水平，以及有关工程造价资料制定的，供本企业使用的人工、材料、机械台班消耗量定额。企业定额是本企业投标报价时的重要依据。

定额是编制招标标底或投标标价组合分部分项工程综合单价时，确定人工、材料、机械消耗量的依据。目前，绝大部分施工企业还没有本企业自己的消耗量定额，可参考当地建设行政主管部门编制的消耗量定额，并结合企业自身的具体情况，进行投标报价。

④ 建设工程工程量清单计价规范：计价规范是采用工程量清单计价时，必须遵守执行的强制性标准。计价规范是编制工程量清单和工程量清单计价的重要依据。

⑤ 招标文件：招标文件的具体要求是工程量清单计价的前提条件，只有清楚地了解招标文件的具体要求，如招标范围、内容、施工现场条件等，才能正确计价。

⑥ 施工图纸及图纸答疑：施工图纸及图纸答疑，是编制工程量清单的依据，也是计价的重要依据。

⑦ 施工组织设计或施工方案：施工组织设计或施工方案，是计算施工技术措施费用的依据。如降水、土方施工、钢筋混凝土构件支撑、垂直运输机械、脚手架施工措施费用等，均需根据施工组织设计或施工方案计算。

⑧ 材料预算价格及费用标准：材料预算价格即材料单价，材料费占工程造价的比重高达 60% 左右，材料预算价格的确定非常重要。材料预算价格应在调查研究的基础上根据市场确定。

费用标准包括管理费费率、措施费费率等，管理费、措施费（部分）是根据直接工程费（指人工费、材料费和机械费之和）或人工费乘以一定费率计算的，所以费率的大小直接影响最终的工程造价。费用比例系数的测算应根据企业自身具体情况而定。

2. 工程造价的计价特征

1）计价的单价性。

2）计价的多次性。

3）造价的组合性。

4）方法的多样性。

5）依据的复杂性。

业务要点 3：建筑安装工程费用构成和计算原理

1. 建筑安装工程费组成及计算方法

我国现行建筑安装工程费用，按费用性质划分为直接费、间接费、利润和税金四部分。

（1）直接费　直接费由直接工程费和措施费两部分组成。

1）直接工程费：直接工程费是指施工过程中耗费的构成工程实体的各项费用。其内容包括人工费、材料费和施工机械使用费。

① 人工费：是指直接从事建筑安装工程施工的生产工人开支的各项费用。其内容包括：

a. 基本工资：是指发放给生产工人的基本工资。

b. 工资性补贴：是指按规定标准发放的物价补贴，煤、燃气补贴，交通补贴，住房补贴，流动施工津贴等。

c. 生产人工辅助工资：是指生产工人年有效施工天数以外非作业天数的工资，包括职工学习、培训期间的工资，调动工作、探亲、休假期间的工资，因气候影响的停工工资，女工哺乳期间的工资，病假在六个月以内的工资及产、婚、丧假期的工资。

d. 职工福利费：是指按规定标准计提的职工福利费。

e. 生产工人劳动保护费：是指按规定标准发放的劳动保护用品的购置费及修理费，徒工服装补贴，防暑降温费，在有碍身体健康环境中施工的保健费用等。

② 材料费：是指施工过程中耗费的构成工程实体的原材料、辅助材料、构配件、零件、半成品的费用。其内容包括：

a. 材料原价：材料购买价。

b. 材料运杂费：是指材料自来源地运至工地仓库或指定堆放地点所发生的全部费用。

c. 运输损耗费：是指材料在运输装卸过程中不可避免的损耗。

d. 采购及保管费：是指为组织采购、供应和保管材料过程中所需要的各项费用。其内容包括：采购费、仓储费、工地保管费、仓储损耗。

e. 检验试验费：是指对建筑材料、构件和建筑安装物进行一般鉴定、检查所发生的费用，包括自设实验室进行试验所耗用的材料和化学药品等费用。不包括新结构、新材料的试验费和建设单位对具有出厂合格证明的材料进行检验，对构件做破坏性试验及其他特殊要求检验试验的费用。

③ 施工机械使用费：是指施工机械作业所发生的机械使用费以及机械安拆费和场外运费。施工机械使用费由下列内容组成：

a. 折旧费：指施工机械在规定的使用年限内，陆续收回其原值及购置资金的时间价值。

b. 大修理费：指施工机械按规定的大修理间隔台班进行必要的大修理，恢复其正常功能所需的费用。

c. 经常修理费：指施工机械除大修理以外的各级保养和临时故障排除所需的费用。包括为保障机械正常运转所需替换设备与随机配备工具附具的摊销和维护费用，机械运转中日常保养所需润滑与擦拭的材料费用及机械停滞期间的维护和保养费用等。

d. 安拆费及场外运费：安拆费指施工机械在现场进行安装与拆卸所需的人工、材料、机械和试运转费用以及机械辅助设施的折旧、搭设、拆除等费用；场外运费指施工机械整体或分体自停放地点运至施工现场或由一施工地点运至另一施工地点的运输、装卸、辅助材料及架线等费用。

e. 人工费：指机上司机（司炉）和其他操作人员的人工费及上述人员在施工机械规定的年工作台班以外的人工费。

f. 燃料动力费：指施工机械在运转作业中所消耗的固体燃料（煤、木柴）、液体燃料（汽油、柴油）及水、电等费用。

g. 养路费及车船使用税：指施工机械按照国家和有关部门规定应缴纳的养路费、车船使用税、保险费及年检费等。

2）措施费：措施费是指为完成工程项目施工，发生于该工程施工前和施工过程中非工程实体项目的费用。其内容包括：

① 环境保护费：是指施工现场为达到环保部门要求所需要的各项费用。

② 文明施工费：是指施工现场文明施工所需要的各项费用。

③ 安全施工费：是指施工现场安全施工所需要的各项费用。

④ 临时设施费：是指施工企业为进行建筑工程施工所必须搭设的供生活和生产使用的临时建筑物、构筑物和其他临时设施费用等。

临时设施包括：临时宿舍、文化福利及公用事业房屋与构筑物，仓库、办公室、加工厂以及规定范围内道路、水、电、管线等临时设施和小型临时设施。

临时设施费用包括：临时设施的搭设、维修、拆除费或摊销费。

⑤ 夜间施工费：是指因夜间施工所发生的夜班补助费、夜间施工降效、

夜间施工照明设备摊销及照明用电等费用。

⑥ 二次搬运费：是指因施工场地狭小等特殊情况而发生的二次搬运费用。

⑦ 混凝土及钢筋混凝土模板及支架费：是指混凝土施工过程中需要的各种钢模板、木模板、支架等的支、拆、运输费用及模板、支架的摊销（或租赁）费用。

⑧ 脚手架费：是指施工需要的各种脚手架搭、拆、运输费用及脚手架的摊销（或租赁）费用。

⑨ 已完工程及设备保护费：是指竣工验收前，对已完工程及设备进行保护所需费用。

⑩ 施工排水费及降水费：是指为确保工程在正常条件下施工，采取各种排水、降水措施所发生的各种费用。

（2）间接费　间接费由规费、企业管理费组成。

1）规费：规费是指政府和有关权力部门规定必须缴纳的费用（简称规费）。其内容包括：

① 工程排污费：是指施工现场按规定缴纳的工程排污费。

② 工程定额测定费：是指按规定支付工程造价（定额）管理部门的定额测定费。

③ 社会保障费：是指企业按规定标准为职工缴纳的社会保险费。

④ 养老保险费：是指企业按规定标准为职工缴纳的基本养老保险费。

⑤ 失业保险费：是指企业按照国家规定标准为职工缴纳的失业保险费。

⑥ 医疗保险费：是指企业按规定标准为职工缴纳的基本医疗保险费。

⑦ 住房公积金：是指企业按规定标准为职工缴纳的住房公积金。

⑧ 危险作业意外伤害保险：是指按照建筑法规定，企业为从事危险作业的建筑安装施工人员支付的意外伤害保险费。

⑨ 企业管理费：是指建筑安装企业组织施工生产和经营管理所需费用。其内容包括：

a. 管理人员工资：是指管理人员的基本工资、工资性补贴、职工福利费、劳动保护费等。

b. 办公费：是指企业管理办公用的文具、纸张、账表、印刷、邮电、书报、会议、水电和集体取暖（包括现场临时宿舍取暖）用煤等费用。

c. 差旅交通费：是指职工因公出差、调动工作的差旅费、住勤补助费、市内交通费和误餐补助费，职工探亲路费，劳动力招募费，职工离退休、退职一次性路费，工伤人员就医路费，工地转移费以及管理部门使用的交通工具的油料、燃料、养路费及牌照费。

d. 固定资产使用费：是指管理和试验部门及附属生产单位使用的属于固

定资产的房屋、设备仪器等的折旧、大修、维修和租赁费。

e. 工具用具使用费：是指管理使用的不属于固定资产的生产工具、器具、家具、交通工具和检验、试验、测绘、消防用具等的购置、维修和摊销费。

f. 劳动保险费：是指企业支付离退休职工的异地安家补助费、职工退职金、六个月以上的病假人员工资、职工死亡丧葬补助费、抚恤费、按规定支付给离休干部的各项经费。

g. 工会经费：是指企业按职工工资总额计提的工会经费。

h. 职工教育经费：是指企业为职工学习先进技术和提高文化水平，按职工工资总额计提的费用。

i. 财产保险费：是指施工管理用财产、车辆保险费。

j. 财务费：是指企业为筹集资金而发生的各种费用。

k. 税金：是指企业按规定缴纳的房产税、车船使用税、土地使用税、印花税等。

l. 其他：包括技术转让费、技术开发费、业务招待费、绿化费、广告费、公证费、法律顾问费、审计费、咨询费等。

（3）利润　利润是指施工企业完成所承包工程获得的赢利。

（4）税金　税金是指国家税法规定的应计入建筑安装工程造价的营业税、城市维护建设税及教育费附加。

2. 工程量清单计价费用组成

建筑安装工程费用按计价程序划分，由分部分项工程费用、措施费用、其他项目费用、规费、税金五部分组成。

1）分部分项工程费用：分部分项工程费采用综合单价计算，综合单价应由完成工程量清单中一个规定计量单位项目所需的人工费、材料费、施工机械使用费、管理费和利润组成，并考虑风险因素。

① 人工费：是指直接从事建筑安装工程施工的生产工人开支的各项费用。

② 材料费：是指施工过程中耗费的构成工程实体的原材料、辅助材料、构配件、零件、半成品的费用。

③ 施工机械使用费：是指施工机械作业所发生的费用。

④ 企业管理费：是指建筑安装企业组织施工生产和经营管理所需费用。

⑤ 利润：指按企业经营管理水平和市场的竞争能力，完成工程量清单中各个分项工程应获得并计入清单项目中的利润。分部分项工程费中，还应考虑风险因素。风险费用是指投标企业在确定综合单价时，应考虑的物价调整以及其他风险因素所发生的费用。

2）措施费：措施费是指施工企业为完成工程项目施工，发生于该工程施工前和施工过程中生产、生活、安全等方面的非工程实体费用。

3）其他项目费：其他项目费用包括招标人部分费用和投标人部分费用。它是招标过程中出现的费用。

① 招标人部分费用：主要包括预留金、材料购置费和分包工程费等内容。

a. 预留金：是指招标人在工程招标范围内为可能发生的工程变更而预备的金额。其主要内容包括设计变更及价格调整等费用。

b. 材料购置费：是指招标人供应材料的费用，即"甲方供料"。该费用不进入分部分项工程费。

c. 分包工程费：是指招标人按国家规定准予分包的工程费用（如地基处理、幕墙、自动消防、电梯、锅炉等需要特殊资质的工程项目）。该费用不进入分部分项工程费。

② 投标人部分费用：

a. 总承包服务费：指投标人配合协调招标人工程分包和材料采购所发生的费用。

对于工程分包，总包单位应计算分包工程的配合协调费；对于招标人采购材料，总包单位应计算其材料采购发生的费用（如材料的卸车和市内短途运输以及工地保管费等）。

b. 零星工作项目费：指施工过程中应招标人要求，而发生的不是以物计量和定价的零星项目所发生的费用。零星工作费在工程竣工结算时按实际完成的工程量所需费用结算。

c. 其他。

4）规费：规费是指政府和有关权力部门规定必须缴纳的费用（简称规费）。内容包括：工程排污费、工程定额测定费、社会保障费、住房公积金、危险作业意外伤害保险等。

5）税金：税金是指国家税法规定的应计入建筑工程造价的营业税、城市维护建设税及教育费附加。

显然，建筑工程费用的组成从不同的角度分析而有所不同。根据费用性质的不同建筑工程费用由直接费、间接费、利润和税金四部分组成，根据清单计价程序的需要建筑工程费用由分部分项工程费、措施费、其他项目费、规费和税金五部分组成。

3. 工程类别划分标准及费率

工程类别划分标准，是根据不同的单位工程，按其施工难易程度，结合本省建筑市场的实际情况确定的。工程类别划分标准是确定工程施工难易程度、计取有关费用的依据；同时也是企业编制投标报价的参考。建筑工程的工程类别按工业建筑工程、民用建筑工程、构筑物工程、单独土石方工程、桩基础工程等划分为若干类别。

（1）类别划分

1）工业建筑工程：指从事物质生产和直接为物质生产服务的建筑工程。一般包括：生产（加工、储运）车间、实验车间、仓库、民用锅炉房和其他生产用建筑物。

2）装饰工程：指建筑物主体结构完成后，在主体结构表面进行抹灰、镶贴、铺挂面层等，以达到建筑设计效果的装饰工程。

3）民用建筑工程：指直接用于满足人们物质和文化生活需要的非生产性建筑物。

一般包括：住宅及各类公用建筑工程。

科研单位独立的实验室、化验室按民用建筑工程确定工程类别。

4）构筑物工程：指工业与民用建筑配套且独立于工业与民用建筑工程的构筑物，或独立具有其功能的构筑物，一般包括：烟囱、水塔、仓类、池类等。

5）桩基础工程：指天然地基上的浅基础不能满足建筑物和构筑物的稳定要求，而采用的一种深基础。主要包括各种现浇和预制混凝土桩及其他桩基。

6）单独土石方工程：指建筑物、构筑物、市政设施等基础土石方以外的，且单独编制概预算的土石方工程。包括土石方的挖、填、运等。

（2）使用说明

1）工程类别的确定，以单位工程为划分对象。

2）与建筑物配套使用的零星项目，如化粪池、检查井等，按其相应建筑物的类别确定工程类别。其他附属项目，如围墙、院内挡土墙、庭院道路、室外管沟架、按建筑工程Ⅲ类标准确定类别。

3）建筑物、构筑物高度，自设计室外地坪算起，至屋面檐口高度。高出屋面的电梯间、水箱间、塔楼等不计算高度。建筑物的面积，按建筑面积计算规则的规定计算。建筑物的跨度，按设计图示尺寸标注的轴线跨度计算。

4）非工业建筑的钢结构工程，参照工业建筑工程的钢结构工程确定工程类别。

5）居住建筑的附墙轻型框架结构，按砖混结构的工程类别套用；但设计层数大于 18 层，或建筑面积大于 12000m² 时，按居住建筑其他结构的Ⅰ类工程套用。

6）工业建筑的设备基础，单体混凝土体积大于 1000m³，按构筑物Ⅰ类工程计算；单体混凝土体积大于 600m³，按构筑物Ⅱ类工程计算；单体混凝土体积小于 600m³、大于 50m³ 按构筑物Ⅲ类工程计算；小于 50m³ 的设备基础，按相应建筑物或构筑物的工程类别确定。

7）同一建筑物结构形式不同时，按建筑面积大的结构形式确定工程类别。

8）新建建筑工程中的装饰工程，按下列规定确定其工程类别：

① 每平方米建筑面积装饰计费价格合计在 100 元以上的，为Ⅰ类工程。

② 每平方米建筑面积装饰计费价格合计在 50 元以上、100 元以下的，为Ⅱ类工程。

③ 每平方米建筑面积装饰计费价格合计在 50 元以下的，为Ⅲ类工程。

④ 每平方米建筑面积装饰计费价格计算：首先计算出全部装饰工程量（包括外墙装饰），套用价目表中相应项目的计费价格，合计后除以被装饰建筑物的建筑面积。

⑤ 单独外墙装饰，每平方米外墙装饰面积装饰计费价格在 50 元以上的为Ⅰ类工程；每平方米装饰计费价格在 50 元以下，20 元以上的，为Ⅱ类工程；每平方米装饰计费价格在 20 元以下的，为Ⅲ类工程。

⑥ 单独招牌、灯箱、美术字为Ⅲ类工程。

9) 工程类别划分标准中有两个指标者，确定类别时需满足其中一个指标。

(3) 建筑工程类别划分标准　见表 1-1。

表 1-1　建筑工程类别划分标准

工 程 名 称			单位	工 程 类 别		
				Ⅰ	Ⅱ	Ⅲ
工业建筑工程	钢结构	跨度	m	＞30	＞18	≤18
		建筑面积	m²	＞16000	＞10000	≤10000
	其他结构	单层　跨度	m	＞24	＞18	≤18
		建筑面积	m²	＞10000	＞6000	≤6000
		多层　檐高	m	＞50	＞30	≤30
		建筑面积	m²	＞10000	＞6000	≤6000
民用建筑工程	公用建筑	砖混结构　檐高	m	—	30＜檐高＜50	≤30
		建筑面积	m²	—	6000＜面积＜10000	≤6000
		其他结构　檐高	m	＞50	＞30	≤30
		建筑面积	m²	＞12000	＞8000	≤8000
	居住建筑	砖混结构　层数	层	—	8＜层数＜12	≤8
		建筑面积	m²	—	8000＜面积＜12000	≤8000
		其他结构　层数	层	＞17	＞8	≤8
		建筑面积	m²	＞12000	＞8000	≤8000
构筑物工程	烟囱	混凝土结构高度	m	＞100	＞60	≤60
		砖结构高度	m	＞60	＞40	≤40
	水塔	高度	m	＞60	＞40	≤40
		容积	m³	＞100	＞60	≤60
	筒仓	高度	m	＞35	＞20	≤20
		容积（单体）	m³	＞2500	＞1500	≤1500
	贮池	容积（单体）	m³	＞3000	＞1500	≤1500
单独土石方工程		单独挖、填土石方	m³	＞15000	＞10000	5000＜体积≤10000
桩基础工程		桩长	m	＞30	＞12	≤12

(4) 建筑工程费率表　见表 1-2。

表 1-2　建筑工程费率表　　　　　　（单位:%）

工程名称 类别 费用名称	工业、民用建筑工程			装饰工程			构筑物工程			桩基础工程			大型土石方工程		
	I	II	III	I	II	III	I	II	III	I	II	III	I	II	III
施工管理费	8.5	7.3	4.2	16.5	14.0	8.0	6.6	5.8	4.0	5.5	4.4	3.3	12	9.0	6.5
措施费	3.7	3.4	2.9	7.2	6.6	5.7	3.2	2.9	2.5	2.5	2.3	2.1	4.8	3.9	3.4
安全文明设施费	1.3	1.0	0.8	2.6	2.1	1.7	1.1	0.9	0.7	1.0	0.8	0.6	1.3	1.0	0.8
利润	5.7	3.7	1.5	9.9	6.3	2.5	5.1	3.3	1.4	4.5	3.0	1.2	9.0	5.9	2.5
税金　市区	3.41														
税金　县城、城镇	3.35														
税金　市县镇以外	3.22														

4. 建筑工程费用计算程序

1）熟悉施工图纸及相关资料，了解现场情况：在编制工程量清单之前，要先熟悉施工图纸，以及图纸答疑、地质勘探报告，到工程建设地点了解现场实际情况，以便正确编制工程量清单。熟悉施工图纸及相关资料便于列制分部分项工程项目名称，了解现场便于列制施工措施项目名称。

2）编制工程量清单：工程量清单包括封面、总说明、填表须知、分部分项工程量清单、措施项目清单、其他项目清单、零星工作项目清单共七部分。

工程量清单是由招标人或其委托人，根据施工图纸、招标文件、计价规范，以及现场实际情况，经过精心计算编制而成的。

3）计算综合单价：计算综合单价，是标底编制人（指招标人或其委托人）或标价编制人（指投标人），根据工程量清单、招标文件、消耗量定额或企业定额、施工组织设计、施工图纸、材料预算价格等资料，计算分项工程的单价。

综合单价的内容包括：人工费、材料费、机械费、管理费、利润共五个部分。

4）计算分部分项工程费：在综合单价计算完成之后，根据工程量清单及综合单价，计算分部分项工程费用。

5）计算措施费：措施费包括环境保护费、文明施工费、安全施工费、临时设施费、夜间施工费、二次搬运费、大型机械进出场及安拆费、混凝土及钢筋混凝土模板费、脚手架费、施工排水降水费、垂直运输机械费等内容，根据工程量清单提供的措施项目计算。

6）计算其他项目费：其他项目费由招标人部分和投标人部分的内容组成。根据工程量清单列出的内容计算。

7）计算单位工程费：前面各项内容计算完成之后，将整个单位工程费包括的内容汇总起来，形成整个单位工程费。在汇总单位工程费之前，要计算各种规费及该单位工程的税金。单位工程费内容包括分部分项工程费、措施项目费、其他项目费、规费和税金五部分，这五部分之和即单位工程费。

8）计算单项工程费：在各单位工程费计算完成之后，将属同一单项工程的各单位工程费汇总，形成该单项工程的总费用。

9）计算工程项目总价：各单项工程费计算完成之后，将各单项工程费汇总，形成整个项目的总价。

业务要点 4：建筑面积及主要基数的计算

1. 建筑面积的计算规则

《建筑工程建筑面积计算规范》GB/T 50353—2005 适用于新建、扩建、改建的工业与民用建筑工程的面积计算。计算建筑面积的具体规定如下：

1）单层建筑物的建筑面积，应按其外墙勒脚以上结构外围水平面积计算，并应符合下列规定：

① 单层建筑物高度在 2.20m 及以上者应计算全面积；高度不足 2.20m 者应计算 1/2 面积。

② 利用坡屋顶内空间时净高超过 2.10m 的部位应计算全面积；净高在 1.20m 至 2.10m 的部位应计算 1/2 面积；净高不足 1.20m 的部位不应计算面积。

2）单层建筑物内设有局部楼层者，局部楼层的二层及以上楼层，有围护结构的应按其围护结构外围水平面积计算，无围护结构的应按其结构底板水平面积计算。层高在 2.20m 及以上者应计算全面积；层高不足 2.20m 者应计算 1/2 面积。

3）多层建筑物首层应按其外墙勒脚以上结构外围水平面积计算；二层及以上楼层应按其外墙结构外围水平面积计算。层高在 2.20m 及以上者应计算全面积；层高不足 2.20m 者应计算 1/2 面积。

4）多层建筑坡屋顶内和场馆看台下，当设计加以利用时净高超过 2.10m 的部位应计算全面积；净高在 1.20m 至 2.10m 的部位应计算 1/2 面积；当设计不利用或室内净高不足 1.20m 时不应计算面积。

5）地下室、半地下室（车间、商店、车站、车库、仓库等），包括相应的有永久性顶盖的出入口，应按其外墙上口（不包括采光井、外墙防潮层及其保护墙）外边线所围水平面积计算。层高在 2.20m 及以上者应计算全面积；层高不足 2.20m 者应计算 1/2 面积。

6）坡地的建筑物吊脚架空层、深基础架空层，设计加以利用并有围护结构的，层高在 2.20m 及以上的部位应计算全面积；层高不足 2.20m 的部位应计算 1/2 面积。设计加以利用、无围护结构的建筑吊脚架空层，应按其利用部位水平面积的 1/2 计算；设计不利用的深基础架空层、坡地吊脚架空层、多层建筑坡屋顶内、场馆看台下的空间不应计算面积。

7) 建筑物的门厅、大厅按一层计算建筑面积。门厅、大厅内设有回廊时，应按其结构底板水平面积计算。层高在 2.20rn 及以上者应计算全面积；层高不足 2.20m 者应计算 1/2 面积。

8) 建筑物间有围护结构的架空走廊，应按其围护结构外围水平面积计算。层高在 2.20m 及以上者应计算全面积；层高不足 2.20m 者应计算 1/2 面积。有永久性顶盖无围护结构的应按其结构底板水平面积的 1/2 计算。

9) 立体书库、立体仓库、立体车库，无结构层的应按一层计算，有结构层的应按其结构层面积分别计算。层高在 2.20m 及以上者应计算全面积；层高不足 2.20m 者应计算 1/2 面积。

10) 有围护结构的舞台灯光控制室，应按其围护结构外围水平面积计算。层高在 2.20m 及以上者应计算全面积；层高不足 2.20m 者应计算 1/2 面积。

11) 建筑物外有围护结构的落地橱窗、门斗、挑廊、走廊、檐廊，应按其围护结构外围水平面积计算。层高在 2.20m 及以上者应计算全面积；层高不足 2.20m 者应计算 1/2 面积。有永久性顶盖无围护结构的应按其结构底板水平面积的 1/2 计算。

12) 有永久性顶盖无围护结构的场馆看台应按其顶盖水平投影面积的 1/2 计算。

13) 建筑物顶部有围护结构的楼梯间、水箱间、电梯机房等，层高在 2.20m 及以上者应计算全面积；层高不足 2.20m 者应计算 1/2 面积。

14) 设有围护结构不垂直于水平面而超出底板外沿的建筑物，应按其底板面的外围水平面积计算。层高在 2.20m 及以上者应计算全面积；层高不足 2.20m 者应计算 1/2 面积。

15) 建筑物内的室内楼梯间、电梯井、观光电梯井、提物井、管道井、通风排气竖井、垃圾道、附墙烟囱应按建筑物的自然层计算。

16) 雨篷结构的外边线至外墙结构外边线的宽度超过 2.10m 者，应按雨篷结构板的水平投影面积的 1/2 计算。

17) 有永久性顶盖的室外楼梯，应按建筑物自然层的水平投影面积的 1/2 计算。

18) 建筑物的阳台均应按其水平投影面积的 1/2 计算。

19) 有永久性顶盖无围护结构的车棚、货棚、站台、加油站、收费站等，应按其顶盖水平投影面积的 1/2 计算。

20) 高低联跨的建筑物，应以高跨结构外边线为界分别计算建筑面积；其高低跨内部连通时，其变形缝应计算在低跨面积内。

21）以幕墙作为围护结构的建筑物，应按幕墙外边线计算建筑面积。

22）建筑物外墙外侧有保温隔热层的，应按保温隔热层外边线计算建筑面积。

23）建筑物内的变形缝，应按其自然层合并在建筑物面积内计算。

24）下列项目不应计算面积：

① 建筑物通道（骑楼、过街楼的底层）。

② 建筑物内的设备管道夹层。

③ 建筑物内分隔的单层房间，舞台及后台悬挂幕布、布景的天桥、挑台等。

④ 屋顶水箱、花架、凉棚、露台、露天游泳池。

⑤ 建筑物内的操作平台、上料平台、安装箱和罐体的平台。

⑥ 勒脚、附墙柱、垛、台阶、墙面抹灰、装饰面、镶贴块料面层、装饰性幕墙、空调机外机搁板（箱）、飘窗、构件、配件、宽度在 2.10m 及以内的雨篷以及与建筑物内不相连通的装饰性阳台、挑廊。

⑦ 无永久性顶盖的架空走廊、室外楼梯和用于检修、消防等的室外钢楼梯、爬梯。

⑧ 自动扶梯、自动人行道。

⑨ 独立烟囱、烟道、地沟、油（水）罐、气柜、水塔、贮油（水）池、贮仓、栈桥、地下人防通道、地铁隧道。

2. 建筑面积计算的作用

（1）建筑面积是一项重要的技术经济指标。

（2）建筑面积是计算结构工程量或用于确定某些费用指标的基础。

（3）建筑面积作为结构工程量的计算基础，不仅重要，而且也是一项需要细心计算和认真对待的工作，任何粗心大意都会造成计算上的错误，不但会造成结构工程量计算上的偏差，还会直接影响概预算造价的准确性，造成人力、物力和国家建设资金的浪费。

（4）建筑面积与使用面积、结构面积、辅助面积之间存在着一定的比例关系。设计人员在进行建筑或结构设计时，都应在计算建筑面积的基础上再分别计算出结构面积、有效面积及诸如土地利用系数、平面系数等经济技术指标。有了建筑面积，才有可能计量单位建筑面积的技术经济指标。

（5）建筑面积的计算对于建筑施工企业实行内部经济承包责任制、投标报价、编制施工组织设计、配备施工力量、成本核算及物资供应等，都具有重要的意义。

3. 建筑基数的计算

利用统筹计算法中“三线一面”基数中的各层主墙内建筑面积减去各种

厚度的内外墙净长线乘以墙厚度，就很简便而准确地求出了各层楼地面面积。

建筑基数的"线"和"面"指的是长度和面积，常用的基数为"三线一面"，"三线"是指建筑物的外墙中心线、外墙外边线和内墙净长线；"一面"是指建筑物的底层建筑面积。

1）外墙中心线：外墙中心线是指围绕建筑物的外墙中心线长度之和。利用外墙中心线可以计算外墙基槽、外墙基础垫层、外墙基础、外墙体积、外墙圈梁、外墙基防潮层等。

2）内墙净长线：内墙净长线是指建筑物内隔墙的长度之和，利用内墙净长线可以计算内墙基槽、内墙基础垫层、内墙基础、内墙体积、内墙圈梁、内墙基防潮层等。

3）外墙外边线：外墙外边线是指围绕建筑物外墙外边的长度之和，利用外墙外边线可以计算人工平整场地、墙角排水坡、墙角明沟（暗沟）、外墙脚手架、挑檐等。

4）建筑底层面积：建筑底层面积可以计算人工平整场地、室内回填土、地面垫层、地面面积、顶棚面抹灰、屋面防水卷材等。

业务要点5：机械台班费用确定

1. 机械台班费用的构成

（1）施工机械台班费用组成　1）折旧费；2）大修理费；3）经常修理费；4）安拆费及场外运费；5）机械管理费；6）养路费及车船使用税；7）人工费；8）燃料动力费。

（2）单独计算的项目的有关说明

1）塔式起重机基础及轨道安装拆卸项目中以直线型为准。其中枕木和轨道的消耗量为摊销量。

2）固定基础不包括打桩。

3）下列轨道和固定式基础可根据机械使用说明书的要求计算其轨道使用的摊销量和固定基础的费用组成：① 轨道和枕木之间增加其他型钢和板材的轨道；② 自升式塔式起重机行走轨道；③ 不带配重的自升式塔式起重机固定基础；④ 施工电梯的基础；⑤ 混凝土搅拌站的基础。

4）机械场外运输为25km以内的机械进出场费用，包括机械的回程费用。

5）自升式塔式起重机安装拆卸和场外运输项目是按塔高50m以内制定的，塔高为50m以上时，可按塔高50m以内的消耗量乘以表1-3中的系数。

6）未列项目的部分特大型机械的一次进出场、安装拆卸项目可按实际发生的消耗量计算。

（3）其他情况说明

表1-3 自升式塔式起重机安装拆卸及场外运输系数

项 目	安装拆卸系数	场外运输系数
塔高100m以内	1.48	1.40
塔高150m以内	2.04	1.80
塔高200m以内	2.68	2.20

1）每台班按8小时工作制计算。

2）盾构掘进机机械台班费用组成中未包括安拆费、场外运费、人工、燃料动力的消耗。顶管设备台班费用组成中未包括人工的消耗。

2．机械台班定额及机械台班数量的计算

（1）机械台班定额编制

1）拟定正常施工条件：主要是拟定工作地点的合理组织和合理的工人编制。

2）确定机械纯工作一小时的正常生产率。

以循环作业机械为例：

① 计算机械循环一次的正常延续时间

机械一次循环的正常延续时间＝∑（循环各组成部分正常延续时间）－交叠时间。

② 计算机械纯工作一小时的循环次数

机械纯工作一小时循环次数＝60×60（s）/一次循环的正常延续时间

③ 计算机械纯工作一小时的正常生产率

机械纯工作一小时正常生产率＝机械纯工作一小时循环次数×一次循环生产的产品数量

注：连续工作机械纯工作一小时正常生产率＝工作时间内生产的产品数量/工作时间

3）确定机械的正常利用系数

施工机械的正常利用系数＝班内纯工作时间/工作班的延续时间

4）计算机械台班定额

施工机械台班产量定额＝机械纯工作一小时正常生产率×工作班延续时间×机械正常利用系数

施工机械时间定额＝1/机械台班产量定额

（2）机械台班单价确定

1）机械台班单价概念：机械台班单价是指在单位工作台班中为机械正常运转所分摊和支出的各项费用。

2）机械台班单价构成：

① 第一类费用：折旧费、大修理费、经常修理费、安拆费及场外运费。

② 第二类费用：人工费、燃料动力费、养路及车船使用税。

3）机械台班单价确定

① 折旧费。

台班折旧费＝［机械预算价格×（1－残值率）＋货款利息］/耐用总台班

机械预算价格＝原价×（1＋购置附加费率）＋运杂费

货款利息系数＝1＋（n＋l）×l（n—折旧年限；l—年贷款利率）

耐用总台班＝折旧年限×年工作台班一大修间隔台班×大修周期

② 大修理费。

台班大修理费＝［一次大修理费×（大修周期－1）］/耐用总台班

③ 经常修理费。

经常修理费＝台班大修理费×经常修理费系数

④ 安拆费及场外运输费。

⑤ 燃料动力费。

⑥ 机上人工费。

⑦ 养路费及车船使用税。

第三节　机械制图与识图基础知识

◎ **本节导图：**

本节主要介绍机械制图与识图基础知识，内容包括机械图的一般规定、投影与三视图、机件的表达方法等。其内容关系框图如下页所示：

◎ **业务要点1：机械图的一般规定**

1. 图纸幅面及格式

（1）图纸幅面　图纸宽度与长度组成的图面。图纸幅面及图框尺寸应符合表 1-4 的规定。

表 1-4　基本幅面及图框尺寸　　　　（单位：mm）

幅面代号	A0	A1	A2	A3	A4
$B×L$	841×1189	594×841	420×594	297×420	210×297
e	20			10	
c	10			5	
a	25				

（2）图框　在图纸上用粗实线画出，基本幅面的图框尺寸见表 1-4 和图 1-35。

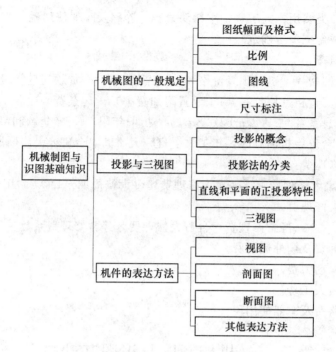

机械制图与识图基础知识关系框图

（3）标题栏　绘图时必须在每张图纸的右下角画出标题栏，见图 1-35，用来填写图名、图号以及设计人、制图人等的签名和日期。

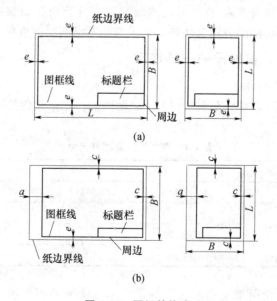

图 1-35　图纸的格式

（a）不留装订边　（b）留装订边

2. 比例

图样的比例是指图形尺寸与实物相对应的线性尺寸之比，如 1:5 即表示将实物尺寸缩小 5 倍进行绘制。常用比例见表 1-5。

表 1-5　常用比例

种　类	比　例
原值比例（比值为 1 的比例）	1:1
放大比例（比值＞1 的比例）	5:1　　2:1 $5 \times 10^n:1$　$2 \times 10^n:1$　$1 \times 10^n:1$
缩小比例（比值＜1 的比例）	1:2　　　　1:5　　　　1:10 $1:2 \times 10^n$　$1:5 \times 10^n$　$1:1 \times 10^n$

3. 图线

机件的图样是用各种不同粗细和型式的图线画成的，不同的线型有不同的用途。图样中常用图线的形式及应用见表 1-6。

表 1-6　线型及应用

图线名称	图线型式	图线宽度	主要用处
粗实线	———	b	可见轮廓线
细实线	———	约 $b/2$	尺寸线，尺寸界线，剖面线，重合断面的轮廓线，过渡线
波浪线	∿∿	约 $b/2$	断裂处的边界线，视图与剖视的分界线
双折线	—⌇—	约 $b/2$	断裂处的边界线
细虚线	- - - -	约 $b/2$	不可见轮廓线
粗虚线	- - - -	b	允许表面处理的表示线，如热处理
细点画线	—·—·—	约 $b/2$	轴线，对称中心线，孔系分布的中心线
粗点画线	—·—·—	b	限定范围表示线
细双点线	—··—··	约 $b/2$	相邻辅助零件的轮廓线，极限位置的轮廓线

4. 尺寸标注

（1）尺寸标注的基本规定

1）机件的真实大小应以图样上所注的尺寸数值为依据，与图形的大小及绘图的准确度无关。

2）图样中的尺寸凡以毫米为单位时，不需要标注其计量单位的代号或名称；若采取其他单位，则必须标注。

3）机件的每一尺寸，在图样上一般只标注一次，并应标注在反映该结构最清晰的图形上。

（2）尺寸的组成及标注规定

一个完整的尺寸包括：尺寸界线、尺寸线、尺寸数字及表示尺寸终端的箭头或斜线，见图1-36。

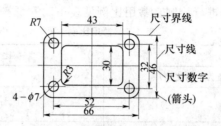

图1-36 尺寸的组成及标注规定

1) 尺寸界线：用细实线绘制；可由图形的轮廓线、轴线或对称中心线处引出，也可以直接利用这些线作为尺寸界线；尺寸界线一般应与尺寸线垂直。

2) 尺寸线：必须用细实线绘制；不能画在其他图线的延长线上；线性尺寸的尺寸线应与所标注尺寸线段平行。

3) 尺寸数字：线性尺寸的数字通常注写在尺寸线的上方或中断处；尺寸数字不允许被任何图线所通过，否则，需将图线断开或引出标注。

线性尺寸数字的注写方向为：水平方向的尺寸数字字头向上，垂直方向的尺寸数字字头向左，倾斜方向的尺寸数字字头偏向斜上方。

圆心角大于180°时，要标注圆的直径，且尺寸数字前加"ϕ"；圆心角小于等于180°时，要标注圆的半径，且尺寸数字前加"ϕ"；标注球面直径或半径尺寸时，应在符号ϕ或R前再加符号"S"，见图1-37。

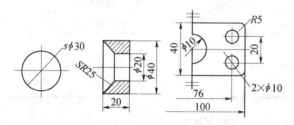

图1-37 直径和半径的标注方法

业务要点2：投影与三视图

1. 投影的概念

物体在投影面上的射影形成一个由图线组成的图形，这个图形称为物体在平面上的投影。投影体系的组成，见图1-38。

2. 投影法的分类

(1) 中心投影法 见图1-38，由一点发出投射线投射形体所得到的投影，

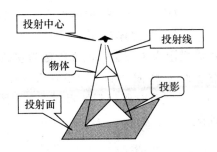

图 1-38　投影的形成及中心投影法

称为中心投影法。

（2）平行投影法　见图 1-39，用一组相互平行的投射线投射形体所得到的投影，称为平行投影法。

平行投影法可分为两种：

1）正投影法：投射线垂直于投影面，见图 1-39。

2）斜投影法：投射线倾斜于投影面，见图 1-40。

用正投影法确定空间几何形体在平面上的投影，能正确反映其几何形状和大小，作图也简便，所以正投影法在工程制图中得到广泛应用。

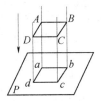
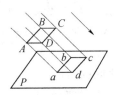

图 1-39　正投影法　　　　　**图 1-40　斜投影法**

3. 直线和平面的正投影特性

（1）积聚性　垂直于投影面的直线，其投影积聚为一点；垂直于投影面的平面，其投影积聚为一条直线。

（2）显实性　平行于投影面的直线，其投影反映实长；平行于投影面的平面，其投影反映实形。

（3）类似性　倾斜于投影面的直线，其投影比实长短；倾斜于投影面的平面，其投影仍为平面，但投影比实形小。

4. 三视图

（1）三投影面体系的建立　如图 1-41，三投影面体系由三个相互垂直的投影面组成，分别是正面 V；水平面 H；侧平面 W。

两投影面的交线为投影轴，分别是：X 代表长度方向；Y 代表宽度方向；Z 代表高度方向。

（2）三面投影的形成　如图1-41，把物体正放在三投影面体系中，按正投影法向各投影面投影，即可得到物体的正面投影、水平面投影、侧面投影。水平投影为俯视图；正面投影为主视图；侧面投影为左视图。

俯视图相当于观看者面对 H 面，从上向下观看物体时所得到的视图；主视图是面对 V 面，从前向后观看时所得到的视图；左视图是面对 W 面，从左向右观看时所得到的视图。

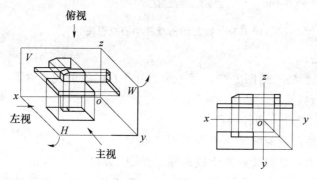

图 1-41　三面投影的形成　　　图 1-42　展开后的三面投影图

（3）三面投影的展开　为了看图方便，要将三个相互垂直的投影面展开在同一个平面上，展开方法见图1-41，规定 V 面保持不动，H 面向下向后绕 OX 轴旋转 $90°$，W 面向右向后绕 OZ 轴旋转 $90°$，展开后的三面投影图如图1-42所示。

（4）三视图之间的对应关系

1）视图间的"三等"关系，主视图反映物体的长度（X）、高度（Z）；俯视图反映物体的长（X）、宽（Y）；左视图反映物体的高（Z）、宽（Y），见图1-43。

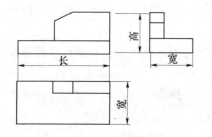
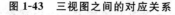
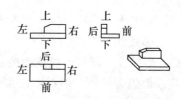

图 1-43　三视图之间的对应关系　　　图 1-44　视图与物体的方位关系

由此得出三视图之间存在"三等"关系：主视图与俯视图长对正（等长）；主视图与左视图高平齐（等高）；俯视图与左视图宽相等（等宽）。

2）视图与物体的方位关系，见图1-44，主视图反映物体的上下、左右的相互关系；俯视图反映了物体的左右、前后的相互关系；左视图反映了物体的上下、前后的相互关系。

业务要点 3：机件的表达方法

1. 视图

（1）基本视图 某些工程形体，当画出三视图后还不能完整和清晰地表达其形状时，则要增设新的投影面，画出新的投影面的视图来表达。

基本投影面有六个，将物体放在投影体系当中，分别向六个基本投影面投射，得到六个基本视图。六个基本投影面连同相应的六个基本视图一起展开，方法见图 1-45。

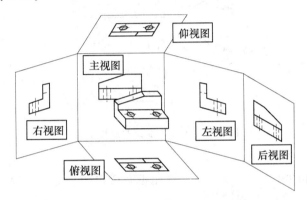

图 1-45 六个基本视图的展开方法

六个基本视图除主视图、俯视图、左视图外，还有右视图、仰视图、后视图，其排列位置见图 1-46。

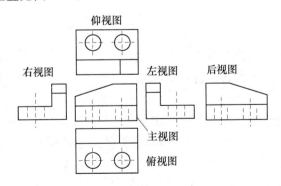

图 1-46 六个基本视图展开后的排列位置

右视图——从右向左投影所得的视图。

仰视图——从下向上投影所得的视图。

后视图——从后向前投影所得的视图。

六个基本视图之间仍符合"长对正、高平齐、宽相等"的投影规律。

若六个基本视图不能按图 1-46 的标准位置配置时，应在视图的上方标注视图的名称"×向"，在相应视图的附近用箭头指明投射方向，并标注与视图名称相同的字母，如图 1-47 所示的 C 视图。

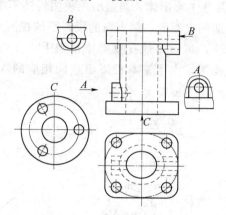

图 1-47　不按标准位置配置示例

（2）局部视图

1）将机件的某一部分向基本投影面投影所得的视图称为局部视图，如图 1-47 所示的 A 视图、B 视图。

2）在局部视图的上方应标注出视图的名称"×向"，在相应的视图附近，用箭头指明投影方向，并注上与视图名称相同的字母，见图 1-47。

3）局部视图的断裂边界用波浪线表示，如图 1-47 所示的 A 视图、B 视图。

（3）斜视图

1）将机件的倾斜部分向不平行于基本投影面的平面投射所得到的视图，称为斜视图，见图 1-48。

2）在斜视图的上方应标注出视图的名称"×向"，在相应的视图附近，用箭头指明投影方向，注上同样的字母，字母一律水平书写，见图 1-49。

3）斜视图一般按投影关系配置。

4）与视图的其他部分断开，边界用波浪线，见图 1-49。

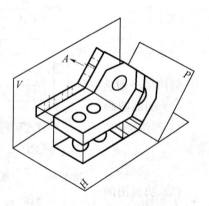

图 1-48　斜视图的形成

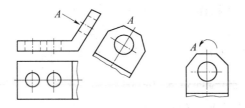

图 1-49　斜视图的配置及标注

5）允许将斜视图旋转配置，但需在斜视图上方注明，见图 1-49。

2. 剖面图

物体的内部结构（如孔、槽等）在视图上用虚线表示，当内部结构复杂时，视图中就会出现较多的虚线，给看图带来不便。国家制图标准中可用剖面图解决上述问题。

（1）剖面图的形成　假想用剖切平面将物体剖开，将处在观察者与剖切平面之间的部分移去，而将其余部分向投影面投影所得的图形，称为剖视图，见图 1-50a。

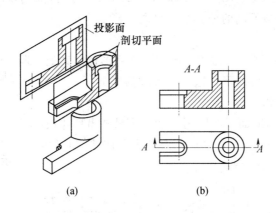

（a）　　　　　　　　　（b）

图 1-50　剖面图的形成及画法
（a）剖视图　（b）剖面图

剖切面一般应通过物体上孔的轴线、槽的对称面等位置。

（2）剖面图画法及标注

1）剖切面与实体接触部分的轮廓线用粗实线画出，且应画出材料图例；未剖到、但沿投影方向可见的部分用中实线绘制，见图 1-50b。

2）剖面图的标注，见图 1-50b。

（3）剖面图的分类

1）全剖视图：用剖切面将整个物体完全剖开所得的剖视图，见图 1-50b。全剖视图适用于外形比较简单的物体。

2）半剖面图：当物体左右对称或前后对称，而外形又比较复杂时，可以画出由半个外形正投影图和半个剖面图拼成的图形，以同时表示物体的外形和内部构造。这种剖面图称为半剖视图，见图1-51。

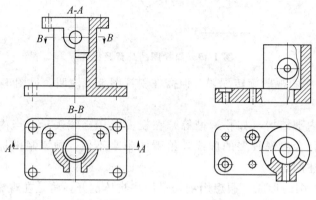

图1-51 半剖视图 　　　　　　　 图1-52 局部剖视图

3）局部剖视图：用剖切平面局部地剖开物体所得的剖视图。局部剖视图用波浪线作为剖与不剖的分界线，见图1-52。

3. 断面图

（1）断面图的形成　假想用剖切平面将形体的某处切断，仅画出该剖切平面与形体接触部分的图形，这个图形称为断面图，见图1-53a。断面图用来表达物体的断面形状。

（2）剖面图与断面图的区别　断面图只画出形体被剖开后断面的投影，是面的投影，见图1-53a；而剖面图要画出形体被剖开后余下形体的投影，是体的投影，见图1-53b。

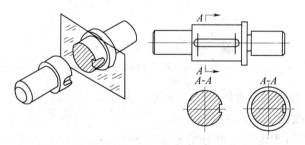

图1-53 断面图的形成及移出断面图

（a）断面图 　（b）剖视图

（3）断面图的种类

1）移出断面图：画在视图外的断面图，见图1-53a。

2）重合断面图：画在视图内的断面图，见图1-54。

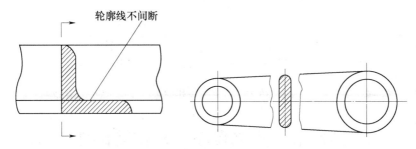

轮廓线不间断

图 1-54　重合断面图　　　　图 1-55　中断断面图

3）中断断面图：直接画在杆件断开处的断面图，见图 1-55。

（4）断面图的标注　移出断面图一般应标注断面图的名称"×—×"（"×"为大写拉丁字母），在相应视图上用剖切符号表示剖切位置和投射方向，并标注相同字母。见图 1-53a。

配置在剖切线延长线上的对称的移出断面，以及配置在视图中断处的对称的移出断面均不必标注。

4. 其他表达方法

（1）局部放大图　将机件的部分结构用大于原图形所采用的比例画出所得图形，称为局部放大图，见图 1-56。

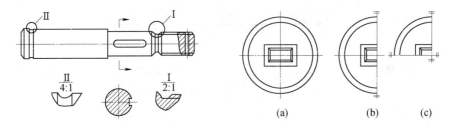

图 1-56　局部放大图　　　　图 1-57　对称图形的简化画法

（2）简化画法

1）对称图形的简化画法：对称的图形可以只画一半，但要加上对称符号，对称符号用一对平行的短细实线表示，其长度为 6～10mm，见图 1-57b。若视图有两条对称线，可只画图形的 1/4，并画出对称符号，见图 1-57c。

2）相同要素的简化画法：如果图上有多个完全相同而连续排列的构造要素，可以仅在排列的两端或适当位置画出其中一两个要素的完整形状，然后画出其余要素的中心线或中心线交点，以确定它们的位置，见图 1-58。

3）折断简化画法：轴、杆类较长的机件，当沿长度方向形状相同或按一定规律变化时，允许断开画出，见图 1-59。

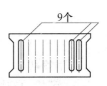

9个

图 1-58　相同要素的简化画法

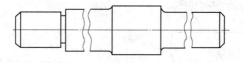

图 1-59　折断简化画法

第四节　机械传动与机械零部件

本节导图：

　　本节主要介绍机械传动与机械零部件，内容包括常用机械传动、联接、轴及轴承、联轴器、离合器、制动器等。其内容关系框图如下：

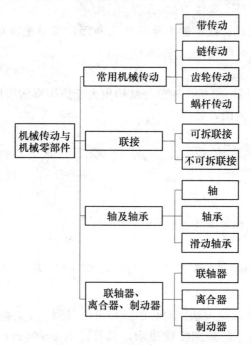

机械传动与机械零部件关系框图

业务要点 1：常用机械传动

　　1. 带传动

　　（1）带传动的原理　　如图 1-60 所示，带传动是由主动轮 1、从动轮 2 及传动带 3 组成，当主动轮转动时，由于带和带轮间的摩擦力，便拖动从动轮一起转动，并传递动力。

（2）带传动的类型 带传动按传动带的截面形状分，可分为以下几类：

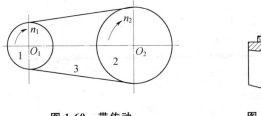

图1-60 带传动　　　　　　　**图1-61 平带**

1）平带：见图1-61，平带的截面形状为矩形，内表面为工作面。平带传动，结构简单，带轮也容易制造，在传动中心距较大的场合应用较多。

2）V带：见图1-62，V带的截面形状为梯形，两侧面为工作表面。在同样的张紧力下，V带传递的功率较平带大，因此V带传动应用最广。

图1-62 V带　　　　　**图1-63 多楔带**　　　　　**图1-64 圆形带**

3）多楔带：见图1-63，它是在平带基体上由多根V带组成的传动带。可传递很大的功率。多楔带传动兼有平带传动和V带传动的优点，摩擦力大，主要用于传递大功率而结构要求紧凑的场合。

4）圆形带

横截面为圆形，只用于小功率传动。见图1-64。

（3）带传动的特点

1）弹性带可缓冲吸振，故传动平稳，噪声小。

2）过载时，带会在带轮上打滑，从而起到保护其他传动件免受损坏的作用。

3）带传动的中心距较大，结构简单，制造、安装和维护较方便，且成本低廉。

4）由于带与带轮之间存在弹性滑动，导致速度损失，传动比不稳定，且传动效率较低。

5）带为非金属元件，故不宜用在酸、碱等恶劣工作环境下。

2. 链传动

（1）链传动的原理 链传动是以链条为中间传动件的啮合传动。如图1-65所示链传动由主动链轮1、从动链轮2和绕在链轮上、并与链轮啮合的链条3组成。

（2）链传动的类型　按照用途不同，链可分为起重链、牵引链和传动链三大类。起重链主要用于起重机械中提起重物，其工作速度 $v \leqslant 0.25 \text{m/s}$；牵引链主要用于链式输送机中移动重物，其工作速度 $v \leqslant 4 \text{m/s}$；传动链用于一般机械中传递运动和动力，通常工作速度 $v \leqslant 15 \text{m/s}$。

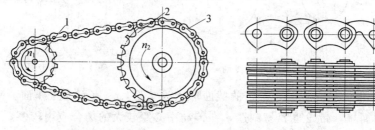

图 1-65　链传动　　　　　　图 1-66　齿形链

传动链有齿形链和滚子链两种。齿形链是利用特定齿形的链片和链轮相啮合来实现传动的，如图 1-66 所示。齿形链传动平稳，噪声很小，故又称无声链传动。齿形链允许的工作速度可达 40m/s，但制造成本高，质量大，故多用于高速或运动精度要求较高的场合。

（3）链传动的特点

1）和带传动相比。链传动能保持平均传动比不变，传动效率高，张紧力小，因此作用在轴上的压力较小；能在低速重载和高温条件下及尘土飞扬的不良环境中工作。

2）和齿轮传动相比。链传动可用于中心距较大的场合且制造精度较低。

3）只能传递平行轴之间的同向运动，不能保持恒定的瞬时传动比，运动平稳性差，工作时有噪声。

通常链传动传递的功率 $P \leqslant 100 \text{kW}$，中心距 $a \leqslant 5 \sim 6 \text{m}$，传动比 $i \leqslant 8$，线速度 $v \leqslant 15 \text{m/s}$，广泛应用于农业机械、建筑工程机械、轻纺机械、石油机械等各种机械传动中。

3. 齿轮传动

（1）齿轮传动的原理　齿轮传动是利用两齿轮相互啮合传递动力和运动的机械传动。

（2）齿轮传动的类型　按两轴位置分：

1）平面齿轮传动（圆柱齿轮传动）：圆柱齿轮传动按齿的形状有直齿圆柱齿轮传动（有外啮合、内啮合）、斜齿圆柱齿轮传动、人字齿轮传动。

2）空间齿轮传动：即两轮轴线不平行，有锥齿轮传动、螺旋齿轮传动等。

（3）齿轮传动的特点

1）齿轮传动的优点：

① 传递动力大、效率高。

② 寿命长，工作平稳，可靠性高。

③ 能保证恒定的传动比（传动比即两轮的转速之比）。

2）齿轮传动的缺点：

① 制造、安装精度要求较高，因而成本也较高。

② 不宜作远距离传动。

3）斜齿轮的传动特点：

① 传动平稳。

② 承载能力强。

③ 产生附加轴向分力。

4. 蜗杆传动

蜗杆传动是在空间交错的两轴间传递运动和动力的一种传动，两轴线间的夹角可为任意值，常用的为 90°。蜗杆传动用于在交错轴间传递运动和动力。

（1）蜗杆传动特点

1）传动比大，结构紧凑。蜗杆头数用 Z_1 表示（一般 $Z_1 = 1 \sim 4$），蜗轮齿数用 Z_2 表示。从传动比公式 $I = Z_2 / Z_1$ 可以看出，当 $Z_1 = 1$，即蜗杆为单头，蜗杆须转 Z_2 转蜗轮才转一转，因而可得到很大传动比，一般在动力传动中，取传动比 $I = 10 \sim 80$；在分度机构中，I 可达 1000。这样大的传动比如用齿轮传动，则需要采取多级传动才行，所以蜗杆传动结构紧凑，体积小、质量轻。

2）传动平稳，无噪音。因为蜗杆齿是连续不间断的螺旋齿，它与蜗轮齿啮合时是连续不断的，蜗杆齿没有进入和退出啮合的过程，因此工作平稳，冲击、震动、噪音小。

3）蜗杆传动具有自锁性。蜗杆的螺旋升角很小时，蜗杆只能带动蜗轮传动，而蜗轮不能带动蜗杆转动。

4）蜗杆传动效率低，一般认为蜗杆传动效率比齿轮传动低。尤其是具有自锁性的蜗杆传动，其效率在 0.5 以下，一般效率只有 0.7～0.9。

5）发热量大，齿面容易磨损，成本高。

（2）蜗杆传动应用 蜗杆传动常用于两轴交错、传动比较大、传递功率不太大或间歇工作的场合。蜗杆传动当要求传递较大功率时，为提高传动效率，常取 $Z_1 = 2 \sim 4$。此外，由于当 γ_1 较小时传动具有自锁性，故常用在卷扬机等起重机械中，起安全保护作用。它还广泛应用在机床、汽车、仪器、冶金机械及其他机器或设备中，其原因是因为使用轮轴运动可以减少力的消耗，从而大力推广。

业务要点 2：联接

1. 可拆联接

（1）螺纹联接

1）螺纹联接的主要类型及特点：

① 普通螺栓联接；见图 1-67a，这种联接的特点是螺栓杆与孔之间有间隙，杆与孔的加工精度要求低，装拆方便。主要用于被联接件不太厚的场合。

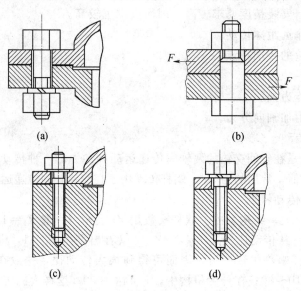

(a)   (b)

(c)   (d)

图 1-67　螺纹联接的类型
（a）普通螺旋栓联接　　（b）铰制孔螺栓联接
（c）双头螺柱联接　　（d）螺钉联接

② 铰制孔螺栓联接：见图 1-67b，铰制孔螺栓联接的孔与杆间无间隙，依靠螺栓光杆部分承受剪切和挤压来传递横向载荷的，这种联接对螺栓的加工精度要求高，成本高。适用于联接件需承受较大横向载荷的场合。

③ 双头螺柱联接：见图 1-67c，将两头都有螺纹的螺柱一端旋紧在被联接件的螺纹孔内，另一端穿过另一被联接件的孔，放上垫圈，拧上螺母，从而将两联接件联成一体。拆卸时，只需拧下螺母，取走上面的联接件。这种联接用于被联接件之一较厚或因结构需要采用盲孔的联接。

④ 螺钉联接：见图 1-67d，这种联接将螺钉直接拧入被联接件的螺纹孔中，不用螺母。常用于被联接件之一较厚，且不经常装拆的场合。

⑤ 紧定螺钉联接：它是利用紧定螺钉旋入被联接件之一的螺纹孔中，并以其末端顶紧另一零件，以固定两零件的相互位置。这种联接可传递不大的力和转矩，多用于轴与轴上的联接。

2）螺纹联接零件的标注方法：

螺栓 M10×60：表示公称直径为 10mm、公称长度为 60mm 的六角头螺栓。

螺母 M10：表示公称直径为 10mm 的六角螺母。

3）螺纹联接的防松：螺纹联接有自锁性，但当有冲击、震动、变载作用时，联接会松动，所以要防松。防松的方法有：

① 摩擦防松：双螺母对顶防松、弹簧垫圈防松、自锁螺母防松。

② 机械防松：止动垫圈防松、串联钢丝防松、开口销与开槽螺母防松。

③ 永久防松：焊接、胶接等。

（2）键联接　键联接主要用于轴与轴上传动零件（如联轴器、齿轮等）的周向固定，并传递运动和转矩。键联接分平键、楔键、半圆键和花键联接等，以平键联接最为常用。

1）平键联接：

① 普通平键联接：见图 1-68，工作时靠键与键槽侧面的挤压来传递转矩，因此键的两侧面为工作面。这种联接的对中性好，装拆方便，应用广泛，如减速器中的齿轮、联轴器与轴的联接均采用平键。

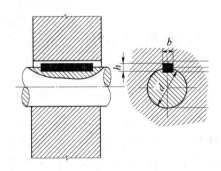

图 1-68　普通平键联接

② 导向平键联接：导向平键联接如图 1-69 所示，适用于动联接，即传动零件需沿轴作轴向移动的联接，如变速箱中的滑移齿轮。

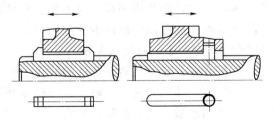

图 1-69　导向平键联接

2）楔键联接：图 1-70 为楔键联接，工作时依靠键的上、下底面与键槽挤紧产生的摩擦力来传递转矩。这种联接用于某些农业机械和建筑机械中。

3）花键联接：键两侧是工作面，靠键齿侧面间的挤压传递转矩。其对中性、导向性好，承载力大，但成本高。用于载荷大且对中性要求高的机械中。

4）半圆键联接：图1-71为半圆键联接，工作时靠键与键槽侧面的挤压来传递转矩，因此键的两侧面为工作面。键在轴上键槽中能绕其圆心转动，用于锥形轴端。

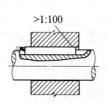

图1-70 楔键联接

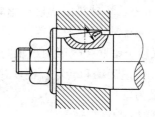

图1-71 半圆键联接

（3）销联接 销联接在机械中起定位作用，并可传递不大的载荷。销的种类见图1-72。

2. 不可拆联接

1）焊接：焊接具有结构简单、节省材料、接头强度高、气密性好、生产效率高、成本低等优点，但焊后容易产生焊接应力和变形。

焊接广泛应用于机械制造、建筑结构、桥梁、管道、石油化工、航空航天等

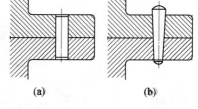

图1-72 销联接

（a）圆柱销 （b）推拔销

各个领域。如建筑结构及桥梁中钢筋的连接、船体制造、汽车车身制造、锅炉和压力容器制造、机械中的箱体及机架组装等均采用焊接。

2）胶接：胶接是用胶粘剂直接把被联接件联接在一起且具有一定强度的联接。利用胶粘剂凝固后出现的粘附力来传递载荷。

胶接的特点是重量轻、材料的利用率高、成本低、有良好的密封性、绝缘性和防腐性等，但抗剥离、抗弯曲、抗冲击及抗振动性能差；耐老化性能差；且胶粘剂对温度变化敏感，影响胶接强度等。

胶接广泛应用于木制结构、塑料制品零部件的联接。随着新型胶粘剂的发展，胶应用在金属构件的联接中也日渐增多。在机械制造中常用的胶粘剂是：环氧树脂胶粘剂、酚醛乙烯胶粘剂、聚氨酯等。

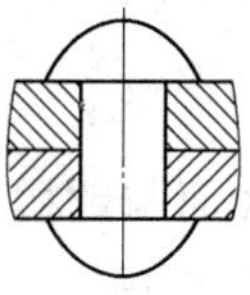

3）铆钉联接：见图1-73，铆接是将铆钉穿过被联接件的预制孔中经铆合而成的联接方式。铆接的联接强度高（如武汉长江大桥的箱形格构大梁），密封性能好；但拆卸不方便、制孔精度高。

图1-73 铆接

铆接分类：

1）活动铆接：结合件可以相互转动，如剪刀、钳子。

2）固定铆接：结合件不能相互活动，如桥梁建筑。

3）密缝铆接：铆缝严密，不漏气体与液体。

业务要点3：轴及轴承

1. 轴

轴是用来支承转动零件，如齿轮、带轮等，并传递运动和动力。

（1）轴的分类

1）按受力特点分：

① 转轴：在工作时既受弯矩作用，又受扭矩作用，如带轮轴、齿轮轴等，见图1-74，机械中的多数轴均属于转轴。

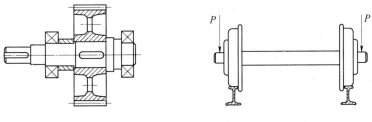

图1-74 转轴　　　　　　　图1-75 心轴

② 心轴：在工作时只受弯矩作用，不承受扭矩作用，如图1-75所示火车的车轮轴等。

③ 传动轴：只承受扭矩作用而不承受弯矩作用，如图1-76所示的汽车的传动轴。

2）按轴线的形状分：可分为直轴（见图1-74）、曲轴和软轴（见图1-77）。曲轴常用于内燃机中，而软轴则用于胀管器、振捣器等机器中。

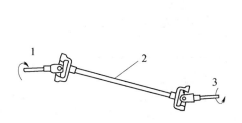

图1-76 传动轴

1—发动机　2—传动轴　3—后桥

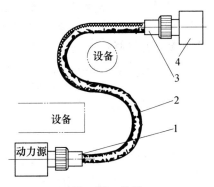

图1-77 软轴

1—接头　2—钢丝软轴（外层为护套）

3—接头　4—被驱动装置

2. 轴承

轴承在机器中起支承轴的作用，根据其工作表面摩擦性质的不同，分为滚动轴承和滑动轴承，滚动轴承已标准化。

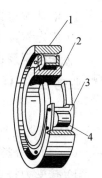

图 1-78 滚动轴承的构造

1—外圈　2—内圈
3—保持架
4—滚动体

（1）滚动轴承

1）滚动轴承的构造：见图 1-78，滚动轴承由外圈、内圈、滚动体、保持架组成。使用时，外圈装在轴承座孔内，内圈装在轴颈上，通常内圈随轴转动，而外圈静止，保持架的作用是把滚动体均匀分开。滚动体是滚动轴承的主体，它的大小、数量和形状与轴承的承载能力密切相关。图 1-79 列出了各种滚动体的形状。

2）滚动轴承的主要类型和特点：

① 按承受载荷的方向分：

a. 向心轴承，主要承受径向载荷。

b. 推力轴承，只能承受轴向载荷。

c. 向心推力轴承，能同时承受径向和轴向载荷。

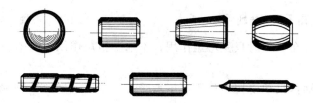

图 1-79 滚动体的形状

② 按滚动体的形状分：

a. 球轴承：其滚动体为球形，球轴承的承载力小，但极限转速高。

b. 滚子轴承：其滚动体的形状有圆柱形、圆锥形、鼓形等，滚子轴承的承载力大，但极限转速较低。

常用滚动轴承的类型、代号、特点及适用范围见表 1-7。

表 1-7　常用滚动轴承的类型、特点及适用范围

轴承类型	类型代号	性　能　特　点
调心球轴承	1	调心性能好，允许内、外圈轴线相对偏斜。可承受径向载荷及不大的轴向载荷，不宜承受纯轴向载荷
调心滚子轴承	2	性能与调心球轴承相似，但具有较高承载能力。允许内外圈轴相对偏斜
圆锥滚子轴承	3	能同时承受径向和轴向载荷，承载能力大。这类轴承内外圈可分离，安装方便。在径向载荷作用下，将产生附加轴向力，因此一般都成对使用

续表

轴承类型	类型代号	性 能 特 点
推力球轴承	5	只能承受轴向载荷。安装时轴线必须与轴承座底面垂直。在工作时应保持一定的轴向载荷。双向推力球轴承能承受双向轴向载荷
深沟球轴承	6	主要承受径向载荷，也可承受一定的轴向载荷，摩擦阻力小。在转速较高而不宜采用推力球轴承时，可用来承受纯轴向载荷。价廉，应用广泛
角接触球轴承	7	能同时承受径向和轴向载荷，并可以承受纯轴向载荷。在承受径向载荷时，将产生附加轴向力，一般成对使用
圆柱滚子轴承	N	能承受较大径向载荷。内、外圈分离，不能承受轴向载荷

3）滚动轴承的代号：滚动轴承的类型很多，而各类轴承又有不同的结构、尺寸，为便于组织生产和选用，国家标准规定了滚动轴承的代号。滚动轴承的代号由基本代号、前置代号和后置代号构成，其排列顺序见表1-8。基本代号表示轴承的类型、结构和尺寸，是轴承代号的基础。滚动轴承的基本代号由轴承类型代号、尺寸系列代号和内径代号构成。下面主要介绍基本代号的含义。

表 1-8　滚动轴承代号的排列顺序

前置代号	基 本 代 号			后置代号
□	×（□）	××		××	□或加×
成套轴承的分部件代号		尺寸系列代号		内径代号	内部结构改变、公差等级及其他
	类型代号	宽（高）度系列代号	直径系列代号		

注：□—字母；×—数字。

① 类型代号：类型代号是基本代号左起的第一位，用数字或字母表示，见表1-8。代号为"0"（双列角接触球轴承）则省略。

② 尺寸系列代号：尺寸系列代号由轴承的宽度系列代号（基本代号左起第二位）和直径系列代号（基本代号左起第三位）组合而成。

直径系列是指同一内径的轴承有不同的外径 D 和宽度 B，从而适应各种不同工况的要求。向心轴承的常用直径系列代号为：特轻（0、1）、轻（2）、中（3）、重（4）、特重（5）。

宽度系列表示同一内径和外径的轴承有各种不同的宽度。向心轴承的宽度系列代号常用的有窄（0）、正常（1）、宽（2）等。除圆锥滚子轴承外，当代号为"0"时可省略。

③ 内径代号：内径代号为基本代号左起第四位和第五位数字，表示轴承公称内径尺寸，按表1-9的规定标注。

3. 滑动轴承

（1）滑动轴承的组成　滑动轴承主要由轴承座和轴瓦组成。

表 1-9　滚动轴承的内径代号

内径代号	00	01	02	03	04～99
轴承内径/mm	10	12	15	17	数字×5

注：内径＜10mm 和＞495mm 的轴承内径代号另有规定。

（2）滑动轴承的分类　滑动轴承的类型按受力方向分为承受径向力的向心滑动轴承和承受轴向力的推力滑动轴承以及既能承受径向力又能承受轴向力的向心推力滑动轴承。其中，以向心滑动轴承应用最广。

1）整体式向心滑动轴承：它由轴承座、轴瓦组成。其优点是结构简单，但轴颈只能从端部装拆，因此安装检修困难，且轴承工作表面磨损后无法调整轴承的间隙，必须更换新轴瓦，只用于轻载、低速或间歇工作的机械，如卷扬机。

2）剖分式向心滑动轴承：剖分式向心滑动轴承由轴承座、轴承盖、剖分的上、下轴瓦及螺栓等组成。剖分面间放有调整垫片，以便在轴瓦磨损后通过减少垫片来调整轴瓦和轴颈间的间隙。这种轴承克服了整体式轴承的缺点、装拆方便，故应用广泛。

3）调心式向心滑动轴承：当轴颈较长或轴的刚性较差时，造成轴颈与轴瓦的局部接触，使轴瓦局部磨损严重，这时可采用调心式向心滑动轴承。

业务要点 4：联轴器、离合器、制动器

1. 联轴器

联轴器是用来联接不同机器（或部件）的两轴，使它们一起回转并传递转矩。按结构特点不同，联轴器可分为刚性联轴器和弹性联轴器两大类。

1）刚性联轴器：此类联轴器中全部零件都是刚性的，在传递载荷时，不能缓冲吸振。

① 固定式刚性联轴器：凸缘联轴器是固定式刚性联轴器中应用最广的一种，见图 1-80，由两个分别装在两轴端部的凸缘盘和联接它们的螺栓所组成。两凸缘盘的端部有对中止口，以保证两轴对中。凸缘联轴器结构简单，能传递较大的转矩。但要求两轴对中性好，且不能缓冲减振。

② 可移式刚性联轴器：可移式刚性联轴器允许被联接的两轴发生一定的相对位移。可移式刚性联轴器又分万向联轴器和十字滑块联轴器。

a. 万向联轴器：单个万向联轴器的构造见图 1-81，它由两个叉形零件和一个十字形联接件等组成。两轴间的交角最大可达 45°，但主动轴等速转动时，从动轴的

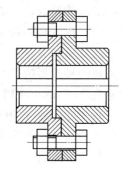

图 1-80　凸缘联轴器

角速度不稳定。为克服这一缺点，万向联轴器可成对使用，见图1-82。

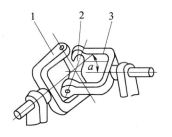

图1-81　单个万向联轴器
1—叉形零件　2—十字形联接件
3—叉形零件

图1-82　双万向联轴器

万向联轴器结构简单，工作可靠，在汽车等设备上有广泛的应用。

b.十字滑块联轴器：见图1-83，十字滑块联轴器是由两个端面开有凹槽的半联轴器和一个两端都有凸榫的中间圆盘组成。工作时，中间圆盘的凸榫可在凹槽中滑动，以补偿两轴的位移。

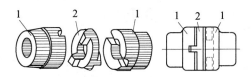

图1-83　十字滑块联轴器
1—半联轴器　2—中间圆盘

当转速高时，中间圆盘产生动载荷。所以只适用于低速、冲击载荷小的场合。如减速器的低速轴和卷扬机卷筒轴的联接。

2）弹性联轴器：弹性联轴器中有弹性元件，因此不仅可以补偿两轴位移，而且有较好的缓冲和吸振能力。

① 弹性套柱销联轴器：由弹性橡胶圈、柱销和两个半联轴器组成。弹性套柱销联轴器适用于起动频繁的高速轴联接，如电动机轴和减速箱轴的联接。

② 尼龙柱销联轴器：尼龙柱销联轴器和弹性套柱销联轴器相似，只是用尼龙柱销代替了橡胶圈和钢制柱销，其性能及用途与弹性套柱销联轴器相同。现已常用尼龙柱销联轴器来代替弹性套柱销联轴器。

2. 离合器

用离合器联接的两轴，在机器运转过程中可随时接合和分离。

离合器的类型很多，按接合的原理分嵌入式离合器和摩擦式离合器。

（1）嵌入式离合器　嵌入式离合器是依靠齿的嵌合来传递转矩的，分牙嵌离合器和齿轮离合器。

1）牙嵌离合器：牙嵌离合器是由两个端面上有牙的套筒所组成。一个套筒固定在主动轴上，另一个套筒则用导向键或花键与从动轴相联接，利用操纵机构使其沿轴向移动来实现接合与分离。

牙嵌离合器结构简单，但接合时有冲击，为避免齿被打坏，只能在低速或停车状态下接合。适用于主、从动轴严格同步的高精度机床。

2）齿轮离合器：齿轮离合器由一个内齿套和一个外齿套所组成。齿轮离合器除具有牙嵌离合器的特点外，其传递转矩的能力更大。

（2）摩擦式离合器　摩擦式离合器是利用接触面间产生的摩擦力传递转矩的。摩擦离合器可分单片式和多片式等。

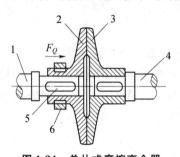

图 1-84　单片式摩擦离合器

1—从动轴　2—从动盘
3—主动盘　4—主动轴
5—导向平键　6—滑环

1）多片式摩擦离合器适用的载荷范围大，所以多片式摩擦离合器广泛应用于汽车、摩托车、起重机等设备中。

2）单片式摩擦离合器见图 1-84，操纵滑环，使从动盘左移并压紧主动盘，两圆盘间产生摩擦力，离合器接合。当从动盘向右移动，离合器分离。

3．制动器

制动器是具有使运动部件（或运动机械）减速、停止或保持停止状态等功能的装置，是使机械中的运动件停止或减速的机械零件，俗称刹车闸。制动器主要由制动架、制动件和操纵装置等组成。有些制动器还装有制动件间隙的自动调整装置。为了减小制动力矩和结构尺寸，制动器通常装在设备的高速轴上，但对安全性要求较高的大型设备（如矿井提升机、电梯等）则应装在靠近设备工作部分的低速轴上。

制动器分两大类，即起重机用制动器和汽车制动器。汽车制动器又分为行车制动器（脚刹），驻车制动器（手刹）。在行车过程中，一般都采用行车制动（脚刹），便于在前进的过程中减速停车，不单是使汽车保持不动。若行车制动失灵时才采用驻车制动。当车停稳后，就要使用驻车制动（手刹），防止车辆前滑和后溜。停车后一般除使用驻车制动外，上坡要将挡位挂在一档（防止后溜），下坡要将挡位挂在倒档（防止前滑）。

使机械运转部件停止或减速所必须施加的阻力矩称为制动力矩。制动力矩是设计、选用制动器的依据，其大小由机械的型式和工作要求决定。制动器上所用摩擦材料（制动件）的性能直接影响制动过程，而影响其性能的主要因素为工作温度和温升速度。摩擦材料应具备高而稳定的摩擦系数和良好的耐磨性。摩擦材料分金属和非金属两类。前者常用的有铸铁、钢、青铜和粉末冶金摩擦材料等，后者有皮革、橡胶、木材和石棉等。

起重机用制动器对于起重机来说既是工作装置，又是安全装置，制动器在起升机构中，是将提升或下降的货物能平稳地停止在需要的高度，或者控制提升或下降的速度，在运行或变幅等机构中，制动器能够让机构平稳的停止在需要的位置。

1）按制动件的结构形式：可分为外抱块式制动器、内张蹄式制动器、带式制动器、盘式制动器等。

2）按制动件所处工作状态：可分为常闭式制动器（常处于紧闸状态，需施加外力方可解除制动）和常开式制动器（常处于松闸状态，需施加外力方可制动）。

3）按操纵方式：分为人力、液压、气压和电磁力操纵的制动器。

4）按制动系统的作用：分为行车制动系统、驻车制动系统、应急制动系统及辅助制动系统等。

上述各制动系统中，行车制动系统和驻车制动系统是每一辆汽车都必须具备的。

（1）功用　使行驶中的汽车减速甚至停车，使下坡行驶的汽车的速度保持稳定，以及使已停驶的汽车保持不动，这些作用统称为制动；汽车上装设的一系列专门装置，以便驾驶员能根据道路和交通等情况，借以使外界（主要是路面）在汽车某些部分（主要是车轮）施加一定的力，对汽车进行一定程度的制动，这种可控制的对汽车进行制动的外力称为制动力；这样的一系列专门装置即称为制动系。

这种用以使行驶中的汽车减速甚至停车的制动系称为行车制动系；用以使已停驶的汽车驻留原地不动的装置，称为驻车制动系。这两个制动系是每辆汽车必须具备的。

（2）组成部分　任何制动系都具有以下四个基本组成部分。

1）供能装置，包括供给、调节制动所需能量以及改善传能介质状态的各种部件。

2）控制装置，包括产生制动动作和控制制动效果的各种部件。

3）传动装置，包括将制动能量传输到制动器的各个部件。

4）制动器，产生阻碍车辆的运动或运动趋势的力（制动力）的部件，其中包括辅助制动系中的缓速装置。

第二章　土方机械

第一节　推　土　机

🎯 本节导图：

本节主要介绍推土机，内容包括推土机的分类、推土机的基本构造、推土机类型的作业、推土机的施工方法、推土机的安全操作、推土机的维护与保养、推土机的常见故障及排除方法等。其内容关系框图如下：

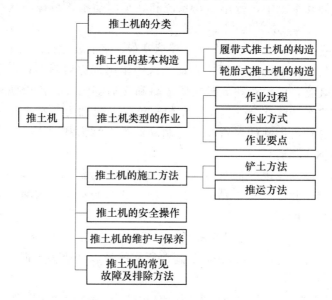

推土机的关系框图

🎯 业务要点 1：推土机的分类

（1）按行走方式　推土机可分为履带式和轮胎式两种。

1）履带式推土机附着牵引力大，接地比压小（0.04～0.13MPa），爬坡能力强，但行驶速度低。适用于条件较差的地带作业。

2）轮胎式推土机行驶速度高，机动灵活，作业循环时间短，运输转移方便，但牵引力小，适用于需经常变换工地和野外工作的情况。

（2）按推土铲安装形式　推土机可分为固定式和回转式推土机。

1）固定式推土机：推土铲与主机纵向轴线固定为直角，也称直铲式推土机。这种形式推土机的结构简单，但只能正对前进方向推土，作业灵活性差，仅用于中小型推土机。

2）回转式推土机：推土铲能在水平面内回转一定角度，与主机纵向轴线可以安装成固定直角或非直角，也称角铲式推土机。这种形式的推土机作业范围较广，便于同一侧移土和开挖边沟。

（3）按传动方式　推土机可分为机械式传动式推土机、液力机械传动式推土机、液压传动式推土机、电传动式推土机。

1）机械式传动式推土机：这种传动方式的推土机工作可靠，传动效率高，制造简单，维修方便，但操作费力，适应外阻力变化的能力差，易引起发动机熄火，作业效率低。大中型推土机已较少采用。

2）液力机械传动式推土机：采用液力变矩器与动力换挡变速器组合传动装置，可随外阻力变化自动调整牵引力和速度，换挡次数少，操纵轻便，作业效率高，是大中型推土机采用较多的传动方式。缺点是采用了液力变矩器，传动效率较低，结构复杂，制造和维修成本较高。

3）液压传动式推土机：由液压马达驱动行走机构，牵引力和速度可无级调整，能充分利用功率。因为没有主离合器、变速器、驱动桥等传动部件，故整机重量轻，结构紧凑，总体布置方便，操纵简单，可实现原地转向。但传动效率较低，制造成本较高，受液压元件限制，目前在大功率推土机上应用很少。

4）电传动式推土机：将柴油机输出的机械能先转换成电能，通过电能驱动电动机，进而由电动机驱动行走机构和工作装置。它结构紧凑，总体布置方便，操纵灵活，可实现无级变速和整机原地转向。但整机重量大，制造成本高，因而目前只在少数大功率轮胎式推土机上应用。另一种电传动式推土机采用动力电网的电力，称为电气传动。主要用于露天矿开采和井下作业，没有废气污染。但受电力和电缆的限制，使用范围较窄。

（4）按用途　推土机可分为标准型推土机和专用型推土机。

1）标准型推土机：这种机型一般按标准配置生产，应用范围广泛。

2）专用型推土机：专用性强，适用于特殊环境下的施工作业。有湿地型推土机、高原型推土机、环卫型推土机、森林伐木型推土机、电厂（推煤）型推土机、军用高速推土机、推耙机、吊管机等。

湿地型推土机机身较宽，采用加长履带和宽幅防陷三角形履带板，加大了接地面积，接地比压小，底盘部分有良好的防水密封性能，主要用于浅水和沼泽地的施工作业，也可在陆地上使用。

业务要点 2：推土机的基本构造

1. 履带式推土机的构造

履带式推土机主要由动力装置、传动系统、行走装置、工作装置及液压、电气系统等组成，其外形结构如图 2-1 所示。

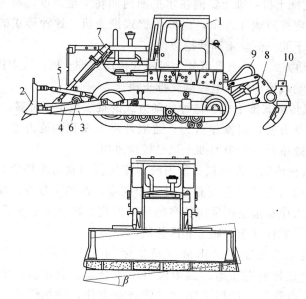

图 2-1　履带式推土机外形结构

1—驾驶室　2—推土铲刀　3—顶推架　4、5—撑杆　6—球铰
7—推土铲液压缸　8—松土器液压缸　9—油管　10—松土器

（1）动力装置　推土机工作条件很差，承受的负荷又重，还经常突变，遭受冲击振动，因此，多配用涡轮增压柴油机，选用性能参数达到先进水平的机型。

（2）传动系统　履带式推土机的传动系统有机械式、液力机械式和全液压式三种。早年的履带式推土机都是机械传动，由于操纵费力，作业效率低，已逐步被液力传动所代替。

（3）行走装置　行走装置主要用来支承机体，张紧并驱动履带运动。推土机的行走装置主要由履带、驱动轮、支重轮、托带轮、引导轮、张紧装置和台车架等组成，如图 2-2 所示。

（4）工作装置　推土机工作装置主要有推土铲和松土器两种。推土铲由铲刀及顶推架组成。按顶推架结构又分为直倾铲和角铲两种。

2. 轮胎式推土机的构造

轮胎式推土机一般采用专用底盘，前、后桥驱动，液压传动。除动力装

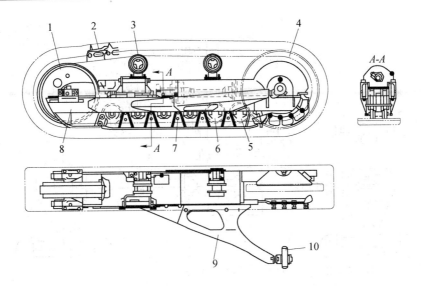

图 2-2　履带式推土机行走装置

1—引导轮　2—履带　3—托带轮　4—驱动轮　5—支重轮（单边）
6—支重轮（双边）　7—支重轮护板　8—台车架　9—斜撑　10—销轴

置外，主要有传动系统、转向系统、制动系统、工作装置等组成，其外形结构如图2-3所示。

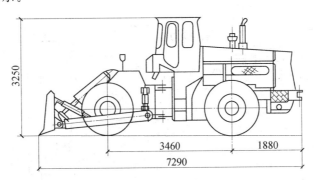

图 2-3　轮胎式推土机外形结构

（1）传动系统　轮胎式推土机采用液力机械传动，由液力变矩器、变速器、前后桥轮边减速器及车轮等组成，如图2-4所示。

（2）转向系统　转向系统为液压助力式，由转向器、转向杆、转向助力器和液压操纵机构等组成。液压操纵油路包括主油路和辅助油路，主油路由油箱、转向液压泵、组合阀、助力器等组成，如图2-5所示。辅助油路在发动机不能起动而被拖动时或发动机工作中突然熄火时，依靠车轮的滚动，带动变速器侧的转向辅助液压泵，将压力油经组合阀输入转向加力器操纵阀，实现

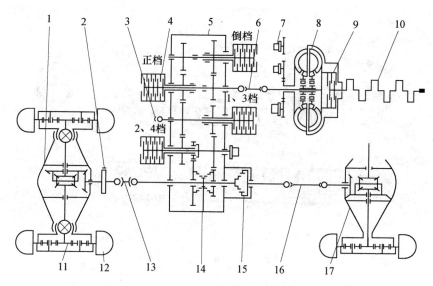

图 2-4 轮胎式推土机传动系统

1—前驱动桥 2—手制动 3—绞盘传动轴 4—变速离合器 5—变速器

6—传动器 7—液压器 8—变矩器 9—锁紧离合器 10—发动机

11—轮边减速器 12—车轮 13—传动轴 14—高低档机构

15—后桥脱开 16—传动轴 17—后驱动桥

车轮转向。

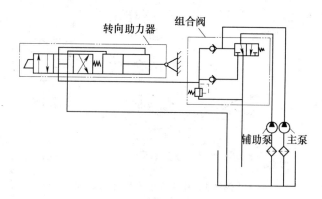

图 2-5 转向液压操纵油路

（3）制动系统　制动系统有脚制动和手制动两套机构。手制动为外抱带式制动器，制动前驱动桥的传动轴实现停车。脚制动为气液联动踏板操纵的轮边盘式制动器，由静摩擦片、转动摩擦片、固定盘及四个制动分泵组成。整机共有四个轮边制动器。当气液总泵的高压油进入制动分泵，推动活塞使转动摩擦片和静摩擦片压紧，车轮即被制动。

（4）工作装置　工作装置由推土铲和液压操纵系统组成。推土铲可变换正、斜铲。液压操纵系统由液压油箱、液压泵、操纵阀和液压缸等组成，其构造和履带式推土机的推土装置相似。

业务要点 3：推土机类型的作业

1. 作业过程

1）切土过程：在推土机前进的同时推土板放下切入土中，从地表切削的土屑聚集在推土板前。此时推土机采用Ⅰ挡行驶速度。

2）运土过程：铲土过程结束后，推土板在运行中提升到地面高度，将土推运到卸土地点。此时可采用Ⅲ挡的行驶速度，液压操纵系统的换向阀处于浮动状态，一般运距在 100m 以内。

3）卸土过程：卸土方法有两种：一种是弃土法，即推土机将土运至卸土处，将推土板提升后返回，卸掉的土壤无一定的堆放要求；另一种是按施工要求分层铺卸土壤，此时推土机将土运至卸土地点后，将推土板提升一定高度，推土机继续前进，土壤即从推土板下方卸掉，然后将推土板略提高一些返回。

4）返回过程：即推土机由卸土地点以最高的速度返回铲土地点。为了缩短空行程时间，在 30～50m 的运距内，应以最高的倒挡速度退回。

2. 作业方式

履带式推土机能对土壤、石碴、带卵石的混合土进行推运作业，也可以在条件较差的地段和沼泽地进行作业。对Ⅲ级以下土壤可直接进行推运作业，而在Ⅳ级以上土壤和冻土区作业时，必须预松。推土机的作业方法如下：

1）直铲作业法：是推土机的主要作业方法，能对土壤、石碴进行推运和场地的平整。其经济运距如下：小型履带式推土机为 50m 以内；中型履带式推土机为 50～100m；大型履带式推土机为 50～100m，也可达 150m。推土机在经济运距内比铲运机有更高的生产率。

2）斜铲作业法：用于填土、铲土、单侧弃土或落方推运。此时推土板水平回转（左、右）极限转角为 25°，运距宜短，生产效率低。

3）侧铲作业法：对坡度不大的切削硬土、掘沟作业，推土板可以在垂直平面内转动作业。但工作场地以纵向坡度不大于 30°、横向坡度不大于 25° 为宜。

3. 作业要点

（1）推土机起步 柴油机起动后必须等水温达 55℃ 以上、油温达 45° 以上方可起步。起步时先接合离合器，提升推土板，然后再分开离合器、换挡、接合离合器起步，以免推土板铲入土中太深，导致发动机熄火。

（2）推土板操纵 当提升推土板到所需高度后，应立即将操纵杆放回原位。当推土板降落至地面后，注意将操纵杆及时回位，不能猛放推土板。

（3）铲土和推土 推土机在铲土和推土时，推土板起落要平稳，不可过猛，铲土不可太深，以免负荷过重，导致履带或轮胎完全滑转无法前进，甚至迫使推土机熄火。推土时，如遇松软土壤，应根据推土路面情况，将推土板固定在一定位置；如遇坚实土壤，液压式推土机的推土板可呈"悬浮"状态。

（4）卸土 将土壤推下陡壁时，当推土板在陡壁前 1～2m 外处即应停止推土机前进，要始终保持陡壁前有一刀片土壤，待下次卸土时把前次留下的土壤推下陡壁。如遇卸土填方，则不必停车，应使推土机边前进边提升推土板，卸土完毕推土板即停止升起，推土机即可后退返回。

（5）停机 推土机应停放于平整的地面，停机熄火前，应将推土板放置于地面，并清除掉铲刀面的泥土。

◉ 业务要点 4：推土机的施工方法

推土机在施工作业中，必须根据土壤的性质、土层厚度以及运输距离的长度，采取合理的施工方法，以充分发挥机械效率。

1. 铲土方法

（1）平整场地 一般平整场地可分两步进行，即先平整高差较大的地方，待整个区域基本平整到高差不大时，再配合测量按标高先整平一小块，然后从已整平的小块开始，逐刀顺序推平，同时每次重叠 30～40cm，直到整个区域平整。在平整场地时应注意以下各点：

1）切勿将推土机置于倾斜地面上开始平整，否则容易造成整个平整面发生倾斜而达不到质量要求。

2）铲土时要注意观察前方的地形，并根据发动机声音的变化调整推土机铲刀深度。

3）根据坐在驾驶室里的感觉来判断是否推平，如推土机行驶平稳，说明已经推平，此时铲刀位置应保持不动。如感觉推土机行驶不平稳，就应及时调整铲刀的铲土深度。

（2）挖掘矩形堑壕 挖掘矩形堑壕时，其上层土方可利用推土机来完成（它可以代替铲运机挖掘 1～1.5m 深度），下层的土壤则可换用挖掘机或铲运机进行较为经济。

挖掘时，将推土机横置并沿着椭圆形或螺旋形的开行路线进行，沿堑壕中心划分两半，推土机每次推土都以中心线为起点，把半边土壤推到弃土场，随后又转向，不断地循环推土，如图 2-6 所示。置于堑壕边的坡，可用推土机来修整，在卸土区卸土时应铺撒均匀，这样可利用机械本身分层压实。

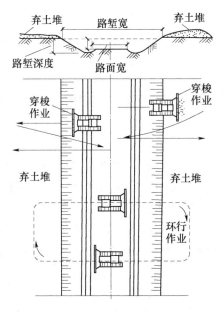

图 2-6　挖掘矩形堑壕示意图

（3）修筑路堤　当路堤从两侧或一侧取土，填筑高度不超过 1.5m 而运距又较近时，可用推土机从取土坑横向直接将土堆到路堤上，如图 2-7 所示。当路堤填土高度超过 1.5m 时，最好用铲运机施工，如工作面狭小，不便用铲运机时，也可以两台或两台以上的推土机为一组，一台从取土坑将土堆到路堤坡脚处堆放，另一台推土机顺路堤边坡斜向推出一条坡道，将土堆送到路堤上。

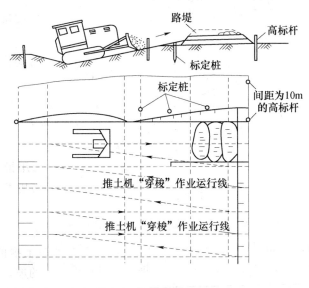

图 2-7　修筑路堤示意图

（4）泥泞地的推土　在含水量较大的地面或雨后泥泞地上推土时，要注意防止陷车，推土量不宜过大，每刀土要一气推出，在行驶途中尽量避免停歇、换挡、转向、制动等，防止中途熄火后起动困难。

（5）推除硬土（路面或冻土）　推除较硬的土壤时，应先用松土机将硬土破松。如需用推土机推除，可将铲刀改成侧推刀，使一个刀角向下，先将土层破开，然后沿破口逐步将土层排除。

（6）推除块石　堆土中如遇到大块孤石，可先将周围的土推掉，使孤石露出土外，再用铲刀试推，如已松动，可将铲刀插到孤石底部并往上提升铲刀，即可将孤石清除。如遇到群石，应从边上顺序一块一块排除，当第一块排除后，可顺着石窝推第二块，直到推完为止。

（7）推除石渣　推土机推运石渣或卵石时，应使铲刀紧贴地面，履带应在原地面行驶；如石渣较多，推土机应从石渣堆边开始，逐步往石渣堆中心将石渣推除。

2. 推运方法

推土作业一般是将土铲出并推运一段距离。正确的推运方式能提高运土量，缩短运土时间，从而提高施工效率。

（1）下坡推运法　在运距较短的半填半挖施工地区，应尽量利用地形，使铲土区和送土道路有一个坡度或在施工中逐步制造一个下坡推土的有利地形，如图 2-8 所示。这样能保证每刀土的推土量为最大，而且能提高推土速度，一般可提高生产效率 30%～40%。但坡度也不宜过大，应使推土机后退时能用二档不感到费劲为合适。

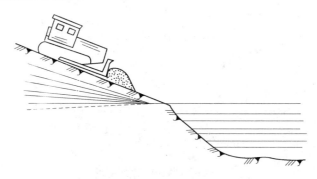

图 2-8　下坡推运法

（2）沟槽推运法　推土机重复多次在一条作业线上铲土和推土，使地面逐渐形成一条沟槽，如图 2-9 所示，再反复在沟槽中进行推土，以减少土从铲刀两侧漏散，这样就可增加 10%～30% 的推土量。沟槽的深度以 1m 左右为宜，多条沟槽之间形成的土坑可在最后推除。

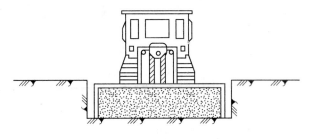

图 2-9 沟槽推运法

（3）并列推运法 如图 2-10 所示，用 2、3 台推土机并列作业，以减少土体漏失量。铲刀间距应在 15～20cm 之间。一般采用两机并列推土，可增大推土量 15%～30%；三机并列推土，可增大推土量 30%～40%，但平均运距不宜超过 50～70m，也不宜小于 20m。此法适合用于大面积平整场地及运送土，但必须注意以下几点：

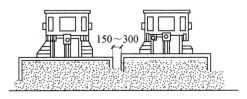

图 2-10 并列推运法

1）并列推运的推土机类型要基本相似。

2）操作人员要看相邻推土机的刀角，以控制两机的间距，并使车速保持一致，推运土要相互配合好，才能发挥并列推运的优势。

3）三机并列作业时，两侧的推土机要注意挖填区范围，其速度要稍快，呈扇形前进。

（4）分堆集中、一次推运法

在硬质土中，切入深度不大，可将土先积聚在一个或数个中间点，然后再整批推运到卸土区，使铲刀前能保持满载，如图 2-11

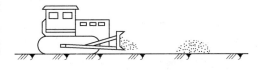

图 2-11 分堆集中、一次推运法

所示。堆积距离不宜大于 30m，堆土高度以 2m 内为宜。此法可使铲刀的推运数量增大，有效地缩短推运时间，能提高功效 15% 左右，适用于运送距离较远而土质又比较坚硬或长距离分段送土时采用。

（5）斜角推运法 将铲刀斜装在支架上或水平放置，并和前进方向成一倾斜角度（松软土为 60°，坚实土为 45°）进行推土，如图 2-12 所示。此法可减少推土机来回行驶，提高工效，但推土阻力较大，需较大功率的推土机。此法适用于管沟推土回填、垂直方向无倒车余地或在坡脚及山坡下推土用。

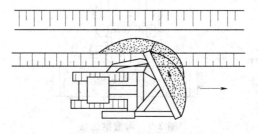

图 2-12 斜角推运法

（6）"之"字斜角推运法 推土机和回填的管沟或洼地边缘呈"之"字或一定角度推土，如图 2-13 所示。此法可减少平均负荷距离和改善推运中土的条件，并可使推土机转角减少一半，可提高工效，但需较宽的运行场地。适用于回填基坑、槽、管沟等采用。

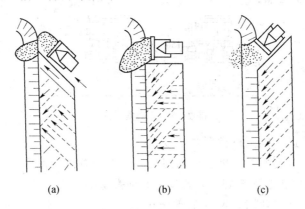

图 2-13 "之"字形斜角推运法

（a）、（b）"之"字形推运 （c）斜角推运

（7）过渡运土法 过渡运土法就是把土铲出分段转运到终点。当运距超过30m 时，可将它分为三段运送。开头几铲土只送到运距的 1/3 或 1/2 处，等到堆积一大堆后再将它送到下一段。以后都按此法每段运送 10～15m 距离，这样可减少运土时的漏出量，因短距离内土从铲刀侧漏出量不多，可提高工效。

（8）铲刀加挡板 对于运送疏松土壤而运距又较大时，可在铲刀两侧加挡板以增加铲刀前的土方体积和减少推运中的漏出量，挡板下缘应离刀刃 10～15cm，挡板尺寸为下宽 40cm 左右、上宽 20～30cm、高度 60～70cm 为宜。挡板可用螺栓或电焊固定在铲刀侧。

业务要点 5：推土机的安全操作

1）操作推土机前，应对推土机进行全面检查。检查各部连接是否松动；

蓄电池足够充电量，电气线路是否正常连接。

2）检查液压油箱是否加满规定标号的液压油，其油路系统有否漏油现象。

3）采用主离合器传动的推土机接合应平稳，起步不得过猛，不得使离合器处于合状态下运转；液力传动的推土机，应先解除变速杆的锁紧状态，踏下减速器踏板，变应在一定档位，然后缓慢释放减速踏板。

4）推土机行驶前，严禁有人站在履带或刀片的支架上。机械四周应没有障碍物认为安全后，方可开动。

5）如需放松时，只需将油塞拧松一圈，见油脂从下部溢出即可。切不可多松或全松以免高压油脂喷出伤人；更不准拧开上部注油嘴来放松履带。

6）运行中变速应停机进行，若齿轮啮合不顺时，不得强行结合齿轮。

7）在石子和黏土路面高速行驶或上下坡时，不得急转弯。需要原地旋转或急转弯必须用低速行驶。

8）在石块路面上行驶时，应将履带张紧。当行走机构夹入块石时，应采用正、往复行驶使块石排除。

9）在浅水地带行驶或作业时，必须查明水深，应以冷却风扇叶不接触水面为限，作业前应对行走装置各部注满润滑脂。

10）推土机上、下坡或超过障碍物时应采用低速挡。上坡不得换挡，下坡不得空行。横向行驶的坡度不得超过10°。当需要在陡坡上推土时，应先进行填挖，使机身保持均衡，方可作业。

11）在上坡途中，如发动机熄火，应立即放下铲刀，踏下并锁住制动踏板，切断离合器，方可重新起动。

12）机械操纵式推土机下坡或牵引重载下坡时，应选用低速挡，严禁空挡滑行。由于惯性使牵引物产生推动作用时，方向杆的操纵应与平地行走时操纵的方向相反，同时使用制动器。

13）无液力变矩器的推土机在作业中有超载趋势时，应稍微提高铲刀或变换低速档。

14）在深沟、基坑或陡坡地区作业时，必须设专人指挥，其垂直边坡深度一般不超过2m，否则应放出安全边坡。

15）推土机移动行驶时，铲刀距地面宜为400mm，不得用高速挡行驶和急转弯。不得长距离倒退行驶。

16）填沟作业驶近边坡时，铲刀不能超出边缘。后退时应先换挡后再提升铲刀进行倒车。

17）推房屋的围墙或旧房墙面时，其高度一般不超过2.5m。严禁推带有钢筋或与地基基础联结的混凝土柱等建筑物。

18）在电杆附近推土时，应保持一定的土堆，其大小可根据电杆结构、土质、埋入深度等情况确定。用推土机推倒树干时，应注意树干倒向和高空架设物。

两台以上推土机在同一地区作业时，前后距离应大于 8m，左右相距应大于 1.5m。

作业完毕后，应将推土机开到平坦安全的地方，落下铲刀，有松土器的，应将松土器爪落下。在坡道上停机时，应将变速杆挂低速挡，接合主离合器，锁住制动踏板，并将履带或轮胎揳住。

停机时，应先降低内燃机转速，变速杆放在空挡，锁紧液力传动的变速杆，分开主离合器，踏下制动踏板并锁紧，待水温降到 75℃ 以下，油温降到 90℃ 以下时，方可熄火。

推土机长途转移工地时，应采用平板拖车装运。短途行走转移时，距离不宜超过 10km，并在行走过程中经常检查和润滑行走装置。

在推土机下面检修时，内燃机必须熄火，铲刀应放下或垫稳。

业务要点 6：推土机的维护与保养

推土机的维护与保养见表 2-1～表 2-4。

表 2-1　履带式推土机日常维护作业项目和技术要求

部位	序号	维护部件	作业项目	技术要求
发动机	1	曲轴箱油平面	检查添加	停机处于水平状态，油面处于油尺"H"处，不足时添加
	2	水箱冷却水	检查添加	不足时添加
	3	风扇带	检查、调整	用 100N 力压在带中间下凹约 10mm
	4	工作状态	检查	无异响、无异常气味、烟色浅灰
	5	仪表及开关	检查	仪表指示正常，开关良好有效
	6	管路及密封	检查	水管、油管畅通，无漏油、漏水现象
	7	紧固件	检查	螺栓、螺帽、垫片等无松动、缺损
	8	燃油箱	检查	通气孔无堵塞，排放积水及沉淀物
主体	9	液压油箱	检查	油量充足，无泄漏
	10	操纵机构	检查	各操纵杆及制动踏板无卡滞现象，作用可靠，行程符合标准要求
	11	变矩器、变速器	检查	作用可靠、无异常
	12	转向离合器、制动器	检查	作用可靠、无异常
	13	液压元件	检查	动作正确，作用良好，无卡滞，无泄漏
	14	各机构及机构件	检查	无变形、损坏、过热、异响等不正常现象
	15	紧固件	检查	无松动、缺损
行走机构	16	履带	检查、调整	在平整路面上，导向轮和托带轮之间履带最大下垂度为 10～20mm
	17	导向轮、支重轮轮边减速器	检查	无泄漏现象，缺油时添加

部位	序号	维护部件	作业项目	技术要求
行走机构	18	张紧装置	检查	无泄漏现象，作用有效
	19	紧固件	检查、紧固	无松动、缺损
整机	20	安全保护装置	检查	正常有效
	21	整机	清洁	清除整机外部粘附的泥土及杂物，清除驾驶室内部杂物

表 2-2 履带式推土机二级（年度）维护作业项目和技术要求

部位	序号	维护部件	作业项目	技术要求
发动机	1	曲轴箱机油	快速分析	机油快速分析，油质劣化超标，应更换，不足添加
	2	机油过滤器	清洗	清洗滤清器，更换滤芯
	3	燃油过滤器	清洗	清洗过滤器，检查滤芯，损坏更换
	4	空气过滤器	清洗	清洗过滤器，检查滤芯，损坏更换
	5	风扇、水泵传动带	检查、调整	调整传动带张紧度，损坏换新
	6	散热器	检查	无堵塞，无破损，无水垢
	7	油箱	清洁	无油泥，无渗漏，每 500h 清洗一次
	8	仪表	检查	各仪表指针应在绿色范围内
	9	蓄电池	检查	电解液液面高出极板 $10 \sim 12mm$，相对密度高于 1.24，各格相对密度差不大于 0.025
	10	电气线路	检查	接头无松动，无绝缘破损情况
	11	照明、音响	检查	符合使用要求
主体	12	液压油及过滤器	检查清洁	检查液压油量，不足添加；清洗滤清器
	13	变矩器、变速器	检查	工作正常，无异响及过热现象，添加润滑油
	14	终传动齿轮箱	检查	检查油量，不足添加，排除漏油现象
	15	转向离合器及制动器	检查	工作正常，制动摩擦片厚度不小于 5mm
	16	履带及履带架	检查紧固	紧固履带螺栓，履带架及防护板应无变形、焊缝开裂等现象
	17	导向轮、驱动轮支重轮、拖带轮	检查	磨损正常，无横向偏摆，无漏油
	18	工作装置	检查、紧固	无松动、缺损，按规定力矩紧固
整机	19	各部螺栓及管接头	检查、紧固	无松动、缺损，按规定力矩紧固
	20	整机性能	试运转	在额定载荷下，作业正常，无不良情况

表 2-3 履带式推土机二级（年度）维护作业项目和技术要求

部位	序号	维护部件	作业项目	技术要求
发动机	1	润滑系统	检测机油压力	油温（50＋5）℃以上时，低速空转调整压力为 0.20MPa 以上，高速空转调整压力为 0.45MPa 以上
	2	风扇传动带张力	检测	用手指施加 60N 力量按压时的挠曲量约为 10mm
	3	冷却系统	检测	节温器功能正常，77℃阀门开启
	4	起动系统	检测	水温为 75℃时发动机在 20s 内起动，2 次起动间隔时间为 2min
	5	供油系统	检测	PT 泵燃油压力值为 0.68～0.73MPa，真空压力值为 23.94kPa，喷油器喷油压力为 1.51MPa
	6	工作状态	测定转速及功率值	怠速转速为 650r/min 时，发动机应稳定运转；高速转速为 2150r/min，标定功率为 235kW；发动机在大负荷工况下无异常振动，排烟为淡灰色，允许深灰色
	7	曲轴连杆机构	检测	油温为（50±10）℃，转速为 230～260r/min，须 3～5s 后，气缸压缩压力应为 28MPa；油温为 600C。在额定转速时，曲轴箱窜气量为 40.47kPa
	8	配气机构	检测、调整	冷车状态进气门间隙为 0.36mm，排气门间隙为 0.69mm
	9	曲轴箱润滑油	化验机油性能指标	油质劣化超标时应更换
	10	蓄电池	测定容量及相对密度	用高频放电计检查，单格容量为 1.75V 以上，稳定 5s 后，电解液相对密度应符合季节要求
主体	11	液力变矩器	检测	转数应在（1540±50）r/min 以内
	12	液压泵	测定压力、流量及噪声	工作泵压力为 20MPa，变速泵压力为 2.0MPa；工作泵流量 1725r/min 时为 172.5L/min；变速泵流量为 2030r/min 时为 931L/min；泵噪声小于 75dB
	13	液压油	化验性能指标	油质劣化达标时更换
	14	各液压元件	检测	在额定工作压力下，无渗漏、噪声、过热等现象

部位	序号	维护部件	作业项目	技术要求
主体	15	主离合器、制动器及万向节	检查、紧固	主离合器摩擦片、制动器摩擦片磨损严重时应更换，万向节、十字轴轴承不松动，螺栓紧固
	16	变速器	检查	变速齿轮磨损不超过 0.1～0.2mm，无异响，变速轻便，定位可靠
	17	后桥	检测	作业时无异响，锥齿轮的啮合间隙为 0.25～0.35mm，不得大于 0.75mm，接触印痕大于全齿长的 50%，印痕的中点和齿轮小端距离为 15～25mm，印痕的高度为 50% 的有效齿高，并位于有效齿高的中部
	18	转向离合器及制动器	检查	工作正常，磨损片厚度不小于 5mm，磨损严重时须更换
	19	终传动装置	测量齿轮节圆厚度	齿轮磨损厚度不得超过 0.2～0.25mm，排除漏油现象
	20	导向轮、驱动轮、支重轮、托带轮	测量	表面尺寸磨损后减少量不超过 10～12mm，排除漏油现象
	21	履带	检测	履带销套磨损超限时，可进行翻转修复，履带节高度磨损超限时，可进行焊补修复
	22	各类轴及轴承	检测	各类轴的磨损量不大于 2～3mm（直径大时取上限），各类轴承间隙符合要求
	23	工作装置	检修	铲刀及顶推架如磨损或开裂应焊补。刀片使用一段时间后可翻转 180° 续使用
整机	24	机架及外部构件	检修	铆焊在机架上的零部件应牢固，各构件无松动、破裂及短缺
	25	各紧固件	检查、紧固	按规定力矩紧固，并补齐缺损件
	26	整机覆盖面	除锈、补漆	对锈蚀、起泡、油漆脱落部分除锈及补漆
	27	整机性能	试运转	达到规定的性能参数（回转速度为 7.88r/min，行走速度工作档处在 1.6km/h，快速档处于 3.2km/h，爬坡能力为 45%，最大牵引力为 12t）

表 2-4 履带式推土机润滑部位及周期

润滑部位		润滑剂	润滑周期/h		备注
			检查加油	换油	
发动机	发动机油底壳	稠化机油或柴油机油	10	500	
	张紧带轮架 风扇带轮 张紧带轮	锂基润滑脂	250		新车第一次换油为250h
传统系统	主离合器壳后桥箱（包括变速器） 最终传动	稠化机油或柴油机油	10 10 250	500 1000 1000	
	主离合器操纵杆轴 万向节 油门操纵杆轴 制动踏板杠杆轴 减速踏板轴	锂基润滑脂	2000 1000 2000 2000 2000		新车第一次换油为250h
行走机构	引导轮调整杆 斜支撑 平衡梁轴	锂基润滑脂	1000 1000 2000		
推土装置	工作邮箱	稠化机油	50	1000	新车第一次换油为250h
	铲刀操纵杆轴 角铲支撑 直倾铲液压缸支架 液压缸中心架 倾斜球接头座 倾斜液压缸球接头 倾斜球接头支撑 液压缸球接头 倾斜球接头座	锂基润滑脂	250		

对于有运转记录的机械，也可将运转台时作为维护周期的依据，推土机的一级维护周期为200h，二级维护周期为1800h，可根据机械年限，作业条件等情况适当增减。对于老型机械，仍可执行三级维护制，即增加600h（季度）的二级维护，1800h（年度）的二级维护改为三级维护，作业项目可相应调整。

⚙ 业务要点 7：推土机的常见故障及排除方法

履带式推土机的常见故障及排除方法见表 2-5。

表 2-5 履带式推土机的常见故障及排除方法

故障现象	故障原因	排除方法
主离合器打滑	1) 摩擦片间隙过大 2) 离合器摩擦片沾油 3) 压盘弹簧性能减弱	1) 调整间隙, 如摩擦片磨损超过原厚度的 1/3 时, 应更换摩擦片 2) 清洗、更换油封 3) 进行修复或更换
主离合器分离不彻底或不能分离	1) 钢片翘曲或飞轮表面不平 2) 前轴承因缺油咬死 3) 压脚调整不当或磨损严重	1) 校正修复 2) 更换轴承, 定期加油 3) 重新调整或更换压脚
主离合器发抖	1) 离合器套失圆太大 2) 松放圈固定螺栓松动	1) 进行修复 2) 紧固固定螺栓
主离合器操纵杆沉重	1) 调整盘调整过量 2) 油量不足使助力器失灵	1) 送回调整盘, 重新调整 2) 补充油量
液压变矩器过热	1) 油冷却器堵塞 2) 齿轮泵磨损, 油循环不足	1) 清洗或更换 2) 更换齿轮泵
变速器挂档困难	1) 连锁机构调整不当 2) 惯性制动失灵 3) 齿轮或花键轴磨损	1) 重新调整 2) 调整 3) 修复, 严重时更换
变速杆挂档后不起步	1) 液力变矩器和变速器的油压不上升 2) 液压管路有空气或漏油 3) 变速器滤清器堵塞	1) 检查修理 2) 排除空气, 紧固管路接头 3) 清洗滤清器
中央转动啮合异常	1) 齿轮啮合不正常或轴承损坏 2) 大圆锥齿轮紧固螺栓松动或第二轴上齿轮轮毂磨损	1) 调整齿轮间隙, 更换轴承 2) 紧固螺栓或旋第二轴前锁紧螺母后用销锁牢
转向离合器打滑, 使推土机跑偏	1) 操纵杆没有自由行程 2) 离合器片沾油或磨损过大	1) 调整后达到规定 2) 清洗或更换
操纵杆拉到底不转弯	1) 操纵杆与增力器间隙过大 2) 主、从动片翘曲, 分离不开	1) 调整 2) 校平或更换
推土机不能急转弯	1) 制动带沾油或磨损过度 2) 制动带间隙或操纵杆自由行程过大	1) 清洗或更换 2) 调整至规定值
液压转向离合器不分离	1) 转向油压、油量不足 2) 活塞上密封环损坏, 漏油	1) 清洗滤清器, 补充油量 2) 更换密封环
制动器失灵	1) 制动摩擦片沾油或磨损过度 2) 踏板行程过大	1) 清洗或更换 2) 调整
引导轮、支重轮、托带轮漏油	1) 浮动油封及 O 形圈损坏 2) 装配不当或加油过量	1) 更换 2) 重新装配, 适量加油

续表

故障现象	故障原因	排除方法
驱动轮漏油	1) 接触面磨损或有裂纹 2) 装配不当或油封损坏	1) 更换或重新研磨 2) 重新装配，更换油封
引导轮、支重轮、托带轮过度磨损	1) 三轮的中心不在一条直线上 2) 台车架变形，斜撑轴磨损	1) 校正中心 2) 校正修理，调整轴衬
履带经常脱落	1) 履带太松 2) 支重轮、引导轮的凸缘磨损 3) 三轮中心未对准	1) 调整履带张力 2) 修理或更换 3) 校正中心
液压操纵系统油温过高	1) 油量不足 2) 滤清器滤网堵塞 3) 分配器阀上、下弹簧装反	1) 添加至规定量 2) 清洗滤清器 3) 重新装配
液压阀总成系统作用慢或不起作用	1) 油箱油量过多或过少 2) 油路中吸入空气 3) 油箱加油口通气孔堵塞	1) 使油量达到规定值 2) 排除空气，拧紧油管接头 3) 清洗通气孔及填料
铲刀提升缓慢或不能提升	1) 油箱中油量不足 2) 分配器回油阀卡住或阀的配合面上沾有污物 3) 安全阀漏油或关闭压力过低 4) 液压泵磨损过大	1) 加油至规定油面 2) 用木棒轻敲回油阀盖，或取出清洗阀座后重新装回 3) 检查，调整压力 4) 适当加垫或更换新泵
铲刀提升时跳动或不能保持提升位置	1) 分配器、滑阀、壳体磨损 2) 液压缸活塞密封圈损坏 3) 操纵阀杆间隙过大 4) 操纵阀卡住	1) 更换分配器 2) 更换 3) 修理调整 4) 检查修理
安全阀不起作用	1) 安全阀有杂物夹住或堵塞 2) 弹簧失效或调整不当	1) 检查并清理 2) 更换或重新调整

第二节　挖　掘　机

本节导图：

本节主要介绍挖掘机，内容包括单斗挖掘机的分类、单斗挖掘机的构造、单斗挖掘机的工作过程、单斗挖掘机的安全操作、单斗挖掘机的维护与保养、单斗挖掘机的常见故障及排除方法等。其内容关系框图如下页所示：

业务要点 1：单斗挖掘机的分类

1. 按用途分

（1）建筑型挖掘机　它有履带式、轮胎式和汽车式等三种。其工作装置一

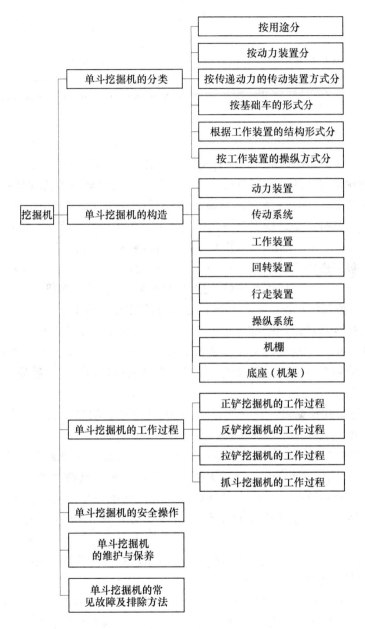

挖掘机的关系框图

般有正铲、反铲、拉铲、抓斗和吊钩等，其斗容量一般小于 $2m^3$，适用于挖掘和装载 I ~ IV 级土壤或爆破后的 V ~ VI 级岩石。

（2）采矿型挖掘机　主要采掘爆破之后的矿石和岩石，一般只用正铲工作装置。按作业要求，个别还配有拉铲装置和起重装置，斗容量一般为 2 ~

8m³。适用于挖掘爆破后的Ⅴ～Ⅵ级的矿石和岩石。

2. 按动力装置分

可分为电动机驱动式、内燃机驱动式、复合驱动式（柴油机－电力驱动、柴油机－液力驱动、柴油机－气力驱动、电力－液力驱动和电力－气力驱动）挖掘机等。筑路用单斗挖掘机由于其流动性比较大，斗容量不太大，故一般都是采用内燃机驱动形式。

3. 按传递动力的传动装置方式分

（1）机械传动挖掘机　机械传动是指工作装置的动作是通过绞车（卷筒）、钢索和滑轮来实现的。挖掘机的动力装置通过齿轮和链条等传动件带动绞车、行走及回转等机构，并通过离合器、制动器控制其运动状态，在大中型挖掘机上采用。其特点是结构复杂，机械质量大，但传动效率高、工作可靠。

（2）半液压传动挖掘机　工作装置、回转装置、行走装置中不全是液压传动的，一般工作装置采用双作用液压油缸执行动作，行走与回转采用机械传动或只有行走采用机械传动的单斗挖掘机为半液压传动挖掘机。

（3）全液压传动挖掘机　如果行走和回转采用液压马达驱动，工作装置通过液压缸执行其动作，则称为全液压挖掘机。因液压传动具有传动机构结构简单、质量小、挖掘机的工作性能好、在中小型单斗挖掘机上基本已逐步被半液压传动和全液压传动所取代，而且有向全液压传动发展的趋势。

4. 按基础车的形式分

（1）履带式挖掘机　具有重心低、接地比压小、通过性强等优点。所以大中型单斗挖掘机多采用这种形式。

（2）轮胎式挖掘机　采用特制的增大轮距的底盘，以增加其稳定性，又采用可根据需要伸出与缩回的液压支腿。其特点是机动灵活，能自行快速地转移工地且不破坏路面。但其稳定性相对较差，许多小型的液压挖掘机多采用这种行走装置。一般市政工程单位用于城市各种管道沟的开挖与日常维护修理。

（3）汽车式挖掘机　它比轮胎式的运行速度更快，其他与轮胎式的相似。

5. 根据工作装置的结构形式分

（1）正铲挖掘机　当铲斗置于停机面开始挖掘时，其斗口朝外（前），它适合挖停机面以上的工作面，对于液压操纵的正铲挖掘机可以挖停机面以下的工作面。

（2）反铲挖掘机　当铲斗置于停机面开始挖掘时，其斗口朝内（后或下），工作过程中，铲斗向内转动，适合挖停机面以下的工作面。对于液压操纵的正铲挖掘机可以挖停机面以上的工作面。

（3）拉铲挖掘机　其铲斗是由钢索悬吊和操纵的。铲斗在拉向机身时进行挖掘，适合开挖停机面以下的工作面，其卸土是采用抛掷卸土的方式。

（4）抓斗（铲）挖掘机　工作装置是一种带双瓣或多瓣的抓斗，对于机械操纵挖掘机，它用提升索悬挂在动臂上，斗瓣的开闭由闭合索来实现，也有液压抓斗。

6. 按工作装置的操纵方式分

可分为机械－钢索操纵式、机械－液压综合式、机械－气压综合式、全液压式挖掘机。

● 业务要点 2：单斗挖掘机的构造

不论是哪种形式的单斗挖掘机，其总体组成都基本相同，它主要由以下几部分组成，见图 2-14。

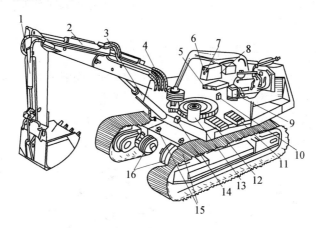

图 2-14　液压式单斗挖掘机构造

1—铲斗液压缸　2—斗杆液压缸　3—动臂液压缸　4—回转液压马达
5—冷却器　6—滤油器　7—磁性滤油器　8—液压油箱
9—液压泵　10—背压阀　11—后四路组合阀　12—前四路组合阀
13—中央回转接头　14—回转制动阀　15—限速阀　16—行走液压马达

1. 动力装置

整机的动力源，大多采用水冷却多缸柴油机。

2. 传动系统

把动力传给工作装置、回转装置和行走装置。有机械传动、半液压传动与全液压传动三种形式。

3. 工作装置

可用来直接完成挖掘任务，包括动臂、铲斗和斗柄等。

4. 回转装置

使转台上的工作装置连同发动机、驾驶室等向左或向右回转，以实现挖掘与卸料。

5. 行走装置

可支承全机质量，并执行行驶任务，有履带式、轮胎式和汽车式三种行走装置。

6. 操纵系统

操纵工作装置、回转装置和行走装置的动作，有机械式、液压式、气压式和复合式等。

7. 机棚

盖住发动机、传动系统与操纵系统等，一部分作为驾驶室。

8. 底座（机架）

是全机的装配基础，除行走装置装在其下面外，其余组成部分都装在其上面。

业务要点 3：单斗挖掘机的工作过程

挖掘机是一种循环作业式机械，每一工作循环包括挖掘、回转调整、卸料、返回调整四个过程。机械单斗挖掘机的工作装置有反铲、正铲、拉铲、抓斗、吊钩等几个类型，见图 2-15。下面介绍机械传动式的正铲、反铲、拉铲和抓斗挖掘机的工作过程。

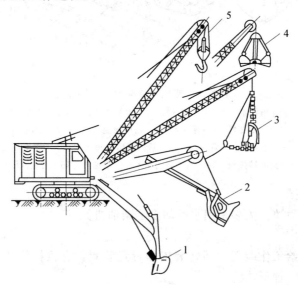

图 2-15　挖掘机工作装置类型

1—反铲　2—正铲　3—拉铲　4—抓斗　5—吊钩

1. 正铲挖掘机的工作过程

见图 2-16，先将铲斗下放到工作面的底部（Ⅰ），然后在提升铲斗的同时

使斗柄向前推压，于是铲斗强制切土，当铲斗上升到一定高度时装满土壤
（Ⅱ→Ⅲ）。斗柄回缩离开工作面（Ⅳ），然后回转，同时调整卸料位置到卸料
上方适当高度（Ⅴ），打开斗底进行卸料（Ⅵ）。卸土完毕后，回转转台，同
时调整铲斗到铲土始点，重复上述过程。在铲斗放下过程中，斗底在惯性作
用下使斗底自动关闭（Ⅵ→Ⅰ）。由于钢索只能传递拉力，当斗柄提升钢索彻
底松开后，斗柄及铲斗在自重的作用下只能使斗口朝前，故它只能挖停机面
以上的Ⅰ～Ⅳ级土壤或松散物料。

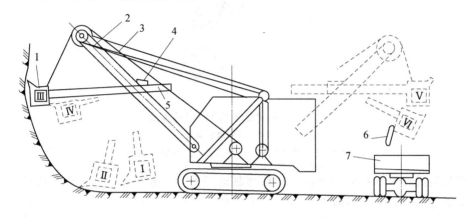

图 2-16 正铲挖掘机工作过程简图
1—铲斗 2—动臂 3—铲斗提升钢索 4—鞍形座
5—斗杆 6—斗底 7—运输车 Ⅰ～Ⅳ—挖掘过程

2. 反铲挖掘机的工作过程

见图 2-17，先将铲斗向前伸出，让动臂带着铲斗落在工作面底部（Ⅰ→
Ⅱ），然后将铲斗向着挖掘机方向拉转，于是反铲挖掘机就在动臂与铲斗等重
力及牵引索的拉力作用下在工作面上切下一层土壤直到斗内装满土壤，然后
使铲斗离开工作面保持平移提升（Ⅲ），同时回转到卸料处进行卸料。反铲铲
斗的斗底有可打开式和不可打开式两种，前者可实现准确卸料于运输车上
（Ⅳ），后者则通过斗柄向外摆出，使斗口朝下实现卸料（Ⅴ）。土卸完后，动
臂带着铲斗回转并放下铲斗到工作面底部再重复上述过程。

3. 拉铲挖掘机的工作过程

见图 2-18，首先将铲斗通过提升钢索提升到位置（Ⅰ），收拉牵引索（视
情况也可不拉），然后同时松开提升索和牵引索，铲斗就顺势抛掷在工作面上
（Ⅱ→Ⅲ），拉动牵引索，铲斗在自重和牵引索的作用下切下一层土壤，直到
铲斗装满为止（Ⅳ），然后提升铲斗，同时适当放松牵引索，使铲斗斗底在保
持与水平面成 8°～12°角的前提下上升，避免土料撒出。在提升铲斗的同时将

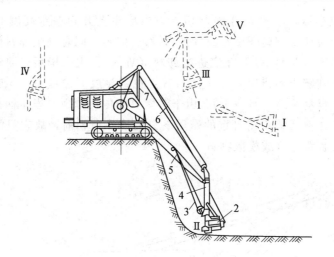

图 2-17 反铲挖掘机工作过程简图

1—斗底 2—铲斗 3—牵引钢索 4—斗柄
5—动臂 6—提升钢索 7—前支架 Ⅰ～Ⅴ—工作过程

挖掘机回转至卸料处的方向。卸料时制动提升索，放松牵引索，铲斗内的土即被抛出。卸完后转回工作面方向再重复上述过程。拉铲挖掘机适于停机面以下的挖掘，特别适宜于开挖河道等工程。拉铲由于靠铲斗的自重切土，所以只适宜于一般土料和砂砾的挖掘。

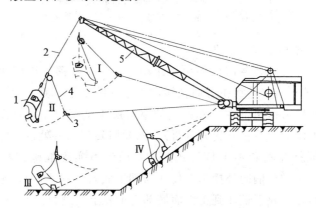

图 2-18 拉铲挖掘机工作过程简图

1—铲斗 2—提升钢索 3—牵引索
4—卸料索 5—动臂 Ⅰ～Ⅳ—工作过程

4. 抓斗挖掘机的工作过程

见图 2-19，其工作装置是一种带双瓣或多瓣的抓斗，它用提升索悬挂在动臂上。斗瓣的开闭由闭合索来执行，为了不使斗在空中旋转并尽快使摆动停下来，通过一根定位索来实现。首先固定提升索，松开闭合索使抓斗瓣张开。然后同时放松提升索与闭合索，张开的抓斗在自重的作用下落于工作面上，并切入土中（Ⅰ），然后收紧闭合索，抓斗在闭合过程中将土料抓入斗内（Ⅱ）。当抓斗完全闭合后，以同一速度收紧提升索和闭合索，则抓斗被提起来（Ⅲ），同时使挖掘机转到卸料位置使斗高度适当，此时固定提升索并放松闭合索，斗瓣张开而卸出土料（Ⅳ）。抓斗挖掘机适宜停机面以上和以下的垂直挖掘，卸料时无论是卸在车辆上和弃土堆上都很方便。由于抓斗是垂直上下运动，所以特别适合挖掘桥基桩孔、陡峭的深坑以及水下土方等作业。但抓斗的挖掘能力也受其自重的限制，只能挖取一般土料砂砾和松散物料。

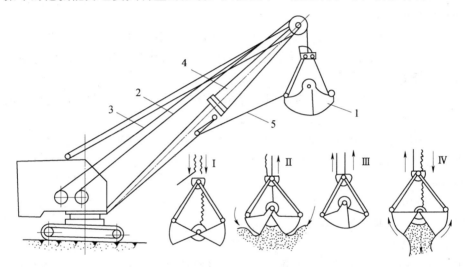

图 2-19　抓斗挖掘机的工作过程简图

1—抓斗　2—提升索　3—闭合索

4—动臂　5—定位索　Ⅰ～Ⅳ—工作过程

业务要点 4：单斗挖掘机的安全操作

1）挖掘机操作者应经过严格的岗位培训，能熟练地掌握机械构造、技术性能、操作要点和润滑保养要求等，经严格考核取得培训合格证书后方准上机操作。

2）使用前重点检查发动机、工作装置、行走机构、各部安全防护装置、液压传动部件及电气装置等，确认齐全完好后方可起动。

3）作业前先空载提升、回转铲斗，观察转盘及液压马达是否有不正常响声或抖动，制动是否灵敏有效，确认正常后方可作业。

4）单斗挖掘机的作业和行走场地应平整坚实，对松软地面应垫以枕木或垫板。在坡上行驶时，禁止柴油机熄火。

5) 作业周围应无行人和障碍物，挖掘前先鸣笛并试挖数次，确认正常后方可开始作业。

6) 作业时，挖掘机应保持水平位置，将行走机构制动住。

7) 平整作业场地时，不得用铲斗进行横扫或用铲斗对地面进行夯实。

8) 挖掘机在斜坡或超高位置作业时，要预先做好安全防护措施，防止挖掘机因下滑而发生事故。

9) 对于五级以上的岩石或较厚的冻土应先爆破后再行开挖，如遇较大的坚硬石块或障碍物时，须经清除后方可开挖，不得用铲斗破碎石块、冻土或用单边斗齿硬啃。

10) 用正铲作业时，除松散土壤外，其作业面不应超过本机性能规定的最大开挖高度和深度。在拉铲或反铲作业时，挖掘机履带到工作面边缘的距离至少保持 1~1.5m。

11) 挖掘基坑、沟槽及河道时，应根据开挖的深度、坡度和土质情况来确定停机的地点，避免因边坡坍塌而造成事故。

12) 作业时，必须待机身停稳后再挖土，在铲斗未全部抬离工作面时，不得作回转、行走等动作。回转制动时，应使用回转制动器，不得用转向离合器反转制动。

13) 作业时，各操纵过程应平稳，不宜紧急制动。铲斗升降不得过猛，下降时，不得撞碰车架或履带。

14) 挖土斗未离开挖土层时不准回转，不准用挖土斗或斗杆以回转的动作去拨动重物。司机若需离开挖掘机，不论时间长短，挖土斗必须放在地面上，不准悬空停放。

15) 斗臂在抬高及回转时，不得碰到洞壁、沟槽侧面或其他物体。

16) 向运输车辆装车时，宜降低挖铲斗，减小卸落高度，不得偏装或砸坏车厢。在汽车未停稳或铲斗需越过驾驶室而室内司机未离开前不得装车。

17) 作业中，当发现挖掘力突然变化，应停机检查，严禁在未查明原因前擅自调整分配阀压力。

18) 反铲作业时，斗臂应停稳后再挖土。挖土时，斗柄伸出不宜过长，提斗不宜过猛。

19) 作业中，履带式挖掘机作短距离行走时，主动轮应在后面，斗臂应在正前方与履带平行，制动住回转机构，铲斗离地面的上下坡道不得超过机械本身允许最大坡度，下坡应慢速行驶。不得在坡道上变速和空挡滑行。

20) 当在坡道上行走且内燃机熄火时，应立即制动并楔住履带或轮胎，待重新发动后，方可继续行走。

21）挖掘机在正常作业时，禁止调整、润滑或进行各种保养工作，如果必须进行故障排除或检修时，要先灭火停机，待大臂下落后，才准进行。

22）挖掘机在作业或空载行驶时，机体距离架空输电线路要保持一定的安全距离。遇有大风、雷、雨、大雾等天气时，挖掘机不准在高压线下面进行施工。

23）挖掘机作业时，大臂回转范围内不准有人通过，在任何情况下，挖土斗内不准坐人。

24）作业后，挖掘机不得停放在高坡附近和填方区，应停放在坚实、平坦、安全的地带，将铲斗收回平放在地面上，所有操纵杆置于中位，关闭操纵室和机棚。

25）履带式挖掘机转移工地应采用平板拖车装运。短距离自行转移时，应低速缓行，每行走 500～1000m，应对行走机构进行检查和润滑。

26）每天作业完毕，都要对挖掘机认真进行日常保养。冬季施工下班时，停机应尽量使内燃机朝向阳面，放净冷却水，关门、上锁后，才准离开。

27）利用铲斗将底盘顶起进行检修时，应使用垫木将抬起的轮胎垫稳，并用木楔将落地轮胎楔牢，然后将液压系统卸荷，否则严禁进入底盘下工作。

业务要点 5：单斗挖掘机的维护与保养

液压挖掘机的技术维护随着机型不同，挖掘机的技术保养有所差异。实际工作中应按液压挖掘机产品保养手册的要求进行。下面以 EX200 型液压挖掘机为例，说明其技术保养内容，见表 2-6。

表 2-6　EX200 型液压挖掘机的技术保养内容

时间间隔	技术保养内容
日常维护保养 （10h 保养）	检查发动机的油位和发动机冷却水液位
	检查液压油箱油位
	检查电瓶水液位
	检查交流发电机传动带张力
	工作装置的各加油点加注润滑油
50h 维护保养	检查及清洁空气滤清器的外滤芯
	检查回转减速箱油位
	检查履带的张力
	排除油水分离器里的积水
	润滑回转支承的齿轮
	排出燃油箱里的积水和沉淀
250h 维护保养	检查回转齿轮箱的油位
	检查回转减速箱的油位

续表

时间间隔	技术保养内容
250h 维护保养	检查电瓶的液位
	润滑中央回转接头
	更换发动机机油、发动机机油滤清器和发动机冷却水滤清器
	更换空气滤清器的内外滤芯
	更换液压油油滤芯
	更换液压油箱上的空气滤芯
	更换液压系统管路回油滤芯
	更换先导管路滤芯
500h 维护保养	检查防冻液的浓度
	更换燃油滤芯
	更换液压油排放滤清器
	清理散热器、油冷却器和冷凝器的翅片
1000h 维护保养	检查发动机阀的间隙
	更换回转减速箱里的齿轮油（首次 500h 后更换）
	更换行走减速箱里的齿轮油（首次 500h 后更换）
	更换回转支承黄油基座里的黄油（排除旧黄油，注入新黄油）
	清理液压油箱的油隔
2000h 维护保养	更换液压油
	清洁液压油吸油网
	更换发动机冷却液
	更换液压油箱的油隔

业务要点 6：单斗挖掘机的常见故障及排除方法

单斗挖掘机常见故障及排除方法见表 2-7。

表 2-7　单斗挖掘机常见故障及排除方法

故障现象	产生原因	排除或处理方法
（一）整机部分		
机器工作效率明显下降	1）柴油机输出功率不足 2）液压泵磨损 3）主溢流阀调整不当 4）工作排油量不足 5）吸油管路吸进空气	1）检查、修理柴油机气缸 2）检查、更换磨损严重的零件 3）重新调整溢流阀的整定值 4）检查油质、泄漏及元件磨损情况 5）排除空气，紧固接头，完善密封

续表

故障现象	产生原因	排除或处理方法
（一）整机部分		
操纵系统控制失灵	1) 控制阀的阀芯受压卡紧或破损 2) 滤油器破损，有污物 3) 管路破裂或堵塞 4) 操纵连杆损坏 5) 控制阀弹簧损坏 6) 滑阀液压卡紧	1) 清洗、修理或更换损坏的阀芯 2) 清洗或更换已损坏的滤油器 3) 检查、更换管路及附件 4) 检查、调整或更换已损坏的连杆 5) 更换已损坏的弹簧 6) 换装合适的阀零件
挖掘力太小，不能正常工作	1) 液压缸活塞密封不好，密封圈损坏，内漏很严重 2) 溢流阀调压太低	1) 检查密封及内漏情况，必要时更换液压缸组件 2) 重新调节阀的整定值
液压输油软管破裂	1) 调定压力过高 2) 管子安装扭曲 3) 管夹松动	1) 重新调整压力 2) 调制或更换 3) 拧紧各处管夹
工作、回转和行走装置均不能动作	1) 液压泵产生故障 2) 工作油量不足 3) 吸油管破裂 4) 溢流阀破坏	1) 更换液压泵组件 2) 加油至油位线 3) 检修、更换吸油管及附件 4) 检查阀与阀座、更换损坏零件
工作、回转和行走装置工作无力	1) 液压泵性能降低 2) 溢流阀调节压力偏低 3) 工作油量减少 4) 滤油器堵塞 5) 管路吸进空气	1) 检查液压泵，必要时更换 2) 检查并调节至规定压力 3) 加油至规定油位 4) 清洗或更换 5) 拧紧吸油管路，并放掉空气
（二）履带行走装置		
行走速度较慢或单向不能行走	1) 溢流阀调压不能升高 2) 行走液压马达损坏 3) 工作油量不足	1) 检查和清洗阀件，更换损坏的弹簧 2) 检修液压马达 3) 按规定加足工作油
行驶时阻力较大	1) 履带内夹有石块等异物 2) 覆带板张紧过度 3) 缓冲阀调压不当 4) 液压马达性能下降	1) 清除石块等异物，调整履带 2) 调整到合适的张紧度 3) 重新调整压力值 4) 检查并换件
行驶时有跑偏现象	1) 履带张紧左右不同 2) 液压泵性能下降 3) 液压马达性能下降 4) 中央回转接头密封损坏	1) 调整履带张紧度，使左右一致 2) 检查、更换严重磨损件 3) 检查、更换严重磨损件 4) 更换已损零件，完善密封

故障现象	产生原因	排除或处理方法
	（三）轮胎行走装置	
行走操作系统不灵活	1) 伺服回路压力低 2) 分配阀阀杆夹有杂物 3) 转向夹头润滑不良 4) 转向接头不圆滑	1) 检查回路各调节阀，调整压力值 2) 检查调整阀杆，清除杂物 3) 检查转向夹头并加注润滑油 4) 检修接头，去除卡滞毛刺
变速箱有严重噪声	1) 润滑油浓度低 2) 润滑油不足 3) 齿轮磨损或损坏 4) 轴承磨损已损坏 5) 齿轮间隙不合适 6) 差速器、万向节磨损	1) 按要求换装合适的润滑油 2) 加足润滑油到规定油位 3) 修复或换装新件 4) 换装新轴承并调整间隙 5) 换装新齿轮并调整间隙 6) 修复或换装新件
变换手柄挂挡困难	1) 齿轮齿面异状，花键轴磨损 2) 换挡拨叉固定螺钉松动、脱落 3) 换挡拨叉磨损过度	1) 检修或更换已严重磨损件 2) 拧紧螺钉并完善防松件 3) 修复或更换拨叉
驱动桥产生杂声	1) 轴承壳破损 2) 齿轮啮合间隙不合适 3) 润滑油粘度不适合 4) 油封损坏，漏油	1) 检查、修理或更换轴承壳 2) 调整啮合间隙，必要时更换齿轮 3) 检测润滑油粘度，更换合适的油 4) 更换油封，完善油封
轮边减速器漏油	1) 轮壳轴承间隙过大 2) 润滑油量过多，过稠 3) 油封损坏，漏油	1) 调整轴承间隙并加强润滑 2) 调整油量和油质 3) 更换油封，完善油封
制动时制动器打滑	1) 制动鼓中流入黄油 2) 壳内进入齿轮油 3) 摩擦片表面有污物或油渍	1) 清洗制动鼓并完善密封 2) 清洗壳体 3) 检查和清洗摩擦片
制动器操纵失灵	1) 液压缸活塞杆间隙过大 2) 储气筒产生故障 3) 制动块间隙不合适 4) 制动衬里磨损 5) 液压系统侵入空气	1) 检查活塞密封件，必要时换装新件 2) 拆检储气筒，更换已损件 3) 检查制动块并调整间隙 4) 换装新件 5) 排除空气并检查、完善各密封处
	（四）回转部分	
机身不能回转	1) 溢流阀或过载阀调压偏低 2) 液压平衡失灵 3) 回转液压马达损坏	1) 更换失效弹簧，重新调整压力 2) 检查和清洗阀件，更换失效弹簧 3) 检修马达

续表

故障现象	产生原因	排除或处理方法
（四）回转部分		
回转速度太慢	1）溢流阀调节压力偏低 2）液压泵输油量不足 3）输油管路不畅通	1）检测并调整阀的整定值 2）加足油箱油量，检修液压泵 3）检查并疏通管道及附件
起动有冲击或回转制动失灵	1）溢流阀调压过高 2）缓冲阀调压偏低 3）缓冲阀的弹簧损坏或被卡住 4）液压泵及马达产生故障	1）检测溢流阀，调节整定值 2）按规定调节阀的整定值 3）清洗阀件，更换损坏的弹簧 4）检修液压泵及马达
回转时产生异常声响	1）传动系统齿轮副润滑不良 2）轴承辊子及滚道有损坏处 3）回转轴承总成联接件松动 4）液压马达发生故障	1）按规定加足润滑脂 2）检修滚道，更换损坏的辊子 3）检查轴承各部分，紧固联接件 4）检修液压马达
（五）工作装置		
重载举升困难或自行下落	1）液压缸密封件损坏，漏油 2）控制阀损坏，漏油 3）控制油路窜通	1）拆检液压缸，更换损坏的密封件 2）检修或更换阀件 3）检查管道及附件，完善密封
动臂升降有冲击现象	1）滤油器堵塞，液压系统产生气穴 2）液压泵吸进空气 3）油箱中的油位太低 4）液压缸体与活塞的配合不适当 5）活塞杆弯曲或法兰密封件损坏	1）清洗或更换滤油器 2）检查吸油管路，排除空气，完善密封 3）加油至规定油位 4）调整缸体与活塞的配合松紧适度 5）校正活塞缸杆，更换密封件
工作操纵手柄控制失灵	1）单向阀污染或阀座损坏 2）手柄定位不准或阀芯受阻 3）变量机构及操纵阀不起作用 4）安全阀调定压力不稳、不适当	1）检查和清洗阀件，更换已损坏阀座 2）调整联动装置，修复严重磨损件 3）检查和调整变量机构组件 4）重新调整安全阀整定值

故障现象	产生原因	排除或处理方法
（六）转向系统		
转向速度不符合要求	1）变量机构阀杆动作不灵 2）安全阀整定值不合适 3）转向液压缸产生故障 4）液压泵供油量不符合要求	1）调整或修复变量机构及阀件 2）重新调整阀的整定值 3）拆检液压缸，更换密封圈等已损件 4）检修液压泵
方向盘转动不灵活	1）油位太低，供油不足 2）油路脏污，油流不畅通 3）阀杆有卡涩现象 4）阀不平衡或磨损严重	1）加油至规定油位 2）检查和清洗管道，换装新油 3）清洗和检修阀及阀杆 4）检修或更换阀组件
转向离合器不到位	1）油位太低，供油不足 2）吸入滤油网堵塞 3）补偿液压泵磨损严重，所提供的油压偏低 4）主调整阀严重磨损、泄漏	1）加油至规定油位 2）清洗或更换滤油网 3）用流量计检查液压泵，检修或更换液压泵组件 4）检修或更换阀组件
（七）制动系统		
制动器不能制动	1）制动操纵阀失灵 2）制动油路有故障 3）制动器损坏 4）联接件松动或损坏	1）检修或更换阀组件 2）检修管道及附件，使油流畅通 3）检修制动器，更换已损件 4）更换并紧固联接件
制动实施太慢	1）制动管路堵塞或损坏 2）制动控制阀调整不当 3）油位太低，油量不足 4）工作系统油压偏低	1）疏通和检修管道及附件 2）检查控制阀并重新调整整定值 3）加足工作油并保持油位 4）检查液压泵，调整工作压力
制动器制动后脱不开	1）制动控制阀调整不当或失效 2）系统压力不足 3）管路堵塞，油流不畅 4）制动液压缸有故障 5）联动装置损坏	1）检修或调整阀组件 2）检修液压泵及阀，保持额定工作压力 3）检查并疏通管道及附件 4）拆检液压缸，更换已损件 5）修复或更换联动装置组件

第三节 铲 运 机

◎ 本节导图：

本节主要介绍铲运机，内容包括铲运机的分类、铲运机的构造、铲运机的运行路线、铲运机的安全操作、铲运机的维护与保养、铲运机的常见故障及排除方法等。其内容关系框图如下：

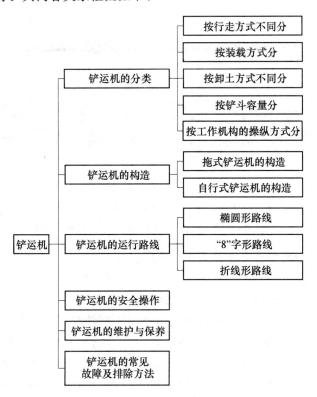

铲运机的关系框图

业务要点 1：铲运机的分类

1. 按行走方式不同分

可为拖式和自行式两种，见图 2-20。

（1）拖式铲运机　因履带式拖拉机具有接地比压小、附着能力大和爬坡能力慢等优点，故在短运距和松软潮湿地带作业时常用履带式拖拉机作为拖式铲运机的牵引车。

（2）自行式铲运机　本身具有行走动力，行走装置有履带式和轮胎式两种。履带式自行铲运机又称铲运推土机，其铲斗直接装在两条履带的中间，适用于运距不长、场地狭窄和松软潮湿地带工作。轮胎式自行铲运机按发动机台数又可分为单发动机、双发动机和多发动机三种；按轴数分为双轴式和三轴式。轮胎式自行铲运机由牵引车和铲运斗两部分组成，大多采用铰接式连接，铲运斗不能独立工作。轮胎式自行铲运机结构紧凑，行驶速度快，机

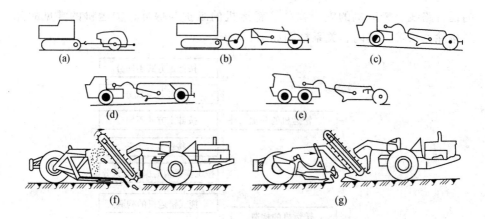

图 2-20 铲运机类型

(a) 单轴拖式　　(b) 双轴拖式　　(c) 单发动机自行式　　(d) 单发动机自行式
(e) 三轴自行式　　(f) 链板转载式　　(g) 链板装载式

动性好，在中距离的土方转移施工中应用较多。

2. 按装载方式分

可分为升运式铲运机与普通式铲运机两种。

(1) 升运式铲运机　也称链板装载式，在铲斗铲刀上方装有链板运土机构，把铲刀切削下的土升运到铲斗内，从而加速装土过程，减少装土阻力，可有效地利用本身动力实现自装，不用助铲机械即可装至堆尖容量，可单机作业。土壤中含有较大石块时不宜使用，其经济运距在 1000m 以内。

(2) 普通式铲运机　也称开斗铲装式，靠牵引机的牵引力和助铲机的推力，使用铲刀将土铲切起，在行进中将土装入铲斗，其铲装阻力较大。

3. 按卸土方式不同分

可分为自由式卸土铲运机、半强制式卸土铲运机和强制式卸土铲运机，见图 2-21。

(1) 自由式卸土铲运机　当铲斗倾斜（有向前、向后两种形式）时，土壤靠其自重卸出。这种卸土方式所需功率小，但土壤不易卸净（特别是粘附在铲斗侧壁上和斗底上的土），一般只用于小容量铲运机，见图 2-21a。

(2) 半强制式卸土铲运机　利用铲斗倾斜时土壤自重和斗底后壁沿侧壁运动时对土壤的推挤作用共同将土卸出。这种卸土方式仍不能使粘附在铲斗侧壁上和斗底上的土卸除干净，见图 2-21b。

(3) 强制式卸土铲运机　利用可移动的后斗壁（也称卸土板）将土壤从铲斗中自后向前强制推出，故卸土效果好。但移动后壁所消耗的功率较大，通常大、中型铲运机采用这种却土方式，见图 2-21c。

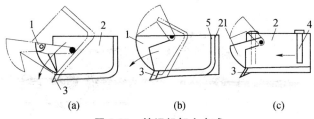

图 2-21　铲运机卸土方式

（a）自由式卸土　（b）半强制式卸土　（c）强制式卸土

1—斗门　2—铲斗　3—刀刃　4—后斗壁　5—斗底后壁

升运式铲运机因前方斜置链板运土机构，因而只能从底部卸土。卸土时将斗底后抽，再将后斗壁前推，将土卸出。有的普通式大、中型铲运机采用这种抽底板和强制卸土相结合的方法，效果较好。

4. 按铲斗容量分

（1）小型铲运机　铲斗容量<5m³。

（2）中型铲运机　铲斗容量为 5～15m³。

（3）大型铲运机　铲斗容量为 15～30m³。

（4）特大型铲运机　铲斗容量>30m³。

5. 按工作机构的操纵方式分

（1）液压操纵式铲运机　工作装置各部分用液压操纵，能使铲刀刃强制切入土中，结构简单，操纵轻便灵活，动作均匀平稳，应用越来越广泛。

（2）机械操纵式铲运机　采用钢丝绳滑轮组升降、重力切土，目前已趋于淘汰。

业务要点 2：铲运机的构造

1. 拖式铲运机的构造

拖式铲运机主要由履带式拖拉机和铲土斗两大部分组成。图 2-22 所示为拖式铲运机铲土斗的构造，它是由铲土斗、拖杆、辕架、尾架、绳—轮操纵系统和行走机构等组成的。

2. 自行式铲运机的构造

自行式铲运机由专用基础车和铲土斗两大部分组成，其构造如图 2-23 所示。基础车为铲运机的动力牵引装置，由柴油发动机、传动系统、转向系统和车架等组成。这些装置都安装在中央框架上。铲土斗是铲运机构造的主要部分，其形式与拖式铲运机的铲土斗基本相同。

业务要点 3：铲运机的运行路线

铲运机的运行路线对提高生产率影响很大，应根据挖填方区的分布情况

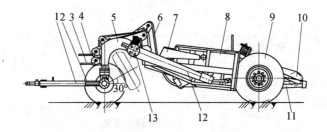

图 2-22　CT－6 型铲运机的总体组成

1—托杆　2—前轮　3—卸土钢丝绳　4—提斗钢丝绳　5—辕架曲梁

6—斗门钢丝绳　7—前斗门　8—铲运斗体　9—后轮

10—蜗形器　11—尾架　12—辕架臂杆　13—辕架横梁

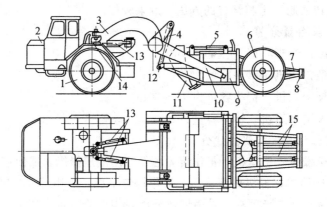

图 2-23　CL－7 型自行式铲运机总体组成

1—前轮（驱动轮）　2—牵引车　3—辕架曲梁　4—提斗液压缸

5—斗门液压缸　6—后轮　7—尾架　8—顶推板　9—铲斗体　10—辕架臂杆

11—前斗门　12—辕架横梁　13—转向液压缸　14—中央枢架　15—卸土液压缸

并结合当地具体情况进行合理选择。一般有以下几种形式：椭圆形、"8"字形和折线形等。

1. 椭圆形路线

椭圆形路线是一种简单而常用的行驶路线（图 2-24）。铲运机装满土后转向卸土地点，卸完后再转向取土地点，每个循环共有两个转向。当挖方深度与填方深度在 2.2～4.1m 之间，宜采用椭圆形路线。平行于挖方直线挖土，将土料运到挖方一侧的填方中去。施工中应经常调换方向行驶，以免因经常一侧转向，产生转向离合器及行驶机构的磨损不均匀和转向失灵现象。

2. "8"字形路线

"8"字形路线是椭圆形纵向开挖路线的演变，取土和卸土轮流在两个工

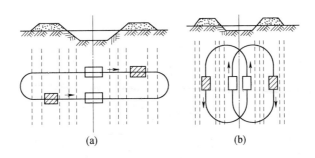

图 2-24　铲运机的椭圆形路线

（a）横向开挖　　（b）纵向开挖

作面上进行，如图 2-25 所示。整个作业循环形成一个"8"字形。在一个循环中有两次挖土和卸土，只需转弯两次，每一个循环比椭圆形路线少转弯一次。同时由于经常的两侧转弯，行走机构磨损均匀。进车道在平面上的布置与填方轴线呈 40°～60°角，出车道则与轴线垂直。与椭圆形方式相比较，可以增大挖方填方的高差，但需要较长的工作线路，并产生较多的欠挖。

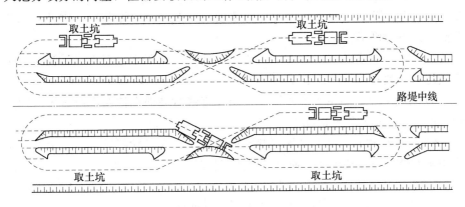

图 2-25　铲运机"8"字形开挖工作路线

3. 折线形路线

折线形路线是从"8"字形演变过来的（图 2-26）。按照这种开行方式，装土和卸土地点是经常变换的，铲运机沿工作前线连续开行，进行挖土卸土工作；在一个方向工作完毕后，便回转过来向相反的方向进行。折线形路线虽然每个循环的转弯次数更少，但其运距较大，需要很多的进出车道，欠挖的土方量很多，所以只有在工作路线长、且挖方填方高差较大时才采用这种方式。

业务要点 4：铲运机的安全操作

1) 作业前应检查钢丝绳、轮胎气压、铲土斗及卸土板回位弹簧、拖杆方向接头、撑架和固定钢丝绳部分以及各部滑轮等。液压式铲运机还应检查各

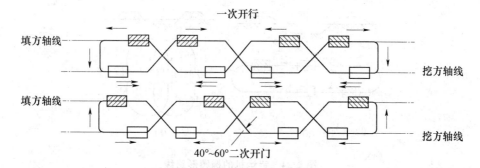

图 2-26 铲运机折线形开挖工作路线

液压管接头、液压控制阀等，确认正常后方可起动。

2）铲运机作业中，严禁用手触摸钢丝绳、滑轮、绞盘等部位。铲土斗内、拖把上不准有人坐、立。

3）上下坡时均应挂低速挡行驶。下坡不准空挡滑行，更不准将发动机熄火后滑行。下大坡时，应将铲斗放低或拖地。在坡道上不得进行保修作业，在陡坡上严禁转弯、倒车或停车。斜坡横向作业时，须先填挖，使机身保持平衡，并不得倒车。

4）多台铲运机在同一作业面上施工，前后距离不准少于 10m，交叉、平行或超越行驶时，其间距不准少于 2m。

5）自行式铲运机的差速器锁，只能在直线行驶遇泥泞路面时作短时间使用，严禁在差速器锁住时拐弯。

6）公路行驶时，铲斗必须用锁紧链条挂牢。在运输行驶中，机上任何部位均不准带人或装载钢材、油料及炸药等物品。

7）气动转向阀平时禁止使用，只有在液压转向失灵后，短距离行驶时使用。

8）严禁高挡低速行驶，以防止液力传动油温过高。

9）铲土时应直线行驶，助铲时应有助铲装置。助铲推土机应与铲运机密切配合，尽量做到等速助铲、平稳接触，助铲时不准硬推。

10）铲运Ⅲ级以上的土壤时，应先用推土机疏松，每次松土深度不宜超过 200～400mm，在铲装前先清除树根、杂草和石块等。

11）确定合理的作业路线，尽量采取上坡铲土，坡度以 7°～8°为宜，这样易于装满斗，同时可以缩短装土和卸土的运行时间。

12）大型土方铲运时，除尽量提高铲土斗的装满率外，还可以利用推土机专门给铲运机顶推助铲或拖带两台铲运机，实行串联作业。

13）作业面若遇到较大石块或树根时，应先清除，不要勉强铲装。铲运机转弯时，卸丝绳不准收到底，须保留 100～150mm。卸土板位于铲土斗前面，且必须有人进入铲土斗内保养或检修时，要先插好安全销，以免卸土板复位伤人。

14）铲运机通过桥梁、水坝或排水沟时，要先查清承载能力，避免发生事故。

15）作业后应停放在平坦地面上，并将铲斗落到地面上。液压操纵式铲运机应将操纵杆放在中间位置，再进行清洁、润滑工作。

16）修理斗门或在铲斗下作业时，必须先将铲斗提升后用销子或链条固定，再用撑杆将斗身顶住，并将轮胎制动住。

业务要点5：铲运机的维护与保养

1）铲运机的日常保养工作可在工作前、中、后进行。主要是检查、调整、紧固、清洁和润滑等工作。

2）在使用过程中，要保证钢丝绳连接紧固，各操纵手柄和踏板动作灵活可靠，液压系统、传动系统均应运转正常、无噪声、不漏油和不发热等。

3）检查调整各机构，使其满足上述正常工作要求。同时在保养中加强清洁工作，并按润滑要求作好润滑工作，这也是提高机械完好率的重要措施。

4）自行式铲运机日常维护作业项目和技术要求见表2-8～表2-10。

表 2-8　自行式铲运机日常维护作业项目和技术要求

部位	序号	维护部件	作业项目	技术要求
发动机	1	燃油箱油位	检查，添加	检查燃油箱存油量，不足时添加
	2	曲轴箱油位	检查，添加	在机械水平状态下，机油油位应在标尺上下刻度之间，不足时添加
	3	冷却液液位	检查，添加	液面不低于水箱上室的一半，不足时添加
	4	空气过滤器	清洁	清除初滤器集尘柄或排尘口的积尘
	5	管路及密封	检查	水管、油管畅通、无漏油、漏水现象
	6	紧固件	检查	螺栓、螺母、垫片无松动、缺损
	7	工作状态	检查	无异响，无异常气味，烟色浅灰，仪表指示正常
主体	8	液压油箱	检查	油量充足，不足时添加
	9	液压元件	检查	动作正确，作用良好，无卡滞，无泄露
	10	传动系统	检查	作用可靠，无异常
	11	转向机构	检查	作用可靠，无异常
	12	制动系统	检查	制动气压正常，制动有效可靠
	13	行走装置	检查	轮胎气压符合规定，外表无异物扎入，螺栓、螺母如有松动，应予紧固
工作装置	14	铲斗	检查	铲斗各部结构无变形损坏，铲刀及卸土板等动作灵活
	15	减压装置	检查	铲斗操纵机构作用良好，无泄漏、过热现象

部位	序号	维护部件	作业项目	技 术 要 求
整机	16	整机外部紧固件	检查	松动者紧固、缺损者补齐
	17	各操纵杆	检查	各操纵杆操纵灵活，定位可靠
	18	整机外表	清洁	清除外部粘附的泥土、杂物
	19	工作状态	试运转	作业前空载试运转，无不良现象

表 2-9　自行式铲运机二级（月度）维护作业项目和技术要求

部位	序号	维护部件	作业项目	技 术 要 求
发动机	1	机油曲轴箱	快速分析	油质劣化超标时更换，不足时添加
	2	机油过滤器	清洁	清洗，更换滤芯
	3	燃油过滤器	清洁	拆洗，滤网如损坏，应更新
	4	空气过滤器	清洁	清洗并吹扫干净
	5	风扇及水泵传动带	检查，调整	调整传动带张紧度，如磨损严重，应换新
	6	散热器	检查	无堵塞，水垢严重时清洗
	7	燃油箱	清洁	无油泥、积垢，每 500h 清洗一次
电器仪表	8	仪表	检查	工作状态中各仪表指针应在绿色范围内
	9	蓄电池	检查，清洗	电解液相对密度高于 1.24、液面高出极板 10～12mm，极桩清洁，通气孔畅通
	10	电气线路	检查	接头无松动，绝缘良好
	11	照明，喇叭	检查	符合使用要求
	12	发电机调节器	检查	触点平整，接触良好，如有烧蚀应修复
传动系统	13	变矩器、变速器	检查	工作正常，无异响及过热，操纵灵活，定位正确，如油量不定应添加
	14	驱动桥	检查	工作正常，无异响及过热，不漏油，添加减速器润滑油
	15	传动轴及连接螺栓	检查，紧固	工作正常，对松动处进行紧固
转向系统	16	方向盘	检查，调整	方向盘回转度超过 30°时，应调整蜗杆与滚轮之间的间隙
	17	转向机	检查，紧固	油量不足时加添，固定螺栓如松动，应紧固
液压系统	18	空气压缩机		工作正常，排放贮气筒内的积水和油污
	19	制动性能	检查，测试	制动应有效可靠、无漏气现象，管路和接头如有松动，应紧固
	20	制动气压	检查，调整	观察气压表，应为 0.68～0.7MPa，必要时进行调整

续表

部位	序号	维护部件	作业项目	技术要求
液压系统	21	液压油箱	检查油质	如油质劣化超标，应更换，不足时添加
	22	液压元件	检测	工作正常，无泄漏、过热、噪声等异常现象
	23	管路及管接头	检查，紧固	无泄漏，如有松动，应紧固
工作装置	24	铲刀	检查，紧固	螺栓如有松动，应紧固
	25	卸土板	检查	移动灵活，卸土情况良好
	26	斗门	检查	斗门起落平稳，关闭严密，运土时不漏土
	27	后轮	检查	轴承如磨损严重，应予更换
整机	28	紧固件	检查，紧固	按规定力矩紧固各主要螺栓
	29	整机性能	试验	作业正常，无不良情况

表 2-10 自行式铲运机二级（年度）维护作业项目及技术要求

部位	序号	维护部件	作业项目	技术要求
发动机	1	曲轴箱	清洗	清洗油道及油底壳，清除污物，更换润滑油
	2	节温器	检查，试验	节温器功能正常，77℃时阀门开始开启，80℃时阀门充分开启，不符此要求时更换
	3	配气机构	检测	用仪表检测气门密封性，如不合格时，应研磨汽门；检查气门间隙，如不符规定应进行调整
	4	曲轴连杆机构	测定气缸压力	气缸压缩压力不低于标准值 80%，各缸压力差不超过 8%；在正常温度时，各进排气口、加机油口、水箱等处应无明显漏气声和气泡
	5	润滑系统	检测机油压力	在标定转速时，机油压力在 245～343kPa 范围内，转速为 500～600r/min 时，机油压力不小于 49kPa
	6	泵及喷油器	测试	在试验台上校验，使其雾化良好，断油迅速，无滴油现象
电器及仪表	7	起动机及电动机	拆检	清洁内部，润滑轴承，更换磨损零件，修整整流子，测量绝缘应良好
	8	电气线器	检查	接头不松动，绝缘无破损
	9	仪表	检测	指针走动平稳，回位正确，数字清晰
传动系统	10	取力箱	检查	扭转减振器应功能正常，各零部件磨损超限或有损坏时，应予更换
	11	变矩器及变速器	检查清洗	变矩器自动锁闭机构功能可靠，变速器各离合器无打滑现象，各零件磨损超限时更换，清洗壳体内部，更换润滑油

部位	序号	维护部件	作业项目	技 术 要 求
传动系统	12	驱动桥及轮速减速器	检测	螺旋锥齿轮的啮合间隙为 0.30～0.45mm，齿轮轴上圆锥轴承的轴向间隙为 0.10mm，间隙不符时应调整
	13	传动轴及方向节	拆检	进行拆检、清洗各零件磨损超限时应更换
转向制动系统	14	转向性能	检查	单轴牵引车相对工作装置能左、右 90°转向，转弯直径符合规定
	15	空气压缩机	拆检	压缩机工作 24h 后，在油水分离器和贮气筒中聚集的机油超过 10～15cm³ 时，应检查活塞及活塞环，如磨损超限应更换
	16	制动器	拆检	制动摩擦片磨损超限时应更换，制动鼓磨损超限时应镗削，其他零件磨损或损坏时，应修复或换新
	17	制动气阀	检查	各气阀应功能可靠，无漏气现象
液压系统	18	液压油箱	清洗	清洗转向及工作装置液压油箱，更换新油
	19	液压泵、液压阀、液压缸	检查	在额定工作压力下，各液压元件应工作正常，无渗漏、噪声及过热等现象；液压缸应伸缩平稳，无卡滞及爬行现象
	20	液力传动，转向工作装置等液压系统	检测	各系统工作压力应符合规定，否则，应查明原因、进行调整
工作装置	21	各铰接处	检查	各铲接处的销轴、销套磨损严重时应更换
	22	牵引车和铲斗连接	检修	应连接牢固，如上下立轴及水平轴磨损严重时，应更换；连接螺栓如有松动，应紧固
	23	铲刀和推土机	检修	磨损或变形严重时，应进行焊修
	24	尾架	检修	尾架应紧固，无脱焊、变形，顶推装置完好
整机	25	各紧固件	检查，紧固	按规定力矩紧固主要螺栓，配齐缺损件
	26	机体涂覆面	除锈，补漆	应无锈蚀、起泡，必要时进行除锈补漆
	27	整机性能	试运转	各项性能符合要求

对于有运转记录的机械，也可将运转台时作为维护周期的分级依据。铲运机的一级维护周期为 200h，二级维护周期为 1800h，可根据机械年限、作业条件等情况适当增减。对于老型机械，仍可执行三级维护制，即增加 600h（季度）的二级维护，原定 1800h（年度）的二级维护改为三级维护，作业项目可相应调整。

5）自行式、拖式铲运机润滑部位及周期见表 2-11、表 2-12。

表 2-11　自行式铲运机润滑部位及周期

润滑部位	点数	润滑剂	润滑周期/h
换挡架底部轴承	1	钙基脂 冬 ZG-2 夏 ZG-4	8
传动轴伸缩叉	2		
转向液压缸圆柱销	4		
换向机构曲柄	2		
卸土液压缸圆柱销	4		
滚轮	3		
辕架球铰节	2		
斗门液压缸圆柱销	4		
提斗液压缸圆柱销	4		
中央框架水平轴	2		
中央框架上下立轴	2		
前制动凸轮轴支架	2	钙基脂 冬 ZG-2 夏 ZG-4	50
制动器圆柱销及凸轮轴	12		
气门前端	4		
功率输出箱	1	汽油、机油 冬 HQ-6 夏 HQ-10	50 加注 1000 更换
万向节滚针	4		200 加注 1000 更换
变矩器	1	汽油、机油 冬 HU-22 夏 HU-30	50 加注 1000 更换
变速器	1		
转向油箱			50 加注
铲斗工作油箱			2000 更换
减速器	1	齿轮油 冬 HL-20 夏 HL-30	50 加注 1000 更换
轮边减速器	2		
差速器	1		
转向器	1		
变矩器壳体前轴承	1	钙基脂 冬 ZG-2 夏 ZG-4	200
制动调整臂涡轮、蜗杆	4		
操纵阀手柄座	3		
前后轮毂轴承	4		2000 更换

表 2-12　拖式铲运机润滑部位及周期

润滑部位	点数	润滑剂	润滑周期/h
转轴	2	钙基脂 冬 ZG-2 夏 ZG-4	30
提斗下滑轮及滑轮转座	2		
斗门轴座	2		60
象鼻前滑轮	2		

续表

润滑部位	点数	润滑剂	润滑周期/h
提斗上滑轮	2	钙基脂 冬 ZG-2 夏 ZG-4	60
象鼻上滑轮	1		
卸土导向滑轮	3		
斗门导向滑轮	2		
辕架轴座滑轮	2		
卸土四联定滑轮	2		
卸土四联动滑轮	2		
卸土斗门两联动滑轮	1		
斗门导向滑轮	2		120
斗门定滑轮	1		
拖把轴承	1	冬 ZG-2 夏 ZG-4	160
转座	1		
卸土、提升导向滑轮转座	4		
卸土导向滚轮	8		
蜗形器	1		
前轮轴承	2		1200 更换
后轮轴承	2		
提斗、蜗形器、弹簧钢丝绳	3	石墨脂 ZG-S	1200 涂抹

🔘 业务要点 6：铲运机的常见故障及排除方法

自行式铲运机常见故障及排除方法见表 2-13。

表 2-13 自行式铲运机常见故障及排除方法

故障现象	故 障 原 因	排 除 方 法
挂挡后机械不走或者产生蠕动现象	1）变速器挡位不对 2）油液少 3）挡位杆各固定点有松动	1）重新挂挡 2）添加油料到规定容量 3）紧固
液力变矩器油温高且升温快	1）油量过多或过少 2）滤油器堵塞 3）离合器打滑 4）变速器挡位不对 5）有机械摩擦	1）放出或注入油量至定额 2）清洗或更换滤油器 3）除去离合器摩擦片和压板上的油污 4）重新挂挡 5）检查后调整或修理
主油压表上升缓慢，供液压泵有响声	1）滤网堵塞 2）油量少 3）各密封不良，漏损多 4）油液起泡沫	1）清洗滤网，必要时更换 2）添加油料至规定要求 3）更换密封，消除损漏 4）检查后更换

续表

故障现象	故障原因	排除方法
车速低，油温升高	1) 使用挡位不正确 2) 制动蹄未解脱 3) 工作装置手柄及气动转向阀手柄位置不对	1) 换至适当挡位 2) 松开制动蹄 3) 调整到中间位置
各挡位主油压低	1) 油量少 2) 液压泵磨损 3) 离合器密封漏油 4) 滤网堵塞 5) 主调压阀失灵	1) 添加至规定量 2) 检查修理，必要时更换 3) 更换密封件 4) 清洗滤网，必要时更新 5) 检查修复或更换
主油压表摆动频繁	1) 油量少 2) 油路内进入空气 3) 油液泡沫多	1) 添加到规定量 2) 将空气排出 3) 检查后更换油液
转向无力	阀调压螺栓松动，油压低	紧固调整使油压正常
转向不灵	1) 油量少 2) 系统有漏油现象 3) 滤油器阻塞	1) 增添油量到规定量 2) 检查后，紧固接头，更换密封件 3) 清洗或必要时更换滤网
转向有死点	1) 换向机构调整不当 2) 转向阀节流滤网阻塞	1) 重行调整 2) 清洗或必要时更换滤网
转向失灵、油温升高	1) 转向阀或双作用安全阀的调整阀或单向阀失灵 2) 油路有阻塞 3) 油量少	1) 检查后调整或修理 2) 清洗滤网或更换 3) 添加到规定量
方向盘自由行程大于30°	1) 转向机轴承间隙大 2) 拉杆刚性不足，结合处间隙大	1) 调整或必要时更换 2) 进行加固并调整间隙
气压降至0.68MPa以下，空气仍从压力控制器排除	1) 控制器放气孔被堵塞 2) 止回阀漏气 3) 控制器鼓膜漏气，盖不住阀门座	1) 用细铁丝通开放气孔 2) 检查密封情况，如橡胶阀体损坏，应换新件 3) 检查后如密封件损坏，应更换新件
压力低于0.68MPa	控制器调整螺钉过松，阀门开放压力低	将调整螺钉拧入少许
停止供气后，贮气筒压力下降快	控制器止回阀漏气	检查止回阀密封情况，如损坏更换新件
放气压力高于0.7MPa	控制器调整螺钉过紧，阀门开放压力高	将调整螺钉拧出少许

故障现象	故障原因	排除方法
发动机熄火后，贮气筒压力迅速下降	1) 阀门密封不良或阀门损坏 2) 阀门回位弹簧压力小	1) 连续踩踏制动踏板数下并猛然放松，使空气吹掉阀门上脏物。如阀门损坏，应更新 2) 检查，如压力不足，可在弹簧下加垫片或更换新件
熄火后，踏下制动踏板，压力迅速下降	活塞鼓膜损坏	更换新膜
制动鼓放松缓慢、发热	活塞被脏物卡住，运动不灵活	拆开检查，清除脏物
绞盘卷筒发热	制动带太紧	调整制动带
操纵时，斗门不起或卸土板不动	1) 绞盘摩擦锥未能接上 2) 摩擦锥的摩擦片磨损 3) 摩擦片上有油垢	1) 调整摩擦离合器 2) 更换新件 3) 清洗
铲斗提升位置不能保持所需高度	1) 制动器松动 2) 制动带磨损 3) 制动带上有油垢 4) 弹簧松弛	1) 调整制动带 2) 调整，必要时更换 3) 清洗 4) 更换
卸土后，卸土板不回原位，斗门放不下	1) 卸土板歪斜，滚轮卡死 2) 钢丝绳卡在滑轮组的缝里	1) 矫正歪斜，更换滚轮 2) 打出钢丝绳，更换并矫正滑轮壳
卸土板回位后斗门放不下	1) 卸土板歪斜，滚轮卡死 2) 斗门臂歪斜与斗臂卡住	1) 矫正歪斜，更换滚轮 2) 消除歪斜
滑轮组发热或咬住	1) 滑轮歪斜或不动 2) 润滑油不足或轴承损坏	1) 换滑轮并消除歪斜原因 2) 及时加油或更换轴承
钢丝绳滑出	挡绳板损坏或位置不恰当	修理或调整
铲斗各部动作缓慢	1) 油箱油量少 2) 工作液压泵压力低，有内漏现象 3) 多路换向阀调压螺钉松动，回路压力低 4) 液压缸、多路换向阀有内漏 5) 油路或滤网有堵塞现象	1) 加添至规定量 2) 检查部件磨损和密封情况，必要时更换新件 3) 将调压螺钉拧紧 4) 检查部件磨损和密封情况，必要时更换新件 5) 疏通油路、清洗滤网或更换
铲斗下沉迅速	1) 提升液压缸泄漏 2) 多路换向阀泄漏	1) 检查修复、更换密封件 2) 检查修复或更换部件
操纵不灵活	1) 多路换向阀连接螺栓压力不够 2) 操纵杆不灵活	1) 检查后调整或更换 2) 检查修理或更换

108

第四节　装　载　机

本节导图：

　　本节主要介绍装载机，内容包括装载机的分类、装载机的总体构造、高装载机的选择、装载机的施工方法、装载机的安全操作、装载机的维护与保养、装载机的常见故障及排除方法等。其内容关系框图如下：

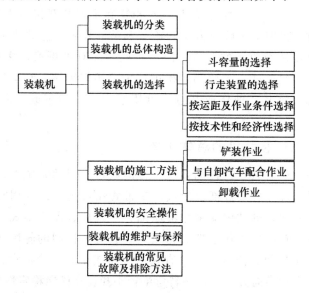

装载机的关系框图

业务要点 1：装载机的分类

　　1）根据行走装置的不同，装载机可分为轮胎式和履带式两种。轮胎式装载机机动灵活，行驶速度快，可以直接完成短距离的运土和卸土工作，因此，它在工程中应用最为厂泛；履带式装载机常用在采矿、水利工程和市政工程中石块较多、地形较复杂的场所。

　　2）根据回转性能的不同，装载机分为全回转、半回转和非回转三种。非回转式是装载机的基本形式，国产 0.5～10t 的装载机都是非回转式的机型。它的主要特点是：行走机构采用液力机械传动，转向和制动采用液压助力，工作机构为液压传动，动臂只能作升降运动，铲斗可以前后翻转，但不能回转，故称为非回转式装载机。

　　3）根据卸载方式的不同，装载机可分为前卸式、后卸式和侧卸式三种。

前卸式即装载机在前端卸载。因其结构简单,司机的操作视野良好且操作安全,故其应用最为广泛;后卸式的装载机,作业时前端装料,向后端卸料,装载机不需要调头,可直接向停在其后面的运输车辆卸载,可节约时间,作业效率高。但卸载时铲斗需越过司机的头部,很不安全,故在应用上受到限制;侧卸式的装载机又称为回转式装载机。它的动臂安装在可回转(180°~360°)的转台上,铲斗在前端装料后,回转至侧面卸载,装载机不需要调头,也不需要严格的对车,作业效率高,适宜于场地狭窄的地区施工选用。

4)根据装载机铲斗的额定载重量不同,又可分为小型装载机(小于1t)、轻型装载机(1~3t)、中型装载机(4~8t)和重型装载机(大于10t)。轻、中型级装载机主要用于一般土方工程施工和装卸作业,它要求装载机的机动性好,能适应多种作业条件要求,因而一般常配有可更换的多种作业装置;重型装载机多为轮胎式,主要用于矿山、采石场作铲掘、装运作业;小型装载机小巧灵活,配上多种作业装置,可用于中、小型市政工程施工的多种作业。

业务要点2:装载机的总体构造

装载机是由动力装置、传动系统、转向系统、制动系统、行走装置、工作装置、操纵系统和机架等部分组成。履带式装载机是以专用底盘或工业履带式拖拉机为基础,机械传动采用液压助力湿式离合器、湿式双向液压操纵转向离合器和正转连杆工作装置。轮胎式装载机为特制的轮胎式基础车,大多采用铰接车架折腰转向方式,也有采用整体式车架,轮距宽、轴距短,偏转后轮或偏转全轮转向方式以实现转弯半径小和提高横向稳定性的目的。

轮胎式装载机总体结构如图2-27所示。

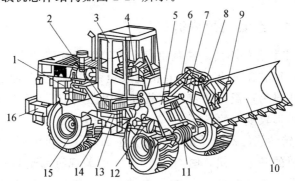

图2-27 装载机总体结构

1—发动机 2—变矩器 3—驾驶室 4—操纵系统 5—动臂液压缸
6—转斗液压缸 7—动臂 8—摇臂 9—连杆 10—铲斗 11—前驱动桥
12—传动轴 13—转向液压缸 14—变速箱 15—后驱动桥 16—车架

🌀 业务要点 3：装载机的选择

1. 斗容量的选择

装载机斗容量的选择，可根据装运物料的数量及要求完成时间来确定。一般情况下，所装运物料的数量较大时，应选择较大容量的装载机；否则，可选择较小斗容量的装载机，以减少机械使用费。

如装载机和运输车辆配合施工时，则运输车辆的车箱容量应和装载机容量相匹配，通常以 2~4 斗装满一车为宜。过大或过小，都会影响作业效率。

2. 行走装置的选择

装载机行走装置的选择，主要考虑以下几点：

1）当堆料现场地质松软、雨后泥泞或凹凸不平时，应选用履带式装载机；如果作业场地条件较好，则宜选用轮胎式装载机。

2）对于零星物料的搬运、装卸，以及其他分散作业时，应选用转移方便的轮胎式装载机。

3）当装载场地狭窄时，应选用能原地转弯的履带式装载机或转弯半径小的轮胎式装载机。

4）当和运输车辆配合施工时，应根据施工组织的装车方法使用。如果场地较宽，采用"U"形装车方法，因其操作灵活，装车效率较高，应选用轮胎式装载机；如果场地较小，则可选择回转半径小的履带式装载机。

3. 按运距及作业条件选择

在运距不大，或运距和道路坡度经常变化的情况下，如果采用装载机和自卸汽车配合装运作业，会使工效下降、费用增高。在这种情况下，可单独使用装载机自装自运。一般情况下，如果装载机在整个装运作业循环时间不超过 3min 时，这种自装自运的方式在经济上是可行的。自装自运时，选择铲斗容量大的效果更好。当然，还需要对以上两种装铲方式通过经济分析，来选择装载机自装自运的合理运距。

4. 按技术性和经济性选择

正确选择装载机，必须全面考虑机械的技术性和经济性。如装载机的最大卸载距离、最大卸载高度、装、卸料和行走的速度，以及操作简便、安全等技术性能，优先选择性能优良、使用费低的先进机型。

🌀 业务要点 4：装载机的施工方法

1. 铲装作业

装载机的生产能力，在很大程度上取决于铲装时铲斗的装满系数。正确的铲装方法和熟练的操作技术，可得到较好的铲斗装满系数，而不致产生附加的载荷。装载机铲装作业的方法主要有以下几种：

（1）一次铲装法　如图 2-28a 所示。装载机直线前进，铲斗齿刃插入料堆，直至铲斗后壁和料堆接触时为止。在铲斗插入时，装载机用一档或二档低速前进，然后铲斗在翻斗液压缸的作用下，翻转到水平位置。在整个翻斗过程中，装载机不动。待铲斗提升到运输位置（距地面高 300～400mm），后退驶离工作面，直到卸载点后，铲斗再提升到卸载高度，将物料卸到运输车辆中。

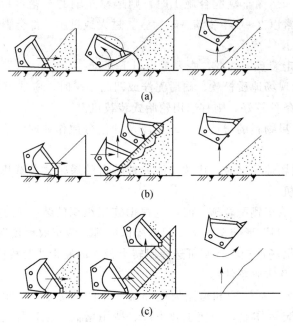

图 2-28　装载机铲装方法示意
（a）一次铲装法　　（b）分段铲装法　　（c）分层铲装法

此法是最简单的铲装方法，对操作人员的操作水平要求不高，但需要把铲斗一次深入料堆，其作业阻力大，因而要求装载机有较大的插入力，并需要较大的功率来克服铲斗上翻时的阻力。此法仅用在铲装密度小的松散物料，如沙、煤、散土、焦炭等。

（2）分段铲装法　如图 2-28b 所示，此法是将铲斗依次进行插入动作和提升动作。其过程是铲斗稍向前倾，从坡角插入，随着铲斗插入工作面 0.2～0.5mm 深，一边继续慢速切入，一边间断稍微提升动臂，再配合铲斗间断上翻，直至装满铲斗。这种方法由于铲斗插入不深，而且插入后又有提升等动作配合，所以插入阻力较小，作业比较平稳，但其操作水平要求较高。此法适用于铲装较硬的土壤。

（3）分层铲装法　如图 2-28c 所示，分层铲装时，装载机向工作面前进，铲斗稍向前倾，随着铲斗切入工作面，缓慢提升动臂，在铲斗齿刃离开料堆后，铲斗才转到运输位置。此法适用于挖掘土丘或铲装块状物料。

采用分段或分层铲装法，铲斗不需要插得很深，特别是采用分段铲装法，它是靠插入运动和斗刃转动及提升运动的配合，使铲斗插入阻力大大减少，其阻力约为一次铲装法的 $1/2 \sim 1/3$，并且铲斗也容易装满，用来铲装砾石、黏土、冻土和不均匀的块状物料是一种较为有效的作业方法，但要求有较高的操作水平。在铲斗插入时是转斗还是提升动臂，或是两者配合动作，需视物料种类和操作人员的熟练程度而异。一般难以插入的物料，如大块岩石、大块冻土等，则需要配合铲斗的上、下摆动或动臂的自动提升，以避开大块岩石，降低插入阻力。

2. 与自卸汽车配合作业

装载机经常与自卸车配合进行作业，常见的作业方式有以下几种。其中 V 形作业效率最高，特别适于铰接式装载机。

1）"I"形作业法（图 2-29a）。装载机装满铲斗后直线后退一段距离，在装载机后退并把铲斗举升到卸载高度的过程中，自卸车后退到与装载机相垂直的位置，铲斗卸载后，自卸车前进一段距离，装载机前进驶向料堆铲装物料，进行下一个作业循环，直到自卸车装满为止。作业效率低，只有在场地较窄时采用。

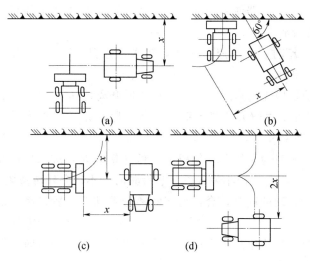

图 2-29　装载机的作业方式

(a)"I"形作业法　(b)"V"形作业法　(c)"L"形作业法　(d)"T"形作业法

2）"V"形作业法（图 2-29b）。自卸车与工作面成 60°角，装载机装满铲斗后，在倒车驶离工作面的过程中调头 60°使装载机垂直于自卸车，然后驶向自卸车卸料。卸料后装载机驶离自卸车，并调头驶向料堆，进行下一个作业循环。

3）"L"形作业法，（图 2-29c）。自卸车垂直于工作面，装载机铲装物料后，后退并调转 90°，然后驶向自卸车卸料，空载装载机后退，并调整 90°，然后直线驶向料推，进行下一个作业循环。

4）"T"形作业法（图 2-29d）。此种作业法便于运输车辆顺序就位装料驶走。

3. 卸载作业

装载机驶向自卸汽车或指定卸料场卸料时，应对准车箱或卸货台，逐渐将动臂提升到一定高度（使铲斗前翻不致碰到车箱或卸货台），操纵铲斗手柄前倾卸料（适当控制手柄，以达到逐渐卸料的目的）。卸料时要求动作轻缓，以便减轻物料对自卸汽车的冲击。如果物料粘附在铲斗上，可往复扳动操纵手柄，让铲斗振动，使物料脱落。卸料完毕后，收斗倒车，然后使动臂下降进入下一个作业循环。

业务要点 5：装载机的安全操作

1）操作人员应经过正规的岗位培训，熟知装载机的构造、工作原理、技术性能、操作方法和维护、保养的要求，严格按操作规程规定使用机械。

2）作业前检查各部管路的密封性、制动器的可靠性。检视各仪表是否正常，轮胎气压是否符合规定。

3）变速器、变矩器使用的液力传动油和液压系统使用的液压油必须符合要求，并保持清洁。

4）发动机起动后应怠速空运转，待水温达到 55℃，气压达到 0.45MPa 后，再起步行驶。

5）起步前，应先鸣声示意，宜将铲斗提升离地 0.5m。行驶过程中应测试制动器的可靠性。并避开路障或高压线等。除规定的操作人员外，不得搭乘其他人员，严禁铲斗载人。

6）高速行驶时应采用前两轮驱动；低速铲装时，应采用四轮驱动。行驶中，应避免突然转向。铲斗装载后升起行驶时，不得急转弯或紧急制动。

7）使用脚制动的同时，会自动切断离合器油路，所以制动前不需将变速杆置于空挡。

8）装料时，铲斗应从正面铲料，严禁单边受力。卸料时，铲斗翻转、举臂应低速减缓动作。

9）作业时，发动机水温不得超过 90℃，变矩器油温不得超过 110℃，由于重载作业温度超过允许值时，应停车冷却。

10）不得将铲斗提升到最高位置运输物料；运载物料时，应保持动臂下绞点离地 400mm，以保证稳定行驶。

11）铲斗装载距离以 10m 内效率最高，应避免超越 10m 作运输机使用。

12）无论铲装或挖掘，都要避免铲斗偏载。不得在收斗或半收斗而未举臂时就前进。当铲斗装满后，应举臂到距地面约 500mm 再后退、转向、卸料。

13）当铲装阻力较大，出现轮胎打滑时，应立即停止铲装。若阻力过大已造成发动机熄火时，重新起动后应作与铲装作业相反的作业，以排除过载。

14）不准进行超载作业，作业中铲斗和动臂下面都不准有人停留或有人通过，除操作室外，机上任何部位不准有人乘坐。

15）作业完毕应将装载机驶入机棚停放。冬季施工下班后要放净冷却水，同时挂上"无水"的标牌。长期停放不用的装载机，应将发动机上的高压液压泵、喷油嘴、发电机等设备拆下单独保管，轮胎也要单独存放，若不拆也一定要将轮胎垫起来，不要长期负载与地面接触。

业务要点 6：装载机的维护与保养

装载机各级维护作业项目见表 2-14～表 2-16，润滑部位及润滑周期见表 2-17，其他机型也可参照执行。

表 2-14　轮胎式装载机日常维护作业项目及技术要求

部位	序号	维护部件	作业项目	技 术 要 求
发动机	1	曲轴箱机油量	检查、添加	停机面处于水平状态，冷车，油面达到标尺刻线标记，不足时添加
	2	散热器水位	检查、添加	停机状态，水位至加水口，不足时添加
	3	风扇传动带	检查、调整	传动带中段加 50N 压力，能按下 10～20mm
	4	运转状态	检查	无异响、异味，烟色浅灰
	5	仪表	检查	指示值均在绿色范围内
	6	油管、水管、气管及各部附件	检查	管路畅通、密封良好
	7	紧固件	检查，紧固	无松动、缺损
	8	燃油箱	检查	放出积水及沉淀物
主体	9	液压油箱	检查	油量充足，无泄漏
	10	液压元件及管路	检查	动作准确，作用良好，无卡滞，无泄漏
	11	操纵机构	检查	离合器杆、制动踏板、锁杆无卡滞
	12	离合器	检查	作用可靠
	13	制动器	检查	作用可靠
	14	锁定装置	检查	作用可靠、无异常
	15	齿轮油量	检查，添加	变速器为 45L，转向机和驱动桥为 36L
	16	各机构及结构件	检查	无松动、缺损

部位	序号	维护部件	作业项目	技　术　要　求
车轮	17	轮辋螺栓	检查、紧固	无松动
	18	传动轴螺栓及各销轴	检查、紧固	固定可靠，无松动
	19	轮胎	检查、紧固	气压正常，螺母固定可靠，清除胎面花纹中夹物
工作装置	20	液压缸	检查	作用可靠，动作顺畅无异常，无泄漏
	21	连接件	检查、紧固	连接牢固，焊缝无裂纹
	22	铲斗及斗齿	检查	无松动、无损伤
其他	23	整机	清洁	清除外表油垢、积尘，驾驶室无杂物
	24	工作状态	试运转	运转正常

表 2-15　轮胎式装载机一级（月度）维护作业项目及技术要求

部位	序号	维护部件	作业项目	技　术　要　求
发动机	1	V 带张紧度	检查	伸长量过大、超过张紧度要求时换新
	2	油机泵吸油粗滤网	清洗	拆下滤网清洗后吹净
	3	空气过滤器	清洗	清洁滤网，油浴式的更换机油
	4	通气管内滤芯	清洗	取出清洗后吹净，浸上机油后装上
	5	燃油过滤器	清洗	清洗壳体和滤芯，排除水分和沉积物
	6	机油过滤器	清洗	清洗粗滤器及滤芯
	7	涡轮增压器的机油过滤器	清洗	将滤芯放在柴油中清洗后吹干
	8	散热器	清洗	用清洗剂通入散热器中，清除积垢及沉淀物
电器	9	起动机发电机	检查	导线接触良好，消除外部污物
	10	蓄电池	检查，清洁	电解液相对密度不低于 1.24，添加蒸馏水，清洁极桩
传动转向系统	11	变矩器、变速器	检查	工作正常，无异响及过热现象，如油液变质应更换
	12	前后桥	检查	工作正常，连接件紧固情况良好，润滑油量和质量符合要求
	13	传动轴	检查	工作正常，连接情况良好，运转中无异响
	14	转向机构	检查	转向轻便，转向液压缸工作正常，无渗漏，油压应为 14MPa，不足时调整，补充新油至规定油面

续表

部位	序号	维护部件	作业项目	技 术 要 求
制动系统	15	空气压缩机	检查	工作正常，如油水分离器中聚积机油过多，应查明窜油原因，及时修复
	16	盘式制动器	检查	工作正常，制动摩擦片磨损超限应更换，拆洗加力罐，对分泵进行放气，制动液存量符合要求
	17	手制动器	检查，调整	调整制动间隙为 0.5mm，制动接触面达 85% 以上
	18	轮胎	检查充气	充气压力前轮为 360kPa，后轮为 300kPa
液压系统	19	液压油箱	检查	液压油劣化超标，应更换
	20	管路及管接头	检查	如有松动应紧固，软管损坏应更换
	21	液压泵、液压缸	检查	工作正常，无内泄外漏现象，最大工作压力应达到 14MPa
	22	动臂	检测	将动臂提升到极限位置，保持 15min，下降量不大于 10mm
其他	23	各紧固件	检查，紧固	无松动、缺损，按规定力矩紧固主要螺栓
	24	整机工况	试运转	运转正常，无不良现象

表 2-16　轮胎式装载机二级（年度）维护作业项目和技术要求

部位	序号	维护部件	作业项目	技 术 要 求
发动机	1	润滑系统	检测，清洗	拆检机液压泵，机油压力应在 2～4MPa 范围内
	2	冷却系统	检测，清洗	清洗散热器，去除积垢，检测节温器应启闭有效
	3	涡轮增加器	检查，调整	清除叶轮油泥，调整转子间隙，叶轮旋转灵活
	4	配气机构	检查，调整	调整气门间隙，检查汽门密封性能，必要时研磨
	5	喷液压泵及喷油器	校验	在试验台上进行测试并校验，要求雾化良好，断油迅速，无滴油，喷油压力为 20MPa
	6	活塞连杆组件	检查，更换	检查活塞环、汽缸套、连杆小头衬套及轴瓦的磨损情况，必要时更换
	7	曲轴组件	检查，更换	检查推力轴承、推力板的磨损情况，主轴承内外圈是否有轴向游动现象，必要时更换
	8	发电机，起动机	检查，清洁	清洗各机件、轴承、检查整流子及传动齿轮磨损情况，必要时修复或更换
	9	各主要部位垫片	检查，更换	对已损坏或失去密封作用的垫片应更换
	10	各主要部位螺栓	检查，紧固	按规定扭矩，紧固各主要部位的螺栓

续表

部位	序号	维护部件	作业项目	技 术 要 求
传动转向系统	11	变速器、变矩器	解体检查	各零部件磨损超限或损坏时应予更换
	12	前后桥、差速器及减速器	解体检查	主螺旋锥齿轮啮合间隙为 0.2～0.35mm，半轴齿轮和圆锥齿轮啮合间隙为 0.1mm，轴向间隙为 0.03～0.05mm
	13	传动轴	解体，检查	传动轴花键和滑动花键的侧隙不大于 0.30mm，十字轴轴颈和滚针轴承的间隙不大于 0.13mm，超限时应更换
	14	转向机	检查	转向轻便灵活，转向角左右各为 35°，当方向盘转到极限位置时，油压应为 12MPa，清洁并更换磨损零件
制动系统	15	空气压缩机	解体检查	活塞、活塞环、气阀等磨损超限时更换
	16	制动器	解体检查	更换磨损零件及制动摩擦片
	17	制动助力器	解体检查	更换磨损零件及制动液
	18	手制动器	解体检查	清洗并更换磨损零件，摩擦片铆钉头距表面 0.5mm 时更换
液压系统	19	液压泵、缸等液压元件	检测	在额定压力下，液压泵、液压缸、液压阀等应无渗漏、噪声，工作平稳，动臂液压缸在铲斗满载时，分配阀置于封闭位置，其沉降量应小于 40mm/h
	20	工作压力	测试	变矩器进口压力为 0.56MPa，出口油压为 0.45MPa。变速工作压力为 1.1～1.5MPa，转向工作压力为 12MPa
整机	21	工作装置、车架	检查，紧固	各部焊缝无开裂，销轴、销套磨损严重时应更换，紧固各连接件
	22	驾驶室	检查	无变形，门窗开闭灵活，密封良好
	23	整机外表	检查	必要时进行补漆或整机喷漆
	24	整机性能	试运转	运转正常，作业符合要求

表 2-17　轮胎式装载机润滑部位及周期

序号	润滑部位	润滑点数	润滑周期/h	油品种类	备注
1	工作装置	14	8		
2	前传动轴	3	60		
3	后传动轴	3	60		
4	转向液压缸销轴	4	60	钙基润滑脂	
5	转向随动杆	2	60	冬 ZG-2	添加
6	动臂液压缸销轴	2	60	夏 ZG-4	
7	转斗液压缸后销轴	2	60		
8	车架铰接销	2	60		
9	副车架销	2	60		

续表

序号	润滑部位	润滑点数	润滑周期/h	油品种类	备注
10	发动机曲轴箱	1	600	CC 级柴油机油	更换
11	变矩器、变速器	1	1800	8 号液力传动轴油	更换
12	前、后驱动桥	2	1800	车辆齿轮油	
13	方向机	1	1800	冬 HL-20	更换
14	轮边减速器	2	1800	夏 HL-30	
15	制动助力器	2	1800	201 合成制动器	更换
16	液压油油器	1	1800	N68HM 液压油	更换

对于有运转记录的机械，也可将运转台时为维护周期的依据。装载机的一级维护周期 200h，二级维护周期为 1800h，可根据机械年限、作业条件等情况适当增减。对于老型机械，仍可执行三级维护制，即增加 600h（季度）的二级维护，1800h（年度）的二级维护改为三级维护，作业项目可相应调整。

业务要点 7：装载机的常见故障及排除方法

轮胎式装载机常见故障及排除方法见表 2-18。

表 2-18 轮胎式装载机常见故障及排除方法

故障现象		故障原因	排除方法
传动系统	各档变速压力均低	1) 变速器油池油位过低 2) 主油道漏油 3) 变速器滤油器堵塞 4) 变速泵失效 5) 变速操纵阀调整不当 6) 变速操纵阀弹簧失效 7) 蓄能器活塞卡住	1) 加油到规定油位 2) 检查主油道 3) 清洗或更换滤油器 4) 拆检修复或更换 5) 按规定重新调整 6) 更换弹簧 7) 拆检并消除被卡现象
	某个档变速压力低	1) 该档活塞密封环损坏 2) 该油路中密封圈损坏 3) 该档油道漏油	1) 更换密封环 2) 更换密封圈 3) 检查漏油处并予排除
	变矩器油温过高	1) 变速器油池油位过高或过低 2) 变矩器油散热器堵塞 3) 变矩器高负荷工作时间太长	1) 加油至规定油位 2) 清洗或更换散热器 3) 适当停机冷却
	发动机高速运转、车开不动	1) 变速操纵阀的切断阀阀杆不能回位 2) 未挂上档 3) 变速调压阀弹簧折断	1) 检查切断阀，找出不能回位原因，并予排除 2) 重新推到档位或调整操纵杆系 3) 更换调压阀弹簧

故障现象		故　障　原　因	排　除　方　法
传动系统	驱动力不足	1) 变矩器油温过高 2) 变矩器叶轮损坏 3) 大超越离合器损坏 4) 发动机输出功率不足	1) 适当停车冷却 2) 拆检变矩器、更换叶轮 3) 拆检并更换损坏零件 4) 检修发动机
	变速器油位增高	1) 转向泵轴端窜油 2) 双联泵轴端窜油	1) 更换轴端油封 2) 更换轴端油封
制动系统	脚制动力不足	1) 夹钳上分泵漏油 2) 制动液压管路中有空气 3) 制动气压低 4) 加力器皮碗磨损 5) 轮毂漏油到制动摩擦片 6) 制动摩擦片磨损超限	1) 更换分泵矩形密封圈 2) 排除空气 3) 检查气路系统的密封性，消除漏气 4) 更换磨损皮碗 5) 检查或更换轮毂油封 6) 更换摩擦片
	制动后挂不上挡，表不指示	1) 制动阀推杆位置不对 2) 制动阀回位弹簧失效 3) 制动阀活塞杆卡住	1) 调整推杆位置 2) 检查或更换回位弹簧 3) 拆检制动阀活塞杆及鼓膜
	制动器不能正常工作	1) 制动阀活塞杆卡住，回位弹簧失效或折断 2) 加力器动作不良 3) 夹钳上分泵活塞不能回位	1) 检查修复，更换回位弹簧 2) 检查加力器 3) 检查或更换矩形密封圈
	停车后空气罐压力迅速下降（30min气压降超过0.1MPa）	1) 气制动阀气门卡住或损坏 2) 管接头松动或管路破裂 3) 空气罐进气口单向阀不密封或压力控制器不密封	1) 连续制动以吹掉脏物或更换阀门 2) 拧紧接头或更换软管 3) 检查不密封原因，必要时更换
	手制动力不足	1) 制动鼓和摩擦片间隙过大 2) 制动摩擦片上有油污	1) 按使用要求重新调整 2) 清洗干净摩擦片
液压系统	动臂提升力不足或转斗力不足	1) 液压缸油封磨损或损坏 2) 分配阀磨损过多，阀杆和阀体配合间隙超过规定值 3) 管路系统漏油 4) 安全阀调整不当、压力偏低 5) 双联泵严重内漏 6) 吸油管及滤油器堵塞	1) 更换油封 2) 拆检并修复，使间隙达到规定值或更换分配阀 3) 找出漏油处予以排除 4) 调整系统压力至规定值 5) 更换双联泵 6) 清洗滤油器并换油
	动臂或转斗提升缓慢	1) 系统内漏，压力偏低 2) 流量转换阀阀杆被卡，辅助泵来油不能进入工作装置	1) 检查消除内漏，调整压力 2) 清洗流量转换器，消除阀杆卡住的现象

续表

故障现象		故 障 原 因	排 除 方 法
转向系统	方向盘空行程过大	1) 齿条和转向臂轴间隙过大 2) 万向节间隙过大	1) 按要求进行调整 2) 更换万向节
	转向力矩不足	1) 转向泵磨损，流量不足 2) 转向溢流阀压力过低 3) 转向阀严重内漏	1) 检修或更换转向泵 2) 将溢流阀压力调至规定值 3) 检修或更换转向阀
	转向费力	1) 转向阀滑阀卡住 2) 转向液压系统流量不足 3) 流量转换阀调速弹簧失效或打断 4) 流量转换阀阀杆被卡	1) 检修阀体和滑阀之间的配合间隙达到使用要求 2) 检修或更换转向泵 3) 更换弹簧 4) 清洗阀杆、阀座，消除卡住现象
	转向臂轴或其他受力件损坏	1) 在直线位置时，转向臂上扇形齿未对中间位 2) 转向液压系统压力过低 3) 进转向缸油管接错	1) 按规定调至中间位 2) 按规定调整压力 3) 按要求连接管路

第五节　平　地　机

本节导图：

本节主要介绍平地机，内容包括平地机的分类、平地机的作业方式、平地机的安全操作等。其内容关系框图如下：

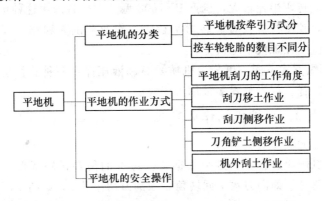

平地机的关系框图

业务要点 1：平地机的分类

1. 平地机按牵引方式分

可分为拖式和自行式两种。拖式平地机由专用车辆牵引作业；自行式平地机由发动机驱动行驶和作业。前者由于机动性差、作业效率低等原因已较少应用，故本章以介绍自行式平地机为主。

2. 按车轮轮胎的数目不同分

可分为四轮（两轴）和六轮（三轴）两种，其中以六轮居多。平地机车轮的布置形式由总轮数×驱动轮数×转向轮数表示。驱动轮数越多，工作中所产生的附着牵引力越大；转向轮数越多，平地机的转弯半径越小。一般有以下几种车轮布置形式：

1）四轮平地机：

$4 \times 2 \times 2$ 型——后轮驱动，前轮转向。

$4 \times 4 \times 4$ 型——全轮驱动，全轮转向。

2）六轮平地机：

$6 \times 4 \times 2$ 型——中后轮驱动，前轮转向。

$6 \times 6 \times 2$ 型——全轮驱动，前轮转向。

$6 \times 6 \times 6$ 型——全轮驱动，全轮转向。

目前，国内外大多数平地机采用 $6 \times 4 \times 2$ 型车轮布置形式和铰接式机架。平地机在斜坡上工作，受到侧向载荷时，由于转向轮装有倾斜机构，依靠车轮的倾斜可提高平地机工作时的稳定性；在平地上转向时，能进一步减小转弯半径，实现特殊场地的作业。

3）按铲刀长度或发动机功率不同，可分为轻、中、重型三种。

4）按机架结构不同，可分为整体式和铰接式两种。整体式机架有较大的整体刚度，但转弯半径较大，国产 PY1608 型平地机就采用这种机架。与整体式机架相比，铰接式机架具有转弯半径小、作业范围大和作业稳定性好等优点，被广泛应用在现代平地机上。

5）按操纵方式不同，可分为机械操纵和液压操纵两种。目前，自行式平地机的工作装置、行走装置多采用液压操纵。

业务要点 2：平地机的作业方式

1. 平地机刮刀的工作角度

在平地机作业过程中，必须根据工作进程的需要正确调整平地机的铲土刮刀的工作角度。即刮刀水平回转角 α 和刮刀切土角 γ，如图 2-30 所示。

刮刀水平水平回转角为刮刀中线与行驶方向在水平面上的角度，当回转角增大时，工作宽度减小，但物料的侧移输送能力提高，切削能力也提高，

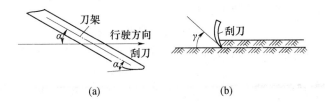

图 2-30 平地机刮刀的工作角度

（a）刮刀水平回转角 α （b）刮刀切土角 γ

刮刀单位切削宽度上的切削力增大。回转角应视具体情况及要求来确定。对于剥离、摊铺、混合作业及硬土切削作业，回转角可取 30°～50°；对于推土摊铺或进行最后一道刮平以及进行松软或轻质土刮整作业时，回转角可取 0°～30°。

铲刀的切土角为铲土刮刀切削边缘的切线与水平面的角度。铲刀角的大小一般以作业类型来确定。中等切削角（60°左右）适用于通常的平整作业。在切削、剥离土壤时，需要较小的铲土角，以降低切削阻力。当进行物料混合和摊铺时，选用较大的铲土角。

2. 刮刀移土作业

刮刀移土作业可分为刮土直移作业、刮土侧移作业和斜行作业，见图 2-31。

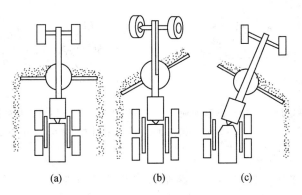

图 2-31 刮刀移土作业

（a）刮土直移作业 （b）刮土侧移作业 （c）斜行作业

（1）刮土直移作业 将刮刀回转角置为 0°，即刮刀轴线垂直与行驶方向，此时切削宽度最大，但只能以较小的切入深度作业，主要用于铺平作业。

（2）刮土侧移作业 将刮刀保持一定的回转角，在切削和运土过程中，土沿刮刀侧向流动，回转角越大，切土和移土能力越强。刮土侧移作业用于铺平时还应采用适当的回转角，始终保证刮刀前有少量的但却是足够的料，既要运行阻力小，又要保证铺平重量。

（3）斜行作业　刮刀侧移时应注意不要使车轮在料堆上行驶，应使物料从车轮中间或两侧流过，必要时可采用斜行方法进行作业，使料离开车轮更远一些。

3. 刮刀侧移作业

平地机作业时，在弯道上或作业面边界呈不规则的曲线状地段作业时，可以同时操纵转向和刮刀侧向移动，机动灵活地沿曲折的边界作业。当侧面遇到障碍物时，一般不采用转向的方法躲避，而是将刮刀侧向收回，过了障碍物后再将挂到伸出。

4. 刀角铲土侧移作业

适用于挖出边沟土壤来修整路型或填筑低路堤。先根据土壤的性质调整好刮刀铲土角和刮土角。平地机以一档速度前进后，让铲刀前置端下降切土，后置端抬升，形成最大的倾角，如图 2-32a 所示，被刀角铲下的土层就侧卸于左右轮之间。

为了便于掌握方向，刮刀的前置端应正对前轮之后，遇有障碍物时，可将刮刀的前置端侧伸于机外，再下降铲土。但必须注意，此时所卸的土壤也应处于前轮的内侧，如图 2-32b 所示，这样不被驱动后轮压上，以免影响平地机的牵引力。

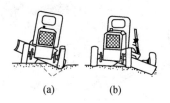

| (a) | (b) | | (a) | (b) |

图 2-32　平地机刀角铲土侧移作业　　图 2-33　平地机刮刀机外刮土刷坡作业

a）刮刀一端下倾铲土　（b）刮刀侧升后下倾铲土　　（a）刷边沟边坡　（b）刷路基路堑边坡

5. 机外刮土作业

这种作业多用于修整路基、路堑边坡和开挖边沟等工作。工作前首先将刮刀倾斜于机外，然后使其上端向前，平地机以一档速度前进，放刀刮土，于是刮刀刮下的土就沿刀卸于左右两轮之间，然后再将刮下的土移走，但要注意，用来刷边沟的边坡时，刮土角应小些；刷路基或路堑边坡时，刮土角应大些，如图 2-33 所示。

◎ **业务要点 3：平地机的安全操作**

1）作业前，应检查平地机四周有无障碍物及其他危及安全的因素，并让无关人员离开作业区。

2）检查各连接部位的紧固情况。应特别注意车轮轮毂、传动轴等处的连接螺栓有无松动。

3）检查转向和制动装置是否灵活可靠。

4）在公路上行驶时，应严格遵守《道路交通安全法》，严禁交通违法行为的发生。必须将刮刀和松土器提到最高处，刮刀两端不得超出后轮外侧，速度不得超过 20km/h，夜间不宜作业。

5）行驶在平坦的道路上可用高速挡，行驶在较差的道路或坡道时宜用低速挡。作业时，均采用低速挡。

6）平地机调头和转弯时，应用最低速度。

7）下坡时必须挂挡，禁止空挡滑行。

8）行驶时，一般使用前轮转向，在场地特别狭窄的地方，可同时采用后轮转向，但小于平地机最小转弯半径的地段，不得勉强转弯。

9）制动时，应先踏下离合器踏板。在变矩器处于刚性封锁状态时，不能使用制动器。

10）刮刀的回转与铲土角度的调整以及向机外倾斜都必须在停机时进行。作业中刮刀升降量差不得过大。

11）遇到坚硬土质需要齿耙翻松时，应缓慢下齿。不宜使用齿耙翻松坚硬旧路面。

12）在坡道停放时，应使车头向下坡方向，并将刀片或松土器压入土中。

13）应将平地机停放在平坦安全的地方，不得停放在坑洼有水的地方或斜坡上。

14）平地机在倒车时必须减速行驶，并注意避让周围作业的民工及其他人员、机械，严防铲刀伸出机身部分发生刮擦。

第三章　桩工机械

第一节　桩工机械基础知识

本节导图：

本节主要介绍桩工机械基础知识，内容包括桩基础的分类、桩工机械的类型及表示方法等。其内容关系框图如下：

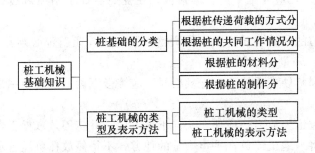

桩工机械基础知识的关系框图

业务要点 1：桩基础的分类

1. 根据桩传递荷载的方式分

（1）端承桩　桩穿过上部较软地层，支承在硬土层或岩石上的桩。

（2）摩擦桩　利用桩身周围摩擦力支承上部建筑物载荷的桩，一般用在支持层较深的情况下。

2. 根据桩的共同工作情况分

（1）单桩　各根桩单独承载互不影响。

（2）群桩　两根以上的桩用承台连接而共同工作，但总共的承载能力小于单桩承载能力乘以桩数时，叫做群桩。

3. 根据桩的材料分

（1）钢桩　钢桩通常是圆管形和工字形桩。钢桩的特点如下：

1）抗拉、抗压强度大，能承受强大的冲击力，施工时较容易，穿透很深的地层而支持在坚硬的地层上。因此，钢桩能获得很大的承载能力。

2）抗弯强度大，能承受很大的水平力。因此，用在像铁塔、烟囱、桥基等水平作用力大的情况下极为有利。

3）支持层深度不一致时，接桩、截桩都很简单。

4）与其他桩相比，其实际截面积小，因此，打桩时对土壤的挠动小，对临近建筑物的影响小。

5）强度高，重量轻，运输方便。

6）桩头处理简单，与上部建筑结合得好。

7）价格高。

8）在干湿经常变化的情况下，必须采取防腐措施。

（2）钢筋混凝土预制桩　它可分为预应力桩和非预应力桩。这种桩的特点如下：

1）抗腐蚀性能好，特别是预应力桩。

2）价格便宜，节省钢材。

3）尺寸受限制。预应力桩的长度不宜超过 30m。当需要较长的桩时，中间要加接头，不仅费事，而且形成一薄弱点。

4）留在地面上的桩头处理困难，而且不经济。

5）非预应力桩的抗拉强度小，运输及打入时候都应特别注意。

（3）木桩　木桩只能做半永久性桩，长度和承载能力都很小。

4. 根据桩的制作分

（1）预制桩　钢桩、钢筋混凝土预制桩和木桩都是预制桩。预制桩在工厂制作，质量可靠，施工速度快，可靠性好。但预制桩运输较困难。

（2）灌注桩　灌注桩是一种现场浇筑型的钢筋混凝土桩。它是在桩位处按桩的尺寸钻成一个孔，放入钢筋笼，浇筑混凝土而成。灌注桩则没有运输困难的缺点，在施工时常常可以做到无振动、无噪声。

业务要点 2：桩工机械的类型及表示方法

1. 桩工机械的类型

根据施工预制桩或灌注桩而把桩工机械分成两大类，见表 3-1。

表 3-1　桩工机械的类型

分　类	说　　明
预制桩施工机械	施工预制桩主要有三种方法：打入法、振动法和压入法 （1）打入法　打入法使用桩锤冲击桩头，在冲击瞬间桩头受到一个很大的力，而使桩贯入土中 打入法使用的设备主要有以下四种： 1）落锤 这是一种古老的桩工机械，构造简单，使用方便。但贯入能力低，生产效率低，对桩的损伤较大 2）柴油锤

续表

分 类	说 明
预制桩施工机械	其工作原理类似柴油发动机，是目前最常用的打桩设备，但公害较重 3）蒸汽锤 蒸汽锤是以蒸汽或压缩空气为动力的一种打桩机械 4）液压锤 液压锤是一种新型打桩机械，它具有冲击频率高、冲击能量大、公害少等优点，但构造复杂，造价高 （2）振动法　振动法是使桩身产生高频振动，使桩尖处和桩身周围的阻力大大减小，桩在自重或稍加压力的作用下贯入土中。这种施工方法噪声极小，桩头不受损坏。但压入法使用的压桩机本身非常笨重，组装迁移都较困难 （3）压入法　压入法是给桩头施加强大的静压力，把桩压入土中。这种施工方法噪声极小，桩头不受损坏。但压入法使用的压桩机本身非常笨重，组装迁移都较困难
灌注桩施工机械	灌注桩的施工关键在成孔。成孔方法有挤土成孔法和取土成孔法 （1）挤土成孔法　挤土成孔法所使用的设备于施工预制桩的设备相同，它是把一根钢管打入土中，至设计深度后将钢管拔出，即可成孔。这种施工方法中常采用振动锤，因为振动锤既可将钢管打入，还可将钢管拔出 （2）取土成孔法　取土成孔法采用了许多种成孔机械，其中主要的有： 1）全套管钻孔机 这是一种大直径桩孔的成孔设备。它利用冲抓锥挖土、取土。为了防止孔壁坍落，在冲抓的同时将一套管压入 2）回转斗钻孔机 其挖土、取土装置是一个钻斗。钻斗下有切土刀，斗内可以装土 3）反循环钻机 这种钻机的钻头只进行切土作业，构造很简单。取土的方法是把土制成泥浆，用空气提升法或喷水提升法将其取出 4）螺旋钻孔机 其工作原理类似麻花钻，边钻边排土屑。是目前我国施工小直径桩孔的主要设备。螺旋钻孔机又分为长螺旋和短螺旋两种 5）钻扩机 是一种成型带扩大头桩孔的机械

2. 桩工机械的表示方法

桩工机械的表示方法见表 3-2。

表 3-2　桩工机械的表示方法

类 型				产 品		主参数代号	
名称	代号	名称	代号	名称	代号	名称	单位
柴油打桩锤	D（打）	筒式	—	筒式柴油打桩锤	D	冲击部分重量	$10^2\,kg$
		导杆式	D（导）	导杆式柴油打桩锤	DD		
液压锤	CY	液压式		液压锤	CT	冲击部分重量	$10^2\,kg$

续表

类 型				产 品		主参数代号	
名称	代号	名称	代号	名称	代号	名称	单位
振动打桩锤	D、Z（打、振）	机械式	—	机械式振动桩锤	DZ	振动锤功率	kW
		液压式	Y（液）	液压式振动桩锤	DZY		
压桩机	Y、Z（压，桩）	液压式	Y（液）	液压式桩机	YZY	最大压桩力	10kN
成孔机	K（孔）	长螺旋式	L（螺）	长螺旋钻孔机	KL	最大成孔直径	mm
		短螺旋式	D（短）	短螺旋钻孔机	KD		
		回转斗式	U（斗）	回转斗钻孔机	KU		
		动力头式	T（头）	动力头钻孔机	KT		
		冲抓式	Z（短）	冲抓式成孔机	KZ		
		冲抓式	D（短）	全套管钻孔机	KZT		
		潜水式	Q（短）	潜水式钻孔机	KQ		
		转盘式	P（短）	转盘式钻孔机	KP		
桩架	J（架）	轨道式	G（轨）	轨道式桩架	JG	最大成孔直径	mm
		履带式	U（履）	履带式桩架	JU		
		步履式	B（步）	步履式桩架	JB		
		简易式	J（简）	简易式桩架	JJ		

第二节 预制桩施工机械

本节导图：

本节主要介绍预制桩施工机械，内容包括打桩机的组成、桩架、打桩锤、静力液压压桩机等。其内容关系框图如下页所示：

业务要点1：打桩机的组成

打桩机是由桩锤、桩架和动力装置三个主要部分组成。

1. 桩锤

桩锤是冲击桩身并把它打入土中的设备。桩锤的工作部件是一个很重的能作上下往复运动的锤头，即冲击部分。锤头冲击桩头，使桩克服土的阻力而下沉。

2. 桩架

桩架是悬挂桩锤的装置，并引导桩锤上下运动以及举起桩身的设备。不

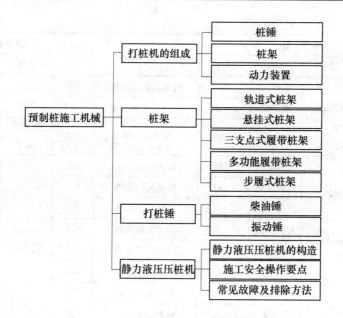

预制桩施工机械的关系框图

同类型的桩锤需配用相应的桩架。

3. 动力装置

动力装置是提供打桩动能来源的装置。各种不同的打桩机械，所采用的动力装置也不同。如蒸汽打桩机的动力装置为锅炉；柴油打桩机的动力装置是柴油桩锤；液压锤的动力装置为液压泵与其液压元件组成的液压系统；而自落式打桩机的动力装置为电动卷扬机，如果采用起重机桩架，则落锤的动力由起重机供给。

业务要点 2：桩架

桩架是和打桩锤配套使用的设备。其主要作用是悬挂各种桩锤、吊桩和沉桩导向作用，其后部的平台上装有卷扬设备。

打桩架按其动作执行机构、行走机构等可分为简易式、轨道式、履带式和步履式。履带式桩架又可分为悬挂式桩架、三支点式桩架和多功能桩架三种。

1. 轨道式桩架

（1）主要结构　轨道式桩架（图 3-1）是一种装有轨轮行走装置 12 的桩架，由立柱 3、上平台 6、下平台 7 和传动卷扬机等组成，可以在现场借助一根辅助撑架和滑轮组自行安装架立。立柱为一筒形结构，可高达数十米，其下部通过万向节与小车 5 相连，上部有两根斜撑 18 支持，以保持稳定。立柱

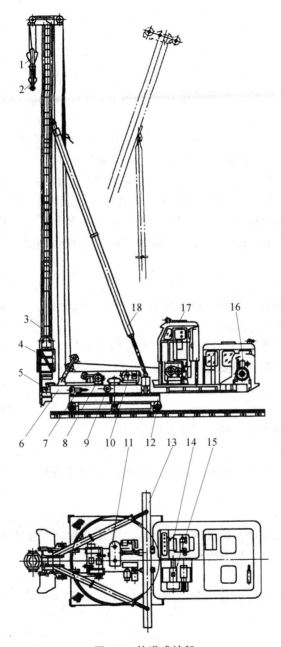

图 3-1 轨道式桩架

1—主钩 2—副钩 3—立柱 4—升降梯 5—水平伸缩小车 6—上平台

7—下平台 8—升降梯卷扬机 9—水平伸缩机构 10—副吊桩卷扬机

11—减速器 12—轨轮行走装置 13—横梁 14—吊锤卷扬机

15—主吊卷扬机 16—电气设备 17—操纵室 18—斜撑

顶部有主钩 1 和副钩 2，以及相应的滑轮组，用以吊桩和桩锤。立柱前面装有龙门架（导轨），以导引桩锤的打桩方向，两侧是左右升降梯 4 的导轨。斜撑是立柱的支撑构件，也是立柱垂直度的调节机构，一般采用液压缸伸缩，调整斜撑长度以后，可以使立柱向后倾斜，以打设斜桩。

上平台是回转台，装有全部卷扬机构 8、10、14、15 的回转和行走传动装置、电气设备 16 和操纵室 17 等。上、下平台之间有支承滚轮，并由中心轴定位。上平台前部有两根箱形梁，其间安装水平伸缩小车 5，小车在螺杆推动下，可以作水平方向的有限移动，以便使立柱对准桩位。

下平台装有四个行走轨轮，使整个桩架沿轨道移动，四个轨轮都是驱动轮。桩架大多采用电传动，可利用外接电源，或装以柴油机发电机组供电。卷扬机构包括五套卷扬机，分别用于吊桩锤、主吊桩、副吊桩和两个升降梯的卷扬机，而行走、回转、斜撑伸缩和小车水平移位则另有传动装置，由离合器操纵控制。

（2）操作要点

1）地面平整后，按相互间距为 0.5m 的要求铺设枕木，轨道间距分别为 3m、3.8m、4.4m。

2）桩架的安装程序为：

① 将底盘各部件稳妥地放在轨道上。

② 分别吊起平台的前、后部，装在底盘回转支承上，用横梁连接前后平台。

③ 装上回转传动机构并调整其间隙。

④ 吊上平衡重。

⑤ 依次装上升降卷扬机、吊桩卷扬机、吊锤卷扬机、导向滑轮架、操纵室等。

⑥ 接通电源。

3）工作前要对各卷扬机进行试运转，确认正常后，方可负荷作业。

4）桩架组装后，应向各机构注入适量的润滑油脂。使用中要经常向立柱导向杆涂抹润滑油。

5）立柱在垂直位置时，可在距柱中心正前方 4m 处吊桩，不允许侧面偏心吊桩。

6）吊桩时，应将立柱移至最后方，以稳定桩架，并应避免桩对立柱导轨的碰撞。

7）打斜桩时，应先将立柱垂直后进行吊桩，将桩吊起稳固好后再调整立柱斜度。

8）工作时及工作后，应用夹轨器使桩架固定在轨道上。

（3）桩架应及时润滑　润滑部位见表3-3。

表 3-3　打桩架润滑部位及周期

润滑部位	润滑剂	润滑周期/h	润滑部位	润滑剂	润滑周期/h
顶部滑轮 下部滑轮 卷扬机部分 回转车轮 伸缩平台车轮 行走车轮	钙基脂 冬 ZG-1 夏 ZG-2	8	回转齿轮 支柱螺旋 伸缩平台螺旋 支柱球头 滑道	钙基脂 冬 ZG-1 夏 ZG-2	50
					安装时加足 检查时添加
		24	各齿轮减速器	汽机油 冬 HQ-6 夏 HQ-10	8h添加，1500h 更换

2. 悬挂式桩架

悬挂式桩架以通用履带起重机为底盘，卸去吊钩，将吊臂顶端与桩架连接，桩架立柱底部有支撑杆与回转平台连接，如图3-2所示。桩架立柱可用圆筒形，也可用方形或矩形横截面的桁架。为了增加桩架作业时整体的稳定性，在原有起重机底盘上，需附加配重。底部支撑架是可伸缩的杆件，调整底部支撑杆的伸缩长度，立柱就可从垂直位置改变成倾斜位置，这样可满足打斜桩的需要。由于这类桩架的侧向稳定性主要由起重机下部的支撑杆7保证，侧向稳定性较差，只能用于小桩的施工。

3. 三支点式履带桩架

（1）主要结构　三支点式履带桩架也是以履带起重机为底盘。但要拆除吊臂，增加两个斜撑，增加两个液压支腿作为斜撑的下支座。三支点式桩架的稳定性好，能承受较大的横向载荷，立柱由于斜撑可以伸缩而能后倾安置，可以打斜桩，故其性能优于悬挂式，如图3-3所示。

（2）安装要点

1）安装桩机前，应对地基进行处理，要求达到平坦、坚实，如地基承载力较低时，可在履带下铺设路基箱或30mm厚的钢板。

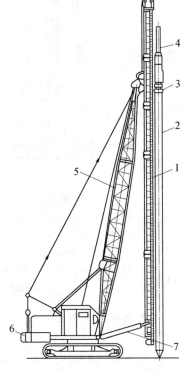

图 3-2　悬挂式履带桩架构造

1—桩架立柱　2—桩　3—桩帽
4—桩锤　5—起重锤　6—机体
7—支撑体

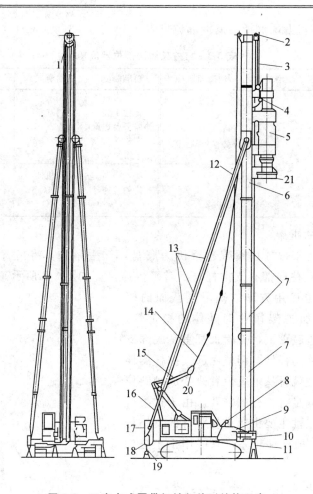

图 3-3　三支点式履带打桩架外形结构示意

1—吊锤定滑轮　2—顶梁　3—吊锤网丝绳　4—起落架　5—柴油锤　6—接点导杆
7—导杆　8—导向轮　9—导杆底座　10—支座臂　11—螺旋千斤顶
12—接点后支撑　13—后支撑　14—竖导杆钢索　15—竖导杆滑
轮钢丝绳　16—超长伸缩液压缸　17—主机　18—水平伸缩臂
19—垂直液压缸　20—竖导杆动滑轮组　21—桩帽

2）履带扩张应在无配重情况下进行，扩张时，上部回转平台应与履带呈90°状。

3）导杆底座安装完毕后，应对水平微调液压缸进行试验，确认无问题时，将活塞杆回缩，以准备安装导杆。

4）导杆安装时，履带驱动液压马达应置于后部，履带前倾覆点处用专用铁楔块填实，按一定力矩将导杆之间连接螺栓扭紧。

5）主机位置停妥后，将回转平台与底盘之间用锁锁住，伸出水平伸缩臂，并用销轴定好位，然后安装垂直液压缸，下面铺好木垫板，顶实液压缸，使主机保持平衡。

6）导杆安装完毕后，应在主轴孔处装上保险销。再将导杆支座上的支座臂拉出，用千斤顶顶实，按一定扭矩将导杆连接，然后穿绕后支撑定位钢丝绳。

7）导杆的拆卸，按安装时的逆过程进行。

（3）安全作业要点

1）桩机的行走、回转及提升桩锤不得同时进行。

2）严禁偏心吊桩。正前方吊桩时，其水平距离要求混凝土预制桩不得大于 4m，钢管桩不得大于 7m。

· 3）使用双向导杆时，须待导杆转向到位，并用锁销将导杆与基杆锁住后，方可起吊。

4）当风速超过 15m/s 时，应停止作业，导杆上应设置缆风绳。当风速大到 30m/s 时，应将导杆放倒。当导杆长度达到 27m 以上、预测风速达 25m/s 时，导杆也应提前放下。

5）当桩的入土深度大于 3m 时，严禁采用桩机行走或回转来纠正桩的倾斜度。

6）拖拉斜桩时，应先将桩锤提升到预定位置，并将桩吊起，套入桩帽，桩尖插入桩位后再仰起导杆。严禁导杆后仰后，桩机回转及行走。

7）桩机带锤行走时，应先将桩锤放至最低位置，以降低整机重心。行走时，驱动液压马达应处在尾部位置。

8）上下坡时，其坡度不应大于 9°，并应将桩机重心置于斜坡的上方。严禁在斜坡上回转。

9）作业后，应将桩架落下，切断电源及电路开关，使全部制动生效。

（4）常见故障的防治与排除

三支点式桩架常见故障及排除方法见表 3-4。

表 3-4　三支点式打桩架常见故障及排除方法

故　障	原　因	排　除　方　法
某一侧反正支撑超长，液压缸不动作	1）微动开关接触不良	1）与另一侧微动开关更换使用，如仍不动作应更换
	2）开关至螺线管之间的导线断路	2）更换新线，重新装上
	3）螺线管线圈烧坏	3）与另一侧螺线管更换试用，如仍不动作应更换
	4）油管破损或断裂	4）更换新油管

故　障	原　因	排　除　方　法
后支撑超长，液压缸自然回缩	1）双联单向阀阀座表面损伤 2）液压缸内部泄漏 3）液压缸内混入空气	1）检查液压油流损量超过 1cm³/min 时应更换阀座 2）将桩机停放在水平硬土地上，并将导杆保持垂直，经过 12h 以后检查液压缸伸缩量，若达到 10mm 并有增加趋势时，应分解检修 3）设法排出空气
水平伸缩液压缸和导杆微调时，液压缸不动作	参照上项第 1 条	参照上项第 1）条
双面导杆不回转	1）参照上项第 1 条 2）基杆与导杆之间锁定装置未打开 3）气体压力不够，无法打开锁定装置	1）参照上项第 1）条 2）打开锁定装置 3）检查发动机气压表，待提高压力后再操作
桩锤与导向管之间松旷	1）导向管或桩锤导向板磨损 2）导向管与主管连接筋板变形	1）超过允许规范时，应予修理 2）重新矫正

4. 多功能履带桩架

图 3-4 为 R618 型多功能履带桩架总体构造图。由滑轮架 1、立柱 2、立柱伸缩油缸 3、平行四边形机构 4、主、副卷扬机 5、伸缩钻杆 6、进给液压缸 7、液压动力头 8、回转斗 9、履带装置 10 和回转平台 11 等组成。回转平台可 360°全回转。这种多功能履带桩架可以安装回转斗、短螺旋钻孔器、长螺旋钻孔器、柴油锤、液压锤、振动锤和冲抓斗等工作装置。还可以配上全液压套管摆动装置，进行全套管施工作业。另外，还可以进行地下连续墙施工和逆循环钻孔。可一机多用。

本机采用液压传动，液压系统有三个变量柱塞液压泵和三个辅助齿轮油泵。各个油泵可单独向各工作系统提供高压液压油。在所有液压油路中，都设置了电磁阀。各种作业全部由电液比例伺服阀控制，可以精确地控制机器的工作。

平台的前部有各种不同工作装置液压系统预留接口。在副卷扬机的后面留有第三个卷扬机的位置。立柱伸缩液压缸和立柱平行四边形机构，一端与回转平台连接，另一端则与立柱连接。平行四边形机构可使立柱工作半径改变，但立柱仍能保持垂直位置。这样可精确地调整桩位，而无需移动履带装置。履带的中心距可依靠伸缩液压缸从 2.5～4m 调整。履带底盘前面预留有

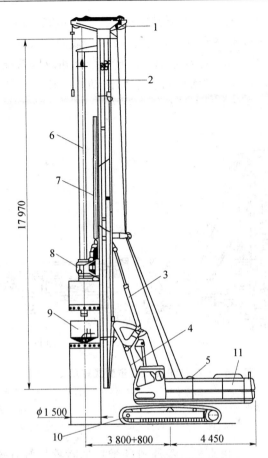

图 3-4　R6188 多功能尾带桩架

1—滑轮架　2—立柱　3—立柱伸缩液压油缸　4—平行四边形机构

5—主、副卷扬机　6—伸缩钻杆　7—进给液压缸　8—液压动力头

9—回转斗　10—履带装置　11—回转平台

套管摆动装置液压系统接口和电气系统插座。如需使用套管进行大口径及超深度作业，可装上全液压套管摆动装置。这时，只要将套管摆动装置的液压系统和电气系统与底盘前部预留的接口相连，即可进行施工作业。在运输状态时，立柱可自行折叠。

这种多功能履带桩架自重为 65t，最大钻深为 60m，最大桩径为 2m。钻进扭矩 172kN·m，如配上不同的工作装置，可适用于砂土、泥土、砂砾、卵石、砾石和岩层等成孔作业。

5. 步履式桩架

步履式桩架是国内应用较为普遍的桩架，在步履式桩架上可配用长、短螺旋钻孔器、柴油锤、液压锤和振动桩锤等设备进行钻孔和打桩作业。

图 3-5a 为 DZB1500 型液压步履式钻孔机，由短螺旋钻孔器和步履式桩架组成。步履式桩架包括平台 9、下转盘 12、步履靴 11、前支腿 14、后支腿 10、卷扬机 7、操作室 6、电缆卷筒 2、电气系统和液压系统 8 等组成。下转盘上有回转滚道，上转盘的滚轮可在上面滚动，回转中心轴一端与下转盘中心相连，另一端与平台下部上转盘中心相连。

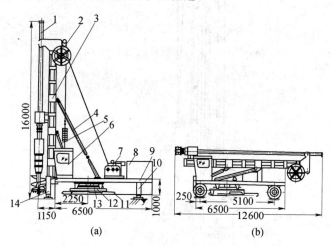

图 3-5 DZB1500 型液压步履式短螺旋钻孔机

1—钻机部分 2—电缆卷筒 3—臂架 4—斜撑 5—起架液压缸
6—操纵室 7—卷扬机 8—液压系统 9—平台 10—后支腿
11—步履靴 12—下转盘 13—上转盘 14—前支腿

回转时，前、后支腿支起，步履靴离地，回转液压缸伸缩使下转盘与步履靴顺时针或逆时针旋转。如果前、后支腿回缩，支腿离地，步履靴支撑整机，回转液压缸伸缩带动平台整体顺时针或逆时针旋转。下转盘底面安装有行走滚轮，滚轮与步履靴相连接。滚轮能在步履靴内滚动。移位时靠液压缸伸缩使步履靴前后移动。行走时，前、后支腿液压缸收缩，支腿离地，步履靴支撑整机，钻架整个工作重量落在步履靴上，行走液压缸伸缩使整机前或后行走一步，然后让支腿液压缸伸出，步履靴离地，行走液压缸伸缩使步履靴回复到原来位置。重复上述动作可使整个钻机行走到指定位置。臂架 3 的起落由液压缸 5 完成。在施工现场整机移动对位时，不用落下钻架。转移施工场地时，可以将钻架放下，安上行走轮胎，如图 3-5b 所示的运输状态。

业务要点 3：打桩锤

1. 柴油锤

柴油锤是一种利用两冲程内燃机的原理进行工作的桩锤，它利用柴油在锤体气缸内燃烧时的爆炸力使冲击部分升起，然后降落，进行冲击打桩。柴油锤与桩架合在一起，称为柴油打桩机。

柴油锤有以下特点：

1）构造简单，使用方便。

2）没有笨重的动力设备，便于移动。

3）设备安装方便，投入生产快，起动迅速，生产效率较高。

4）地层越硬、沉桩阻力越大，桩锤跳起的高度越大。但当地层软时，桩下沉量大，燃油不能爆发或爆发无力，桩锤反而跳不起来而使工作循环中断。这时只好重新起动。

5）柴油锤的有效功率比较小，因冲击部分的功能有 50%～60% 消耗在压缩过程中，只有 40%～50% 的功能用来打桩。

柴油锤根据结构形式，分为导杆式和筒式两种。导杆式打桩锤的冲击体为气缸，它构造简单，但打桩能量小、效率低，只适用于打小型桩，尽管施工现场仍在应用，已逐渐趋向淘汰；筒式打桩锤冲击体为活塞，打桩能量大，施工效率高，是目前使用最广泛的一种打桩设备。

（1）导杆式柴油锤　导杆式柴油锤是一种特殊结构的两冲程柴油机，由顶梁（图 3-6）、吊架、导杆、缸锤（冲击部分）、活塞、喷油嘴、液压泵、燃烧室和桩帽等组成。缸锤是活动部分，可沿导杆上下运动。作业时，柴油锤置于所打桩的顶部，用桩帽卡在桩上，先用卷扬机将吊架放下，钩住缸锤，将其提升

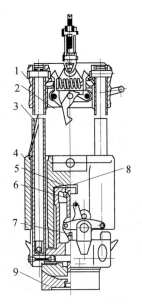

图 3-6　导杆式柴油锤

1—顶梁　2—吊架　3—导杆　4—缸锤　5—活塞　6—喷油嘴　7—液压泵　8—燃烧室　9—桩帽

到一定高度，然后脱钩，缸锤自由落下。当缸锤套及活塞时，气缸与活塞之间的空气受到压缩而发热（图 3-7a）。当压缩到一定程度时，缸锤外的撞销推动液压泵出油，柴油通过喷油嘴呈雾状喷入燃烧室（图 3-7b）与气缸内高温空气混合而燃爆（图 3-7c）。燃爆力作用在活塞上，使桩下沉，作用在气缸上，使缸锤向上跳起，当跳离活塞时，废气排出，并重新吸入新鲜空气（图 3-7d）。缸锤再次在自重下降落，开始下一工作循环。

柴油锤与桩架、卷扬机配套成柴油打桩机以后，才能工作，此时，桩架用于吊桩、吊柴油锤和导引打桩方向，卷扬机充当吊升设备，并吊起缸锤作起动用。

（2）筒式柴油锤　筒式柴油锤是一种活塞冲击的柴油锤，其特点是柴油在喷射时并不雾化，只有当被活塞冲击后才雾化。这种柴油锤的结构合理，具

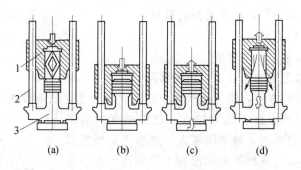

图 3-7 导杆式柴油锤工作原理

1—缸锤　2—导杆　3—活塞

有较大的打桩能力,工作效率高,并且能打斜桩,常与万能式桩架组成打桩机进行工作。

1)主要构造。筒式柴油桩锤的锤体由锤座(气缸)和冲击部分(活塞)组成。图 3-8 为锤体的结构简图。气缸由上气缸和下气缸连接成圆筒形的结构,下气缸的顶部加工成凹槽,作为贮存柴油之用。活塞也分为上活塞和下活塞。上活塞在构造上分为头部、导向带及顶部,头部为一个球形,与下活塞头部凹面相接触后形成一个环状楔形间隙的燃烧室。靠近上活塞头部附近设置有 6 根活塞环和一根阻挡环。活塞环主要起密封作用。上活塞中部设置有 5 道导向环,它保证上活塞沿缸体中心上、下运行而不发生偏斜。下活塞包括头部、防漏带、导向带底部等部分。下活塞安装在下气缸的内部,由于下活塞在下气缸内并非固装,所以,在安装桩锤和搬运过程中有可能下活塞从下气缸内滑出。为防止此现象发生,在桩锤不工作时,需用半圆挡环和连接螺栓固定在连接圆盘上。

在锤体上还有燃液压泵、润滑液压泵、冷却水箱及起落架等部件。

2)安全操作要点

①起动前将燃油箱阀门打开;用起落架将上活塞提起并高于上气缸 1cm 左右,用专用工具将贮油室油塞打开,按规定加满润滑油;自动润滑的柴油锤,除了在油箱内加满润滑油外,还应向润滑油路加润滑油,同时排除管路中的空气。

②桩锤起动时,应注意桩锤、桩帽在同一直线上,防止偏心打桩。

③利用卷扬机、起落架提升上活塞至一定高度后下落,重复空击 3~5 次,使桩产生足以使桩锤起动的沉桩阻力,然后燃液压泵供油,使桩锤进入正常运转。

④筒式柴油打桩锤在运转中应根据桩的下沉速度及燃油的燃烧情况来掌握上活塞的起跳高度,其极限工作状态为每锤击 10 次贯入值为 5cm(十锤定

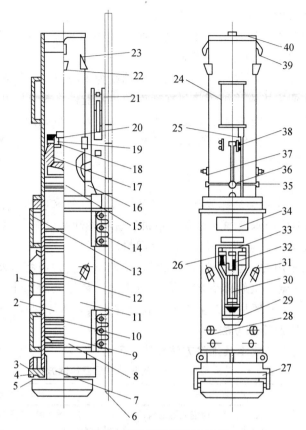

图 3-8 筒式柴油锤锤体构造

1—气缸套 2—上活塞 3—半圆挡环 4—连接螺栓 5—缓冲垫 6—桩架导杆

7—下活塞 8—冷却水箱 9—活塞环 10—挡环 11—下气缸

12—导向环 13—燃油箱 14—导向板 15—上气缸 16—下碰块 17—油箱

18—出油口 19—油箱盖 20—油塞 21—起落架 22—吊耳护块 23—上碰块

24—滑润油箱 25—接头 26—润滑液压泵 27—保险卡 28—清扫孔

29—液压泵保护装置 30—燃油液压泵 31—进排气孔 32—曲柄

33—燃油滤清器 34—铭牌 35—润滑油嘴 36—接头

37—固定螺钉 38—润滑油管 39—吊耳 40—气缸盖

音），并应注意排气的颜色。若排气呈黑色，表示燃油过量，燃烧不充分，应随时调节供油量。

⑤ 在打桩过程中，应有专人负责拉好曲臂上的控制绳，如遇意外情况时可紧急停锤。

⑥ 打桩过程中，应注意观察上活塞的润滑油是否从油孔中泄出，下活塞的润滑油应每隔 15min 注入一次；如一根桩打进时间超过 15min，则必须将桩打完后立即加注润滑油。

⑦ 上活塞起跳高度不得超过 2.5m。

⑧ 打桩过程中，应经常用线锤及水平尺检查打桩架。如垂直度偏差超过1%，必须及时纠正，以免把桩打斜。

⑨ 打桩过程中，严禁任何人进入以桩轴线为中心的 4m 半径范围内。

⑩ 每天作业完毕应将桩锤竖放在地面的垫木上，将起落架升高距桩锤1m左右，装好气缸盖、安全螺栓和进、排气口盖。若无桩帽时，还要装好安全卡板。桩锤长期不使用时，应将锤体从桩架上拆下，擦洗干净燃烧室及球碗并涂上防锈油后妥善保管。

3）维护保养

① 停机后，应将柴油锤放到最低位置，盖上气缸和吸排气孔塞子。冬季使用时，起动前应向水套加入温水，停机后应将冷却水放净。

② 施工完毕后，应清洁机体，加油润滑。

③ 短期内不用时，须将燃料阀关闭。长期不用时，应将冷却水、燃油及润滑油放尽，并做一次解体保养，涂上防锈油，装好上活塞止动螺栓和下活塞保险块，然后将桩锤从桩架上放下，盖上保护套，入库保存。

4）常见故障及排除方法

筒式柴油锤常见故障及排除方法见表3-5。

表3-5 筒式柴油打桩机的故障原因及排除方法

故障现象	产 生 原 因	排除或处理方法
不起锤（上活塞跳不起）	1）水及尘土等杂质混入燃油内，使燃油不能燃烧	1）当水混入燃油时，可打开水箱的放水堵放水或更换燃油；若是尘土混入燃油，则更换新油
	2）燃液压泵或油管内有空气，造成供油不正常	2）松开回油管螺母，放出空气或打开燃液压泵调节阀停止供油，拉动曲臂操纵绳，将柱塞动作几次，使空气通过回油管排入油箱
	3）供油管及回油管堵塞、不给油	3）清洗并疏通供油管和回油管
	4）液压泵曲臂的销子卡住，曲臂不能动作	4）将销子拆下修理或更换
	5）尘土卡在柱塞与柱塞套之间，使液压泵不能工作	5）清洗或更换柱塞与柱塞套
	6）顶销杆折断，柱塞不能动作	6）更换顶销杆
	7）尘土卡在单向阀与锥头之间使液压泵不能供油	7）清洗或更换新品
	8）地层软或桩轻，达不到起动时所需的沉桩阻力	8）拉动液压泵杠杆操纵绳，使泵停止供油，并使活塞自由落下三至五次，然后再起动
	9）单向阀关闭或液压泵调节阀全开，不能供油	9）打开单向阀或把液压泵调节杠杆置于规定的供油位置
	10）活塞环磨损、卡住、破裂、粘附或变质，得不到起锤所需的气体压力	10）修理或更换活塞环，并清除气缸内杂物

续表

故障现象	产 生 原 因	排除或处理方法
不起锤（上活塞跳不起）	11）气缸磨损超过限度，得不到起锤所需要的气体压力	11）按检修标准镗缸，气缸加大尺寸，装上相应的活塞环
	12）燃烧室内及冲击块凹面上存有水，使油不能燃烧	12）卸下检查孔旋塞，将水擦净
	13）气候严寒，桩锤过冷	13）打开检查孔，把浸有乙醚的棉纱放入旋塞内，然后起动或利用活塞自由落下锤击几次，使锤温上升，然后再起动
	14）活塞和冲击块凹面间有杂物，使燃油不能雾化	14）卸下检查孔旋塞，清除杂物
	15）燃烧室及下活塞凹面内积油过多，不能使燃油雾化，致使不能起锤	15）卸下检查孔旋塞，擦净燃烧室或下活塞凹面的积油
锤的工作不正常	1）单向阀内积有灰尘，使阀的动作不正常，供油量变小	1）修理或更换单向阀
	2）供油太多，发生回火（从排气孔冒火焰）	2）调整供油量
	3）液压泵曲臂磨损，不能获得额定的供油量	3）按检修标准修理或更换曲臂
	4）顶杆和柱塞各滑动部分有尘垢，柱塞工作不正常	4）将液压泵解体，清洗各滑动部分，装配时加润滑油
	5）活塞头和冲击块凹面夹有杂物，使燃油雾化不完全，锤击面破损	5）清除杂物，按标准检修活塞头及冲击块凹面伤痕
	6）活塞及冲击块的润滑不良，活塞环变质，失去弹性，使压缩不正常	6）润滑活塞及冲击块，更换活塞环
	7）活塞及冲击块润滑油过多，使燃油燃烧不完全，造成活塞上积炭过多	7）适当润滑，清除活塞上的积炭
锤不停止工作	1）燃液压泵内部回油路堵塞	1）清洗燃液压泵，疏通回路
	2）燃液压泵调节阀位置不正确	2）松开调节阀压板，调整调节阀位置
	3）单向阀橡胶锥头损坏	3）更换橡胶锥头
锤击突然停止	1）无燃油	1）加合适的燃油
	2）燃油系统内粘附杂物，不能供油	2）清除杂物，疏通系统
	3）单向阀粘住而不供油	3）修复或更换阀件
	4）活塞和气缸之间有杂物，活塞不能下落	4）解体桩锤，清除杂物

续表

故障现象	产 生 原 因	排除或处理方法
桩锤有噪声	1) 气缸与活塞环之间有杂物 2) 活塞环折断或与环沟配合不当	1) 清除杂物, 若有损坏更换或修理 2) 更换活塞环 (注: 当活塞与导环上、下气缸的联结部分接触时, 或活塞的提升部分碰到上气缸的顶端时, 桩锤也会发生噪声, 但这不影响桩锤工作)
活塞跳起过高	1) 喷油量太大 2) 桩的阻力太大, 桩锤超负荷作业	1) 调节供油量或检查液压泵单向阀橡胶锥头, 若损坏应更换 2) 检查桩的打入量, 若每打十次下沉量小于 5mm, 应停止打桩
下气缸向外冒烟	1) 下气缸有裂纹 2) 粘附在气缸上的燃油燃烧 3) 润滑油嘴漏 4) 检查孔旋塞的接触面不正常或接触不适当	1) 焊修损伤 2) 消除漏油现象, 擦去粘附的燃油 3) 更换油嘴 4) 检查旋塞松紧度和接触面, 必要时研磨
冲击块与气缸之间冒黑烟	1) 冲击块的活塞环损失 2) 冲击块粘附的润滑油燃烧	1) 更换活塞环 2) 擦去粘附的润滑油
起落装置不正常	1) 滑道与导向板间的间隙不正常 2) 锤体提升齿爪变形 3) 上部与下部提升挡块变形, 使提升杠杆不能动 4) 起动钩传动机构变形 5) 起动钩尖端磨损或变形 6) 提锤机构齿轮变形 7) 摇杆变形 8) 板簧弹力降低或板簧固定螺栓松动	1) 测量间隙, 若太小进行调整; 若太大更换导向板; 若滑道磨损或弯曲则修理或更换 2) 矫正变形, 必要时焊修 3) 修复或更换提升挡块 4) 修复或更换传动机构 5) 修复或更换起动钩 6) 修复或更换齿 7) 修复或更换摇杆 8) 检查板簧及其螺栓连接, 必要时更换板簧, 并将松动螺栓拧紧
燃液压泵和燃油系统漏油	各部螺栓松动, 密封圈损坏或失效	拧紧松动螺栓, 更换密封圈

2. 振动锤

(1) 工作原理和类型 振动锤是一种带有激振器的电动桩锤, 工作时利用激振器的高频振动 (700～1800 次/min) 通过桩身传给周围土壤, 土壤受振后颗粒发生位移, 改变排列状况, 体积逐渐收缩, 因而减少了土壤与桩表面间的摩阻力, 桩在自重或振加外力作用下沉入地层。根据振动的共振理论, 当桩的强迫振动频率与土壤颗粒的自振频率一致时, 振动效果最好, 能够使桩与周围土壤间的粘结力迅速破坏，桩在自重下便能下沉。由于土壤的自振频率一般在 15～20Hz 左右，约合 900～1200 次/min，根据这个理论，设计有中频振动锤。也有人认为，桩的下沉不单是依靠破坏桩与土壤的粘结力，而是由于振动时有很大的振动速度，因而桩尖以最大速度冲击土层，产生很大的冲击力，破土下沉。根据这个理论，设计有振动与冲击联合作用的振动冲击锤。

振动锤的工作装置是振动器，一般为定向偏心块激振器，由两根装有偏心块的平行转轴组成（图 3-9），两轴以等速相向旋转，偏心块质量相等，无相位差。因此两轴偏心块的离心力，在水平方向上的分力相互抵消，而垂直方向的分力相互迭加，形成了振动方向固定（垂直于两轴连线）的激振力。施工时，振动锤固定在桩头上，桩在此激振力作用下，产生沿纵轴线方向的强迫振动。

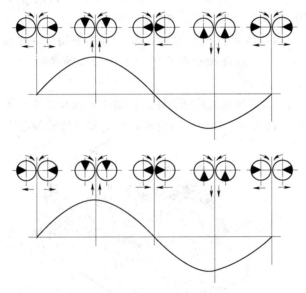

图 3-9　振动锤的定向振动激振器作用原理

振动锤按工作原理可分为振动式和振动冲击式，振动冲击锤振动器所产生的振动不直接传给桩，而是通过冲击块作用在桩卜，使桩受到连续的冲击。这种振动锤可用于黏性土壤和坚硬土层上打桩和拔桩工程。

振动锤根据电动机和振动器相互连接的情况，分为刚性式和柔性式两种。刚性式振动锤的电动机与振动器刚性连接。工作时电动机也受到振动，必须采用耐振电动机。此外，工作时电动机也参加振动，加大了振动体系的质量，使振幅减小。柔性式的电动机与振动器用减振弹簧隔开。适当地选择弹簧的刚度，可以使电动机受到的振动减少到最低程度。电动机不参加振动，但电动机的自重仍然通过弹簧作用在桩身上，给桩身一定的附加载荷，有助于桩的下沉。但柔性式构造复杂，未能得到广泛应用。

振动锤根据强迫振动频率的高低可分为低、中、高频三种。但其频率范围的划分并没有严格的界限，一般以 300～700r/min 为低频，700～1500r/min 为中频，2300～2500r/min 为高频。还有采用振动频率 6000r/min 的称为超高频。

另外，振动锤根据原动机可分为电动式、气动式与液压式，按构造分为振动式和中心孔振动式。

（2）主要构造　振动锤的主要组成部分是：原动机、激振器、夹桩器和吸振器。

1）原动机。振动锤的原动机一般为笼型异步电动机，个别小型机上使用汽油机，近年来为了对激振器频率进行无级调速，开始试用液压马达。电动机在强烈的振动状态下工作要求运转可靠，有过载能力，并适应室外环境。

2）激振器。激振器是机械的振源，振动锤都采用定向振动机械激振器，一般是双转轴式，大型振动锤也有采用四轴式和六轴式的，个别振动锤采用单轴非定向式。

图 3-10 所示为双轴激振器的剖视图，转轴 1 支承在箱体轴承上，每一转轴装有两组偏心块，每组偏心块由一固定偏心块 2 和一活动偏心块 3 组成，两者

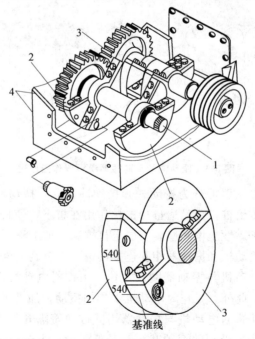

图 3-10　双轴激振器

1—转轴　2—固定偏心块　3—活动偏心块　4—箱体

的相对位置用定位销固定，调整两偏心块的相对位置就可改变偏心力矩，从而改变激振力。电动机通过 V 带传动，带动主动轴，转轴之间有一对同步齿轮相连，以获得相向的转速。

3）夹桩器。振动锤工作时必须与桩刚性连接，才能把激振器的激振力传给桩身，因此，振动锤下部都有夹桩器，将桩夹紧，使桩与锤合成一体，一起振动。大型振动锤都采用液压夹桩器，其夹持力大，操作迅速，一般由液压缸推动杠杆使夹钳夹紧或放开，夹钳可调换，以夹持不同形状的桩。小型振动锤也有采用手动杠杆式、手动液压式和气动式夹桩器。

4）吸振器。吸振器是振动锤的弹性悬挂装置，位于起重机吊钩与振动锤之间，避免将振动传至起重机吊钩，一般是若干个压缩螺旋弹簧装在振动锤的上部。吸振器在沉桩时受力较小，但拔桩时载荷很大，常根据拔桩力来确定弹簧刚度。

图 3-11 所示为国产 D2－8000 型刚性振动锤的总图。

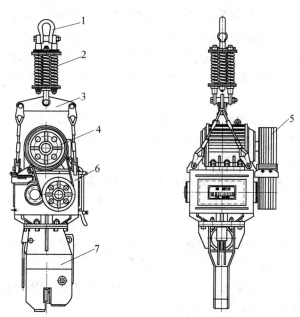

图 3-11 D2－8000 型振动锤外形

1—吊环 2—吸振器 3—横梁 4—电动机
5—V 带传动 6—激振器 7—夹桩器

（3）安全操作要点

1）作业场地至电源变压器或供电主干线的距离应在 200m 以内。

2）液压箱、电气箱应置于安全平坦的地方。电气箱和电动机必须安装保护接地设施。

3）长期停放重新使用前，应测定电动机的绝缘值，且不得小于 0.5MΩ，并应对电缆芯线进行导通试验。电缆外包橡胶层应完好无损。

4）应检查并确认电气箱内各部件完好，接触无松动，接触器触点无烧毛现象。

5）在电源接通前，先按一下停止按钮，夹持器的操纵杆应放在中立位置；接通电源后，检查操纵盘上电压表的电压值是否在额定电压范围内。

6）应检查并确认振动箱内润滑油位在规定范围内。用手盘转胶带轮时，振动箱内不得有任何异响。

7）应检查各传动胶带的松紧度，过松或过紧时应进行调整。胶带防护罩不应有破损。

8）夹持器与振动器连接处的紧固螺栓不得松动。液压缸根部的接头防护罩应齐全。

9）应检查夹持片的齿形。当齿形磨损超过 4mm 时，应更换或用堆焊修复。使用前，应在夹持片中间放一块 10～15mm 厚的钢板进行试夹。试夹中液压缸应无渗漏，系统压力应正常，不得在夹持片之间无钢板时试夹。

10）合上操纵盘上的总开关，导通液压泵电源，起动电动机，准备投入运行。

11）当桩插入夹桩器内后，将操纵杆扳到夹紧位置，使夹桩器将桩慢慢夹紧，直至听到油压卸载声为止。在整个作业过程中，操纵杆应始终放在夹紧位置，液压系统压力不能下降。

12）悬挂桩锤的起重机，其吊钩必须有保险装置。

13）电源至控制箱之间的距离，一般不宜超过 100m，各种导线截面也应符合规定。

14）拔钢板桩时，应按通常的沉入顺序的相反方向拔起。夹持器在夹持板桩时，应尽量靠近相邻的一根，较易起拔。

15）钢板桩或其他型钢的桩，如其头部有钻孔时，应将钻孔填平或割掉，或在钻孔处焊上加强板，以防桩身拔断。

16）当夹桩器将桩夹持后，须待压力表显示压力达到额定值后，方可指挥起拔。当拔桩离地面 1～1.5m 时，应停止振动，将吊桩用钢丝绳拴好，然后继续起动锤进行拔桩。

17）拔桩时，当桩尖距地面还有 1～2m 时，应关闭桩锤，由起重机直接将桩拔出。

18）拔桩时，必须注意起重机额定起重量的选择，通常用估算法，即起重机的回转半径应以桩长 1m 对 1t 的比率来确定。

19) 桩被安全拔出后，在吊桩钢丝绳未吊紧前，不得将夹桩器松掉。

20) 沉桩时，操作者必须有效地控制沉桩速度，防止电流表指数急剧上升而损坏电动机。如沉桩太慢，可在桩锤上适当加一定量的配重。

21) 沉桩时，吊桩的钢丝绳必须紧跟桩下沉速度而放松。一般在入土 3m 之前，可利用桩机的回转或导杆前后移动，校正桩的垂直度，超过此深度进行修正时，导杆易损坏或变形。

（4）维护、保养要点

1) 按照表 3-6 的润滑部位及周期，对桩锤进行定期润滑。

表 3-6　振动桩锤润滑部位及周期

润滑部位	润滑点数	润滑剂	润滑周期/h	备　注
振动箱体	1	40 号机械油（30 号透平油）	300	更换、第一次换油周期为 100h
液压油箱	1	20 号机械油（30 号透平油）	6 个月	更换、第一次换油周期为一个月
主轴衬套	4			
张紧机构	1			
液压缸销轴	2	4 号钙基润滑脂	8	班前检查加注
杠杆销子	1			
滑块销子	1			
电动机（带轮侧）	1	2 号耐热润滑脂	700	更换
电动机（带轮另一侧）	1		1200	
液压夹头	1	耐热润滑脂	8	班前检查加注

2) 振动器换油时，从激振器箱体下部的排油口将废油排出，再打开侧盖，拭净箱体内的油垢，清除沉淀物、金属屑等，然后打开注油孔的油塞注油。注油时，应防止异物落入箱内，侧盖的螺栓应紧固。

3) 油箱内的液压油不得低于油尺中线，不足时补充。新注入的液压油应与箱体内存油的各项性能指标相同，每隔 6 个月换一次油，换油时要用清洗剂把油箱内洗干净。

4) 液压油压力表要定期检验。液压缸及各液压油管路接头处要经常检查，消除漏油。

5) 经常检查螺栓、弹簧、销轴、轴套、钢丝绳等是否有松动、裂痕、损坏等情况。

6) 电气设备应按规定的要求进行维护保养。

（5）常见故障及排除方法　见表 3-7。

表 3-7　振动锤常见故障及排除方法

故障现象	故障原因	排除方法
电动机不运转	1) 电源开关未导通 2) 熔断式保护器烧断 3) 电缆线内部不导通 4) 启动装置中接触不良 5) 耐振电动机本身烧坏	1) 检查后导通 2) 查找原因，及时更换 3) 用仪表查找电缆线断处并接通 4) 清除操纵盘触点片上的脏物 5) 更换或修复
电动机启动时有响声	1) 启动器或整流子片接触不良 2) 电缆线某处即将断裂	1) 修理或更换 2) 用仪表查找电缆线断处并接通
电动机转速慢及激振力小	1) 电压太低或电源容量不足 2) 电缆线流通截面过小 3) 从电源到操纵盘距离太远 4) 激振器箱体内润滑油超量 5) 传动胶带太松	1) 提高电压，增加电源容量 2) 按说明书要求更换 3) 按说明书规定重新布置 4) 减少到规定的油位线 5) 用张紧轮调整
熔断丝经常烧断	1) 电流过大 2) 启动方法错误造成电流峰值过大	1) 土体对桩的阻力过大，应在振动桩锤上适当增加配重或更换大一级的桩锤 2) 严格按说明书规定的启动方法重新启动
夹桩器打滑，夹不住桩	1) 夹桩器液压缸压力太低 2) 夹齿磨损 3) 活动齿下颚周围有泥沙 4) 液压缸压力超过额定值，使杠杆弯曲，行程减少 5) 各部销子及衬套磨损太大	1) 调整溢流阀，将压力提高到规定值 2) 重新堆焊或更换夹齿片 3) 清除泥沙及杂物 4) 调繁液压缸压力，更换杠杆或修复 5) 检查后重新更换
液压油压力太小	1) 液压泵电动机转动方向相反 2) 压力表损坏 3) 压力表开关未打开 4) 溢流阀流量过大 5) 液压泵转轴断裂 6) 溢流阀阀芯磨损 7) 液压油油箱油位不足 8) 管道漏油	1) 检查电动机转动方向，及时更正 2) 通过检验台调整或更换 3) 适当打开压力表开关 4) 调整溢流阀压力 5) 更换转轴或液压泵 6) 更换阀芯 7) 按说明书规定添加液压油 8) 查明原因，进行修复
振动器箱体异响	1) 齿轮啮合间隙过大 2) 箱体内有金属物遗留	1) 调整齿轮啮合间隙 2) 排除
振动有横振现象	偏心块调整不当	按说明书规定调整

⊙ 业务要点 4：静力液压压桩机

静力液压压桩机利用设备自重和已入土的桩之间的摩擦力来平衡沉桩阻

力，它依靠支架上滑轮组或液压元件对桩施加压力，当静压力与沉桩阻力平衡时，桩就沿着入土方向沉入土中。

静力压桩完全避免了桩锤冲击运动，施工时无振动、无噪声、无废弃物污染、不受桩长限制，对地基和邻近房屋影响很小，没有桩锤的缺点。能避免冲击式打桩机因连续打击桩而引起桩头和桩身的破坏。适用于软土地层及沿海和沿江淤泥地层中施工。

静力压桩机有机械式（绳索式）和液压式之分，前者只用于沉桩；后者能压桩和拔桩。目前生产的都是液压压桩机。

1. 静力液压压桩机的构造

1）图 3-12 是 YZY－500 型全液压静力压桩机的示意图，主要由支腿平台结构、长船行走机构、短船行走机构、夹持机构、导向压桩机构、起重机、液压系统、电气系统和操作室等部分组成。

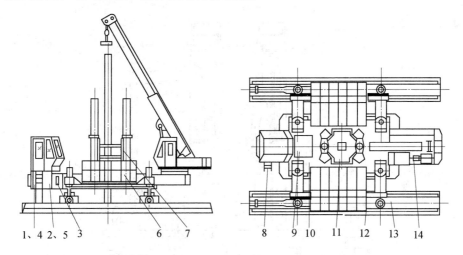

1、4　2、5　3　　　　　6　7　　　　8　9　10　11　12　13　14

图 3-12　YZY－500 型全液压静力压桩机构造

1—操作室　2—液压总装室　3—油箱系统　4—电气系统　5—液压系统
6—配重铁　7—导向压桩架　8—楼梯　9—踏板　10—支腿平台结构
11—夹持机构　12—长船行走机构　13—短船行走及回转机构　14—液压起重机

2）图 3-13 为 YZY－400 型静力压桩机的示意图，它与 YZY－500 型静力压桩机构上的主要区别在于长船与短船相对平台的方向转动了 90°。

3）图 3-14 为 6000kN 门式四缸三速静力压桩机的示意图，它是目前国内级别最大的静力压桩机，与前面介绍的 YZY－500 型压桩机的主要区别有以下四点。

① 6000kN 静力压桩机压桩液压缸有四个，比 YZY－500 型压桩机多两个。

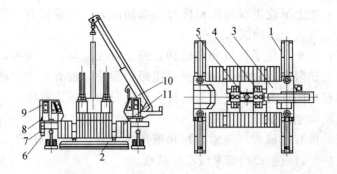

图 3-13　YZY－400 型静力压桩机构造

1—长船　2—短船回转机构　3—平台　4—导向机构

5—夹持机构　6—梯子　7—液压系统　8—电气系统

9—操作室　10—起重机　11—配重梁

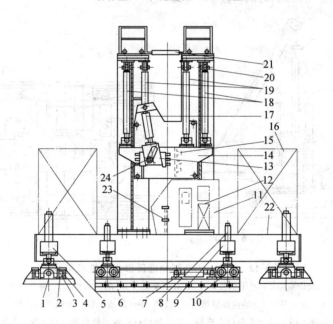

图 3-14　6000kN 门式四缸三速静力压桩机结构示意图

1—大船液压缸　2—大船　3—大船小车　4—大船支撑液压缸　5—大船牛腿

6—小船　7—小船液压机　8—小船支撑液压机　9—小船牛腿　10—小船小车

11—操纵室　12—电控室　13—滑块　14—夹桩器　15—夹头板　16—配重

17—夹紧液压缸　18—压桩小液压缸　19—压桩大液压缸　20—立桩

21—上连接板　22—大身　23—操纵阀　24—推力轴

　　② 6000kN 静力压桩机在小船上增加了四个支撑液压缸。压桩时，不但大船落地，小船也可以由四个支撑液压缸升降使它着地，这就增加了压桩机

的支承面，大大改善了压桩条件。

③ 6000kN 静力压桩机增加了侧向车轮，横向力依靠滚动轮来克服，如同 L 形门式起重机的天车行走轮。

④ 图 3-14 为该压桩机的夹持机构。当液压油进入液压缸，通过套筒推动滑块向下运动，由于滑块的楔形斜面作用，斜槽中的滑块套筒带动推动轴向右移动，和固定箱体一起将桩夹紧。这种楔形增力机构的增力大小取决于楔块的倾角与滑槽的倾角。根据机械功守恒原理，活动杆做的功等于夹卡做的功，而活塞杆的行程远大于夹持器夹头的行程，所以夹持器夹头的力量将大幅增加。这种夹持机构是 6000kN 压桩机的特殊设计。

2. 施工安全操作要点

静力压桩机的施工安全操作要点见表 3-8。

表 3-8　静力压桩机的施工安全操作要点

施工过程	安全操作要点
静力压桩机的安装	1）静力压桩机的安装地点，必须按施工要求进行先期处理，使场地整平并具有坚实的承载力
	2）安装时，应特别注意两个行走机构之间的安装间距，防止底盘平台不能正确对位而导致返工
	3）电源在接通前，应检查电源电压，使其保持在额定电压范围内
	4）各液压管路连接时，不得将管路强行弯曲。安装过程中，防止液压油过多流损
	5）在安装配重前，必须对各紧固件进行检查，防止因紧固件未拧紧而造成构件变形
	6）安装完毕后，应对整机进行试运转。特别是吊桩用的起重机，应进行满载试吊
静力压桩机使用与操作	1）压桩施工中，插正桩位，如遇地下障碍使桩在压入过程中倾斜时，不能用桩机行走的方式强行纠偏，应将桩拔起，待地下阻碍物清除后，重新插桩
	2）桩在压入过程中，夹持机构与桩侧打滑时，不能任意提高液压油压力，强行操作，而应找出打滑原因，采取有效措施后方能继续进行压桩
	3）桩贯入阻力过大，使桩不能压至标高时，不能任意增加配重，否则将会引起液压元件和构件损坏
	4）桩顶不能压到设计标高时，必须将桩凿去，严禁用桩机行走的方式，将桩强行推断
	5）压桩过程中，如遇周围土体隆起，影响桩机行走时，应将桩机前方隆起的土铲去，不应强行通过，以免损坏桩机构件
	6）桩机在顶升过程中，应尽可能避免任一船形轨道压在已入土的单一桩顶上，否则将使船形轨道变形
	7）桩机的电气系统，必须有效的接地。施工中，电缆须专人看护，每天下班时，将电源总开关切断

施工过程	安全操作要点
静力压桩机的施工过程	1) 压桩过程中,当桩尖碰到夹砂层时,压桩阻力可能突然增大,甚至超过压桩能力,使压机上抬。此时可以最大的压桩力作用在桩顶后,采用停车,使桩有可能缓慢穿过砂层。若有少量桩确实不能下沉达到设计标高,如相差不多,可截除桩头,继续施工 2) 接近设计标高时,应注意严格掌握停压时间,如停压过早,则补压阻力加大;停压过迟则会使沉桩超过要求深度 3) 压桩时,特别是压桩初期注意桩下沉时,有无走位或偏斜,是否符合桩位中心位置,以便及时进行校正,无法纠正时。当应拔出后再行下沉,如遇有障碍应予清除重行插桩施压 4) 多节桩施工时,接桩面应距地面 1m 以上以便于操作 5) 尽量避免压桩中途停歇,停歇时间较长,压桩启动阻力增大 6) 压桩中,桩身倾斜或下沉速度突然加快时,多为桩接头失效或桩身破裂。一般可在原桩位附近补压新桩 7) 当压桩阻力超过压桩能力,或者由于配重不及时调整,而使桩机发生较大倾斜时,应立即采取停压措施,以免造成断桩或压桩架倾倒事故 8) 必须做好每根桩的压桩记录

3. 常见故障及排除方法

静力压桩机常见故障及排除方法见表 3-9。

表 3-9　静力压桩机常见故障及排除方法

故障	原　因	排除方法
液压缸活塞动作缓慢	1) 油压太低 2) 液压缸内吸入空气 3) 滤油器或吸油管堵塞 4) 液压泵或操纵阀内泄漏	1) 提高溢流阀卸载压力 2) 检查油箱油位,不足时添加;检查吸油管,以消除漏气 3) 拆下清洗,疏通 4) 检修或更换
油路漏油	1) 管接头松动 2) 密封件损坏 3) 溢流阀卸载压力不稳定	1) 重新拧紧或更换 2) 更换漏油处密封件 3) 修理或更换
液压系统噪声太大	1) 油内混入空气 2) 油管或其他元件松动 3) 溢流阀卸载压力不稳定	1) 检查并排出空气 2) 重新紧固或装橡胶垫 3) 修理或更换

第三节　灌注桩施工机械

本节导图：

本节主要介绍灌注桩施工机械，内容包括灌注桩成孔方法和机械，全套管钻机，冲抓成孔机，回转斗钻孔机，螺旋钻孔机，潜水钻机等。其内容关系框图如下：

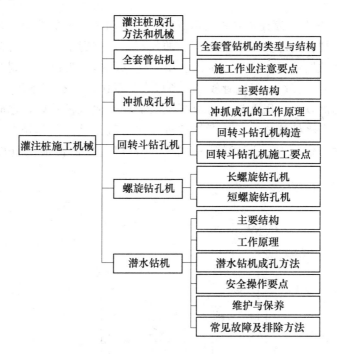

灌注桩施工机械关系框图

业务要点 1：灌注桩成孔方法和机械

随着构筑物对基础工程承载力要求的提高，迫使基础桩向大直径、深埋入的方向发展。预制桩由于受打桩机械打击能的限制，已无法满足需要，且各种沉桩方法所造成的噪声、振动、污染的公害也难以克服。为此，近年来，越来越多地采取在基础桩工现场钻孔灌注混凝土的施工技术，所形成的基础桩称为钻孔灌注桩，所用的施工机械则称为灌注桩成孔机械。

灌注桩指现场浇筑混凝土桩，其施工工艺是利用成孔机在地面桩位上造孔，然后在桩孔中投放钢筋，随即浇筑混凝土，成为钢筋混凝土桩，如果不放钢筋，即为素混凝土桩。

灌注桩施工的关键是成孔。成孔后的浇筑工艺则比较简单。灌注桩成孔的方法是多种多样的。在某些情况下采用人工挖孔也是经济合理的。但灌注桩的成孔主要是采用机械，而且也便于采用机械，这也是灌注桩的一个优点。

采用机械成孔主要有两种方法：一种是挤土成孔，一种是取土成孔。

（1）挤土成孔 挤土成孔是把一根与孔径相同的钢管打入土中，然后把钢管拔出，即可成孔。打、拔管通常是用振动锤，而且是采取边拔管边灌注混凝土的方法，大大提高了灌注质量。现仅将振动锤在施工灌注桩时的工作情况做简单介绍。

图 3-15 是振动灌注成孔桩的示意图。在振动锤的下部装上一根与桩径相同的桩管，柱管上部有一灌注混凝土的加料口，桩管下部为一活瓣桩尖。桩管就位后开动振动锤，使桩管沉入土中。这时活瓣桩尖由于受到端部土压力的作用，紧紧闭合。一般桩管较轻，所以常常要加压使桩管下沉到设计标高。达到设计标高以后，用上料斗将混凝土从加料口注入桩管内，这时再起动振动锤，并逐渐将桩管拔出。这时活瓣桩尖在混凝土重力的作用下开启，混凝土落入孔内。由于是一面拔管一面振动，所以孔内的混凝土可以浇注得很密实。

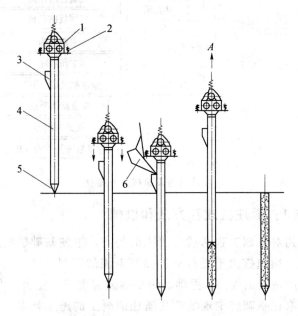

图 3-15 振动灌注成孔桩工艺过程
1—振动锤 2—减振弹簧 3—加料口 4—桩管 5—活瓣桩尖 6—上料斗

采用振动挤土成孔的方法还可以施工爆扩桩。这时是在成孔后，孔底放置适量的炸药，然后注入混凝土。引爆后，孔底扩大，混凝土靠自重充满扩大部分。然后放置钢筋笼浇筑其余部分混凝土。

采用挤土的方法一般只适于直径在50cm以下的桩。对于大直径桩只能采用取土成孔的方法。

（2）取土成孔　取土成孔方法大致可分为以下四种：

1）全套管法。采用这种钻孔方法是使用一种专门的全套管钻孔机。图3-16是一种装在履带底盘上的全套管钻孔机。全套管钻孔机的主要工作装置是一个冲抓斗，其构造如图3-17所示。

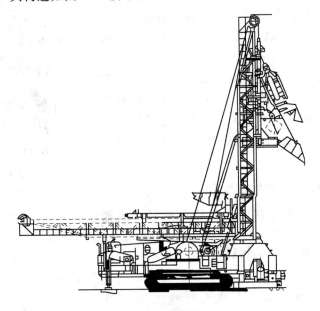

图3-16　全套管钻孔机

全套管施工法，设备较复杂，成孔速度慢，而且不能施工小直径的桩，所以应用较少。

2）回转斗钻孔法。回转斗钻孔法的主要工作装置是一个钻斗。钻斗是一个直径与桩径相同的圆斗，斗底装有切土刀，斗内可容纳一定量的土。钻斗上方是根方形截面的钻杆。用液压马达驱动钻杆以每分钟十几转的转速旋转。落下钻杆使钻斗与地面相接触，即可进行钻孔作业。斗底刀刃切土，并将土装入斗内。装满后提起钻斗把土卸出，再行落下钻土提土。

这种钻孔法可以施工直径在1.2m以下的桩孔。由于受钻杆长度的限制，钻深一般只能达到30m左右。

这种钻孔法的缺点也是钻进速度低。其原因与全套管施工法相似，是因为要频繁地提起落下，进行取土卸土作业，而每次所取出的土量又很少，在孔深较大时，钻进效率就更低。所以，这种钻孔法的应用也不普遍。

3）螺旋钻孔法。螺旋钻孔法其原理与麻花钻相似，钻的下部有切削刃，切下来的土沿钻杆上的螺旋叶片上升，排到地面上。这种钻的切土与提土是连续的，所以成孔速度快。在华北、东北等土质为1（竖插入）、2、3类，而地下水位又较低的地区，多采用螺旋钻孔法。螺旋钻孔法所使用的设备是长螺旋钻孔机。在有些情况下也应用断续提土的短螺旋钻孔机。在螺旋钻孔机中还有一种双螺旋钻孔机，可用来钻成带扩大头的桩孔。

4）反循环法：反循环法是在钻孔的同时，向孔内注入高压水，把切下来的土制成泥浆排至地面。这种方法适合于地下水位高的软土地区。我国在采用反循环法时推广采用的设名是潜水工程钻。

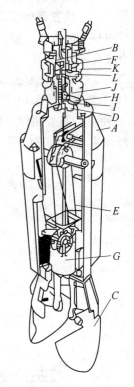

图 3-17 冲抓斗
A—斗体 B—上帽 C—抓片
D—弹簧 E—钢绳 F—套管
G—配重 H—爪 I—挡
J—爪座 K—配重 L—爪

业务要点 2：全套管钻机

全套管钻机主要用于大型建筑桩基础的施工。施工时在成孔的过程中一面下沉钢质套管，一面在钢管中抓挖黏土或砂石，直至钢管下沉到设计深度，成孔后灌注混凝土，同时逐步将钢管拔出。由于工作可靠，在成孔桩施工中广泛应用。

1. 全套管钻机的类型与结构

全套管钻机按结构分为整机式和分体式。

1）整机式（图 3-18）以履带式底盘为行走系统，将动力系统、钻机作业系统等合为一体。

2）分体式套管钻机（图 3-19），由履带起重机、落锤式抓斗、套管和独立摇动式钻机等组成。抓斗悬挂在桩架上，钻机与桩架底盘固定。分体式是以压拔管机构作为一个独立系统，施工时必须配备机架（如履带起重机）才能进行钻孔作业。分体式由于结构简单，又符合一机多用的原则，目前已广泛采用。

2. 施工作业注意要点

1）压入第一节套管时，须特别注意其垂直度。如发现不垂直，应拔起重压，以保证垂直。

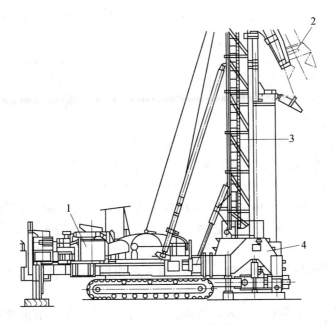

图 3-18 整体式全套管钻机

1—履带主机 2—落锤式抓斗 3—钻架 4—套管作业装置

2）如果在软土层，要使套管超前下沉 1.0～1.2m，在有地下水压力从孔底翻砂时，可加大泥浆的比重，制止翻砂。

3）对普通硬性土时，可使套管超前约 30cm 左右。

4）由于采用落锤抓斗取土。在砂层中，通常只应挖 20～30cm，可视施工情况确定。

5）为避免泥砂涌入，在一般情况下也不宜超挖（即超过套管预挖）。十分坚硬的土层中，超挖极限为 1.5m，并注意土壤裂缝的存在，即便是土壤较硬，也会出现孔壁坍塌。

6）大直径卵石或探头石的挖掘，可采取下列方法：

① 冲击锤冲碎，落锤抓斗取出，也可用砂石泵或捞渣筒。

② 采用预挖，卵石落入孔底，落锤抓斗取出。

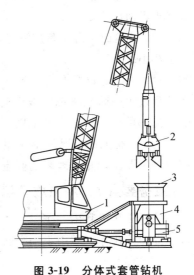

图 3-19 分体式套管钻机

1—履带起重机 2—落锤式抓斗

3—导向口 4—套管

5—独立摇动式钻机

③ 套管内部无水时，与套管接触的卵石部分可用岩石钻机除去。

④ 使用凿岩机。

7）规定在完成挖掘，灌注混凝土，拔出套管之前不应该停止摇动，但当土壤压力很小时，不需要这种连续性运动，如果砂层过深，特别是粉细砂，含水率大，连续摇晃会使砂层致密（排水固结作用），导致套管拔不动，在此情况下要小心操作。

8）挖掘、拔管时，应密切注意套管周围的土壤，每隔几小时摇动 10min，并在到达一定深度（5m 左右）后，每下压 50cm，上拔下压 10cm，并观察压拔管及晃管压力表。

9）在灌注混凝土作业时，除按规定要求清孔外，须保证钢筋笼的最大外径应满足主筋外面与套管内面有 2～3 倍以上混凝土最大粗骨料尺寸间隙。

10）在主筋每隔一段位置，绑扎一些耳环作为垫块，防止插入套管时钢筋笼的倾斜。

11）钢筋笼的竖起、插入、搭接、安装的高度以及与套管的关系应详细记录，该记录可作为判断是否存在钢筋笼随套管一起升起的依据。

12）混凝土灌注时，导管与套管依次拔出，注意套管的底面应始终保持在混凝土界面以下 2m 处。

13）灌注的混凝土除应满足施工要求外，特别要求混凝土的初凝时间不得小于 2 小时。

14）采用全套管施工法要求各工序紧密配合，动作紧凑并特别注意防止拔出套管过程钢筋笼被带起或套管拔不出等情况。因此，灌注混凝土和钢筋笼的绑扎、尺寸以及对周围土壤压力等都应随时观察，以保证顺利施工。

15）如有上述情况发生应即采取相应措施即时处理，若处理的时间过长，则应停止灌注，并处理废混凝土，重新灌注。

业务要点 3：冲抓成孔机

冲抓成孔机利用一个悬挂在钻架上的冲抓斗，对土石进行冲击后直接抓取、提卸于孔外，适用于土夹石、砂夹石和硬土层的基础桩成孔。

1. 主要结构

图 3-20 为冲抓成孔机外形，它主要由冲抓锥、脱钩架、架顶横梁、机架立柱、机架底盘、卷扬机等组成。

2. 冲抓成孔的工作原理

冲抓成孔的工作原理如图 3-21 所示。工作时，首先应使冲抓锥头调整对位，由于压块重量的作用，抓片呈张开状态如图 3-21a 所示；开动卷扬机提升

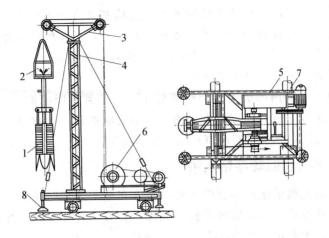

图 3-20　冲抓成孔机外形

1—冲抓锥　2—脱钩架　3—架顶横梁　4—机架立柱

5—机架底盘　6—卷扬机　7—走管　8—螺旋支腿

冲抓锥至一定高度停止，松开制动器，冲抓锥就以自由落体速度冲入土中，这时挂钩搭上中间联系滑轮的横梁上，如图 3-21b 所示；提升冲抓锥，使挂钩拉起横梁，滑轮组间距缩短，提起压重块，抓片闭合抓土和冲抓锥整体提升，如图 3-21c 所示；当挂钩进入脱钩架活门后即停止，提吊住整个冲抓锥，抓片在压重块作用下张开进行卸土，如图 3-21d 所示。

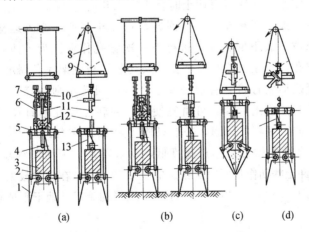

(a)　　　　　　(b)　　　　　　(c)　　　　　(d)

图 3-21　冲抓锥工作原理

1—抓片　2—连杆　3—压重块　4—滑轮组　5—上座

6—导杆　7—弹簧　8—提升钢丝绳　9—活门　10—挂钩架

11—挂钩　12—滑块　13—滑轮组的钢丝绳

这种冲抓锥可以用来冲抓任何种类的土壤和夹有卵石的地层。随着钢管的下沉，可以一次冲抓成形，其抓片的张开尺寸，可按桩孔直径选用，一般为 1~2m 孔径，生产率达 10~14m/h，压拔力一般为 60~90t。如果在成孔过程中遇到大块岩石，可换装以凿岩锥。

冲抓成孔机利用冲抓锥配合钢管施工，要频繁地降落取土和提升卸土，每次挖土量很少，成孔速度较慢，当孔深增大时的成孔效率更低，而且由于设备尺寸的原因，不能进行小直径灌注桩的施工。

业务要点 4：回转斗钻孔机

回转斗钻孔机是使用特制的回转钻头，在钻头旋转时切下的土进入回转斗，装满回转斗后，停止旋转并提出孔外，打开回转斗弃土，并再次进入孔内旋转切土，重复进行直至成孔。

1. 回转斗钻孔机构造

回转斗钻孔机由伸缩钻杆、回转斗驱动装置、回转斗、支撑架和履带桩架等组成，如图 3-22 所示。也可将短螺旋钻头换成回转斗即可成为回转斗钻孔机。

回转斗是一个直径与桩径相同的圆斗，斗底装有切土刀，斗内可容纳一定量的土。回转斗与伸缩钻杆连接，由液压马达驱动。工作时，落下钻杆，使回转斗旋转并与土壤接触，回转斗依靠自重（包括钻杆的重量）切削土壤，即可进行钻孔作业。斗底刀刃切土时将土装入斗内。

装满斗后，提起回转斗，上车回转，打开斗底把土卸入运输工具内，再将钻斗转回原位，放下回转斗，进行下一次钻孔作业。为了防止坍孔，也可以用全套管成孔机作业。这时可把套管摆动装置与桩架底盘固定。

利用套管摆动装置将套管边摆动边压入，回转斗则在套管内作业。灌注桩完成后可把套挂拔出，套管可重复使用。回转斗成孔的直径现已可达 3m，钻孔深度因受伸缩钻杆的限制，一般只能达到 50m 左右。

回转斗成孔法的缺点是钻进速度低，功效不高，因为要频繁地进行提起、落下、切土和卸土等动作，而每次钻出的土量又不大。在孔深较大时，钻进效率更低。但可适用于碎石土、砂土、黏性土等地层的施工，地下水位较高的地区也能使用。

2. 回转斗钻孔机施工要点

1）采用回转斗钻孔法对孔的扰动较大，为保护孔上部的稳定，必须设置较一般所用护筒略长的护筒。

2）如果在桩长范围内的土层都是黏土时，可不必灌水或注稳定液，可以干钻，效率较高。

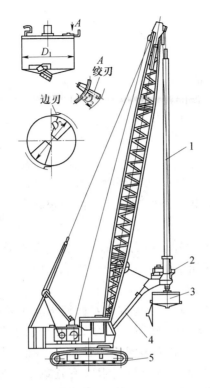

图 3-22　回转斗成孔机

1—伸缩钻杆　2—回转头驱动装置　3—回转斗　4—支撑架　5—履带桩架

3）回转斗钻孔的稳定液管理是回转斗钻孔成孔的关键，应根据地质情况、混合泥浆的材料组成决定其最佳配合的浓度。

4）采用适宜的泥浆（稳定液），可以产生如下效果：

① 支撑土压力，对于有流动性的地基土层，用泥浆能抑制其流动。

② 能抑制地基土层中的地下水压。

③ 在孔臂上形成泥膜，以抑制土层的崩坍。

④ 在挖掘砂土时，可使其碎屑的沉降缓慢，清孔容易。

⑤ 泥浆液渗入地基土层中能增加底基层的强度，可以防止地下水流入钻孔内。

业务要点 5：螺旋钻孔机

螺旋杆钻孔机有长螺旋杆钻孔机和短螺旋杆钻孔机两种，工作原理与麻花钻相似，钻具旋转、钻具的钻头刃口切削土壤，与桩架配合使用。具有成孔效率高、振动小、噪声低和污染小等优点，是我国桩机发展较快的一种，同时配合泵送混凝土一次成桩工艺，工效更快，适用于软质地及较硬黄红土壤，一般钻孔深度到 18～25m。短螺旋钻机配带硬质合金的短螺旋钻头，可钻风化岩和硬度较高的岩层。钻孔深度可达 80m 以内。

1. 长螺旋钻孔机

(1) 长螺旋钻孔机的构造　长螺旋钻孔机由履带桩架和长螺旋钻孔器组成。适合于地下水位较低的黏土及砂土层施工。

长螺旋钻孔器由动刀头、钻杆、中间稳杆器、下部导向圈和钻头等组成。如图 3-23 所示。

钻孔器通过滑轮组悬挂在桩架上。钻孔器的升降、就位由桩架控制。为使钻杆钻进时的稳定和初钻时插钻的准确性，在钻杆长度 1/2 处，安装有中间稳杆器，在钻杆下部装有导向圈。导向圈固定在桩架立柱上。下面介绍其主要部件。

1) 动力头：动力头是螺旋钻机的驱动装置，有机械驱动和液压驱动两种方式。由电动机（或液压马达）和减速箱组成。国外多用液压马达驱动，液压马达自重轻，调速方便。

螺旋钻机应用较多的为单动单轴式，由液压马达通过行星减速箱（或电动机通过减速箱）传递动力。此种钻机动力头传动效率高，传动平稳。

2) 钻杆：钻杆在作业中传递扭矩，使钻头切削土层，同时将切下来的泥土通过钻杆输送到地面。钻杆是一根焊有连续螺旋叶片的钢管，长螺杆的钻杆分段制作，钻杆与钻杆的连接可采用阶梯法兰连接，也可用六角套筒并通过锥销连接。螺旋叶片的外径比钻头直径小 20～30mm，这样可减少螺旋叶片与孔壁的摩擦阻力。螺旋叶片的螺距约为螺旋叶片直径的 0.6～0.7 倍。长螺旋钻孔机钻孔时，孔底的土壤沿着钻杆的螺旋叶片上升，把土卸于钻杆周围的地面上，或通过出料斗卸于翻斗车等运输工具运走。切土和排土都是连续的，成孔速度较快，但长螺旋的孔径一般小于 1m，深度不超过 20m。

3) 钻头：钻头用于切削土层，钻头的直径与设计的桩孔直径一致，考虑到钻孔的效率，适应不同地层的钻孔需要，应配备各种不同的钻头，如图 3-24 所示。

① 双翼尖底钻头是最常用的一种，在翼边上焊有硬质合金刀片，可用来钻硬黏土或冻土。

② 平底钻头适用于松散土层。在双螺旋切削刃带上有耙齿式切削片，耙齿上焊有硬质合金刀片。

③ 耙式钻，在钻头上焊了六个耙齿，耙齿露出刃口 5cm 左右，适用于有砖块瓦块的杂填土层。

④ 筒式钻头在筒裙下部刃口处镶有八角针状硬质合金刀头，合金刀头外

露 2mm 左右，每次钻取厚度小于筒身高度，钻进时应加水冷却，适用于钻混凝土块、条石等障碍物。

4）中间稳杆器：中间稳杆器和下部导向圈长螺旋钻机由于钻杆长，为了使钻杆施钻时稳定和初钻时插钻的正确性，应在钻杆长度的 1/2 处安装中间稳杆器，并在下部安装导向圈。中间稳杆器是用钢丝绳悬挂在钻机的动力头上，并随钻杆动力头沿桩架立柱上下移动，而导向圈则基本上固定在导杆最低处。目前，新型的长螺旋杆钻孔机的钻孔器采用中空形，在钻孔器当中有上下贯通的垂直孔，可以在钻孔完成后，从钻孔器的孔中，直接从上面浇灌混凝土。一边浇灌，一边缓慢地提升钻杆。这样有助于孔壁稳定，减少坍孔，提高灌注桩的质量。

（2）长螺旋钻孔机施工作业要点

1）长螺旋钻孔机的安装作业

① 安装钻孔机前应对地基进行处理，使地基有一定的承载力，必要时应采取措施，如垫钢板等。

② 打桩机导杆未竖立前要将钢丝绳穿绕好。然后将滑轮组临时绑扎在导杆上，以免树立导杆时被撞击。

③ 安装钻杆时，应从动力头开始，逐节安装，不能把钻杆在地面全部连接后一次性起吊安装。

④ 根据钻杆直径，在中间稳定器中安装不同直径的防磨圈，然后用钢丝绳将中间稳杆器悬挂在动力头上，其长度为钻杆长度的一半，注意检查钻杆与动力头应保持垂直，以防止钻杆产生弯曲或连接部分损坏。

2）长螺旋钻孔机的施工要点

① 作业前，应检查机械设备连接情况，

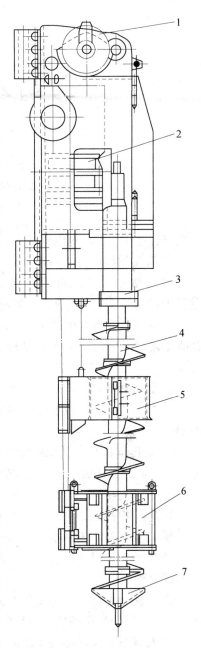

图 3-23　长螺旋钻孔器

1—滑轮组　2—动力头　3—连接法兰　4—钻杆　5—中间稳杆器　6—下部导向阀　7—钻头

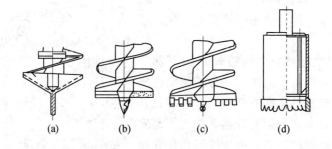

图 3-24 长螺旋钻头型式

（a）双翼尖底钻头 （b）平底钻头 （c）耙式钻 （d）筒式钻头

必须符合使用要求；对电源的容量和电压应满足钻机的需要。

② 确定钻杆旋转方向是否正确，然后开动钻机基础车就位。

③ 施钻时，应将钻机缓慢放下，使钻头对准孔位。开始下钻，在钻孔的过程中，应经常观察电流表，如超过额定电流时，应放慢下钻速度。

④ 为了防止电动机过载，应在控制箱内设置过电流断电器。在过电流继电器断电之后，应间隔 10min 左右再重新起动。重新起动后，30min 内不应再过载。

⑤ 钻机运转时，应有专人看护，并防止电缆被缠入钻杆中。

⑥ 操作中，需要改变钻杆的回转方向时，须等钻杆完全停止转动后再重新起动。

⑦ 钻孔作业中，如遇断电应立即将钻杆全部从孔内拔出。以免因土体回缩的压力而造成钻机不能运转或钻杆拔不出等现象。

⑧ 作业完毕后，应将钻杆及钻头全部提升至孔外，并冲洗干净。关闭电源总开关，将钻机放到最低位置。

⑨ 钻头磨损小于基本尺寸 20mm 时，要及时更换。

⑩ 作业后，对钻杆、钻头、滑动支架、出土器等进行清理，对各连接部分涂抹润滑油。

⑪ 按规定的润滑部位及周期进行润滑。

（3）长螺旋钻孔机的维护与保养

1）按规定的润滑部位及周期进行润滑。

2）每钻孔 300 个后要打开减速器，检查齿轮及润滑油情况。

3）作业后，要对钻杆、钻头、滑动支架、出土器等进行清理，对各连接部分涂抹润滑油。

4）钻头磨损小于基本尺寸 20mm 时，要及时更换。

（4）常见故障及排除方法 见表3-10。

表3-10 螺旋式钻机的故障原因及排除方法

故障现象	产生原因	排除或处理方法
工作动力头电动机不能起动	1）熔断器烧断，电源缺相	1）检查熔断器，更换熔丝
	2）星角起动器的接触线圈烧毁或触点接触不良	2）检查线圈及接点，更换已损线圈，用砂纸打磨触点表面并妥善固结
	3）电源电压太低，电动机起动电流大，热继电器动作	3）检查网路电压，调整热继电器参数，待电压达标准值且稳定后，重新起动电动机
	4）接线有错误	4）检查电动机电源及控制回路的接线，改正错接或不牢之处
	5）钻头在孔内遇到很大阻力，而又带负荷起动	5）稍提起螺旋钻杆，再试行起动
	6）螺旋钻杆在导向支架处被卡住	6）检查螺旋钻杆与导向支架的接触情况，消除阻卡现象
工作动力头提降不顺利	1）工作头导轨变形	1）检查导轨并修复变形处，使两根导轨平直且平行
	2）导轨接头处歪扭	2）检查导轨各个接头处，调整导轨中心线
	3）导向套磨损变形	3）更换已经严重磨损的导向套
	4）螺旋钻杆弯曲	4）检测螺旋钻杆，如已弯曲则需调直或更换
	5）钻孔中心线歪斜	5）调整车体位置，使钻孔中心线铅直
钻孔速度显著降低	1）钻头的合金片脱落	1）提出钻头检查，修补脱落的合金片
	2）钻头的导叶损坏	2）检查钻头导叶，修复已损坏部分
	3）螺旋钻杆导叶损坏	3）检查钻杆导叶，校正或补焊损坏部分
	4）排土孔导向口阻力大	4）清理排土口，使导向口畅通
工作头能正常旋转但不能钻进	1）钻头的上下两部分脱开	1）提出钻头检查，更换损坏的螺栓并拧紧
	2）钻头与螺旋钻杆的联结螺栓折断	2）提起钻杆并打捞钻头，重新安装钻头，拧紧各个联结螺栓
	3）孔底遇到硬岩石受阻	3）探测孔底，排除阻力后再开机
	4）岩土导出部分受阻	4）检查并疏通各段导叶，修补损坏处
机器振动严重并有噪声或金属声	1）钻头合金片脱落后在孔底使钻头颠簸	1）更换钻头并打捞孔底合金片等硬块，或采取措施清洗钻头
	2）钻杆有弯曲现象	2）检查并调直螺旋钻杆
	3）钻杆的上下导向支承架有卡滞现象	3）检查螺旋钻杆的导向支承处，修理卡滞及损坏部分
	4）钻杆上下法兰联结部分的螺栓有损坏者	4）检查螺旋钻杆的各联结部分，更换已损坏的螺栓并且拧紧
	5）立柱的联结部分，有的联结件松弛	5）检查钻机主力柱各联结部分，并紧固各部分的联结件
	6）钻机车体不稳	6）检测车体稳定程度并改变不稳状态

2. 短螺旋钻孔机

短螺旋钻孔机的钻具与长螺旋钻孔机很相似。但短螺旋钻孔机钻杆上的螺旋叶片，只在其下部焊有 2m 左右的一小段，而钻杆的其余部分只是一根圆形或方形的杆。这样，短螺旋就不能像长螺旋把土直接输送到地面，而是采取断续工作的方式。首先是将钻头放下进行切削钻进，钻头把切下来的土送到螺旋叶片上，当叶片上堆满土以后，把钻头连同土一起提起来进行卸土。

短螺旋钻机的钻杆有两种转速。一种是钻进的转速。由于短螺旋钻机不用靠离心力向上运土，相反则把较多的土堆积在叶片上，所以钻进转速选在临界转速以下。短螺旋钻杆的另一种转速是甩土转速。当叶片上积满土以后，把钻头提出地面，这时应使钻杆高速旋转，叶片上的土在离心力的作用下，被抛向四周，所以甩土转速则应选得较高。另外，由于短螺旋钻杆自身的重量较小，在钻进时需要加压，而在提升时，又因为携带着大量的土而形成土塞，所以需要有较大的提升力。

图 3-25 是一种装在汽车底盘上的液压短螺旋钻机。钻杆以护套罩住，使其不被泥土污染，能顺利升降。钻杆下部有一段前部装有切削刃，周围焊有螺旋叶片的钻头，钻头长 1.5m 左右。液压马达通过变速箱驱动钻杆旋转，钻杆的钻进转速和甩土转速分别为 45 和 198r/min。钻杆由卷扬机带动升降。

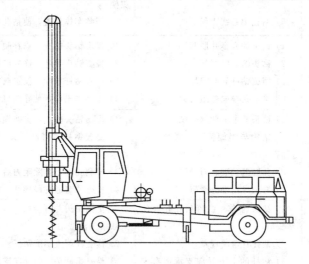

图 3-25 短螺旋钻机

由于短螺旋钻机的钻杆简单，所以钻杆的接长简便迅速，使钻机在运输状态时长度能较小。一种装在伸缩臂汽车起重机吊臂端部的短螺旋钻机，其钻杆的基本部分的长度很短，在运输状态时可以附在吊臂的侧面，丝毫不影响起重机的运行速度。这种短螺旋钻机常做为电力、电信线路杆的工程车。

它可以完成运输电杆，钻电杆孔和架设电杆等项工作，是一种高效的工程救险车。

业务要点 6：潜水钻机

潜水钻机是一种深入地下水中钻土的新型灌注桩成孔机械，规格有 GZQ 型和 RRC 型等。它主要适用于地下水位高的软土地基作为灌注桩成孔。

1. 主要结构

图 3-26 为潜水钻孔机外形结构示意图。它主要由潜水电动机、行星齿轮减速器及机械密封装置等组成。加上配套设备，如钻孔台车、卷扬机、配电箱、钻杆、钻斗等组成整机。

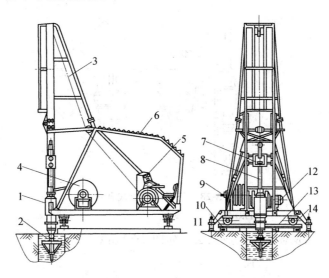

图 3-26　潜水钻机外形结构示意

1—钻机　2—龙式钻头　3—钢丝绳　4—电缆和水管卷管
5—配电箱　6—遮阳板　7—井口导板　8—方钻杆　9—进水口
10—枕木　11—千斤　12—卷扬机　13—轻轨　14—行走车轮

2. 工作原理

潜水钻机工作原理，如图 3-27 所示。电动机轴通过花键接套将扭矩传给中心齿轮，带动三个行星齿轮自转，并绕固定内齿圈公转，从而使行寻齿轮架以一较低的速度转动。行星齿轮架与钻机输出主轴相连接，在主轴上装有钻斗进行破土成孔。

3. 潜水钻机成孔方法

采用潜水钻机成孔方法有两种：

（1）正循环排土法　如图 3-28 所示。

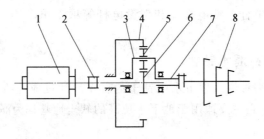

图 3-27 潜水钻机主机传动系统

1—电动机 2—接套 3—行星齿轮架 4—内齿圈
5—行星齿轮 6—中心齿轮 7—输出主轴 8—钻头

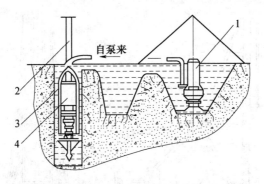

图 3-28 正循环排土成孔法

1—潜水泥浆泵 2—钻杆 3—送水管 4—主机

（2）吸水泵反循环排土成孔法 如图 3-29 所示。

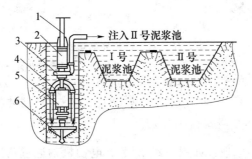

图 3-29 吸水泵反循环排土成孔法

1—钻杆 2—电动机 3—砂石泵 4—抽泥管 5—主机 6—钻头

4. 安全操作要点

1）使用前将钻机的电缆引出线与电源电缆按规定要求绞接牢固（或采用电缆密封接头），并试车判断钻头的旋转方向是否正确。

2）施钻前，应对铅机及其配套进行全面检查，确认各部件正常后，方可开钻。

3）应根据设计孔径和地质情况选用合适的钻头。钻进速度应根据地层变化，控制电流在 50A 以下徐徐钻进。

4）施钻时，应随时监视仪表指数。

5）每班作业后，应将钻杆提出孔外，用清水冲干净。

6）提升电缆时，若无电缆卷筒，应戴绝缘手套。检查所有电缆有无碰伤、漏电现象。

7）拆装钻杆时，应保证连接牢靠。注意不要把工具及钻杆销轴、螺母等掉入孔内。

8）作业中应随时监视电器仪表，倾听运转机件的运转响声，如发现不正常现象，应立即停钻检修。所有紧固件必须经常检查，防止松动。

9）作业完毕后，应对钻机进行清理、保养与维护。

5. 维护与保养

1）钻机除每班都要进行的检查、调整、紧固、润滑、清洁等例行的保养工作外，尚须进行定期维护保养工作。

2）钻机使用前，应按润滑部位的要求，分别注以变压器油和齿轮油作为电动机的绝缘、齿轮润滑和机械密封冷却用。

3）钻机工作初期一般无漏油现象，但使用一段时间后，因钻进时的震动撞击，会出现微量的渗油，此时钻机仍可正常工作。

4）每累计运转 50h 后，或中途发生滴油时应将钻机提起，检查上下两端密封情况。检查时可将上下密封箱油堵拧开放油，若油色很好，即可用轻质油冲洗一次，重新注以齿轮油。若油已被泥沙污染，则需更换骨架密封，并检查下箱体和电动机轴承内的油质情况，以决定是否补充或更换新油。同时应将密封环进行检查，如发现磨损，应整体更换。

5）拆卸机械密封时，应将密封箱体和密封元件冲洗干净。在整个拆装过程中，严禁敲击，以免合金环被敲坏。

6）长期停用前，应将机内陈油放尽，用轻油冲洗干净，再加注新油，以待下次使用。

6. 常见故障及排除方法

潜水钻机常见故障及排除方法见表 3-11。

表 3-11　潜水钻机常见故障及排除方法

故　障	原　因	排　除　方　法
电流表三相不平衡	1）外接电源三相电压不平衡 2）电缆接头处有虚接	1）与供电部门联系调节 2）拆开电缆接头检查修复

续表

故 障	原 因	排 除 方 法
电流表两项有读数	外接电源熔丝断 接头处一相断路；或电动机一相绕组烧毁	从电源起，逐步检查通路情况，及时排除故障
钻机减压、全压起动均不能转动	1) 合闸时电动机有异响，主轴有抖动（此时转动主轴不动） 由于钻机反转，上部密封压紧齿轮箱内轴承损坏，滚珠散落 2) 合闸时，电动机正常，主轴能手动转动 电缆某处断路 电动机三相绕组烧毁	1) 先将上部密封箱拆除，若主轴仍转不动，则应拆开减速器检查行星齿轮和轴承是否损坏，并修复或更换轴承 2) 先拆开电缆接头检查电缆及电动机断路情况，处理电缆或拆开电动机检查
钻机减压起动不能转动，全压起动能转动	1) 减速器内齿轮油太稠或凝结（往往发生在冬季） 2) 电源电压过低	1) 全压起动后，让钻机空载运转 15h 左右 2) 检查电源电压
运转中突然停车	1) 电源断路 2) 电缆接头烧蚀或电动机烧毁	1) 检查电源电路 2) 拆开电缆接头包头，若仍不能导通，而主轴能动则应打开电动机检查
运转中突然卡钻，电流值突然大幅度提高	1) 减速器内齿轮或轴承损坏 2) 钻头头部遇阻碍物，如钢筋，大石块等	1) 拆开减速器，更换新齿轮或轴承 2) 排除阻碍物
钻机漏电	1) 电缆接头防水绝缘带失效，有泥水浸入 2) 电缆局部磨损或绞断 3) 电动机绕组引出线与电源电缆接头处渗漏	1) 拆下旧绝缘带，重新处理接头，换上新绝缘带 2) 修补或更换损坏的电缆 3) 更换电动机绕组引出线与电缆的接头

第四章　起重运输机械

第一节　卷　扬　机

本节导图：

本节主要介绍卷扬机，内容包括卷扬机的分类及型号，电动卷扬机的主要构造，卷扬机的性能指标，卷扬机的使用及保养，卷扬机的常见故障及排除方法等。其内容关系框图如下：

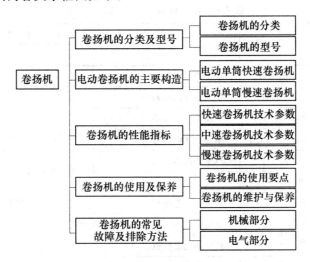

卷扬机的关系框图

业务要点 1：卷扬机的分类及型号

1. 卷扬机的分类

卷扬机的种类很多，一般分为：

（1）按钢丝绳牵引速度分　有快速、慢速、调速等三种。

（2）按卷筒数量分　有单筒、双筒、三筒等三种。

（3）按机械传动型式分　有直齿轮传动、斜齿轮传动、行星齿轮传动、内胀离合器传动、蜗轮蜗杆传动等多种。

（4）按传动方式分　有手动、电动、液压、气动等多种。

（5）按使用行业分　有用于建筑、林业、矿山、船舶等多种。

2. 卷扬机的型号

目前国产卷扬机一般型号的编制方法表示如下：

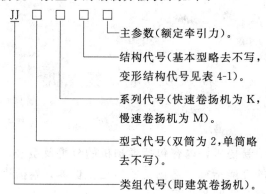

表 4-1　卷扬机型号分类和表示方法

形式	特性	代号	代号含义	主　参　数	
				名称	单位表示法
单卷筒式	K	JK	单筒快速卷扬机	额定静拉力	kN
	KL	JKL	单筒快速溜放卷扬机		
	M	JM	单筒慢速卷扬机		
	ML	JML	单筒慢速溜放卷扬机		
	T	JT	单筒调速卷扬机		
	S	JS	手摇式卷扬机		
双卷筒式	K	2JK	双筒快速卷扬机		
	M	2JM	双筒慢速卷扬机		
	T	2JT	双筒调速卷扬机		
三卷筒式	K	3JK	三筒快速卷扬机		

业务要点 2：电动卷扬机的主要构造

1. 电动单筒快速卷扬机

图 4-1 所示为单筒快速卷扬机的传动系统。从图中可以看出它主要由电动机、减速箱卷筒、电磁制动机构和机座等部分组成。

电动机与减速箱借助于弹性柱销万向节联接。在万向节上固定有制动轮，用来传递功率；卷筒固定安装在卷筒心轴上，通过十字滑块万向节与减速箱联接；卷筒心轴的另一端支承在双列向心球面球轴承的剖分式轴承座上；钢丝绳穿过卷筒上的绳孔，用螺丝压板固定在卷筒的一端（一般固定在右端）；电磁制动器是常闭式短行程的，当制动电磁铁与电动机同时通电时，磁铁吸合，两块制动瓦张开，电动机通过减速箱带动卷筒旋转卷入或放出钢丝绳；断电时，制动瓦（双抱块）将制动轮抱住，卷筒即停止运转。

2. 电动单筒慢速卷扬机

图 4-2 所示为电动单筒慢速卷扬机的传动系统。从图中可以看出它与快速卷扬机在构造上的主要不同之处是使用了蜗轮—蜗杆减速箱，而不是普通的齿轮减速箱，并多了一对开式齿轮传动。因此其传动系统可以获得很大的传动比，使卷扬机的卷扬速度变慢。

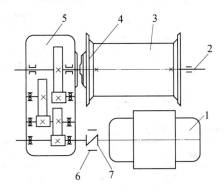 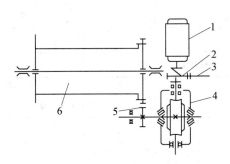

图 4-1　单筒快速卷扬机传动系统

1—电动机　2—卷通心轴　3—卷筒

4—十字滑块万向节　5—减速箱

6—制动轮　7—弹性柱销万向节

图 4-2　单筒慢速卷扬机传动系统

1—电动机　2—万向节　3—电磁制动器

4—蜗轮蜗杆减速箱　5—开式齿轮

6—卷筒

业务要点 3：卷扬机的性能指标

1. 快速卷扬机技术参数

快速卷扬机技术参数见表 4-2 和表 4-3。

表 4-2　单筒快速卷扬机技术参数

项　目		型　号							
		JK0.5 (JJK-0.5)	JK1 (JJK-1)	JK2 (JJK-2)	JK3 (JJK-3)	JK5 (JJK-5)	JK8 (JJK-8)	JD0.4 (JJD-0.4)	JD1 (JJD-1)
额定静压力/kN		5	10	20	30	50	80	4	10
卷筒	直径/mm	150	245	250	330	320	520	200	220
	长度/mm	465	465	630	560	800	800	299	310
	容绳量/m	130	150	150	200	250	250	400	400
钢丝绳直径/mm		7.7	9.3	13～14	17	20	28	7.7	12.5

项目		型 号							
		JK0.5 (JJK-0.5)	JK1 (JJK-1)	JK2 (JJK-2)	JK3 (JJK-3)	JK5 (JJK-5)	JK8 (JJK-8)	JD0.4 (JJD-0.4)	JD1 (JJD-1)
绳速/(m/min)		35	40	34	31	40	37	25	44
电动机	型号	Y112M-4	Y132M$_1$-4	Y160L-4	Y225S-8	JZR2-62-10	JR92-8	JBJ-4.2	JBJ-11.4
	功率/kW	4	7.5	15	18.5	45	55	4.2	11.4
	转速/(r/min)	1440	1440	1440	750	580	720	1455	1460
外形尺寸	长/mm	1000	910	1190	1250	1710	3190	—	1100
	宽/mm	500	1000	1138	1350	1620	2105	—	765
	高/mm	400	620	620	800	1000	1505	—	730
整机自重/t		0.37	0.55	0.9	1.25	2.2	5.6	—	0.55

表 4-3 双筒快速卷扬机技术参数

项 目		型 号				
		2JK1 (JJ$_2$K-1)	2JK1.5 (JJ$_2$K-1.5)	2JK2 (JJ$_2$K-2)	2JK3 (JJ$_2$K-3)	2JK5 (JJ$_2$K-5)
额定静压力/kN		10	15	20	30	50
卷筒	直径/mm	200	200	250	400	400
	长度/mm	340	340	420	800	800
	容绳量/m	150	150	150	200	200
钢丝绳直径/mm		9.3	11	13~14	17	21.5
绳速/(m/min)		35	37	34	33	29
电动机	型号	Y132M$_1$-4	Y160M-4	Y160L-4	Y200L$_2$-4	Y225M-6
	功率/kW	7.5	11	15	22	30
	转速/(r/min)	1440	1440	1440	950	950
外形尺寸	长/mm	1445	1445	1870	1940	1940
	宽/mm	750	750	1123	2270	2270
	高/mm	650	650	735	1300	1300
整机自重/t		0.64	0.67	1	2.5	2.6

2. 中速卷扬机技术参数

中速卷扬机技术参数见表4-4。

表 4-4　单筒中速卷扬机技术参数

项目		型号				
		JZ0.5 (JJZ-0.5)	JZ1 (JJZ-1)	JZ2 (JJZ-2)	JZ3 (JJZ-3)	JZ5 (JJZ-5)
额定静压力/kN		5	10	20	30	50
卷筒	直径/mm	236	260	320	320	320
	长度/mm	417	485	710	710	800
	容绳量/m	150	200	230	230	250
钢丝绳直径/mm		9.3	11	14	17	23.5
绳速/(m/min)		28	30	27	27	28
电动机	型号	Y100L2-4	Y132M-4	JZR2-31-6	JZR2-42-8	JZR2-51-8
	功率/kW	3	7.5	11	16	22
	转速/(r/min)	1420	1440	950	710	720
外形尺寸	长/mm	880	1240	1450	1450	1710
	宽/mm	760	930	1360	1360	1620
	高/mm	420	580	810	810	970
整机自重/t		0.25	0.6	1.2	1.2	2

3. 慢速卷扬机技术参数

慢速卷扬机技术参数见表4-5。

表 4-5　单筒慢速卷扬机技术参数

项目		型号							
		JM0.5 (JJM-0.5)	JM1 (JJM-1)	JM1.5 (JJM-1.5)	JM2 (JJM-2)	JM3 (JJM-3)	JM5 (JJM-5)	JM8 (JJM-8)	JM10 (JJM-10)
额定静压力/kN		5	10	15	20	30	50	80	100
卷筒	直径/mm	236	260	260	320	320	320	550	750
	宽度/mm	417	485	440	710	710	800	800	1312
	容绳量/m	150	250	190	230	150	250	450	1000
钢丝绳直径/mm		9.3	11	12.5	14	17	23.5	28	31
绳速/(m/min)		15	22	22	22	20	18	10.5	6.5
电动机	型号	Y100L2-4	Y132S-4	Y132M-4	YZR2-31-6	JYR2-41-8	JZR2-42-8	YZR225M-8	JZR2-51-8
	功率/kW	3	5.5	7.5	11	11	16	21	22
	转速/(r/min)	1420	1440	1440	950	705	710	750	720

项　目		型　号							
		JM0.5 (JJM-0.5)	JM1 (JJM-1)	JM1.5 (JJM-1.5)	JM2 (JJM-2)	JM3 (JJM-3)	JM5 (JJM-5)	JM8 (JJM-8)	JM10 (JJM-10)
外 形 尺 寸	长/mm	880	1240	1240	1450	1450	1670	2120	1602
	宽/mm	760	930	930	1360	1360	1620	2146	1770
	高/mm	420	580	580	810	810	890	1185	960
整机自重/t		0.25	0.6	0.65	1.2	1.2	2	3.2	—

业务要点 4：卷扬机的使用及保养

1. 卷扬机的使用要点

(1) 卷扬机的调整　单筒快速卷扬机的调整部位主要是制动瓦块与制动轮之间的间隙，一般为 0.6～0.8mm。部分单筒快速卷扬机的调整部位在起动器刹车带与大内齿轮槽，间隙为 1.0～2.0mm。

(2) 卷扬机的安装　安装前，应根据要求确定安装位置。就位时，机架的下面应垫方木，保持纵、横方向的水平，卷筒与牵引钢丝绳的方向保持垂直，为避免钢丝绳在卷筒上斜向卷绕和出现乱绳现象，卷筒至第一道导向滑轮的距离，不小于 12m。钢丝绳应从卷筒的下方引出，以保证制动器有良好的制动效果。卷扬机必须用地锚固定，地锚埋设后，可采用环链手拉葫芦进行拉力试验，试验拉力为牵引力的 1.5 倍。安装位置应保证操作人员清楚地看到牵引或提升的重物，防止发生操作事故。电气设备应安装在卷扬机和操作人员附近，不得有漏电现象，并装有接地和接零保护装置，在一个供电系统上，不得同时接地又接零。

(3) 卷扬机的试运转

1) 试运转前，应检查润滑是否充分，各部位的螺栓是否紧固，钢丝绳连接是否牢靠，绳位是否符合要求，操纵手柄是否放在正确位置，电源线路是否正常，绝缘是否良好，相位是否准确，三相电源是否平衡。经检查确认后，即可进行空载运转试验。

2) 空运转试验时，卷筒上不得缠绕钢丝绳，正、反两个方向的空运转试验不得少于 30min，在运转过程中，注意检查各传动装置有无冲击、振动和异常响声。制动器是否灵活可靠，接触面是否均匀，接触面积是否达到规定的数值，松闸后间隙是否均匀。如发现问题，应予排除，确认机械处于完好状态时，方可穿好钢丝绳，进行负载运转试验。

3) 负载运转试验时，应逐步加载至额定值，提升重物不要过高，以免制动器失灵造成事故。试验要正、反两个方向交替进行。负荷制动试验时，重物下滑量，慢速系列不大于 100mm，快速系列不应大于 200mm，否则应对制动器进行调整，保证灵敏可靠，方可投入正常使用。

（4）卷扬机的使用

1）使用中，卷筒上的钢丝绳不得全部放完，至少应保留三圈安全圈数。

2）钢丝绳应经常进行检查，如果断丝数超过规定值应随时进行更换。钢丝绳不得有叉接接头，以防长期使用中拉脱后发生事故。钢丝绳经常进行保养，涂润滑脂。

3）在起升重物的下方和钢丝绳附近不得站人。钢丝绳在卷筒的绕向不齐，不得在机械运转时进行校正。在牵引物件时，防止钢丝绳在地面上拖拉，或者与其他固定物体接触产生摩擦。

4）不得超载作业。工作结束时，提升物应下降至地面，不得吊悬在空中。

5）卷扬机所处的位置，应使操作人员能清楚地看到牵引或提升的重物，以防止发生操作事故。

6）操作人员需经过操作与安全技术的培训，获得"上岗证"后，方允许操作。

2. 卷扬机的维护与保养

（1）每班保养

1）检查润滑情况，按规定进行润滑。

2）检查卷筒轴承架、离合器、操纵杆等各部的连接是否可靠，并紧固连接螺栓。

3）检查钢丝绳，断丝不得超过规定值，钢丝绳在卷筒上排列要整齐。

4）检查制动器工作情况，操纵要灵活，制动要可靠，制动带要保持清洁和没有油污。

5）工作后清洁机体

（2）一级保养　卷扬机一般每隔 300 工作小时进行一级保养，除包括每班进行保养的全部工作外，还包括：

1）检查、调整制动器及离合器，清除油污，按规定调整间隙。

2）检查、调整电磁制动器，如销孔与销轴磨损过大有松旷时，应更换销轴。调整制动瓦与制动轮之间的间隙，并达到规定数值。

3）检查传动装置，开式齿轮的轮齿，不得有损坏和断裂现象。

（3）二级保养　一般每隔 600 工作小时需对卷扬机的轮齿进行二级保养，包括一级保养的全部工作，此外还包括：

1）检查制动器并清除油污。当制动器带磨损过大且铆钉头接近外露时，应及时更换。制动带与制动轮之间的间隙应保持均匀，接触面积不应小于 80%。

2）检查齿轮、轴与轴承的磨损，齿厚磨损不得超过 20%，轴颈和铜套的间隙不大于 0.4mm，滚动轴承的径向间隙不大于 0.2mm，否则应予修复和更换。

3）减速器齿面的磨损程度，侧向间隙不大于 1.8mm，各轴承间隙不得大于规定值。

4）检查油封的完好情况。

5）检查并清洗操纵机构。

业务要点 5：卷扬机的常见故障及排除方法

1. 机械部分

提升（卷扬）机机械部分常见故障及排除方法见表 4-6。

表 4-6　提升（卷扬）机机械常见故障及排除方法

故障现象	产 生 原 因	排除或处理方法
制动系统		
闸皮磨偏或局部过热	1）闸瓦与闸轮中心线不重合 2）制动间隙不均匀 3）制动力分布不均匀	1）调整闸瓦安装位置 2）调整各方位的制动间隙 3）调整拉杆长度，使制动间隙均匀
闸把操作不灵活	1）传动活节或制动缸活塞卡滞 2）制动力矩不足 3）压力调整器杆件长短调整不当 4）手把活动角度不合适	1）检修各杆件、活节及制动缸，调整间隙 2）疏通油路，使工作油压达到规定值 3）适当调整拉杆的长短 4）调整各杆件及活节，检查操作台挡板
液压系统工作压力不稳定	1）制动缸活塞表面不光滑或涨圈太紧 2）油孔或油路堵塞 3）密封圈损坏，泄漏 4）油质不良，油流不稳	1）检查和修整活塞表面及涨圈 2）检查和疏通油孔及油路 3）调整或更换密封圈 4）检查油质，换装合适的工作面
减速系统		
齿轮声响和振动过大	1）装配啮合间隙不适当 2）齿轮或轴加工精度不良或不对 3）两齿轮轴线不平行、扭斜或不垂直，接触不良 4）轴承间隙大 5）齿轮牙齿磨损过度 6）润滑不好	1）调整齿轮啮合间隙 2）修理或更换齿轮和轴 3）调整修理或换件 4）调整轴承间隙 5）修理或更换磨损超限的齿轮 6）加强润滑或换油
齿轮磨损过快	1）装配不当，啮合不好 2）润滑不良 3）加工精度不符合要求 4）负荷过大或材质不佳 5）疲劳破坏	1）调整装配间隙 2）加强润滑或换油 3）适当检修处理或换件 4）合理调整负荷或提高齿轮材质 5）修理或更换疲劳破坏的齿轮

续表

故障现象	产 生 原 因	排除或处理方法
减速系统		
打牙断齿	1) 齿间掉入金属物体 2) 突然重负荷冲击或多次重负荷冲击 3) 材质不佳或疲劳	1) 杜绝异物进入 2) 采取措施，杜绝反常的重负荷 3) 改进材质或更换齿轮
传动轴弯曲或断裂	1) 齿间掉入金属物体后，轴受弯应力过大 2) 断齿进入另一齿轮间空隙中，促成一对齿轮间齿顶互相顶撞 3) 材质不佳或疲劳 4) 加工质量不符合要求，产生大的应力集中	1) 杜绝异物进入 2) 更换已损齿轮及传动轴，重新选配轴承 3) 改进材质，更换疲劳损坏的轴 4) 改进加工质量，更换不符合要求的轴
主轴卷筒部分		
轴承过热	1) 缺油或油质不良 2) 接触不良或轴线不同心 3) 间隙过小	1) 加油或更换润滑油 2) 调整轴承安装位置 3) 调整轴承间隙
卷筒出现响声	联结件间出现松动或断裂，产生相对位移和振动	加强检查维修，对松动或断裂的连接零件立即修理或更换（紧固牢靠）
卷筒壳裂缝	1) 局部受力过大，连接零件松动或断裂 2) 木衬裂断	1) 卷筒壳里部增加立筋补强 2) 修理或更换已损木衬
卷筒轮毂松动（或支轮或固定盘）	1) 联结螺栓松动或折断 2) 加工配合质量不合要求	1) 检修或更换螺栓 2) 检修或更换轮毂和固定盘
主轴折断	1) 各支承轴承的同心度和水平度偏差过大，使轴局部受力多大，反复疲劳折断 2) 多次重负荷冲击结果 3) 加工质量不符合要求 4) 材质不佳或疲劳	1) 调整同心度和水平度 2) 防止重负荷冲击，改善负荷状况 3) 改进加工质量，更换质量差的轴 4) 改进或更换材质，更换疲劳件
钢绳、天轮、提升容器部分		
钢绳磨损和断丝过快	1) 缺润滑油 2) 缠绕不正常（无顺序乱绕，劈缝重叠） 3) 没有木衬或木衬损坏 4) 倒头使用不及时 5) 冲击负荷大、次数多 6) 选用型号不对或材质不佳 7) 卷筒或天轮直径过小 8) 第二层绳"临界段"位置未及时串换	1) 加强定期专责润滑 2) 调整钢丝绳偏角，减少卷筒绕绳宽度，加导轮或采取适当补充措施 3) 增加木衬或及时更换木衬 4) 适时倒头并检查钢绳磨损情况 5) 采取措施防止冲击负荷 6) 合理选择钢丝绳 7) 适当改进选型设计，换装合适的设施 8) 及时调整串换位置

故障现象	产　生　原　因	排除或处理方法
钢绳、天轮、提升容器部分		
钢绳折断	1) 已断丝磨损严重未及时更换 2) 突然卡罐，急剧停车 3) 外力突然冲击提升容器或钢绳	1) 及时更换磨损超限的钢绳 2) 防止卡罐与突然停车 3) 加强检查，防止异物冲击提升容器或钢绳
天轮磨损过快	1) 安装偏斜，天轮与卷筒中心线不平行 2) 材质不好 3) 钢绳偏角过大	1) 调整天轮及轴承的安装位置 2) 改进材质或更换天轮 3) 调整天轮安装位置
天轮轴断裂	1) 突然卡罐，急剧停车 2) 设计错误，强度不够 3) 材质不好 4) 加工质量不合要求	1) 防止卡罐和突然停车 2) 改进设计，换装合适的轴 3) 改进材质，更换已损轴 4) 改进加工质量，换装符合要求的轴
断丝保险器（安全卡）动作不灵活或制动力不足	1) 各部连杆和销轴别劲、不灵活、变形或断裂 2) 弹簧弹力小或失效 3) 缺少润滑油	1) 经常检查修理和试验，更换已损件 2) 更换不合适和损坏的弹簧 3) 加强润滑，经常检查灵活程度

2. 电气部分

提升（卷扬）机电气部分常见故障及排除方法见表 4-7。

表 4-7　提升（卷扬）机电部分的故障原因及排除方法

故障现象	产生原因	排除或处理方法
油开关不能接入	1) 量度互感器高压端或低压端的熔丝烧断 2) 电压互感器的一次线圈折断或烧坏	1) 若电压表的指针位于零，需要更换保险器 2) 更换已损元件和接线
自动箱零压线圈的机构不灵	机构中有卡住的地方	必须拆开清洗并上油
换向器回路的主接点损坏	1) 提升电动机定子各相断开 2) 由于主接点烧损的不均匀而接触不紧密 3) 接点的接线损坏	1) 检查和修理电动机定子 2) 处理或更换主接点 3) 更换接线
换向器接入线圈回路的接点损坏	回路断裂，有负荷冲击	用灯光检查并换件
换向器接入线圈有毛病	引出线拉断或内部损坏	在电磁控制盘上取下保险器，用感应器或摇表检查并更换已损件

续表

故障现象	产生原因	排除或处理方法
换向接触器常闭闭锁接点有毛病	接点接触不好或烧断	接点应当用砂纸擦拭，并用酒精洗净，利用灯进行外部检查
时限继电器不能接入	电磁控制盘的可熔保险器烧坏	用灯检查，打开自用配电盘上的刀开关，更换熔丝
加速接触器的闭锁接点有毛病	接点表面接触不严，接点赃污	用砂纸擦拭接点并用酒精洗净
氧化铜整流器有毛病	回路断开或氧化铜片裂开	根据整流器铜片与铜垫圈接触的铜片烧毁情况，可看出断裂的地方，然后修复
多段时限继电器中只有一部分工作	继电器线圈有毛病或断线	将灯泡和不能接入工作的继电器的线圈出线并联，查出毛病然后修复
接触器线圈有毛病	外部或内部烧断	将保险器取下后向其端点输电的方法进行检查，然后修复
当接入接触器时不能吸起电磁铁	电磁控制盘上的熔丝烧断	接入电压后进行检查，更换熔丝
电磁铁发响（噪声）	电磁铁线圈的一相断线或烧毁，供电电线断裂	更换已损线圈，修复线路
电磁铁发热	线圈的接线不对	在380V电压时线圈应作星形连接，在220V电压时线圈应作三角形连接
电磁铁发出很大的响声	活动铁心两端的铜套环或短路环丢失	检查和修复，配装铜套环
电磁铁发热并发响，铁心未完全被吸入	缓冲器或导向轴承卡住	检修缓冲器和导向轴承，使其动作灵活
当保险制动器手把移到"解除制动"位置时，保险制动器的接触器不接入	接点不良或接入线断开	用检视灯检查，找出断线处然后修复
当主令控制器手把自中间位置移到任一极端位置时，换向器不接入	分路开关的手柄未放在零位	检查并按规定置放分路开关的手柄
主令控制器的接点有毛病，加速接触器不能接入	未调整接点或接点由于烧焦而损坏，时限继电器或换向器的接点有毛病	必须用砂纸擦拭接点，并用酒精洗净，然后正确地调整接点
当操作手把推到任一极限位置时，只有前几个加速接触器接入	时限继电器线圈回路损坏	必须由外部检查哪些加速继电器未接入，然后正确地接线

续表

故障现象	产生原因	排除或处理方法
当操作手把推到任一位置时，加速器接触器顺次接入，但无时限	直流回路断线，时限继电器未接入，它们在时限继电器回路中的接点闭合	检查和修复线路、元件及接点，正确地接入时限继电器
将操纵手把推到任一极限位置时，加速接触器顺次接入，但时限很小	1）电流继电器未动作，未按电流控制电动机起动 2）继电器未调整好 3）线圈网路短路 4）附加电阻回路断开	1）检查和调整继电器，完善接线 2）调整继电器的整定值 3）检查和修复继电器线圈 4）检查和修复附加电阻回路

第二节 塔式起重机

本节导图：

本节主要介绍塔式起重机，内容包括塔式起重机的分类、特点及适用范围、塔式起重机的基本参数、塔式起重机的主要工作机构、塔式起重机的安全保护装置、塔式起重机的路基与轨道的铺设、塔式起重机的维护与保养、塔式起重机的常见故障及排除方法等。其内容关系框图如下页所示：

业务要点1：塔式起重机的分类、特点及适用范围

塔式起重机的分类、特点及适用范围见表4-8。

表4-8 塔式起重机的分类、特点及适用范围

类 型		主要特点	适用范围
按行走机构分类	固定式（自升式）	没有行走装置，塔身固定在混凝土基础上，随着建筑物的升高，塔身可以相应接高，由于塔身附着在建筑物上，能提高起重机的承载能力	高层建筑施工，高度可达100m以上，对施工现场狭窄、工期紧迫的高层施工，更为适用
	自行式（轨道式）	起重机可在轨道上负载行走，能同时完成垂直和水平运输，并可接近建筑物，灵活机动，使用方便，但需铺设轨道，装拆较为费时	起升高度在50m以内的中小型工业和民用建筑施工
按升高（爬升）方式分类	内部爬升式	起重机安装在建筑物内部（电梯井、楼梯间等），依靠一套托架和提升机构随建筑物升高而爬升。塔身短不需附着装置，不占建筑场地。但起重机自重及载重全部由建筑物承担，增加了施工的复杂性，竣工时起重机从顶部卸下较为困难	框架结构的高层建筑施工，特别适用于施工现场狭窄的环境

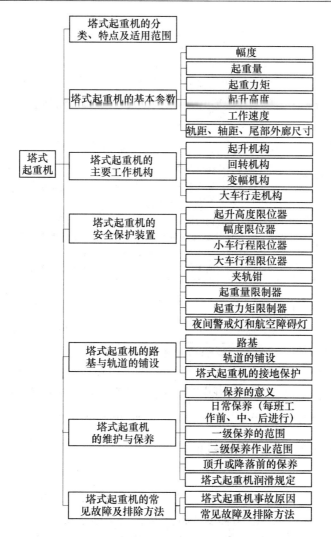

塔式起重机的关系框图

续表

类　型		主要特点	适用范围
按升高（爬升）方式分类	外部附着式	起重机安装在建筑物的一侧，底座固定在基础上，塔身用几道附着装置和建筑物固定，随建筑物升高而接高，稳定性好，起重能力能充分利用，但建筑物附着点要适当加强	高层建筑施工中应用最广泛的机型，可以达到一般高层建筑需要的高度
按变幅方式分类	动臂变幅式	起重臂与塔身铰接，利用起重臂的俯仰实现变幅，变幅时载荷随起重臂升降。这种动臂具有自重小，能增加起重高度、装拆方便等特点，但变幅量较小，吊重水平移动时功率消耗大，安全性较差	适用于工业厂房重、大构件的吊装，这类起重机当前已较少采用

类　　型		主要特点	适用范围
按变幅 方式分类	小车 变幅式	起重臂固定在水平位置，下弦装有起重小车，依靠调整小车的距离来改变起重幅度，这种变幅装置有效幅度大，变幅所需时间少、工效高、操作方便、安全性好，并能接近机身，还能带载变幅，但起重臂结构较重	自升式塔式起重机都采用这种结构，由于其作业覆盖面大，适用于大面积的高层建筑施工
按回转 方式分类	上回转式	塔身固定，塔顶上安装起重臂及平衡臂，可简化塔身和底架的联接，底部轮廓尺寸较小，结构简单，但重心提高，需要增加底架上的中心压重，安装、拆卸费时	大、中型塔式起重机都采用上回转结构，适应性强，是建筑施工中广泛采用的型式
	下回转式	塔身和起重臂同时回转，回转机构在塔身下部，所有传动机构都装在底架上，重心低，稳定性好，自重较轻，能整体拖运，但下部结构占用空间大，起升高度受限制	适用于整体架设，整体拖运的轻型塔式起重机。由于具有架设方便，转移快的特点故适用于分散施工
按起重量 分类	轻型	起重量为 0.5～3t	5 层以下民用建筑施工
	中型	起重量为 3～15t	高层建筑施工
	重型	起重量为 20～40t	重型工业厂房及设备吊装
按起重机 安装方式 分类	整体 架设式	塔身与起重臂可以伸缩或折叠后，整体架设和拖运，能快速转移和安装	工程量不大的小型建筑工程或流动分散的建筑施工
	组拼 安装式	体积和质量都超过整体架设可能的起重机，必须解体运输到现场组拼安装	重型起重机都属于此式，适用于高层或大型建筑施工

业务要点 2：塔式起重机的基本参数

1. 幅度

幅度是从塔式起重机回转中心线至吊钩中心线的水平距离，通常称为回转半径或工作半径。对于俯仰变幅的起重臂，当处于接近水平或与水平夹角为 13°时，从塔式起重机回转中心线至吊钩中心线的水平距离最大，为最大幅度；当起重臂仰至最大角度时，回转中心线至吊钩中心线距离最小，为最小幅度。对于小车变幅的起重臂，当小车行至臂架头部端点位置时，为最大幅度；当小车处于臂架根部端点位置时，为最小幅度。

选用塔式起重机时，首先要考虑塔式起重机的最大幅度是否满足施工需要。塔式起重机应具备的最大幅度 L_o 应按下式计算：

$$L_o = A + B + \Delta L \tag{4-1}$$

式中　A——由轨道基础中心线至拟建的建筑物外墙皮最近处的水平距离＋安全操作距离；对于下回转塔式起重机，A 应取为塔式起重机机尾部回转半径＋安全操作距离（不小于 0.6m）；对于上回转塔式起重机，A 应取为平衡臂尾部回转半径＋安全操作距离；如平衡臂超过建筑物的标高，由 A 可以缩为回转中心线至建筑物墙皮最近处的水平距离＋安全操作距离；

B——多层建筑物的宽度；

ΔL——便于构件堆存和构件挂钩而预留的安全操作距离（1.5～2m）。

小车变幅起重臂塔式起重机的最小幅度应根据起重机构造而定，一般为 2.5～4m。俯仰变幅起重臂塔式起重机的最小幅度，一般相当于最大幅度的 1/3（变幅速度为 5～8m/min 时）～1/2（变幅速度为 15～20m/min 时）。如小于上述值的变幅过程中，起重臂就有可能由于＋惯性作用倾翻，造成重大事故。由于俯仰变幅起重臂的有效活动范围比小车变幅起重臂小得多，因此，采用附着式或内爬式塔式起重机进行高层建筑物施工时，多选用小车变幅起重臂为宜。

在一般情况下，要知道塔式起重机在某一工作幅度的起重量，即可由起重性能表或特性曲线图直接查出。如 QT250 塔式起重机，如图 4-3、表 4-9 所示。

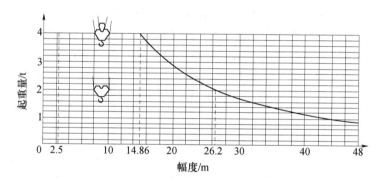

图 4-3　QT250 塔式起重机性能表及起重性能曲线

表 4-9　QT250 塔式起重机性能表

倍　　率	幅度/m								
	2. 5	14. 86	16	18	20	22	24	26	28
	起重机/kg								
四倍率	4000	4000	3668	3188	2809	2502	2277	2064	1851
二倍率	2000	2000	2000	2000	2000	2000	2000	2000	1881

倍　　率	幅度/m								
	30	32	34	36	38	40	42	45	48
	起重机/kg								
四倍率	1694	1557	1437	1330	1235	1150	1072	970	880
二倍率	1724	1587	1467	1360	1265	1180	1102	1000	910

2. 起重量

起重量就是吊钩所能吊起的重量（其中包括吊索和铁扁担或容器的重量）。不同的幅度有不同的起重量，因此，起重量包括两个参数，一个是最大幅度时的起重量，另一个是最大起重量。

俯仰变幅起重臂的最大幅度起重量是随吊钩滑轮组绳数不同而不同，单绳时小，3 绳时最大。它的最大起重量是在最小幅度位置。

小车变幅起重臂有单、双起重小车之分。单小车时又有 2 绳和 4 绳之分，双小车多以 8 绳工作。因此，小车变幅起重臂的起重量也有 2 绳、4 绳、8 绳之分。有的则分为 3 绳和 6 绳两种。小车变幅起重臂的最大幅度起重量是小车位于臂头以 2 绳工作时的额定起重量，而最大起重量则是单小车 4 绳时或双小车 8 绳时的额定起重量。

塔式起重机的额定起重量是由起升机构的牵引力、起重机金属结构承载力以及整机的稳定性能等因素决定的。超负荷作业会导致严重事故，因此，所有塔式起重机都装有起重量限制器，以防止超载事故造成机毁人亡的恶果。

3. 起重力矩

起重量与相应幅度的乘积为起重力矩，起重力矩的计量单位为"kN·m"。

表示塔式起重机工作能力的最主要参数为额定起重力矩。对于塔式起重机的额定起重力矩的计算方法目前很不一致，有的以最大工作幅度与相应的最大的起重量的乘积值计，也有的以最大起重量与相应的工作幅度的乘积计，由于塔式起重机经常处于大幅度的情况下工作的，因此以基本臂的最大工作幅度与相应的最大起重量的乘积值计，较为切合实际。

塔式起重机在最小幅度时起重量最大，随着幅度的增加使起重量相应递减。因此，在各种幅度时都有额定的起重量，不同的幅度和相应的起重量连接起来，可以绘制成起重机的性能曲线图。所有起重机的操作台旁都有这种曲线图，使操作人员能掌握在不同幅度下的额定起重量，防止超载。

塔式起重机使用中，应随时注意性能曲线上的额定起重量。为防止超载，每台塔式起重机上还装设有力矩限制器，以保证安全。

4. 起升高度

起升高度也称吊钩高度。轨道式塔式起重机的起升高度是从轨道顶面到吊钩支承面的垂直距离。固定式塔式起重机的起升高度是从混凝土基础表面到吊钩支承面的垂直距离。对于小车变幅式起重机来说，其最大起升高度并不因幅度变化而改变。对于俯仰变幅塔式起重机来说，其起升高度是随不同臂长和不同幅度而变化的。

最大起升高度是塔式起重机作业时严禁超越的极限。如果吊钩吊着重物超过最大起升高度继续上升必然要造成起重臂损坏和重物坠毁，甚至整机倾翻的严重事故，因此每台塔式起重机上都装有起升高度限位器，当吊钩上升到最大高度时，限位器便自动切断电源，阻止吊钩继续上升。

5. 工作速度

塔式起重机的工作速度参数包括：起升速度、回转速度、俯仰变幅速度、小车运行速度和大车运行速度。在塔式起重机的吊装作业循环中，提高起升速度，特别是提高空钩起落速度，是缩短吊装作业循环时间，提高塔式起重机生产效率的关键。

塔式起重机的起升速度不仅与起升机构牵引速度有关，而且与吊钩滑轮组的倍率有关。2 绳的比 4 绳的快一倍，单绳的比 2 绳的快一倍，提高起升速度，必须保证能平衡地加速、减速和平稳地就位。

在吊装作业中，变幅和大车运行不像起升那样频繁，其速度对作业循环时间影响较小，因此不要求过快，但必须平稳地起动和制动。

6. 轨距、轴距、尾部外廓尺寸

轨距是两条钢轨中心线之间的水平距离。常用的轨距是 2.8m、3.8m、4.5m、6m、8m。

轴距是前后轮的中心距。在有超过 4 个行走轮（8 个、12 个、16 个）的情况下，轴距为前后枢轴之间的中心距。

尾部外廓尺寸。对下回转塔式起重机来说，是由回转中心线至转台尾部（包括压重块）的最大回转半径。对于上回转塔式起重机来说，是由回转中心线至平衡臂尾部（包括平衡铁）的最大回转半径。

塔式起重机的轨距、轴距离及尾部外廓尺寸，不仅关系到起重机的幅度能否充分利用，而且是起重机运输中能否安全通过的依据。

业务要点 3：塔式起重机的主要工作机构

1. 起升机构

起升机构是由电动机、减速器、卷筒和制动器等组成。电动机通电后通过联轴器带动减速器进而带动卷筒转动。电动机正转时，卷筒放出钢丝绳，反转时卷筒回收钢丝绳，通过滑轮组及吊钩把重物提升或下降。为了提高起重作业的速度，使起升机构有多种速度，以适应起吊重物和安装就位时适当放慢，而在空钩时能快速下降，大部分起重机已具有多种起降速度。如采用功率不同的双电动机，主电动机用于载荷作业，副电动机用于空钩高速下降。另一种双电动机驱动是以高速多极电动机和低速多极电动机经过行星齿轮传动机构的差动组合可获得多种起升速度，如图 4-4 所示。

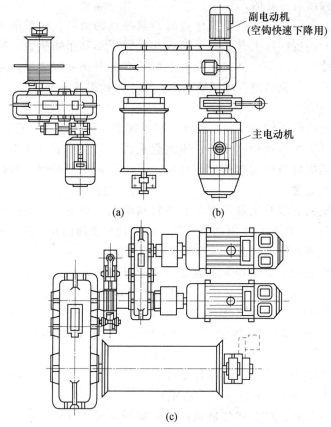

图 4-4　塔式起重机起升机构简图

（a）滑环电动机驱动的起升机构

（b）主电动机负责载重起升，副电动机负责空钩下降的起升机构

（c）双电动机驱动的起升机构

2. 回转机构

回转机构是由电动机带动减速器再带动回转小齿轮围绕大齿圈转动。一般塔式起重机只装一台回转机构，重型塔式起重机装有 2 台甚至 3 台回转机构。电动机用变极电动机，以获得较好调速性能。回转支承装置由齿圈、座圈、滚

动体（滚球或滚柱）、保持隔离体及联接螺栓组成。由于滚球（柱）排列方式不同可分为单排式和双排式。由于回转小齿轮和大齿圈啮合方式不同，又可分为内啮合式和外啮合式。塔式起重机大多采用外啮合双排球式回转支承。

3. 变幅机构

变幅机构是和起升机构一样，也是由电动机、减速器、卷筒和制动器等组成，但功率和外形尺寸较小。其作用是使起重臂俯仰以改变工作幅度。为了防止起重臂变幅时失控，在减速器中装有螺杆限速摩擦停止器，或采用蜗轮蜗杆减速器和双制动器。水平式起重臂的变幅是由小车牵引机构实现，即电动机通过减速器转动卷筒，使卷筒上的钢丝绳收或放，牵引小车在起重臂上往返运行。

4. 大车行走机构

大车行走机构是起重机在轨道上行走的装置。它的构造按行走轮的多少而有所不同。一般轻型塔式起重机为 4 个行走轮，中型的装有 8 个行走轮，而重型的则装有 12 个甚至 16 个行走轮。4 个行走轮的传动机构设在底架一侧或前方，由电动机带动减速器通过中间传动轴和开式齿轮传动，带动行走轮而使起重机沿轨道运行。8 个行走轮的需要两套行走机构（两个主动台车），而 12 个行走轮的则需要 4 套行走机构（4 个主动台车）。大车行走机构一般采用蜗轮蜗杆减速器，也有采用圆柱齿轮减速器或摆线针轮行星减速器的。一般不设制动器，也有的则在电动机另一端装设摩擦式电磁制动器。图 4-5 所示为各种行走机构简图。

业务要点 4：塔式起重机的安全保护装置

塔式起重机塔身较高，突出的大事故是："倒塔"、"折臂"以及在拆装时发生"摔塔"等。根据调查，塔式起重机的安全事故绝大多数都是由于超载、违章作业及安装不当等引起的。为此，国家规定塔式起重机必须设有安全保护装置。否则，不得出厂和使用。塔式起重机常用的安全保护装置有：

1. 起升高度限位器

起升高度限位器用来防止起重钩起升过度而碰坏起重臂的装置。可使起重钩在接触到起重臂头部之前，起升机构自动断电并停止工作。常用的有两种型式：一是安装在起重臂头端附近（图 4-6a），二是安装在起升卷筒附近（图 4-6b）的限位器。

安装在起重臂端头的是以起重钢丝绳为中心，从起重臂端头悬挂重锤，当起重钩达到限定位置时，托起重锤，在拉簧作用下，限位开关的杠杆转过一个角度，使起升机构的控制回路断开，切断电源，停止起重钩上升。

安装在起升卷筒附近的是，卷筒的回转通过链轮和链条或齿轮带动丝杆

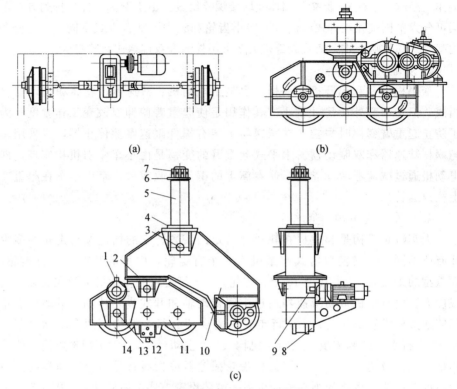

图 4-5 塔式起重机行走机构简图

（a）4 轮行走机构　（b）8 轮行走机构　（c）12 轮式行走机构

1—电动机及减速器　2—叉架　3—心轴　4—铜垫　5—枢轴　6—圆垫

7—锁紧螺母　8—大齿圈　9—小齿轮　10—从动台车梁

11—主动台车梁　12—夹轨器　13—主动轴　14—车轮

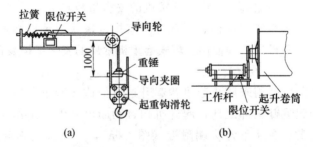

图 4-6 起升高度限位器工作原理图

（a）安装在起重臂头端附近　（b）安装在起升卷筒附近

转动，并通过丝杆的转动使控制块移动到一定位置时，限位开关断电。

2. 幅度限位器

幅度限位器是用来限制起重臂在俯仰时不得超过极限位置（一般情况下，

起重臂与水平夹角最大为 $60°\sim70°$，最小为 $10°\sim12°$）的装置，如图 4-7 所示。当起重臂接近限度之前发出警报，达到限定位置时，自动切断电源。限位器由一个半圆形活转盘、拨杆、限位器等组成。拨杆随起重臂转动，电刷根据不同的角度分别接通指示灯触点，将起重臂的倾角通过灯光信号传送到操纵室的指示盘上。当起重臂变幅到两个极限位置时，则分别撞开两个限位，随之切断电路，起保护作用。

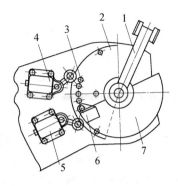

图 4-7 幅度限位器

1—拨杆 2—刷托 3—电刷 4、5—限位开关 6—撞块 7—半圆形活动转盘

3. 小车行程限位器

小车行程限位器设于小车变幅式起重臂的头部和根部，包括终点开关和缓冲器（常用的有橡胶和弹簧两种），用来切断小车牵引机构的电路，防止小车越位而造成安全事故（图 4-8）。

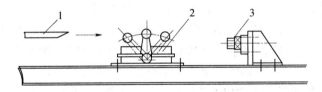

图 4-8 小车行程限位器

1—起重小车止挡块 2—限位开关 3—缓冲器

4. 大车行程限位器

大车行程限位器设于轨道两端，有止动缓冲装置、止动钢轨以及装在起重机行走台车上的终点开关，防止起重机脱轨事故的发生。

图 4-9 示出的是塔式起重机较多采用的一种大车行程限位装置。当起重机按图示箭头方向行进时，终点开关的杠杆即被止动断电装置（如斜坡止动钢轨）所转动，电路中的触点断开，行走机构则停止运行。

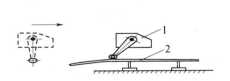

图 4-9 大车行程限位装置

1—终点开关 2—止动断电装置

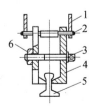

图 4-10 夹轨钳

1—侧架立柱 2—轴 3—螺栓 4—夹钳 5—钢轨 6—螺母

5. 夹轨钳

夹轨钳装在行走底架（或台车）的金属结构上，用来夹紧钢轨，防止起重机在大风情况下被风力吹动。夹轨钳（图 4-10）由夹钳和螺栓等组成。在起重机停放时，拧紧螺栓，使夹钳紧夹住钢轨。

6. 起重量限制器

起重量限制器是用来限制起重钢丝绳单根拉力的一种安全保护装置。根据构造，可装在起重臂根部、头部、塔顶以及浮动的起重卷扬机机架附近等位置。

7. 起重力矩限制器

起重力矩限制器是当起重机在某一工作幅度下起吊载荷接近、达到该幅度下的额定载荷时发出警报进而切断电源的一种安全保护装置。用来限制起重机在起吊重物时所产生的最大力矩不超越该塔机所允许的最大起重力矩。根据构造和塔式起重机形式（动臂式或小车式）不同，可装在塔帽、起重臂根部和端部等位置。

机械式起重力矩限止器（图 4-11a）的工作原理是通过钢丝绳的拉力、滑轮、控制杆及弹簧进行组合，检测荷载，通过与臂架的俯仰相连的"凸轮"的转动检测幅度，由此再使限位开关工作。电动式装置（图 4-11b）的工作原理，在起重臂根部附近，安装"测力传感器"以代替弹簧，安装电位式或摆动式幅度检测器以代替凸轮，进而通过设在操纵室里的力矩限止器合成这两种信号，在过载时切断电源。其优点是可在操纵室里的刻度盘（或数码管）上直接显示出荷载和工作幅度，并可事先把不同臂长时的几根起重性能曲线编入机构内，因此，使用较多。

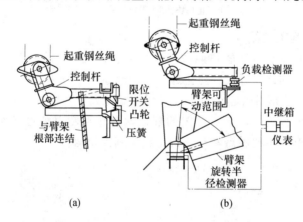

(a)　　　　　　　　　(b)

图 4-11　动臂式起重力矩限制器工作原理图

(a) 机械式　　(b) 电动式

8. 夜间警戒灯和航空障碍灯

由于塔式起重机的设置位置，一般比正在建造中的大楼高，因此必须在起重机的最高部位（臂架、塔帽或人字架顶端）安装红色警戒灯（障碍灯），以免与低空飞行的飞机相撞。

业务要点5：塔式起重机的路基与轨道的铺设

在建筑安装工程中选定有轨行走式塔式起重机后，要按所选塔式起重机的型号及配用轨道的要求，进行路基和轨道的铺设。路基和轨道铺设技术要求如下。

1. 路基

1）铺设路基前，应进行测量、平整、压实等工作。地基土的承压能力应大于 $8\sim10t/m^2$。路基范围内，若有坟坑、渗水井、松散的回填土和垃圾等，必须清理干净，并以灰土分层夯实。

2）路基应铺设至高出地面 250mm，不准直接铺设在冻土层上。铺筑路基的碎石粒径一般为 $50\sim80mm$，碎石层应保持厚度均匀。在铺筑路基前，应在已夯实的路基上摊铺一层厚为 $50\sim100mm$ 的黄砂，并进行压实。

3）路基两侧应设置挡土墙，一侧必须设置排水沟。

4）在铺设路基时，应避开高压线路，如在塔式起重机工作范围内有照明线和其他障碍物，必须事先拆除。如有特殊情况，应采取防护措施。

5）枕木的铺设，使用短枕木时一般应每隔两根短枕木铺设一根长枕木（即通枕）；如果均为短枕木时，为保证轨距不变，每隔 $6\sim10m$ 应加一根拉条，拉条可用 12 号槽钢，如图 4-12 所示。

2. 轨道的铺设

轨道的铺设应符合以下技术要求：

1）一般塔式起重机，所使用的钢轨规格有两种：$43kg/m$ 和 $38kg/m$，究竟使用其中哪一种应根据塔式起重机技术说明书中的要求来确定。

2）两轨顶应处于同一水平面上，两轨顶的高差不得超过 $\pm3mm$。

3）两轨间的距离应该处处相等，轨距误差不得超过轨距的 $1/1000$，或 $\pm6mm$。

4）在轨道的全长线上，纵向坡度误差不得超过整个轨道长度的 $1/1000$。

5）钢轨的接头间隙一般控制在 $4\sim5mm$，接头两侧应用夹板固定连接牢固。接头下方不得悬空，必须枕在枕木上，接头处两轨顶高度相差不得大于 2mm。

6）在距轨道两端不超过 0.5m 处，必须安装有缓冲作用的挡块或枕木，以防溜塔。

7）钉道钉前，必须将钢轨调直，并进行测量。钉时，应先每隔一根枕木钉一组道钉，道钉压舌必须压住钢轨的翼板，先钉端头，然后再钉其余道钉。

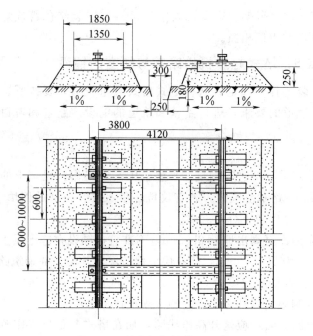

图 4-12 枕木与钢轨铺设示意图

在钉第二根钢轨时，要先找准轨距尺寸，再按第一根钢轨的钉法固定。

3. 塔式起重机的接地保护

塔式起重机的轨道必须有良好的接地保护装置。沿轨道每隔 20m 应做一组接地装置。接地装置可用 $\phi5\sim\phi20mm$ 的圆钢打入地下 2.5～3mm，圆钢之间用 40mm×4mm 的扁钢焊接在一起。两根钢轨之间用大于 8mm² 的铜线相互连接起来；在轨道接头的夹板搭接处的锈皮必须清除干净，或用 25mm×4mm 的扁钢焊接在接头处两端的钢轨翼板上，将钢轨接通。

轨道的接地电阻应小于 4Ω。

业务要点 6：塔式起重机的维护与保养

1. 保养的意义

为了使塔式起重机经常处于完好状态和高效率的安全运转状态，避免和消除塔式起重机在运转工作中可能出现故障，提高塔式起重机的使用寿命，必须及时正确地做好塔式起重机的保养工作。这是因为：

1）塔式起重机的工作环境较差，经常遭受风吹雨打、日晒的侵蚀、灰尘、沙土经常会落到机械各部分，如不及时消除和保养，将会侵蚀机械，使其寿命缩短。

2）在机械运转过程中，各工作机构润滑部位的润滑油及润滑脂会自然损耗而后流失，如不及时补充，将会加重机械的磨损。

3）机械经过一段时间的使用后，各相互运转机件会自然磨损，各运转零件的配合间隙会发生变化，如果不进行及时的保养和调整，各相互运动的机件磨损就会加快，甚至导致运动机件的完全损坏。

4）机械在运转过程中，如果各工作机构的运转情况不正常，又得不到及时的保养和调整，将会导致工作机构的完全损坏，大大降低塔式起重机的使用寿命。

塔式起重机的例行保养，一般指日常保养、一级保养和二级保养等工作内容。

2. 日常保养（每班工作前、中、后进行）

1）合闸通电后，用试电笔检查金属结构件上是否带电，仪表电压波动是否超过额定电压 5％，电缆有无破损，如有，应用绝缘胶布包扎处理。

2）检查各减速箱内油量，并注意是否变质，检查各润滑部位的油杯、油塞是否按规定加油。

3）检查各连接处的螺栓有无松动，若有松动应及时紧固。

4）检查各安全装置的灵敏性。

5）检查各制动系统是否灵敏可靠。

6）检查钢丝绳，缠绕排列应整齐，检查钢丝绳磨损和断丝情况及两端固定情况。

7）各工作机构在运转中有无异响，电动机、制动器和接触器等有无杂声，各轴承、制动电磁铁、电阻等是否温升过高。

8）工作后清扫驾驶室，保持门窗玻璃干净明亮。清除机身、电动机及各传动机构外面灰尘和油垢。雨雪后，清除积水和积雪。

3. 一级保养作业范围

一级保养的期限要根据塔式起重机实际作业时间和设备的状况确定，一般为 200 小时。由机上人员在现场进行。具体范围如下：

1）检查各连接螺栓和销轴有无松动和短缺，及时拧紧和配齐。

2）检查回转平台、塔身、塔帽、起重臂、平衡臂等钢结构部件有无扭曲、变形或焊接开裂等情况，必要时予以修复。

3）变幅小车的滚轮应活动自如，与臂架下弦接触均匀，牵引时无阻、卡或"三条腿"能现象，否则应予调整或修复。

4）检查起升、回转、变幅、行走的减速器的油量，不足时添加，如有渗漏应予排除。

5）检查紧固旋转与固定部位的连接螺栓，刷洗开式齿轮，检查齿轮啮合情况，重新涂抹新油脂。

6）调整各机构制动器与制动瓦之间的间隙。制动器的弹簧、拉杆、辅轴和开口销等均应完好无缺。制动片的摩擦片如有过度磨损和接触不均匀应修整或更换。

7）调整各限位开关机械元件的间隙。

8）检查吊钩、塔顶滑轮各部开口是否短少，如有缺少应补齐。

9）检查各部滑轮磨损情况，按滑轮报废标准处理。

10）检查钢丝绳磨损及断丝情况，按钢丝绳报废标准处理。

11）检查紧固塔身标准节及回转支承的连接螺栓。

12）检查联动台，揭开封盖，清除内部积尘，接线端子及各部触头如有严重氧化物和烧蚀以及弧坑时应清除磨光。

13）附着时应检查附着杆，要保持在一个水平面上。附着框与塔身顶丝不能松动，附墙铰座应牢固可靠，不能晃动，连接销轴、螺栓均匀完好齐全。

14）按润滑规定进行润滑工作。

15）清除全部机构的油污及灰尘。

4. 二级保养作业范围

二级保养（也称中修）的间隔期限要根据塔式起重机实际作业时间和状况而定，一般定为1000h。二级保养一般在机修车间进行，现场条件好也可以现场进行。

二级保养的作业范围除包括日常保养和一级保养全部内容外，还有如下内容：

1）调直与校正变形杆件，剔除裂损的焊缝，重新施焊补牢。

2）对一定损坏或变形严重的杆件进行加固、补强或更换。

3）添配短缺或损坏的拉杆、斜杆、平台拉杆、梯子支撑、防护围栏、连接销、连接螺栓等零件。

4）拆检各部滑轮，按滑轮报废标准进行处理，滑轮转动应灵活、无卡阻或松旷现象。

5）各减速箱要清洗换油，更换损坏的油封以及轴承、挡圈、油杯等零件。

6）检查、调整各传动齿轮的啮合间隙。

7）拆检起升、变幅机构制动器，更换损坏的零件，调整好间隙。

8）检查附着装置和爬升装置。

9）检查电气设备：检查电缆、电线的绝缘情况；检查各接触器、继电器；检查安全装置限位开关，调整弹簧压力及撞杆情况。

10）检修各安全装置。

11）做好全部除尘、除垢工作并油漆防腐。

5. 顶升或降落前的保养

1）检查液压油箱的油质和油量，液压油必须按季节换油。保持液压油的清洁，油量不足时应添加。

2）检查液压系统的压力，液压系统的压力应达到本机型规定的压力值，必要时进行适当的调整，但不能超过上限。

3）检查各液压元件及管路，开动时注意液压泵转向应正确（电动机不可逆时针转动）。各操纵阀、控制阀、管路接头等均不可有渗漏现象，运转正常，动作灵活可靠。

4）检查调整爬升套架滚轮与塔身之间的间隙，滚轮支座与滚轮连接应紧固可靠，滚轮与塔身的间隙应在 2～5mm 之间，滚轮应润滑良好、转动灵活。

6. 塔式起重机润滑规定

参照塔式起重机润滑规定（表 4-10）。

表 4-10　塔式起重机润滑规定

序号	润滑点名称	润滑剂	润滑周期/h	备注
1	齿轮减速器蜗轮蜗杆减速器行星齿轮减速器	齿轮油冬 HL-2 夏 HL-30	200～1000	添加、更换
2	起升、回转、变幅、行走机构开式齿轮，排绳机构蜗杆传动	石墨润滑腊	500～100	
3	钢丝绳	2G-S	5001～00	
4	各部连接螺栓、销轴			安装前涂抹
5	回转支撑上、下圈滚道、水平支承滚轮、行走轮轴承，卷筒链条、中央集电环轴套		50	
6	齿轮传动、蜗轮、蜗杆传动及行星传动的轴承		500	
7	吊钩扁担梁推力轴承、钢丝绳滑轮轴承、小车行走轮轴承	钙基脂冬 ZG-2 夏 ZG-4	1000	安装前加注一次
8	液压液压缸球铰支座，拆装式塔身基础节斜撑支座		1000	安装前涂抹
9	起升机构和小车牵引机构限位开关链传动		1000	
10	制动器铰点限位开关机接触器的活动铰点	机械油	50	根据需要油壶滴入
11	液压万向节	汽轮机油－20	200～1000	添加、换油
12	液压推杆制动器及液压电磁制动器	冬变压器油 DDB-10 夏机油 HJ-20		添加、换油
13	液压油箱	冬变压器油或 20 号抗磨液压油，夏 40 号抗磨液压油		顶升、降落前检查、添加、运转 100～150h 后清洗换油

润滑工作的注意事项：

1）润滑材料必须保持清洁。

2）不同牌号的润滑材料不可随意混合使用。

3）经常检查系统的密封情况。

4）选用适宜的润滑材料和按规定的时间进行润滑工作。

5）对没有注脂点的转动部分应定期用润滑油壶滴油润滑，以减少机件的磨损和防止锈蚀。

6）定期检查油箱内润滑油的油质和油量，添加润滑油时应按照油尺的刻度添加，如没有油尺时，应保证齿轮箱内最低的齿轮能浸到油。

业务要点 7：塔式起重机的常见故障及排除方法

1. 塔式起重机事故的原因

塔式起重机在使用中会发生各种故障。产生原因虽然是多方面的，但分析起来不外乎下列两种原因。

（1）主观原因

1）平时不重视保养，又不及时抢修。

2）在检修时，安装与调整时不正确。

3）在操作过程中违反操作规程和疏忽大意。

（2）客观原因

1）机械零件的自然磨损，造成间隙过大或损坏。

2）机械零件的材质不好，因而不到检修期零件就磨损超限或损坏。

2. 常见故障及排除方法

1）结构部分故障及排除方法见表 4-11。

表 4-11　结构部分故障及排除方法

部件	故　障	原　因	排除方法
吊钩	1）尾部疲劳断裂 2）开口危险断面磨损大于高度的 10%	超过使用寿命，材质不好	1）停止使用并换新 2）验算危险断面，根据验算结果，确定可否继续使用
滑轮	1）滑轮绳槽磨损不均匀 2）滑轮左右松动及倾斜	1）受力不均，材质不好 2）顶套、紧固件松动 3）轴承安装过紧，无润滑油，定位件松动	1）不均匀磨损超过 3mm 时立即换新 2）紧固螺钉，调整顶套 3）调整轴承的安装，添加润滑油，紧固定位件
卷筒	1）筒壁有裂缝 2）筒壁磨损超过 10%	1）材质不均匀 2）使用时间过长，润滑不良	1）更换新卷筒 2）更换新卷筒

续表

部件	故障	原因	排除方法
开式齿轮转动	1) 工作时有噪声，磨损不一致 2) 轮辐或轮圈上有裂纹	1) 加工制造质量不好安装不精确 2) 冲击载荷过大	1) 修理、调整，或者重新安装 2) 更换新齿轮
减速器	1) 噪声大、减速器发热 2) 减速器在机架上振动，漏油	1) 啮合不良，润滑不好（缺油或润滑油过多） 2) 安装质量差，万向节安装不同心，油封失效，分箱面不平	1) 修理调整，加润滑油 2) 重新安装，保证同心，拧紧安装螺钉，换油封，研磨分箱面
滑动轴承	1) 过热 2) 轴衬严重磨损	1) 轴承偏斜、润滑不足、润滑剂中有杂质 2) 润滑不足、润滑油中有杂质	1) 调整偏斜及轴承松紧程度；检查润滑油，换新 2) 清洗、换新油、更换新轴衬
滚动轴承	1) 过热 2) 噪声大	1) 润滑油过多，润滑油质量不合要求，轴承元件有损坏 2) 轴承中有污物，安装不正确，轴承元件有损坏	1) 清洗轴承，换用新润滑剂，更换轴承 2) 清洗、换新油、更换新轴衬
制动器	1) 制动不良 2) 发热冒烟	1) 间隙过大，制动轮和闸瓦上有油污，弹簧松弛，液压推杆行程不足 2) 制动器松开时，制动轮与闸瓦未脱开	1) 调整间隙，清洗油污，调整弹簧，调整闸瓦行程 2) 清除闸瓦与制动轮上的尘土及污垢，调整间隙
钢绳	1) 磨损太快 2) 钢绳在滑轮中跳槽	1) 滑轮磨损、不转动、滑轮绳槽与钢绳直径不符 2) 滑轮倾斜或移位，钢绳牌号不对	1) 更换滑轮或轴承，换新滑轮并加注润滑剂 2) 调整滑轮，换用合格的钢绳
集电环	供电不灵	电刷与铜环接触不良，弹簧失效，电刷过分磨损，集电环不同心	检修，重新安装，更换新电刷
回转支撑装置	旋转不轻便，有跳动和异响	行星小齿轮与大齿圈啮合不好，大齿圈间夹有杂物，滚道有卡塞，润滑严重不足	调整小齿轮与大齿圈之间的啮合间隙，清除齿间的夹杂物，加注润滑剂，拆检滚道
安全装置	限位开关不灵	压力弹簧失效；电线错接或短路	换新弹簧，检修电路并进行调整
回转机构蜗杆减速器压力弹簧	工作失灵	压力弹簧紧固不当，压力弹簧失效	按摩擦力矩 1450kN·m 进行调整，每次大修或转场均须加以调整

2）电气系统故障及排除方法见表 4-12。

表 4-12　电气系统故障及排除方法

故　障	原　因	排除方法
电动机不转	1）熔丝烧断 2）过电流继电器动作 3）定子回路中断 4）电动机缺相运行	1）更换熔丝 2）调整过电流继电器整定值 3）检查定子回路 4）接好三相电源
电动机声音异常	1）电动机缺相运行 2）定子绕组有故障 3）轴承缺油或磨损	1）正确接线 2）检查定子绕组 3）加油或更换轴承
电动机温升过高	1）电动机缺相运行 2）某相绕组与外壳短接 3）超负荷运行 4）电源电压过低 5）通风不良 6）定、转子相摩擦	1）接好三相电源 2）用万能表检查并排除之 3）禁止超载运行 4）停止工作 5）改善通风条件 6）检查定、转子间隙
电动机达不到全速	1）转子绕组有断线，或焊接不良处 2）转子回路中有接触不良或断线处	1）检查绕组 2）检查导线、控制器以及电组器
电动机输出功率过小	1）线路电压过低 2）制动器没完全松开 3）转子电阻没完全切除 4）转子或定子回路接触不良	1）停止工作 2）调整制动器 3）检查各部接触情况 4）检查转子或定子回路
电动机不能停转	接触器触头烧熔	修磨触头或换新
滑环产生电火花	1）电动机超负荷运行 2）电刷弹簧压力不足 3）滑环偏斜 4）滑环及电刷有污垢	1）停止超负荷运行 2）加大弹簧压力 3）校正滑环 4）清除赃物
滑环磨损过快	1）弹簧压得过紧 2）滑环表面不光滑	1）放松弹簧 2）研磨滑环
控制器手轮不转动	1）定位机构有缺陷 2）凸轮卡塞	1）检修定位机构 2）排除障碍物，清除卡塞
控制器接通后，电动机不转	1）接头没接通 2）触头接触不良	1）检修控制器 2）研磨触头
控制器接通后，过电流继电器动作	1）接头与外壳短接 2）脏物使相邻触头短接 3）导线绝缘不良	1）检修控制器 2）清除脏物 3）修复或更换导线

续表

故　障	原　因	排除方法
控制器接通后，电动机单方向转动	1）反向触头不良 2）转动机构有毛病	检修控制器
接触器有噪声	1）衔铁表面太脏 2）断路环损坏 3）磁铁系统歪斜	1）清除脏物 2）修复短路环 3）校正
接触器断电后掉不下来	1）接触器安放不垂直 2）卡住	1）垂直安装 2）检修接触器
接触器经常断电	1）辅助触头压力不足 2）接触不良	1）调整压力 2）修磨触头
涡轮制动器低速挡的速度变快	1）硅整流器击穿 2）接触器或者主令控制器触头损坏 3）涡流制动器线圈烧坏	1）更换整流器 2）修复或更换触头 3）更换涡流制动器
涡流制动器速度过低	定、转子间积尘太多或有铁末	清除积尘
电磁铁过热、或有噪声	1）衔铁表面太脏 2）电磁铁缺相运行 3）硅钢片未压紧	1）清扫积尘并涂抹薄层机油 2）接好三相电源 3）压紧硅钢片
主接触器不吸合	1）电压过低或无电压 2）控制电路熔丝烧断 3）安全开关没接通 4）控制器手盘不在零位 5 过电流继电器常闭触头断开 6）接触器线圈烧破或断线	逐项检查并加以排除
总开关接通后，控制电路保险立即烧坏	控制电路中有短路	检修控制电路
主接触器吸合后，过电流继电器立即动作	主电路中有短路	检修主电路
塔式起重机各工作机构均不动作	1）熔丝烧坏 2）线路无电压	1）更换熔丝 2）检查电源

3）液压传动系统故障及排除方法见表 4-13。

表 4-13　液压传动系统故障及排除

现象	故　障	原　因	排除方法
压力表读数值低，压力不足，不能顶升	溢流阀失灵	1）压力调整错误 2）阀内零件粘着 3）弹簧损坏	1）重新调整 2）清洗溢流阀 3）更换弹簧

现象	故 障	原 因	排除方法
压力表读数值低，压力不足，不能顶升	换向阀失灵	定位不正确	更换
	液压缺油或渗漏	活塞密封圈损坏	更换密封圈
	液压泵转向不对	控制器操纵方向错误	正确操纵
	液压泵过度发热	液压油粘度过低	更换粘度合适的液压油
	液压泵转速过低	1) 电动机转速过低 2) 控制器没有拨到高速挡	1) 检修电动机 2) 控制器转到正确位置
严重噪声	减压泵吸空	1) 手动截止阀未打开 2) 吸油管损坏 3) 油的粘度过高 4) 油温太低	1) 打开手动截止阀 2) 更换吸油管 3) 换用推荐粘度液压油 4) 停停开开，适当加温
	机械振动	1) 传动系统中心线不对中 2) 电动机磨损或损坏 3) 液压泵磨损或损坏 4) 管路振动	1) 对正中心线并紧固螺栓 2) 修复或更换电动机 3) 修复或更换液压泵 4) 紧固或增加管卡
	油生泡沫	1) 油箱油面过低 2) 用油错误 3) 液压泵轴密封不良 4) 吸油管路漏气 5) 油路系统存在空气	1) 加油到规定高度 2) 清洗油箱更换推荐的液压油 3) 检修或更换密封 4) 检修吸油管路 5) 排除空气
温度过高	液压泵发热过高	1) 液压油粘度过低 2) 液压泵磨损或损坏	1) 更换推荐的液压油 2) 修复或更换液压泵
	液压油循环太快，或溢流阀压力不对	油箱油面过低，压力调整过低	加油到规定高度，按规定重新调整

第三节　履带式起重机

◎ **本节导图：**

　　本节主要介绍履带式起重机，内容包括履带式起重机的组成及分类，履带式起重机的技术性能，履带式起重机的安全操作要点等。其内容关系框图如下：

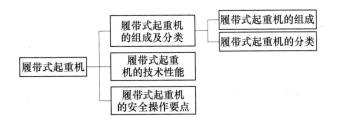

履带式起重机的关系框图

业务要点 1：履带式起重机的组成及分类

1. 履带式起重机的组成

履带式起重机是一种具有履带行走装置的转臂式起重机，如图 4-13 所示。
一般可以与履带挖掘机换装工作装置，也
有专用的。其起重量和起升高度较大，常
用的起重量为 10～50t，目前最大起重量达
350t，最大起升高度达 135m，吊臂通常是
桁架结构的接长臂。由于履带接地面积大，
机械能在较差的地面上行驶和作业，作业
时不需支腿，可带载移动，并可原地转弯，
故在建筑工地得到较广泛的应用。但自重
大，行走速度慢（＜5km/h），转场时需要
其他车辆搬运。

2. 履带式起重机的分类

履带式起重机按传动方式不同可分为
机械式（QU）、液压式（QUY）和电动
式（QUD）三种。目前常用液压式，电动式不适用于需要经常转移作业场地
的建筑施工。

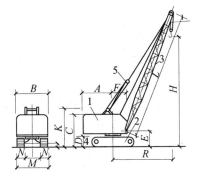

图 4-13　履带式起重机

1—机身　2—行走装置（履带）
3—起重杆　4—平衡重　5—变幅滑轮组
6—起重滑轮组　H—起重高度
R—起重半径　L—起重杆长度

业务要点 2：履带式起重机的技术性能

履带式起重机的技术性能见表 4-14。

业务要点 3：履带式起重机的安全操作要点

1）履带式起重机的操作人员和负责起重作业的指挥人员，都必须经过专
业培训，熟悉所操作或指挥的起重机的技术和起重性能。

2）起重机工作时，必须有平坦坚实的地面，如地面松软，应夯实后用枕
木横向垫于履带下方。起重机工作、行驶或停放时，应与沟渠、基坑保持一
定的安全距离，不得停放在斜坡上。

表 4-14 履带式起重机的技术性能

项 目		起重机型号								
		W-501			W-1001			W-2001（W-2002）		
操纵形式		液压			液压			气压		
行走速度/（km/h）		1.5～3			1.5			1.43		
最大爬坡能力/（°）		25			20			20		
回转角度/（°）		360			360			360		
起重机总重/t		21.32			39.4			79.14		
吊杆长度/m		10	18	20	13	23	30	15	30	40
回转半径	最大/m	10	17	10	12.5	17	14	15.5	22.5	30
	最小/m	3.7	4.3	6	4.5	6.5	8.5	4.5	8	10
起重量	最大回转半径时/t	2.6	1	1	3.5	1.7	1.5	8.2	4.3	1.5
	最小回转半径时/t	10	7.5	2	15	8	4	50	20	8
起重高度	最大回转半径时/t	3.7	7.6	14	5.8	16	24	3	19	25
	最小回转半径时/t	9.2	17	17.2	11	19	26	12	26.5	36

3）起重前要重点检查各安全装置是否齐全可靠；钢丝绳及连接部位是否符合规定；燃油、润滑油、冷却水等是否充足；各连接件有无松动。

4）起动前应将主离合器分离，将各操纵杆放在空挡位置并按有关规定起动内燃机。

5）发动机起动后，要检查各仪表指示值和听视发动机运转是否正常。

6）作业前，应先试运转检查各机构工作是否正常可靠，特别在雨雪后作业，应作起重试吊，在确认可靠后方能工作。

7）起重机变幅应缓慢平稳，严禁在起重臂未停稳前变换挡位，起重机满载荷或接近满荷时严禁下落臂杆。

8）起重机作业范围内不得有影响作业的障碍物。作业时起重臂下方不得有人停留或通过，严禁起重机载运人员。

9）起重机的变幅指示器、力矩限制器以及各行程开关等安全保护装置，不得随意调整和拆除。严禁用限位装置代替操纵。对无起重臂提升限位装置的起重机，起重臂的最大仰角不得超过 78°。

10）起重机必须按规定的起重性能作业，不得超载和起吊不明重量的物体。严禁用起重钩斜拉、斜吊。

11）在起吊载荷达到额定起重量的 90% 及以上时，升降动作应慢速进行，并严禁同时进行两种及以上动作。

12）起吊重物时应先稍离地面试吊，当确认重物已挂牢，且起重机的稳定性和制动器的可靠性均良好，再继续起吊。在重物升起过程中，操作人员应把脚放在制动踏板上，密切注意起升重物，防止吊钩冒顶。当起重机停止运转而重物仍悬在空中时，即使制动踏板被固定，仍应脚踩在制动踏板上。

13）满载起吊时，起重机必须置于坚实的水平地面上，先将重物吊离地面20～50cm，检查并确认起重机的稳定性和制动可靠性后，才能继续起吊。动作要平稳，禁止同时进行两种动作。

14）使用蜗轮减速器传动的变幅卷扬机构，严禁在起重臂未停稳前脱开离合器。装有保险棘轮的变幅卷扬机构，在升降起重臂时，都应将棘爪拨离棘轮，待起重臂停稳后，再将棘爪拨入制止棘轮。

15）采用双机抬吊作业时，应选用起重性能相似的起重机进行。抬吊时应统一指挥，动作应配合协调，载荷应分配合理，单机的起吊载荷不得超过允许载荷的80%。在吊装过程中，两台起重机的吊钩滑轮组应保持垂直状态。

16）当起重机需带载行走时，载荷不得超过允许起重量的70%。行走道路应坚实平整，重物应在起重机正前方向，重物离地面不得大于500mm，并应拴好拉绳，缓慢行驶。严禁长距离带载行驶。

17）起重机行走时，转弯不应过急；当转弯半径过小时，应分次转弯；当路面凹凸不平时，不得转弯。

18）起重机上下坡道时应无载行走。上坡时应将起重臂仰角适当放小，下坡时应将起重臂仰角适当放大。严禁下坡空挡滑行。

19）如遇大风、大雪或大雾时，应停止作业，并将起重臂转至顺风方向。

20）作业后，起重臂应转至顺风方向，并降至40°～60°之间，吊钩应提升到接近顶端的位置，应关停内燃机，将各操纵杆放在空挡位置，各制动器加保险固定，操纵室和机棚应关门加锁后，操作人员方可离开。

21）起重机转移工地，应采用平板拖车运送。特殊情况需自行转移时，应卸去配重臂，主动轮应在后面，机身、起重臂、吊钩等必须处于制动位置，并应加保险固定。每行驶500～1000m时，应对行走机构进行检查和润滑。

22）起重机通过桥梁、水坝、排水沟等构筑物时，必须先查明允许载荷后再通过。必要时应对构筑物采取加固措施。通过铁路、地下水管、电缆等设施时，应铺设木板保护，并不得在上面转弯。

第四节　施工升降机

本节导图：

本节主要介绍施工升降机，内容包括施工升降机的分类及构造，施工升降机的金属结构及主要零部件，施工升降机的安全防护装置，施工升降机的安全操作要点，施工升降机的常见故障及排除方法等。其内容关系框图如下：

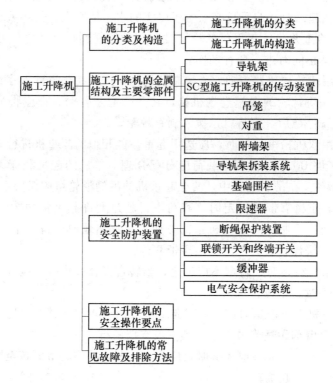

施工升降机的关系框图

业务要点1：施工升降机的分类及构造

1. 施工升降机的分类

施工升降机的分类和适用范围见表4-15。

表4-15　施工升降机分类和适用范围

分类方法	类　　型	适用范围
按构造分类	1）单笼式：升降机单侧有一个吊笼 2）双笼式：升降机双侧各有一个吊笼	1）适用于输送量较小的建筑物 2）适用于输送量较大的建筑物
按提升 方式分类	1）齿轮齿条式：吊笼通过齿轮和齿条啮合的方式作升降运动 2）钢丝绳式：吊笼由钢丝绳牵引的方式作升降运行 3）混合式：一个吊笼由齿轮齿条驱动，另一个吊笼由钢丝绳牵引	1）结构简单，传动平稳，已较多采用 2）早期升降机都采用此式，现已较少采用 3）构造复杂，已很少采用

2. 施工升降机的构造

外用施工升降机是由导轨架（井架）、底笼（外笼）、梯笼、平衡重以及动力、传动、安全和附墙装置等构成（图 4-14）。

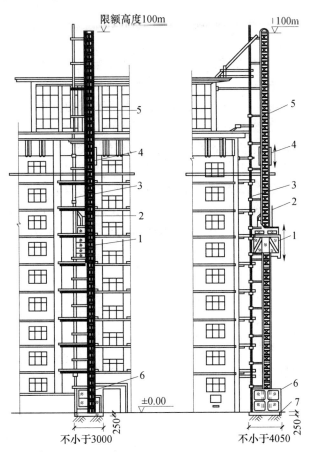

图 4-14　建筑施工电梯

1—吊笼　2—小吊杆　3—架设安装杆　4—平衡箱

5—导轨架　6—底笼　7—混凝土基础

业务要点 2：施工升降机的金属结构及主要零部件

1. 导轨架

施工升降机的导轨架是该机的承载系统，一般由型钢和无缝钢管组合焊接形成格构式桁架结构。截面形式分为矩形和三角形。导轨架由顶架（顶节）、底架（基节）和标准节组成。顶架上布置有导向滑轮，底架上也布置有导向滑轮，并与基础连接。标准节具有互换性，节与节之间采用销轴连接或螺栓连接。导轨架的主弦杆用作吊笼的导轨。SC 型施工升降机的齿条布置在导轨架的一个侧面上。

为了保证施工升降机正常工作，导轨架的强度、刚度和稳定性，当导轨架达到较大高度时，每隔一定距离要设置横向附墙架或锚固绳。附墙架的间隔一般约为 8～9m，导轨架顶部悬臂自由高度为 10～11m。

2. SC 型施工升降机的传动装置

（1）传动形式　SC 型施工升降机上的传动装置即是驱动工作机构，一般由机架、电动机、减速机、制动器、弹性联轴器、齿轮、靠轮等组成。随着液压技术的不断发展，在施工升降机上也出现了原动机－液压传动方式的传动装置。液压传动系统具有可无级调速、起动制动平稳的特点。

（2）布置方式　传动装置在吊笼上的布置方式分为：内布置式、侧布置式、顶布置式和顶布置内布置混合式四种。

（3）传动装置的工作原理　如图 4-15 所示，由主电动机，经联轴器、蜗杆、蜗轮、齿轮、传到齿条上。由于齿条固定在导轨架上，导轨架固定在施工升降机的底架和基础上，齿轮的转动带动吊笼上下移动。

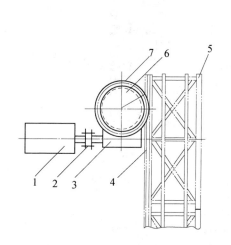

图 4-15　施工升降机传动系统图

1—主电动机　2—联轴器　3—蜗杆

4—齿条　5—导轨架　6—蜗轮　7—齿轮

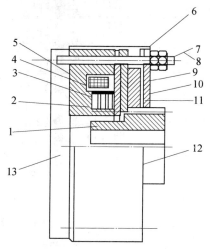

图 4-16　摩擦片式制动器

1—联轴器　2—衔铁　3、6—弹簧

4—磁线圈　5—电磁铁　7—螺栓　8—螺母

9—内摩擦片　10—外摩擦片　11—端板

12—罩壳　13—涡轮减速

（4）制动器　制动器采用摩擦片式制动器，安装在电动机尾部，也有用电磁式制动器。摩擦片式制动器如图 4-16 所示。内摩擦片与齿轮联轴器用键连接，外摩擦片经过导柱与蜗轮减速箱连接。失电时，线圈无电流，电磁铁与衔铁脱离，弹簧使内外摩擦片压紧，联轴器停止转动，传动装置处于制动状态。通电时，线圈有电流，电磁铁与衔铁吸紧，弹簧被压缩，外摩擦片在小弹簧作用下与内摩擦片分离，联轴器处于放开状态，传动装置处于非制动状态，吊笼可以运行。

3. 吊笼

吊笼是施工升降机中用以载人和载物的部件。为封闭式结构，吊笼顶部及门之外的侧面应有围护。进料和出料两侧设有翻板门，其他侧面由钢丝网围成。SC 型施工升降机在吊笼外挂有司机室，司机室为全封闭结构。

吊笼与导轨架的主弦杆一般有四组导向轮联接，如图 4-17 所示，保证吊笼沿导轨架运行。

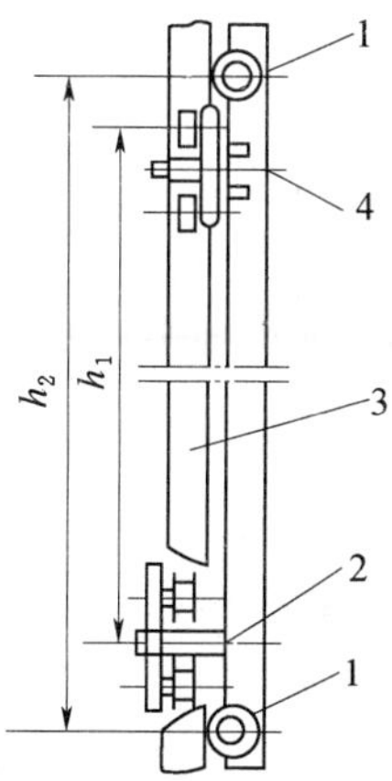

图 4-17　吊笼与导轨的联接

1—两侧导向轮　2—后导向轮支点　3—导轨架主弦杆　4—前导向轮支点

4. 对重

在齿轮齿条驱动的施工升降机中，一般均装有对重，用来平衡吊笼的重量，降低主电机的功率，节省能源。同时改善导轨架的受力状态，提高施工升降机运行的平稳性。

5. 附墙架

为保证稳定性和垂直度，每隔一定距离用附墙架将导轨架和建筑物联接起来。附墙架一般包括联接环、附着桁架和附着支座组成。附着桁架常见的是两支点式和三支点式附着桁架。

6. 导轨架拆装系统

施工升降机一般都具有自身接高加节和拆装系统，常见的有类似自升式塔机的自升加节机构，主要由外套架、工作平台、自升动力装置、电动葫芦等组成。另一种是简易拆装系统，由滑动套架和套架上设置的手摇吊杆组成。工作原理如图 4-18 所示。转动卷扬机收放钢丝绳，即可吊装标准节。吊杆的立柱在套架中既可转动，也可上下滑动，以保证标准节方便就位。待标准节安装后，通过吊笼将吊杆和套架一起顶升到新的安装工作位置，以准备下一个标准节的安装。安装工作完毕，利用销轴将其固定在导轨架上部。

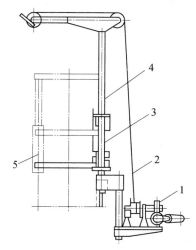

图 4-18　简易拆装系统

1—卷扬机　2—钢丝绳　3—销轴　4—立柱　5—套架

7. 基础围栏

基础围栏设置在施工升降机的基础上，
用来防护吊笼和对重。在进料口上部设有坚固的顶棚，能承受重物打击。围栏门装有机械或电气联锁装置，围栏内有电缆回收筒，防止电缆乱绕和损坏，施工升降机的附件和地面操作箱置于围栏内部。

业务要点 3：施工升降机的安全防护装置

1. 限速器

施工升降机一律采用机械式限速器，不得采用手动、电气、液压或气动控制等形式的限速器。当升降机出现非正常加速运行，瞬时速度达到限速器调定的动作速度时，迅速制动，将吊笼停止在导轨架上或缓慢下降。同时，行程开关动作将传动系统的电控回路断开。

（1）瞬时式限速器　这种限速器主要用于卷扬机驱动的钢丝绳式施工升降机上，与断绳保护装置配合使用。其工作原理如图 4-19 所示。

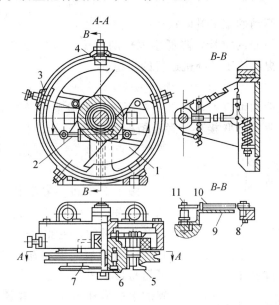

图 4-19　瞬时限速器
1—离心块　2—拉杆　3—活动挡块　4—固定挡块　5—销轴
6—悬臂轴　7—槽轮　8、11—销　9—支架　10—弹簧

在外壳上固定悬臂轴，限速钢丝绳通过槽轮装在悬臂轴上。槽轮有两个不同直径的沟槽，大直径的用于正常工作，小直径的用来检查限速器动作是否灵敏。固定在槽轮上的销轴上装有离心块，两离心块之间用拉杆铰接，以保证两离心块同步运动。通过调节拉杆的长度可改变销子之间的距离，在装

离心块一侧的槽轮表面上固定有支架，在支承端部与拉杆螺母之间装有预压弹簧。由于拉杆连接离心块，弹簧力迫使离心块靠近槽轮旋转中心，固定挡块突出在外壳内圆柱表面上。

当槽轮在与吊笼上的断绳保护装置带动系统杆件连接的限速钢丝绳，以额定转速旋转时，离心块产生的离心力还不足以克服弹簧力张开，限速器随同正常运行的吊笼而旋转；当提升钢丝绳拉断或松脱，吊笼以超过正常的运行速度坠落时，限速钢丝绳带动限速器槽轮超速旋转，离心块在较大的离心力作用下张开，并抵在挡块上，停止槽轮转动。当吊笼继续坠落时，停转的限速器槽轮靠摩擦力拉紧限速钢丝绳，通过带动系统杆件驱动断绳保护装置制停吊笼。

在瞬时限速器上还装有限位开关。当限速器动作时，能同时切断施工升降机动力电源。瞬时式限速器的制动距离短，动作猛烈，冲击较大，制动力大小无法控制。

（2）渐进式限速器　这种限速器制动力是固定的，或者逐渐增加，制动距离较长，制动平稳，冲击力小。主要用于齿轮齿条式施工升降机。渐进式限速器按施工升降机有无对重可分为两种，无对重的采用单向限速器，有对重的采用双向限速器。这种限速器本身具有制动器功能，所以也叫限速制动器。

单向限速器应用离心块来实现限速，随着离心块绕轴旋转时所处位置不同，重力和离心力的夹角时刻变化。两者重合时，离心块摆动幅度最大。单向限速器的制动部分是一个带式制动器，升降机正常运行时，制动轮内的凸齿不与离心块接触，轮上没有制动力矩。当吊笼超速时，离心块甩出，与制动轮内凸齿相嵌，迫使制动轮与制动带摩擦产生制动力矩。

2. 断绳保护装置

安全保护装置只允许采用机械式控制方式。主要用于钢丝绳牵引式施工升降机上。当吊笼的提升钢丝绳或对重悬挂钢丝绳裂断时，迅即产生制动动作，将吊笼或对重制停在导轨架上。按结构形式分为瞬时式和阻尼式两种。

（1）瞬时式断绳保护装置　瞬时式断绳保护装置的布置方式取决于施工升降机构的形式。对整体架设的施工升降机，其布置方式如图4-20所示。限速器装在导轨架基础节上不动，限速钢丝绳一端绕过导轨架上部导向滑轮通过夹块与杠杆相连，另一端绕过限速器槽轮再通过连接张紧锤的导轨架下部导向滑轮回到夹块与杠杆相连。当吊笼超速坠落时，与装在吊笼上的杠杆相连的夹块通过限速钢丝绳带动限速器超速旋转，甩开离心块，将限速器槽轮制动。当吊笼继续坠落时，制动的限速器槽轮反过来通过限速钢丝绳牵动杠杆克服弹簧的拉力，顺时针旋转，再通过杠杆系统和捕捉器楔块的拉杆向上提升楔块，楔紧导轨，停止吊笼坠落。

（2）阻尼式断绳保护装置　阻尼式断绳保护装置又叫偏心轮式捕捉器，按弹簧激发方式可分为扭转弹簧激发式和压缩弹簧激发式两种。

3. 联锁开关和终端开关

施工升降机上多处设有联锁开关，如：吊笼的进料门、出料门处，当吊笼门完全关闭后，吊笼才能起动。其他部位有基础防护围栏门（底笼）、吊笼顶部的安全出口、司机室门、限速器和断绳保护装置上。一般还装有终端开关，包括强迫减速开关、限位开关、极限开关。

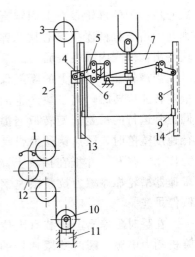

图 4-20　断绳保护装置的布置
1—限速器　2—驱动绳　3—上导向
滑轮　4—夹块　5—杠杆　6—弹簧
7—吊笼　8—楔块拉杆　9—楔块
10—下导向滑轮　11—张紧锤
12—槽轮　13、14—导轨

强制减速开关安装在导轨架的顶端和底部，当吊笼失控后，冲向导轨架顶部或底部时，经过强制减速开关，此时迅速动作，保证吊笼有足够的减速距离。

限位开关由上限位开关和下限位开关组成。如果强制减速开关未能使吊笼减速、停止，继续运行，限位开关动作，迫使吊笼停止。

极限开关由上下极限开关组成，当吊笼运行超过限位开关和越程后，极限开关将切断总电源，使吊笼停止运行。极限开关是非自动复位的，动作后需手动复位才能使吊笼重新起动。

4. 缓冲器

施工升降机额定起升速度≤1.6m/s时，使用蓄能型或耗能型缓冲器；额定起升速度大于1.6m/s时，使用带缓冲复位运动的蓄能型或耗能型缓冲器。

5. 电气安全保护系统

施工升降机电气设备的保护系统，主要有相序保护、急停开关、短路保护、零位保护、报警系统、照明等。

⊙ 业务要点4：施工升降机的安全操作要点

1）施工升降机应为人货两用电梯，其安装和拆卸工作必须由取得建设行政主管部门颁发的拆装资质证书专业队负责，并必须由经过专业培训，取得操作证的专业人员进行操作和维修。

2）地基应浇制混凝土基础，其承载能力应大于150kPa，地基上表面平整度允许偏差为10mm，并应有排水设施。

3）应保证升降机的整体稳定性，升降机导轨架纵向中心线至建筑物外墙面的距离宜选用较小的安装尺寸。

4）导轨架安装时，应用经纬仪对升降机在两个方向进行测量校准，其垂直度允许偏差为其高度的 5/10000。

5）导轨架顶端自由高度、导轨架与附壁距离、导轨架的两附壁连接点间距离和最低附壁点高度均不得超过出场规定。

6）升降机的专用开关箱应设在底架附近、便于操作的位置，馈电容量应满足升降机直接起动的要求，箱内必须设短路、过载、相序、断相及零位保护等装置。

7）升降机梯笼周围 2.5m 范围内应设置稳固的防护栏杆，各楼层平台通道应平整牢固，出入口应设防护栏杆和防护门。全行程四周不得有危害安全运行的障碍物。

8）升降机安装在建筑物内部井道中间时，应在全行程范围的井壁四周搭设封闭屏障装设在阴暗处或夜班作业的升降机，应在全行程上装设足够的照明和明亮的楼层编号标志灯。

9）升降机安装后，应经企业技术负责人会同有关部门对基础和附壁支架以及升降机架设安装的质量、精度等进行全面检查，并应按规定程序进行技术试验（包括坠落试验）经试验合格签证后，方可投入运行。

10）升降机的防坠安全器，在使用中不得任意拆检调整，需要拆检调整时或每满 1 年后，均应由生产厂或指定的认可单位进行调整、检修或鉴定。

11）新安装或转移工地重新安装以及经过大修后的升降机，在投入使用前，必须经过坠落试验。升降机在使用中每隔 3 个月，应进行一次坠落试验。试验程序应按说明书规定进行，当试验中梯笼坠落超过 1.2m 制动距离时，应查明原因，并应调整防坠安全器，切实保证不超过 1.2m 制动距离。试验后以及正常操作中每发生一次防坠动作，均必须对防坠安全器进行复位。

12）作业前重点检查项目应符合下列要求：

① 各部分结构无变形，连接螺栓无松动。

② 齿条与齿轮、导向轮与导轨均接合正常。

③ 各部钢丝绳固定良好，无异常磨损。

④ 运行范围内无障碍。

13）起动前，应检查并确认电缆、接地线完整无损，控制开关处在零位。电源接通后应检查并确认电压正常，测试无漏电现象，应试验并确认各限位装置、梯笼、围护门等处的电器联锁装置良好可靠，电器仪表灵敏有效。起动后，应进行空载升空试验，测定各传动机构制动器的效能，确认正常后，方可开始作业。

14）升降机在每班首次载重运行时，当梯笼升离地面 $1\sim2m$ 时，应停机试验制动器的可靠性；当发现制动效果不良时，应调整或修复后方可运行。

15）梯笼内乘人或载物时，应使荷载均匀分布，不得偏重，严禁超载运行。

16）操作人员应根据指挥信号操作。作业前应鸣声示意。在升降机未切断总电源开关前，操作人员不得离开操作岗位。

17）当升降机运行中发现有异常情况时，应立即停机并采取有效措施将梯笼降到底层，排除故障后方可继续运行。在运行中发现电器失控时，应立即按下急停按钮；在未排除故障前，不得打开急停按钮。

18）升降机在大雨、大雾、六级及以上大风以及导轨架、电缆及结冰时，必须停止运行，并将梯笼降到底层，切断电源。暴风雨后，应对升降机各有关安全装置进行一次检查，确认正常后，方可运行。

19）升降机运行到最上层或最下层时，严禁用行程限位开关作为停止运行的控制开关。

20）当升降机在运行中由于断电或其他原因而中途停运时，可进行手动下降，将电动机尾端制动电磁铁手动释放拉手缓缓向外拉出，使梯笼缓慢的向下滑行。梯笼下滑时，不得超过额定运行速度，手动下降必须由专业维修人员进行操作。

21）作业后，应将梯笼降到底层，各控制开关拨到零位，切断电源，锁好开关箱，闭锁梯笼门和围护门。

◎ 业务要点5：施工升降机的常见故障及排除方法

施工升降机的常见故障及排除方法见表 4-16。

表 4-16　施工升降机的常见故障及排除方法

故障现象	故障原因	排除方法
电动机不起动	控制电路短路，熔断器烧毁；开关接触不良或折断；开关继电器线圈损坏或继电器触点接触不良；有关线路出了故障	更换熔断器并查找短路原因；清理触点，并调整接点弹簧片，如接点折断，则须更换；逐段查找线路故障
吊笼运行到停层站点不减速停层	导轨架上的撞弓或感应头设置位置不正确；杠杆碰不到减速限位开关；迭层继电器触点接触不良或失灵；有关线路断开或接线松开	检查撞弓和感应头安装位置是否正确；更换继电器或修复调整触点；用万用表检查线路
吊笼和底笼上的所有门关闭后，吊笼不能起动运行	联锁开关接触不良；继电器出现故障或损坏；线路出现故障	用导线短接法检查确定，然后修复；排除继电器故障或更换；用万用表检查线路是否通畅

续表

故障现象	故障原因	排除方法
吊笼在运行中突然停止	外电网停电时间过长或倒闸换相；总开关熔断器烧断或自动空气开关跳闸；限速器或断绳保护装置动作	如停电时间过长，应通知维修人员更换保险丝，重新合上空气开关；断开总电源使限速器和断绳保护装置复位，然后合上电源，检查各部分有无异常
吊笼平层后自动溜车	制动器制动弹簧过松或制动器出现故障	调整和修复制动器弹簧和制动器
吊笼冲顶、撞底	选层继电器失灵；强迫减速开关、限位开关、极限开关等失灵	查明原因后，酌情修复或更换元件
吊笼起动和运行速度有明显下降	制动器抱闸未完全打开或局部未打开；三相电源中有一相接触不良；电源电压过低	调整制动器；检查三相电线，紧固各接点。调整三相电压，使电压值不小于规定值的10%
吊笼在运行中抖动或晃动	减速箱蜗轮、蜗杆磨损严重，齿侧间隙过大；传动装置固定松动；吊笼导向轮与导轨架有卡阻和偏斜挤压现象；吊笼内重物偏载过大	调整减速箱中心距或更换蜗轮蜗杆，检查地脚螺栓、挡板、压板等，发现松动要拧紧，调整吊笼内载荷重心位置
传动装置噪声过大	齿轮齿条啮合不良，减速箱蜗轮、蜗杆磨损严重，缺润滑油，联轴器间隙过大	检查齿轮、齿条啮合状况，齿条垂直度，蜗轮、蜗杆磨损状况，必要时应修复或更换，加润滑油，调节联轴器间隙
局部熔断器经常烧毁	该回路导线有接地点或电气元件有接地；有的继电器绝缘垫片击穿，熔断器容量小，且压接松；接触不良；继电器、接触器触点尘埃过多；吊笼起动制动时间过长	检查接地点，加强绝缘，加绝缘垫片或更换继电器，按额定电流更换熔丝并压接紧固，清理继电器、接触器表面尘埃，调整起动制动时间
吊笼运行时，吊笼内听到摩擦声	导向轮磨损严重，安全装置楔块内卡入异物；由于断绳保护装置拉杆松动等原因，使楔块与导轨发生摩擦现象	检查导向转轮磨损情况，必要时应更换导向轮，清除楔块内异物调整断绳保护装置拉杆距离，保证卡板与导轨架不发生摩擦
吊笼的金属结构有麻电感觉	接地线断开或接触不良；接零系统零线重复接地线断开；线路上有漏电现象	检查接地线，接地电阻不大于4Ω；接好重复接地线；检查线路绝缘，绝缘电阻不应低于0.5MΩ
牵引钢丝绳和对重钢丝绳磨损剧烈，断丝剧增	导向滑轮安装偏斜，平面误差大；导向滑轮有毛刺等缺陷；卷扬机卷筒无排绳装置，绳间互相挤压；钢丝绳与地面及其他物体有摩擦现象	调整导向滑轮平面度，检查导向滑轮的缺陷，必要时应更换，保证钢丝绳与其他物体不发生摩擦

故障现象	故障原因	排除方法
制动轮发热	调整不当，制动瓦在松闸状态未均匀地从制动轮上离开；制动轮表面有灰尘，线圈中有断线或烧毁；电磁力减少，造成松闸时闸带未完全脱离制动轮；电动机轴窜动量过大，使制动轮窜动且产生跳动，开车时制动轮磨损加剧	调整制动瓦块间隙，使之松闸时均匀离开制动轮，以保证间隙<0.7mm。调整电动机轴的窜动量。保证制动轮清洁
吊笼起动困难	载荷超载，导轨接头错位差过大，导轨架刚度不好，吊笼与导轨架有卡阻现象	保证起升额定载荷，检查导轨架的垂直度及刚度，必要时加固。用锉刀打磨接头台阶
导轨架垂直度超差	附墙架松动，导轨架刚度不够；导轨架架设有先天缺陷	用经纬仪检查垂直度，紧固附墙架，必要时加固处理

第五章　混凝土机械

第一节　混凝土搅拌机

⊙ **本节导图：**

　　本节主要介绍混凝土搅拌机，内容包括混凝土搅拌机的分类，混凝土搅拌机的选择，自落式搅拌机，强制式搅拌机，混凝土搅拌机的安全操作，混凝土搅拌机的保养与维护，混凝土搅拌机的常见故障及排除方法等。其内容关系框图如下：

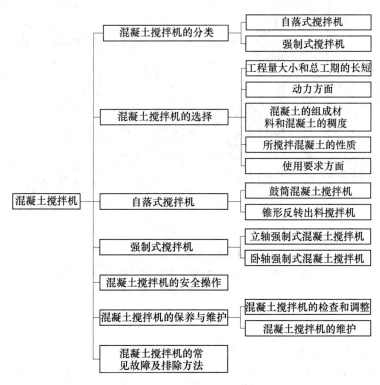

混凝土搅拌机的关系框图

业务要点 1：混凝土搅拌机的分类

常用的混凝土搅拌机按其搅拌原理分为自落式搅拌机和强制式搅拌机两类。

1. 自落式搅拌机

自落式搅拌机的搅拌鼓筒是垂直放置的。随着鼓筒的转动，混凝土拌和料在鼓筒内做自由落体式翻转搅拌，从而达到搅拌的目的。自落式搅拌机多用以搅拌塑性混凝土和低流动性混凝土。筒体和叶片磨损较小，易于清理，但动力消耗大，效率低。

自落式搅拌机的搅拌时间一般为 90～120s/盘，其构造如图 5-1～图 5-3 所示。

鉴于此类搅拌机对混凝土骨料有较大的磨损，从而影响混凝土质量，现已逐步被强制式搅拌机所取代。

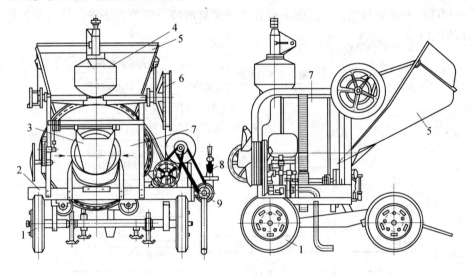

图 5-1 自落式搅拌机

1—车轮 2—台架 3—溜槽 4—配水箱 5—上料斗 6—上料斗绳轮
7—搅拌筒 8—水泵管道 9—水泵

2. 强制式搅拌机

强制式搅拌机的鼓筒内有若干组叶片，搅拌时叶片绕竖轴或卧轴旋转，将材料强行搅拌，直至搅拌均匀。

强制式搅拌机的搅拌作用强烈，适宜于搅拌干硬性混凝土和轻骨料混凝土，也可搅拌流动性混凝土，具有搅拌质量好、搅拌速度快、生产效率高、

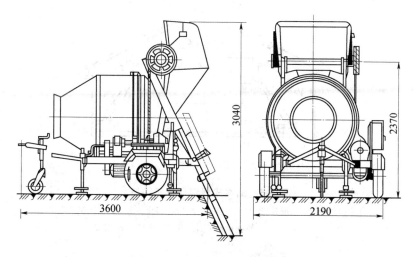

图 5-2　自落式锥形反转出料搅拌机

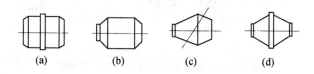

图 5-3　自落式混凝土搅拌机搅拌筒的几种形式

（a）鼓筒式搅拌机　　（b）锥形反转出料搅拌机

（c）单开口双锥形倾翻出料搅拌机　　（d）双开口双锥形倾翻出料搅拌机

操作简便及安全等优点。但机件磨损严重，一般需用高强合金钢或其他耐磨材料作内衬，多用于集中搅拌站。

涡桨式强制搅拌机的外形如图 5-4 所示，构造如图 5-5 所示。

图 5-6 为强制式混凝土搅拌机的几种形式。

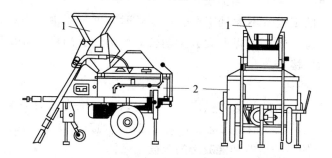

图 5-4　涡桨式强制搅拌机的外形

1—进料斗　2—搅拌筒

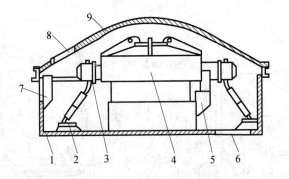

图 5-5 涡桨式强制搅拌机构造

1—搅拌盘 2—搅拌叶片 3—搅拌臂 4—转子 5—内壁铲刮叶片

6—出料口 7—外壁铲刮叶片 8—进料口 9—盖板

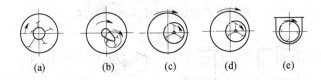

图 5-6 强制式混凝土搅拌机的几种形式

(a) 涡桨式 (b) 搅拌盘固定的行星式 (c) 搅拌盘反向旋转的行星式

(d) 搅拌盘同向旋转的行星式 (e) 单卧轴式

业务要点 2：混凝土搅拌机的选择

混凝土搅拌机的选定是否合理，直接影响着施工进度和工程质量。因此，应根据工程量的大小、工期的长短、施工具体条件以及混凝土的特性等条件来确定选定搅拌机的形式和数量，具体选定时常从以下几个方面考虑：

1. 工程量大小和总工期的长短

若混凝土的工程量不大且工期也不太长时，可选用中、小型移动式混凝土搅拌机组；若混凝土工程量大且工期长时，则宜选用中、大型固定式搅拌机群或搅拌站（楼）。

2. 动力方面

若施工环境有充足的电力供应，应选用以电动机为动力的搅拌机；若施工环境电力供应不足或根本无电源，则应选用柴油机为动力的搅拌机。

3. 混凝土的组成材料和混凝土的稠度

若稠度小且粗骨料粒径较大时，宜选用较大容量的自落式混凝土搅拌机；若稠度大且粗骨料粒径较小时，宜选用强制式混凝土搅拌机或锥形反转出料式混凝土搅拌机。

4. 所搅拌混凝土的性质

若混凝土为塑性或半干硬性时，宜选用自落式搅拌机；若为干硬性混凝土，则要选用强制式混凝土搅拌机。

5. 使用要求方面

搅拌机的数量至少等于同时搅拌的混凝土品种数，对同一品种混凝土而其强度等级又相差悬殊时，也不宜共用一台搅拌机。再考虑到维修和备用的需要时，还要适当增加选用的台数。当成组使用时，应尽量选用同一规格、型号的搅拌机。

业务要点 3：自落式搅拌机

1. 鼓筒混凝土搅拌机

鼓筒形搅拌机的主要工作部分是一个水平放置的鼓筒，在鼓筒内安装有径向布置的叶片，工作时鼓筒绕其轴线回转。在工作中将原材料放入旋转着的搅拌筒（滚筒）内，由固定在滚筒内的叶片把砂、石、水泥等物料带到一定高度，靠物料的自重自由坠落下来。在滚筒的连续旋转下，物料多次重复自由坠落，达到拌和均匀的目的，然后再将拌好的混合料卸出。

对鼓筒混凝土搅拌机的结构介绍以 JG250 型搅拌机为例。其外形见图 5-7。

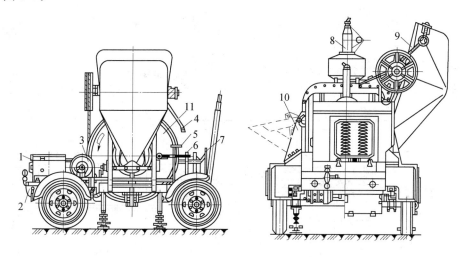

图 5-7　JC250 型搅拌机构造示意图

1—动力箱　2—水泵　3—进料斗提升离合器　4—加水控制手柄

5—进料斗提升手柄　6—进料斗下降手柄　7—出料手轮

8—配水箱　9—料斗　10—出水槽　11—搅拌鼓筒

这种搅拌机的出料容量为 0.25m³，其适应骨料最大直径为 60mm，进料容量为 400L。所以，过去都称为 400L 搅拌机。它的特点是结构简单紧凑，配套齐全，运行平稳，操作简单，使用安全，因而至今仍是建筑工地用于搅拌塑性混凝土的机械。

JG250 型搅拌机由动力传动系统、进出料机构、搅拌机构、配水系统、操纵系统、机架和行走机构等组成。

（1）动力传动系统　如图 5-8 所示，由一台 7.5kW 交流电动机通过 B 型 V 带传给一级圆柱齿轮减速箱带动传动轴旋转，传动轴上的驱动小齿轮与鼓筒大齿圈啮合，使通过滚道支撑在机架上托轮的搅拌鼓筒绕其中心轴线转动，这一传动称为主传动。另一条传动路线是：当扳动上料手柄后，使进料离合器抱合而带动卷筒旋转，收卷钢丝绳，拉动天轴吊轮转动，在天轴两端固定安装着的小卷筒也随天轴一起转动并收卷料斗两侧的钢丝绳，使进料斗被提升至一定的高度后向鼓筒内注料。电动机还经单根 A 型 V 带直接带动一台小型单级单吸式离心式水泵，将水泵入配水箱内。

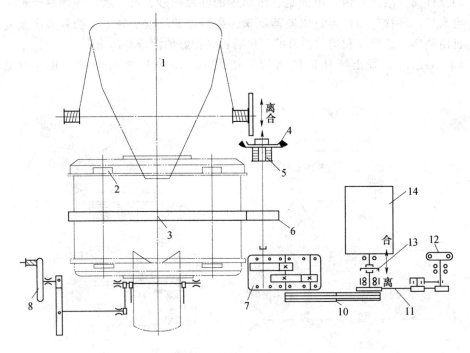

图 5-8　动力传动系统

1—进料斗　2—托轮　3—大齿轮圈　4—进料离合器　5—钢丝绳卷筒
6—主动小齿轮　7—齿轮减速箱　8—手轮　9—卸料槽　10—传动胶带
11—水泵胶带　12—配水泵　13—左离合器　14—电动机

（2）进料离合器及制动器　进料离合器及制动器是搅拌机进料机构的关键

部件，由钢丝绳卷筒、固定盘、内摩擦传动轮、松紧撑、摩擦传动带、触头及滑塞等构成，如图5-9所示。钢丝绳卷筒与外制动轮制成一体，套装在传动轴的末端，通过内摩擦传动装置和外制动装置的相互动作，使卷筒收卷、放绳和制动。

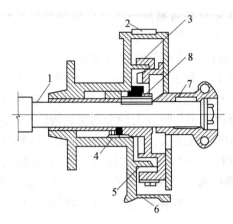

图 5-9　进料离合器及制动器

1—传动轴　2—外制动带　3—内摩擦传动带　4—钢丝绳卷筒

5—离合器摩擦传动轮面　6—外制动传动轮面　7—滑塞　8—固定盘

（3）摩擦传动装置　如图 5-10 所示，摩擦传动装置的固定盘依靠键连接装在传动轴上，其位置在摩擦传动轮的圆筒内，在固定盘边缘的槽形凸出部分，又楔入摩擦传动轮的表面。围绕摩擦传动轮外圆柱面的摩擦传动带的一端与固定盘边缘的凸出部分连接，称为固定端；另一端与松紧撑的槽形大端

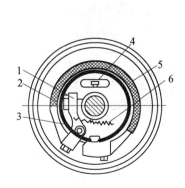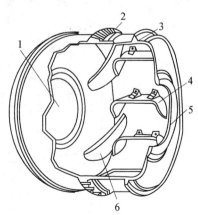

图 5-10　摩擦传动装置

1—松紧撑　2—调整螺栓　3—芯轴螺栓

4—紧固螺钉　5—内摩擦传动带　6—弹簧

图 5-11　搅拌筒

1—进料口　2—大齿轮圈　3—轮圈

4—弧形拌叶　5—卸料口　6—斜向拌叶

连接，成为活动端。松紧撑的心轴螺栓安装在固定盘上，在松紧撑小端的螺孔内装有可调整的触头，拉簧使松紧撑的大端推压内摩擦传动带，使其与摩擦传动轮面之间保持1～2mm的径向间隙。当滑塞前移时，其锥面与松紧撑触头径向压紧，从而使松紧撑将内摩擦传动带拉紧而紧抱摩擦传动轮。由于摩擦传动轮在卷筒端并与卷筒制成一体，在外制动带放松的同时，卷筒便随固定盘转动，收卷钢丝绳，使料斗上升。

（4）外制动带的作用　当进料离合器分离时，制动带同时应抱合，以保证满载砂石、水泥的进料斗停止在上升的任意位置；当拉动料斗下降手柄时，制动开关松开，使钢丝绳卷筒处于自由状态，料斗靠自重下降，并驱使卷筒反向旋转，将钢丝绳放出去，绕在天轴上的吊轮内。

（5）搅拌筒　如图5-11所示，筒的两端各有一进料口和卸料口。筒内装有两组叶片，在靠近料口一侧有4块斜向叶片，在靠卸料口一侧有8块弧形叶片。筒壁镶有耐磨衬板。筒的外面有两个轮圈。轮圈支承在四个托轮上。搅拌筒的外面还装有一个大齿圈，是搅拌筒的驱动零件。大齿圈带动搅拌筒在托轮上滚动。

（6）配水箱　如图5-12所示。配水箱的进水与放水由一个三通阀控制。三通阀可使吸水管6与水泵相通，或与搅拌筒相通。进水时，把吸水管与水泵相连，水进入水箱7中，水箱内的空气经空气阀2排出。

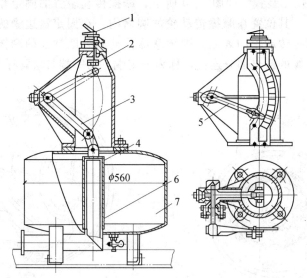

图 5-12　配水箱

1—指示器　2—空气阀　3—拐臂　4—套管　5—指针　6—吸水管　7—水箱

当水装满时，空气阀浮起，把排气孔堵住，使水不致外溢，同时把指示器1顶起。放水时，转动三通阀，把吸水管与搅拌筒相连。水靠自重流入搅拌筒内。水是靠虹吸作用，经吸水管6与活动套管4之间流出。

当水位降到活动套管下缘时，虹吸作用被破坏，供水停止。

因此，升降活动套管即可改变供水量。水箱外有指针5和刻度，指示供水量。

因为拐臂3的上端与指针5安装在同一根轴上，所以调节指针的上下位置，套管4随之升降，水量亦随之减增。

2. 锥形反转出料搅拌机

锥形反转出料搅拌机主要是设计合理，拌筒内交叉布置有两块低叶片和两块高叶片，在出料锥内装两块出料叶片。由于高、低叶片均与拌筒圆柱体母线呈40°～50°的夹角，因此，拌合料除了有提升自落作用之外，还增加了一个拌筒前后料流的轴向窜动，因此能在较短时间将物料拌和成匀质混凝土。

锥形反转出料搅拌机结构简单，搅拌质量好，生产率高，用于中、小容量的搅拌机。

缺点是反转出料时重载起动消耗功率大，容量大的易发生起动困难和出料时间较长的现象。

JZ系列的搅拌机结构基本相同，多采用齿轮传动的JZC型，动力经减速器后带动搅拌筒上的大齿圈旋转。

图5-13为JZC200型混凝土搅拌机的结构示意图。锥形反转出料搅拌机主要由进料机构、搅拌筒、传动系统、供水系统、电气控制系统和底盘等机构组成。

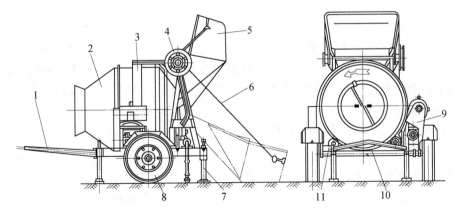

图5-13　JZC200型混凝土搅拌机结构示意图

1—牵引杆　2—搅拌筒　3—大齿圈　4—吊轮　5—料斗　6—钢丝绳

7—支腿　8—行走轮　9—动力及传动机构　10—底盘　11—托轮

（1）搅拌筒　JZC200型搅拌筒的结构如图5-14所示，搅拌筒中间为圆柱体，两端为截头圆锥体，通常采用钢板卷焊而成。搅拌筒内壁焊有一对交叉布置的高位叶片和低位叶片，分别与搅拌筒轴线呈45°夹角，呈相反方向。当搅拌筒正转时，叶片使物料除作提升和自由下落运动外，而且还强迫物料沿斜面作轴向窜动，并借助两端锥形筒体的挤压作用，使筒内物料在洒落的同时又形成沿轴向往返交叉运动，强化了搅拌作用，提高了搅拌效率和搅拌质量。当混凝土搅拌好后，搅拌筒反转，混凝土拌和物即由低位叶片推向高位叶片，将混凝土卸出搅拌筒外。

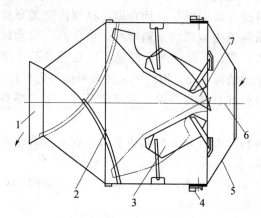

图 5-14　JZC200 型搅拌筒

1—出料口　2—出料叶片　3—高位叶片
4、6—托轮　5—小齿轮　7—低位叶片

（2）传动系统

1）齿轮传动。JZC型采用的传动系统，如图5-15所示。主要有电动机、减速器、小齿轮和搅拌筒大齿圈等组成。搅拌筒由四个托轮支承，由传动系统中的电动机控制转向，电动机产生的运动和动力经带传动输入减速箱，再经减速箱中的两对齿轮传给小齿轮，通过和小齿轮啮合的固定在拌筒上的大齿轮带动拌筒旋转。齿轮传动具有不打滑、传动比准确等特点。

2）摩擦传动。JZM型采用的传动系统，如图5-16所示。摩擦传动是依靠耐磨橡胶托轮与搅拌筒滚道间的摩擦力来驱动搅拌筒旋转。搅拌筒通过滚道支承在四个橡胶摩擦轮上，其中一对橡胶摩擦轮为主动轮，另一对橡胶摩擦轮为从动轮。当电动机经减速箱使一对主动摩擦轮回转时，在搅拌筒及混凝土拌合料重量的作用下，主动橡胶轮靠摩擦力驱动搅拌筒回转。为防止搅拌筒轴向窜动，在滚道的两侧固定导向挡圈。摩擦传动的特点是噪声小，结构紧凑简单，但遇油、水容易打滑而降低生产率。

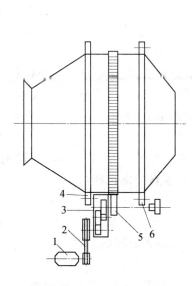

图 5-15　齿轮传动系统示意图

1—电动机　2—传动带　3—减速器

4—驱动齿圈　5—搅拌筒体　6—进料口

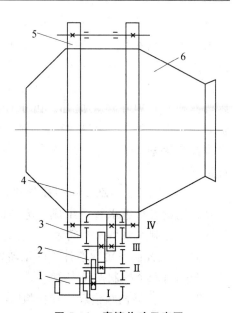

图 5-16　摩擦传动示意图

1—电动机　2—减速箱　3、5—摩擦轮

4—滚道　6—搅拌筒

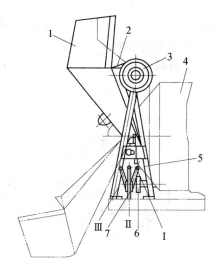

图 5-17　JZC200 型上料机构

1—料斗　2—钢丝绳　3—吊轮　4—搅拌筒

5—支架　6—离合器卷筒　7—操作手柄

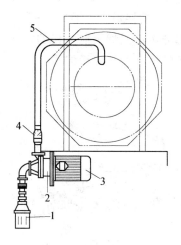

图 5-18　JZC200 型的供水系统

1—吸水阀　2—水泵　3—电动机

4—流量表　5—进水管

3）上料机构。JZC200 型搅拌机的上料机构如图 5-17 所示，由料斗、钢丝绳、吊轮、操作手柄和离合器卷筒等组成。料斗提升由钢丝绳牵引，带有离合器的钢丝绳卷筒装在减速器输出轴上。提升时，将操作手柄拨至Ⅰ位，离合器合上，减速器带动钢丝绳卷筒转动，钢丝绳牵引料斗提升（搅拌筒在正转时）行至上止点。料斗限位杆自动将操作手柄拨至Ⅱ位，此时离合器松开，料斗停止提升。由于外制动带靠弹簧拉力将卷筒刹住，料斗则静止不动。调节弹簧拉杆，使弹簧拉力适宜，料斗可在任意位置停留。当将操作手柄拨至Ⅲ位时，拨头将弹簧拉杆拨起，外制动带松开，料斗靠自重下降。

4）供水系统。JZC200型搅拌机的供水系统如图5-18所示，由电动机、水泵、流量表和进水管等组成。电动机带动水泵直接向搅拌筒供水，通过时间继电器控制水泵供水时间来实现定量供水。

5）电气控制系统。搅拌筒的正转、停止、反转，水泵的运转、停止和振动，分别由六个控制按钮实现。供水量由时间继电器延时多少确定。

3. 锥形倾翻出料混凝土搅拌机

锥形倾翻出料混凝土搅拌机的特点是卸料迅速，拌筒容积利用系数高，拌合物的提升速度低，物料在拌筒内靠滚动自落而搅拌均匀，能耗低，磨损小，能搅拌大粒径骨料。在水利大坝工程中得到广泛使用，大容量的主要用作搅拌楼的主机。

图5-19为JF1000型搅拌机，该机额定出料容量为1.0m³，进料容量为1600L，搅拌最少时间为1～1.5min。其主要机构有搅拌系统和倾翻机构，因大部分用作混凝土搅拌楼的主机，故该机的加料装置、供水装置以及压缩空气等辅助机构需另行配置。

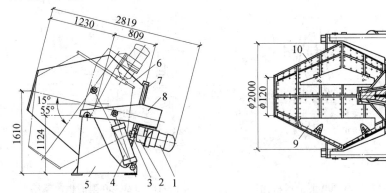

图 5-19　JF1000 型搅拌机

1—电动机　2—减速器　3—小齿轮　4—倾翻机构　5—支架　6—搅拌筒
7—大齿圈　8—曲梁　9—叶片　10—衬板　11—锥形心轴　12—圆锥滚子轴承

（1）搅拌系统　JF1000 型的搅拌筒由两个截头圆锥组成。搅拌筒的一端封闭，通过另一端的开口进行加料和卸料。筒壁镶有耐磨衬板，筒壁内沿轴向布置三个搅拌叶片。搅拌筒通过一对圆锥滚子轴承支承在曲梁的一根锥形心轴上，整个支撑装置是密封的，采用两台 7.5kW 的电动机，通过两个行星摆线针轮减速器减速后，由小齿轮驱动搅拌筒上的大齿轮旋转，从而使搅拌筒进行搅拌工作。工作时搅拌筒轴线与水平线呈 15°仰角；卸料时由倾翻机构使搅拌筒向下旋转 70°（与水平线呈 55°）。

（2）倾翻机构　JF1000 型搅拌机采用气动倾翻机构，如图 5-20 所示。整个倾翻机架及搅拌筒在气缸的作用下完成倾翻卸料工作。当倾翻机构工作时，压缩空气经过水分分滤器、油雾器及电磁气阀进入气缸下腔，使活塞杆推动曲梁并带动搅拌筒向下转动；在气缸下腔通入压缩空气的同时，气缸上腔的气体导入贮气筒内产生背压。当搅拌筒转动到极限位置时，背压最大，从而减小了搅拌筒倾翻时的冲击。搅拌筒复位时，电磁气阀使气缸下腔与大气相通，此时由于贮气筒的背压和搅拌筒的倾翻架及传动部分的重量，使搅拌筒逐渐复位。

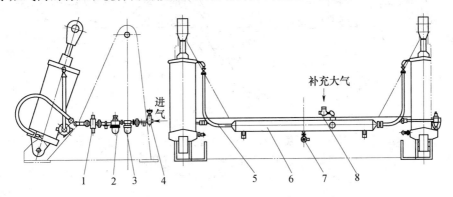

图 5-20　JF1000　型搅拌机倾翻机构

1—电磁气阀　2—油雾气　3—水分分滤器　4—截止阀
5—夹布胶管　6—贮气筒　7—二通旋塞　8—单向阀

业务要点 4：强制式搅拌机

强制式混凝土搅拌机除适用于细石混凝土和干硬性混凝土的搅拌外，还可以作砂浆的拌和用，它具有搅拌时间短，效率高和卸料干净等优点。

1. 立轴强制式混凝土搅拌机

立轴强制式混凝土搅拌机是靠安装在搅拌筒内带叶片的立轴旋转时将物料挤压、翻转、抛出等复合动作进行强制搅拌。立轴强制式搅拌机有涡桨式和行星式。与自落式搅拌机相比，具有搅拌质量好、搅拌效率高等特点，适合搅拌干硬性、高强和轻质混凝土。涡桨式的主要有 JW250、JW350、

JW500、JW1000 等四种规格，JW1000 型用于搅拌站（楼）。行星式结构复杂、容量大，一般用于搅拌站（楼）。

（1）主要构造　如图 5-21 为 JW250 型搅拌机，该机为移动蜗浆强制式搅拌机，进料容量为 375L，出料容量为 250L。该机主要由搅拌机构、传动机构、进出料机构和供水系统组成。

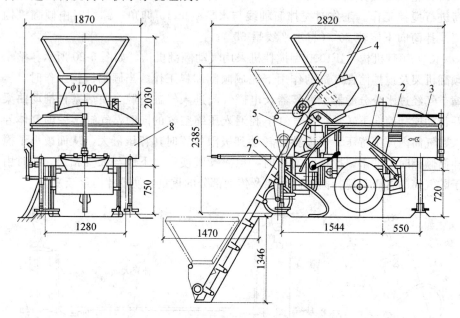

图 5-21　JW250 型搅拌机

1—上料手柄　2—料斗下降手柄　3—出料手柄　4—上料斗
5—水箱　6—水泵　7—上料斗导轨　8—搅拌筒

1）搅拌机构。搅拌机构如图 5-22 所示，主要由搅拌筒、搅拌叶片及罩盖等组成。搅拌筒由内筒、外筒及底板焊制而成。传动轴由内筒上端伸出，并带动悬挂在轴上的 4 块叶片和 2 块刮板旋转进行搅拌，使拌合料的搅拌均匀迅速并不致粘在内外筒壁上。搅拌筒上设罩盖，使搅拌过程在封闭的搅拌筒内进行，粉尘不致外扬，改善了作业环境。内、外筒壁和底面均安装有可更换的耐磨衬板。搅拌叶片、刮板与衬板之间的间隙为 5mm 左右，随着叶片、刮板和衬板的磨损，可通过螺栓以调整其间隙。

2）传动机构。如图 5-22 所示，传动机构由电动机经 V 带轮和蜗轮减速器传递给蜗轮轴，在蜗轮轴上部连接的搅拌叶片使搅拌叶以 36r/min 的速度旋转而进行搅拌。下部装有进料离合器和卷筒。

3）进出料机构。进、出料机构如图 5-22 所示。主要由料斗、上料导轨、离合器、卷筒和钢丝绳等组成。进料斗由卷筒和钢丝绳传动在倾斜的导轨上

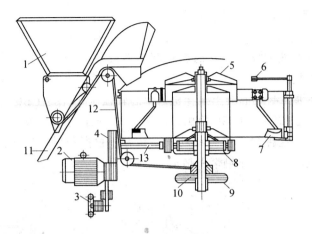

图 5-22 JW250 型搅拌机搅拌与上料传动机构图

1—料斗 2—电动机 3—水泵 4—V 带轮 5—搅拌叶片
6—出料手柄 7—搅拌筒 8—蜗轮减速器 9—离合器 10—卷筒
11—上料导轨 12—上料牵引钢丝绳 13—蜗轮轴

升降。当料斗行至顶部时，触动限位装置，使上料离合器动作，料斗停止上升。同时其三角底板自动开启，将料加入搅拌筒内。扳动料斗下降手柄（见图 5-21），料斗沿导轨下降至地坑等待装料。扳动出料手柄（见图 5-21），转动拌筒底部的出料门卸料。与同容量的自落式搅拌机相比，立轴蜗浆强制式搅拌机的能耗大。由于搅拌作用强烈，搅拌筒衬板及叶片磨损严重，寿命较短。但该机型的搅拌质量好，工作适应性强。

（2）立轴强制式搅拌机的技术参数 立轴强制式搅拌机常用规格的性能参数见表 5-1。

表 5-1 立轴强制式搅拌机的性能参数

型号	基 本 参 数				
	出料容量/L	进料容量/L	搅拌额定功率/kW	工作周期/s	骨料最大粒径/mm
JW350 JN350	350	560	≤18.5	≤72	40
JW500 JN500	500	800	≤22.0	≤72	60
JW750 JN750	750	1200	≤30.0	≤80	60
JW1000 JN1000	1000	1600	≤45.0	≤80	60
JW1250 JN1250	1250	2000	≤45.0	≤80	60
JW1500 JN1500	1500	2400	≤55.0	≤80	60

2. 卧轴强制式混凝土搅拌机

卧轴强制式搅拌机有单、双卧轴之分，其搅拌机理与立轴强制式相似，不同之处是卧轴式搅拌机的拌筒容积利用系数较高，在技术经济指标方面优于立轴式搅拌机。

（1）单卧轴强制式混凝土搅拌机　单卧轴强制式混凝土搅拌机为小容量机种，有 JD50、JD200、JD350 等机种。图 5-23 所示为 JD200 型单卧轴强制式混凝土搅拌机，这种搅拌机为移动式，装有一根搅拌轴，结构形式如同砂浆拌合机，通过牵引杆由车辆牵引拖运。

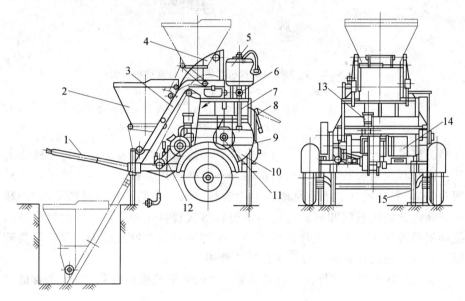

图 5-23　JD200 型搅拌机的结构示意图

1—拖杆　2—进料斗　3—上料导轨　4—接料承口　5—量水器
6—三通阀　7—供水手柄　8—卸料手柄　9—卸料门　10—搅拌筒
11—搅拌轴　12—水泵　13—供油器　14—电动机　15—支撑

1）搅拌装置与搅拌筒。搅拌装置由搅拌轴和轴上的叶片等组成，如图 5-24 所示。叶片分为两种：螺旋叶片和侧叶片。螺旋叶片为两条左、右旋向的长条形钢带，上面各安装六块小叶片，以螺栓紧固，以便磨损后可以更换。侧叶片分两个，固定在搅拌轴两边的搅拌臂上。叶片的最外点圆周速度为 1.52m/s，此速度可保证均匀搅拌，并能使叶片磨损量少和耗能少。搅拌筒机体部分呈横置圆柱形，筒内壁安装弧形、直形衬板和侧衬板，以保护筒体，衬板磨损后可更换。

2）卸料门。由手柄操纵启闭。门上的转压臂、调整螺母、转臂和手柄等组成一套杠杆系统，使门紧贴门框，门的边缘装有密封条，以防止漏浆。

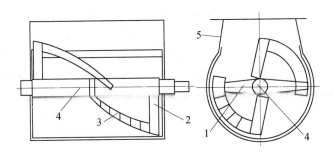

图 5-24　搅拌装置

1—搅拌臂　2—侧叶片　3—小叶片　4—搅拌轴　5—搅拌筒

3）动力传动系统。动力装置为一台 7.5kW 电动机，通过不同的传动装置分别驱动进料斗、搅拌轴、供油器、水泵。

4）轴端密封装置。为防止水泥浆由轴端向外泄漏，JD200 型搅拌机的搅拌轴与筒臂配合处采用了两道密封装置。如图 5-25 所示，第一道为外油道密封，借助润滑脂的压力抵住灰浆的渗出。第二道为浮式密封，由定、动密封环和 O 形橡胶圈组成，可进一步抵御微小尘粒和油水渗出。

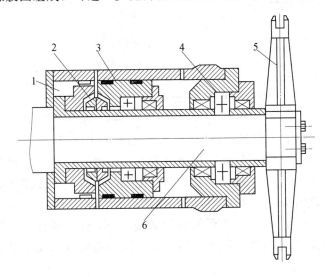

图 5-25　轴端密封装置

1—外油道密封　2—浮式密封　3—推力轴承

4—调心轴承　5—传动链轮　6—搅拌轴

5）供油系统。供油系统由供油传动机构、供油器和油管等组成，向轴端密封装置提供具有一定压力的润滑脂，以确保轴端密封的可靠性。供油系统的布置情况如图 5-26 所示。供油器的螺旋凸轮由链轮通过蜗轮减速器驱动，可使柱塞上下运动，又能使分配阀轴旋转。分配阀轴在旋转中，有序地启闭进油道和环形油道；柱塞的上下运动可使油杯中的润滑脂经进油道吸入，经环形油道压出到接头中，再经油管输送到轴端的密封处。油杯中的压油板，上面装有压簧，可使油脂顺利地进入柱塞液压缸的上腔。供油密封是卧轴式搅拌机采用的一种技术，外加上浮式密封装置，使得搅拌轴端部得到良好的密封效果。

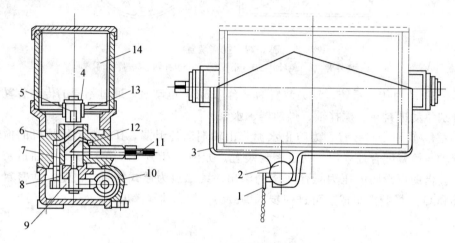

图 5-26　供油系统

（a）供油器　　（b）供油管路

1—传动链轮　2—供油器　3—油管　4—进油道　5—分配阀轴

6—阀体　7—柱塞　8—螺旋凸轮　9—蜗轮　10—蜗杆

11—接头　12—环形油道　13—压油板　14—油环

（2）双卧轴强制式混凝土搅拌机　双卧轴强制式混凝土搅拌机生产的效率高，能耗低，噪声小，搅拌效果比单卧轴好，但结构较复杂，适合于较大容量的混凝土搅拌作业，一般用作搅拌站（楼）的配套主机或用于大、中型混凝土预制厂。双轴卧有 JS350、JS500、JS1000、JS1500 等规格型号。

图 5-27 所示为 JS350 型双卧轴强制式搅拌机。这种搅拌机有动力传动系统、搅拌系统、进料系统、供水系统、电器控制系统等构成。主要系统与机构介绍如下：

1）动力传动系统。动力传动系统为两套装置，一套为搅拌系统，一套为土料系统。

①搅拌传动系统。包括电动机、减速器、开式齿轮传动机构和链传动机构。搅拌电动机功率为 15kW，直接装在减速器一侧，减速器为三级减速，动力经减速后再经一对开式齿轮传动和链传动，分别带动两根水平安置的搅拌轴各自反向等速运转。

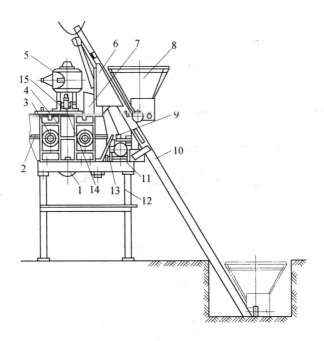

图 5-27　JS350 型双卧轴强制式搅拌机的结构示意图

1—卸料门　2—轴端密封供油器　3—搅拌轴　4—搅拌筒　5—量水器
6—电器箱　7—接料承口　8—进料斗　9—搅拌驱动装置外罩　10—上料轨道
11—上料传动机构　12—支承台架　13—水泵　14—供水手柄　15—三通阀

②上料传动装置。包括电动机、减速器、钢丝绳及其卷筒。上料电动机通过减速器，带动卷筒卷绕钢丝绳，钢丝绳经导向滑轮牵引进料斗沿轨道上升。

2）搅拌系统。两根搅拌轴安装在两个互相连通的圆槽形搅拌筒内，每根轴上装有 6 个搅拌叶片，同时在靠近筒端壁的部位还分别安装了 4 个刮板，以防物料粘附筒壁。为了延长叶片的使用寿命和便于调整与维修，叶片与筒壁的间隙是可调的。搅拌轴在筒中卧置安装，考虑到轴的两端部易发生漏浆现象，无论是双卧轴还是单卧轴搅拌机，在搅拌轴与筒壁配合处，均装有浮式密封装置，并配有专用的供油器，只要轴转动，供油器便可自动地向密封装置供油，使密封腔保有一定压力，从而保证了密封的可靠性。浮式密封装置采用大型工程机械通用的浮动油封，可不用特别调整和维护，工作较为可靠。轴端支承及浮式密封装置如图 5-28 所示。

3）进料系统。进料斗为斗底开启式，与反转出料式的料斗基本相同。料斗由上料卷筒的钢丝绳牵引，沿倾斜的上料轨架上升，当升至一定高度时，料斗斗底上的一对滚轮进入上料轨架水平岔道，使斗底自动打开，物料即可

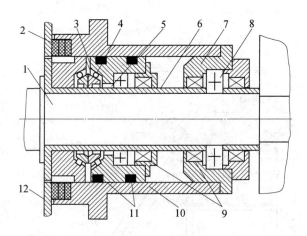

图 5-28　轴端结构

1—搅拌轴　2—密封圈　3—浮式密封环 4—浮式密封 O 形橡胶圈
5—推力轴承　6—长轴套　7—衬套　8—调心球轴承
9—自紧油封　10—外壳　11—O 形橡胶圈　12—筒壁

进入搅拌筒内。为了便于拆装，上料轨架直接用螺栓连接在筒体上。上料电动机轴上装有制动轮，制动带连于机体上，制动轮和制动带构成制动装置，保证进料斗在重载下可停留于轨道上的任何位置。料斗上、下行程终点均由行程开关自动控制。为安全可靠，在上料轨架的另一边装有极限位置行程开关，当提升行程开关失灵时，则极限行程开关可以起到保护作用。

4）卸料装置。双卧轴式搅拌机的卸料装置有单门卸料和双门卸料两种形式。卸料门的启闭方式有人工扳动摇杆、电动推杆、液压缸等方式。由于卸料门几乎与筒体一样长，卸料门开启门后，大部分搅拌好的混凝土靠自重卸出，残余料则由搅拌叶片强制排出，保证了出料迅速而干净。同时橡胶密封条有良好的密封性，可保证筒底不漏浆。

5）供水系统。供水系统由水泵、量水器、三通阀、操纵手柄和喷水管等组成。量水器为虹吸式，容量为 85L，供水量调整时，改变刻度盘上的指针位置即可。

6）电气系统。电气系统主要为三台电动机（搅拌、上料、水泵驱动电动机）和控制电器及线路组成。电路控制箱装于上料轨架下部。

7）机架。双卧轴式搅拌机为固定式，安装在具有一定高度的机架上，便于向运输车辆上卸料。机架采用型钢焊接，上面装有平台可安装搅拌机和站人操纵。JS350 型的机架平台高 1.585m，能进入小型机动翻斗车。

（3）单、双卧轴强制式混凝土搅拌机性能参数　见表 5-2。

表 5-2　单、双卧轴强制式混凝土搅拌机性能参数

性　　能	单卧轴（移动或固定）式			双卧轴固定式	
	JD150 型	JD200 型	JD250 型	JS350 型	JS500 型
额定进料容量/L	240	300	375	560	800
额定出料容量/m³	0.15 (1501)	0.2	0.25	0.35	0.5
每次搅拌循环时间/s	—	30~50	—	30~50	—
搅拌轴转速（r/min）	36.3	33		36；36.2	33.7
最大骨料粒径/mm		卵石：60	卵石：80；碎石：60	卵石：60；碎石：40	卵石：80；碎石：60
料斗提升速度/（m/min）	—			19	18
量水器容量/L		40		85	
生产率/（m³/h）	7~9	10	12~15	14~21	20~24
功率/kW	—	7.5	14.1	搅拌：15；上料：4；水泵：1.5	搅拌：7
转速/（r/min）	—	1500	—	—	1460
外形尺寸/(mm×mm×mm)（长×宽×高）	2850×1830×2570	3150×206×224	350×2120×3000	2880×3160×2770	6510×2750×4850
重量/kg	1620	2070	2600	主机：1750；整机：3000	主机：2400；整机：4000

业务要点 5：混凝土搅拌机的安全操作

1）固定式搅拌机应安装在牢固的台座上。当长期固定时，应埋置地脚螺栓；在短期使用时，应在机座上铺设木枕并找平放稳。

2）固定式搅拌机的操纵台，应使操作人员能看到各部工作情况。电动搅拌机的操纵台，应垫上橡胶板或干燥木板。

3）移动式搅拌机的停放位置应选择平整坚实的场地，周围应有良好的排水沟渠。就位后，应放下支腿将机架顶起达到水平位置，使轮胎离地。当使用期较长时，应将轮胎卸下妥善保管，轮轴端部用油布包扎好，并用枕木将机架垫起支牢。

4）对需设置上料斗地坑的搅拌机，其坑口周围应垫高夯实，应防止地面水流入坑内上料轨道架的底端支承面应夯实或铺砖，轨道架的后面应采用木料加以支承，应防止作业时轨道变形。

5）料斗放到最低位置时，在料斗与地面之间，应加一层缓冲垫木。

6）作业前重点检查项目应符合下列要求：

① 电源电压升降幅度不超过额定值的 5%。

② 电动机和电器元件的接线牢固，保护接零或接地电阻符合规定。

③ 各传动机构、工作装置、制动器等均紧固可靠，开式齿轮、带轮等均有防护罩。

④ 齿轮箱的油质、油量符合规定。

7) 作业前，应先起动搅拌机空载运转。应确认搅拌筒或叶片旋转方向与筒体上宅所示方向一致。对反转出料的搅拌机，应使搅拌筒正、反转运转数分钟，并应无冲击抖动现象和异常噪声。

8) 作业前，应进行料斗提升试验，应观察并确认离合器、制动灵活可靠。

9) 检查并校正供水系统的指示水量与实际水量的一致性；当误差超过2％时，应检查管路的漏水点，并应校正节流阀。

10) 检查骨料规格并应与搅拌机性能相符，超出许可范围的不得使用。

11) 搅拌机起动后，应使搅拌筒达到正常转速后进行上料。上料时应及时加水。每次加入的搅和料不得超过搅拌机的额定容量并应减少物料粘罐现象，加料的次序应为"石子→水泥→砂子"或"砂子→水泥→石子"。

12) 进料时，严禁将头或手伸入料斗与机架之间。运转中，严禁用手或工具伸入搅拌筒内扒料、出料。

13) 搅拌机作业中，当料斗升起时，严禁任何人在料斗下停留或通过；当需要在料斗下检修或清理料坑时，应将料斗提升后用铁链或插入销锁住。

14) 向搅拌筒内加料应在运转中进行，添加新料应先将搅拌筒内原有的混凝土全部卸出后方可进行。

15) 作业中，应观察机械运转情况，当有异常或轴承温升过高等现象时，应停机检查；当需检修时，应将搅拌筒内的混凝土清除干净，然后再进行检修。

16) 加入强制式搅拌机的骨料最大粒径不得超过允许值，并应防止卡料。每次搅拌时，加入搅拌筒的物料不应超过规定的进料容量。

17) 强制式搅拌机的搅拌叶片与搅拌筒底及侧壁的间隙，应经常检查并确认符合规定，当间隙超过标准时，应及时调整。当搅拌叶片磨损超过标准时，应及时修补或更换。

18) 作业后，应对搅拌机进行全面清理；当操作人员需进入筒内时，必须切断电源或卸下熔断器，锁好开关箱，挂上"禁止合闸"标牌，并应有专人在外监护。

19) 作业后，应将料斗降落到坑底，当需升起时，应用链条或插销扣牢。

20) 冬季作业后，应将水泵、放水开关、量水器中的积水排尽。

21) 搅拌机在场内移动或远距离运输时，应将进料斗提升到上止点，用保险铁链或插销锁住。

业务要点 6：混凝土搅拌机的保养与维护

1. 混凝土搅拌机的检查和调整

（1）综合检查

1）以电动机驱动时，使用前应检查安全熔丝、开关、线路和接地装置是否可靠，定期测试电动机绝缘电阻，其电阻值应不小于 0.5MΩ。

2）以内燃机驱动时，使用前应检查燃料、润滑油、冷却水是否合适；主离合器手柄压在脱开位置，仪表读数应在规定范围内，内燃机运转正常，无异响。

（2）传动系统的检查

1）采用 V 带传动的，其松紧度以能用手按下 10~15mm 并在运转时不打滑为宜。调整时，可放松电动机底座螺栓，将电动机移位达到合适的松紧度。

2）空载运转使搅拌筒作正、反向旋转，观察是否平稳。变更转向时应无冲击现象，电动机减速器、制动器等的噪声、温升应正常，如有异状，应及时调整或修理。

（3）上料、卸料机构的检查和调整

1）试验上料、进料操纵杆应灵敏有效，如上料斗在升降过程中发生滑移、摆振或起升不稳甚至不能起升，以及出料槽不能在上、下止点处稳定停留等现象时，应调整离合器摩擦带的松紧度，并应检查操纵杆的传动部分。

2）采用导轨升降的料斗，其滚轮和轨道应接触良好，以保证运行时的平稳性。卸料门应保持启闭灵活，封闭严密，其松紧度可由卸料底板下方的螺母进行调整。

3）反转出料式搅拌机的上料斗到达加料高度时，行程开关应及时动作使料斗停留在斗门全开位置，否则应检查行程开关及轨架岔道的倾斜度。料斗下降时应平稳无卡滞现象。检查下降止点行程开关灵敏度时，可用旋具推动开关摇杆，当摇杆偏转时，能使电动机停转。

4）上料斗升降离合器的内、外摩擦带的松紧度要调整适当，过紧使离合器分离不开而发热，增加减速齿轮的荷载，加速齿轮磨损；过松将使离合器接合不良或制动失灵。

（4）搅拌系统的检查和调整

1）自落式搅拌机的搅拌叶片和进料叶片应安装在搅拌筒内壁的预定位置，以保证进料和搅拌的作用。当搅拌叶片的边缘磨损超过 50mm 或发生较大变形时，物料很难带到预定的高度并影响出料，应及时修理或镶补。搅拌叶片和筒内壁的连接必须严密，不应发生漏浆现象。

2）强制式搅拌机的搅拌叶片、刮板和搅拌筒的筒底、筒壁均应保持一定间隙（一般为、5mm），如间隙超过标准时，可通过放松搅拌叶片或刮板的紧固螺栓来调整，间隙调整合适后再将螺栓紧固。如叶片磨损，可用耐磨焊条进行堆焊修复。

上述检查、调整和紧固作业，应在班前或班后机械已经过清洗后进行。

（5）供水系统的检查

1）水泵在使用前应检查传动是否良好，运转中如发现漏水，一般是由于水泵轴填料密封不严所致，可以旋紧压盖螺母，重新压紧填料。

2）供水系统的水量控制，一般由时间继电器控制给水时间，节流阀控制水的流量（出厂时流量已调整合适）。在使用一定时间后（结合定期维护），应检查供水量的准确性。检查时可给定某一供水量，然后起动水泵供水，再称量所供水量是否和给定值相同，如误差超过 2%，应进行调整、检修。

（6）润滑系统的检查　经常保持各润滑部位有良好的润滑。使用前应检查减速器内的油面高度，一般约为齿轮直径的 1/3。各部油嘴、油杯应齐全、有效。

2. 混凝土搅拌机的维护

混凝土搅拌机属于中、小型电动机械，结构较简单，其定期维护一般分为每班维护和定期维护两级。

（1）每班维护（作业前、中、后进行）

1）作业前检查

① 各部螺栓应完整齐全，无松动。

② 钢丝绳无变形或断丝超限，各连接处牢固可靠，润滑良好。

③ 电气系统接线牢固，保护装置齐全，接地良好。

④ 在搅拌筒内加水空转 1～2min 以润滑内筒壁，并应检查传动、制动、上料、供水等机构的可靠性。

2）作业中检查

① 电动机、减速器、传动齿轮等运转平稳，无异响。

② 搅拌装置运转正常，上料、出料机构工作良好。

3）作业后清洗、润滑

① 停机前在搅拌筒内放入少量石子和水，转动 5～10min 后放出，再用水冲净。

② 清除机体各部积灰和粘附的混凝土。

③ 按规定的润滑部位及周期表进行润滑作业。

（2）定期维护（每隔一个月或工作 200h 后进行）

1）进行每班维护的全部作业。

2）检查减速器，油面不足时添加，消除漏油。

3）检查减速器和制动器，调整间隙，更换磨损超限的制动带。

4）检查供水系统，消除渗漏，如供水量误差超限时，应予调整。

5）检查上料机构运转情况，视需要予以调整，达到运转灵活，位置正确。

强制式搅拌机还应进行以下项目：

1）检查搅拌叶片和衬板的间隙，应控制在2～6mm以内。

2）拧进搅拌轴端密封放淤塞，如发现有砂浆时，应及时调整或更换已失效的第一道密封。

3）检查出料门漏浆情况，必要时应及时调整橡胶条的位置。

4）检查并紧固衬板连接螺栓，对磨损超限的搅拌叶片、支承臂及其螺栓，应及时更换。

5）按规定的润滑部位及周期表进行润滑作业。

◎ 业务要点7：混凝土搅拌机的常见故障及排除方法

自落式搅拌机常见故障及排除方法见表5-3，强制式搅拌机除参照表5-3的有关内容外，还应执行表5-4所列的内容。

表5-3 自落式搅拌机常见故障及排除方法

故障现象	故障原因	排除方法
推压上料手柄后料斗不起升或起升困难	1）离合器制动带接合不良 2）制动带磨损 3）制动带上有油污 4）上料手柄与水平杆的连接螺栓松动、或拨叉紧固螺栓松动 5）制动带脱落或松紧撑变形 6）拨叉滑头脱落或磨坏	1）调整松紧撑触头螺栓，使制动抱紧。消除制动带翘曲，使接合面不少于70% 2）更换制动带 3）清洗油污并擦干 4）重新紧固 5）检修离合器 6）补焊或换新滑头
拉动下降手柄时料斗不落	1）离合器外制动带太紧 2）料斗起升太高，超过180°，重心靠向内侧 3）下降手柄不起作用 4）钢丝绳卷筒轴发生干磨 5）钢丝绳变形重叠而夹住	1）调整制动带的间隙 2）调整振动装置的触头螺栓的高度，使其提早松开离合器 3）紧固手柄螺栓 4）清洗并加油 5）整理或更换钢丝绳
减速器有异响	1）齿轮损坏 2）齿轮啮合不正常 3）缺少润滑油 4）齿轮键松旷	1）更换齿轮 2）调整齿轮轴线，侧隙小于或等于1.8mm 3）添加到规定 4）换键
搅拌筒运转不稳或振动	1）托轮串位或不正 2）大齿圈和小齿轮啮合不良	1）检修、调整托轮位置 2）调整啮合情况

故障现象	故 障 原 因	排 除 方 法
轴承过热	1) 轴承磨损发生松旷	1) 圆锥滚柱轴承可在内套外侧加垫，滚珠轴承则应更换
	2) 轴承内套与轴发生滑动，或外套与轴承座孔发生滑动	2) 内套与轴松动，在轴颈处推焊再加工，外套与轴承座松动，在座孔处堆焊再加工
	3) 缺少润滑油	3) 添加
	4) 轴承内污脏	4) 清洗轴承，更换润滑脂
供水量不足或不供水	1) 水泵密封填料漏气	1) 旋紧压盖螺母，压紧石棉填料
	2) 水泵不上水	2) 加满引水排除腔中空气，必要时检查叶轮
	3) 水泵转速太低	3) 调整 V 带
	4) 三通阀水孔堵塞	4) 检修三通阀
上料斗运行不平稳	1) 上料跑道弯曲不平	1) 校正平直
	2) 两轨道不平行	2) 校正到平行
	3) 滚轮磨损过大	3) 检修滚轮，必要时更换滚轮和轴承
锥形搅拌筒打滑	1) 托轮表面油污	1) 清除油污
	2) 托轮磨损过度和不匀	2) 修复或更换
	3) 超载	3) 减轻载荷

表 5-4 强制式搅拌机常见故障及排除方法

故障现象	故 障 原 因	排 除 方 法
搅拌轴不转	1) 严重超载	1) 按规定容量加料
	2) 叶片和筒体有异物卡牢	2) 短时点动两次，如仍不能排除，应停机清除
	3) 传动带松动 4) 电源缺相	3) 调紧张紧装置达到合适
		4) 检查开关箱，接通断线
搅拌时碰撞声	拌铲或刮板松脱或翘曲致使和搅拌筒碰撞	紧固拌铲或刮板的联接螺栓，检修调整拌铲、刮板之间的间隙
拌铲转动不灵运转有异常声	1) 搅拌装置缓冲弹簧失效	1) 更换弹簧
	2) 拌合料中有大颗粒物料卡住拌铲	2) 消除卡塞的物料
	3) 加料过多，动力超载	3) 按规定进料容量投料
运转中卸料门漏浆	1) 卸料门密封不严	1) 调整卸料底板下方的螺栓，使卸料门封闭严密
	2) 卸料门周围残存的粘结物过厚	2) 消除残存的粘结物

续表

故障现象	故障原因	排除方法
上料运行不平稳	上料轨道翘曲不平，料斗滚轮接触不良	检查并调整两条轨道，使轨道平直，轨面平行
上料上行时越过上止点而拉坏牵引机构	1）自动限位装置失灵 2）自动限位挡板变形而不起作用	1）检修或更换退位装置 2）调整限位挡板
料斗上料时卡死	1）导轨安装不平 2）料斗卸料门有异物	1）重新调平 2）清除异物
上料时料斗下口不下料	1）钢丝绳拉长 2）钢丝绳卡子松动	1）调整绳扣使之拉紧 2）扭紧钢丝绳卡子

第二节　混凝土搅拌站（楼）

本节导图：

本节主要介绍混凝土搅拌站（楼），内容包括混凝土搅拌站（楼）的分类、混凝土搅拌站（楼）型号表示方法、单阶式搅拌楼、双阶式搅拌楼、移动式搅拌站、混凝土搅拌站（楼）的使用与维护等。其内容关系框图如下页所示：

业务要点 1：混凝土搅拌站（楼）的分类

混凝土搅拌站（楼）按工艺布置形式可分为单阶式和双阶式两类。

1. 单阶式

砂、石、水泥等材料一次就提升到搅拌站（楼）最高层的储料斗，然后配料称量直至搅拌成混凝土，均借物料自重下落而形成垂直生产工艺体系，其工艺流程如图 5-29 所示。此类形式具有生产率高、动力消耗少、机械化和自动化程度高、布置紧凑、占地面积小等特点，但其设备较复杂，基建投资大，故单阶式布置适用于大型永久性搅拌站（楼）。

2. 双阶式

砂、石、水泥等材料分两次提升，第一次将材料提升至储料斗；经配料称量后，第二次再将材料提升并卸入搅拌机，其工艺流程如图 5-30 所示。它具有设备简单、投资少、建成快等优点；但其机械化和自动化程度较低、动力消耗大，故该布置形式适用于中小型搅拌站（楼）。

此外，搅拌站（楼）按装置方式可分为固定式和移动式两类。前者适用于永久性的搅拌站（楼）；后者则适用于施工现场。

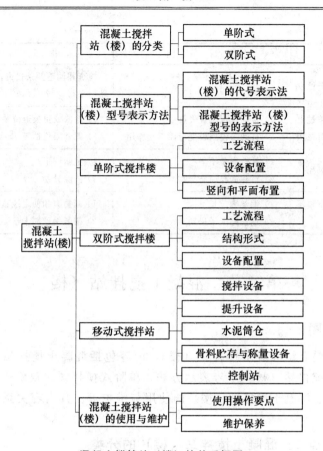

混凝土搅拌站（楼）的关系框图

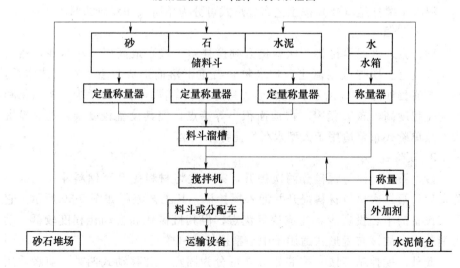

图 5-29 单阶式搅拌站（楼）工艺流程

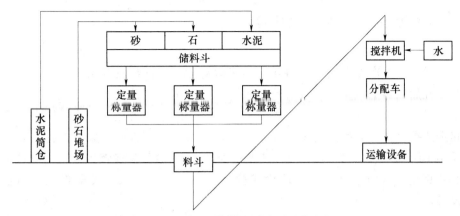

图 5-30　双阶式搅拌站（楼）工艺流程

业务要点 2：混凝土搅拌站（楼）型号表示方法

1. 混凝土搅拌站（楼）的代号表示法

混凝土搅拌站（楼）型号由组代号、搅拌机型式代号和主参数等组成如下：

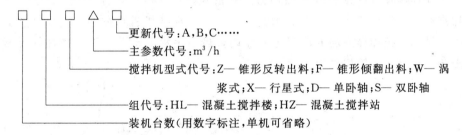

— 更新代号：A，B，C……

— 主参数代号：m³/h

— 搅拌机型式代号：Z— 锥形反转出料；F— 锥形倾翻出料；W— 涡浆式；X— 行星式；D— 单卧轴；S— 双卧轴

— 组代号：HL— 混凝土搅拌楼；HZ— 混凝土搅拌站

— 装机台数（用数字标注，单机可省略）

2. 混凝土搅拌站（楼）型号的表示方法

混凝土搅拌站（楼）型号的表示方法见表 5-5。

表 5-5　混凝土搅拌站（楼）型号的表示方法

机类	机型	特　性	代号	代号含义	主参数
混凝土搅拌楼（站）H（混）	混凝土搅拌楼 L（楼）	锥形反转出料式（Z）	HLZ	锥形反转出料混凝土搅拌楼	生产率 /（m³/h）
		锥形倾翻出料式（F）	HLF	锥形倾翻出料混凝土搅拌楼	
		涡浆式（W）	HLW	涡浆式混凝土搅拌楼	
		行星式（N）	HLN	行星式混凝土搅拌楼	
		单卧轴式（D）	HLD	单卧轴式混凝土搅拌楼	
		双卧轴式（S）	HLS	双卧轴式混凝土搅拌楼	
	混凝土搅拌站 Z（站）	锥形反转出料式（Z）	HZZ	锥形反转出料混凝土搅拌站	
		锥形倾翻出料式（F）	HZF	锥形倾翻出料混凝土搅拌站	
		涡浆式（W）	HZW	涡浆式混凝土搅拌站	
		行星式（X）	HZX	行星式混凝土搅拌站	
		单卧轴式（D）	HZD	单卧轴式混凝土搅拌站	
		双卧轴式（S）	HZS	双卧轴式混凝土搅拌站	

业务要点 3：单阶式搅拌楼

1. 工艺流程

材料经一次提升进入贮料斗中，然后靠自重下落经过各工序。由于从贮料斗开始的各工序完全靠自重使材料下落来完成，因此便于自动化。采用独立称量，可缩短称量时间，所以效率高。单阶式本身占地面积小，所以大型固定式搅拌楼一般都采用单阶式，特别是为水利工程服务的大型搅拌装置都采用单阶式。在一套单阶式搅拌装置中安装 3～4 台大型搅拌机，每小时可生产几百立方米的混凝土。但单阶式搅拌楼的建筑高度大，要配置大型运输设备。

图 5-31 为单阶式搅拌楼的工艺流程图，砂、石骨料装在置于地面上的大型贮筒内，经水平、倾斜皮带输送机运送到搅拌楼最高点的回转漏斗中，由回转漏斗分配到预定的骨料贮存斗内。水泥由水泥筒仓经过一条由螺旋输送机和斗式提升机组成的封闭通道进入水泥贮斗。添加剂和搅拌用水通过泵送进入搅拌楼顶部的水箱和添加剂箱。计量开始后，砂石骨料、水泥、水、添加剂经各自的称量斗按预定的比例称量后进入搅拌机进行搅拌，搅拌好的混凝土被卸入搅拌楼底层的混凝土贮斗内，最后由混凝土贮斗将搅拌好的混凝土卸入混凝土运输机械中。

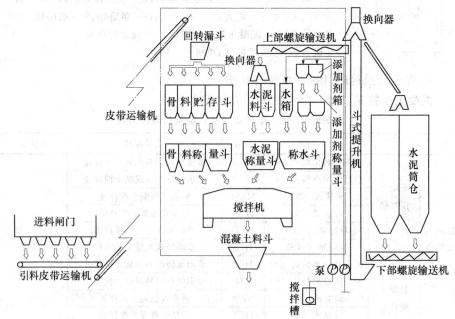

图 5-31　单阶式搅拌楼的工艺流程图

2. 设备配置

(1) 骨料输送设备　对单阶式搅拌楼来说，皮带运输机是首选的骨料输送设备。

(2) 水泥输送设备　水泥输送设备有两种形式：一种是斗式提升机和螺旋输送机组成的机械输送系统，另一种是气力输送系统。关于水泥输送系统的选用参见第三节运输设备中的水泥输送设备。

(3) 回转漏斗　在一座搅拌楼中由于所需骨料品种较多，所以贮斗的数目也较多。而向这些贮斗中供料的皮带运输机则只有一条（根据运输量的计算也只需要一条）。为了把由一条皮带运输机运上来的各种不同的骨料装入相应的贮斗（仓）中，这就需要一台分料设备。这台分料设备就是回转漏斗。关于回转漏斗的构造及控制可参见第四节中的自动装料系统。

(4) 贮料仓　贮料仓是一整套包括料仓本身以及给料机或闸门、料位指示器、砂石含水测定仪等的装置。贮料仓的数目至少有三个，即石子、砂子和水泥仓。当搅拌装置所生产的混凝土的品种较多时，贮料仓的数目可多至 8 个，其中 2 个是水泥斗，在其余 6 个中往往把 4～5 个用做石子贮料仓。因为混凝土品种的变化除改变水泥标号外，经常是石子粒度的改变。在粗骨料贮料仓下部常用扇形门，在细骨料贮料仓下部常采用扇形闸门或皮带给料机。在水泥仓下部常采用叶轮式给料机或螺旋给料机，为了消除水泥仓常发生的拱塞现象，水泥仓下部应装破拱装置。

(5) 计量设备　目前在单阶式搅拌楼中多采用电子秤。秤的数目至少有三台，一台用于称量水泥，一台累计秤用于称量砂、石，一台累计秤用于称量水和附加剂。当一套设备中配备的秤的数量增加时，水泥和水的秤仍保持一台，即使有两种水泥，但在每一次配料时只可以使用其中一种。所以当有两只水泥贮仓时，两只水泥贮斗下的给料机都向同一台秤的秤斗中供料，但这台秤并不是一台累计秤。一台秤最多供 4 个贮料仓使用。所以，在增加贮料斗数量的同时，要相应的增加计量设备。在称量时间限定的许可范围内，应尽可能选用累计秤，以节约设备。

(6) 集中和分配装置　计量设备往往分散在相当大的一个范围里。所以在秤斗的下面必须有一个很大的集料斗，以便把计量好的料集中起来。当搅拌楼只装有两台搅拌机时，集中起来的料经过分配叉管交替地向两台搅拌机供料。当搅拌机有三台时则通过一台回转分料管向各台搅拌机供料。水和液态添加剂经单独的分配管注入搅拌机。

(7) 搅拌机械　搅拌楼安装一台或多台强制式搅拌机，其中有卧轴式（以双卧轴为多）或立轴式（涡浆式或行星式）单机容量在 $1m^3$ 以上。在水电大坝等大型建筑工地，需要混凝土几百万立方米，甚至更多，所使用的最大骨料粒径在 150mm 以上，在这种情况下也可安装多台自落式锥形倾翻出料搅拌机。设置多台搅拌机的搅拌楼均需增加对主机供料导向斗而增加了楼体高度。

（8）混凝土料斗　搅拌楼中的混凝土料斗一般是几台搅拌机共用一个，这样有利于向混凝土搅拌运输车中卸料。

3. 竖向和平面布置

单阶式搅拌楼的平面尺寸都不大，但高度较大。所以，搅拌楼各层标高的确定都十分仔细。降低各层标高不仅使整个装置的高度减小，同时还减小了皮带运输机的长度和斗式提升机的高度。图 5-32 是单阶式搅拌楼的简图，图中字母表示了搅拌楼平面尺寸和各层的高度。而且具体尺寸则因所装搅拌机的类型和容量而异，可参考表 5-6 中有关数据。

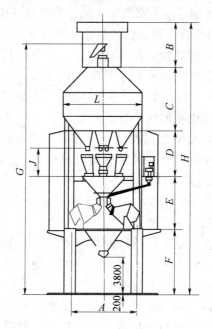

图 5-32　搅拌楼竖向布置

A—边长　B—分配层的高度　C—贮料仓的高度　D—计量层的高度

E—搅拌层本身的高度　F—搅拌层的标高　G—分配层上回转漏斗入口的标高

H—搅拌楼的高度　J—计量设备的尺寸　L—贮料斗的平面尺寸

表 5-6　搅拌楼竖向布置尺寸数据

搅拌机型式 台数×容量	贮料斗容量 /m³	各 部 尺 寸/m									
		A（边长）	B	C	D	E	F	G	H	I	J
自落 2×0.75	125	6.0方形	4.1	3.75	3.55	4.5	5.3	18.60	21.20	6.0	2.15
自落 2×1.0	160	6.0方形	4.1	4.15	3.55	4.5	6.3	20.00	22.60	6.0	2.15

搅拌机型式 台数×容量	贮料斗容量 /m³	各 部 尺 寸/m									
		A（边长）	B	C	D	E	F	G	H	I	J
强制 2×1.0	200	4.0 六角形	4.1	6.25	3.55	4.5	5.3	20.10	23.70	8.0	2.15
自落 2×1.5	250	4.0 六角形	4.1	7.45	3.00	4.0	6.3	24.05	26.65	8.0	3.50
强制 2×1.50	300	4.0 六角形	4.1	8.65	3.90	4.6	5.8	25.35	27.95	>8.0	2.50
自落 2×2.00	300	4.0 六角形	4.1	8.65	3.90	5.3	6.6	25.95	28.55	>8.0	2.80
强制 2×2.0	350	4.0 八角形	4.1	6.25	4.40	5.0	6.3	23.45	25.05	10.0	2.80
自落 2×3.0	400	4.0 八角形	4.1	6.85	4.40	5.6	7.0	25.95	27.95	>10.0	3.10
强制 2×3.00	500	4.0 八角形	4.1	7.55	4.40	5.3	6.6	25.35	27.95	>10.0	3.10

在设计搅拌楼时，首先要确定的竖向尺寸是卸料高度。搅拌楼是大型混凝土生产装置，应考虑用混凝土搅拌运输车运送产品。搅拌运输车受料口的高度在 3.5m 以上。搅拌楼的卸料高度都设计为 3.8m（如图 5-32）所示。

在平面布置上，小型搅拌楼采用矩形，中型和大型搅拌楼则采用六角形和八角形。采用六角形和八角形不仅便于布置搅拌机和计量设备，更主要的是六角形和八角形贮料斗有更大的容积。

搅拌楼在垂直方向有五层：出料层、搅拌层、计量层、贮料层及分配层。

搅拌层的标高（F）决定于卸料高度，混凝土贮斗的容量，另外与搅拌机的类型也有一定关系。搅拌层本身的高度（E）因搅拌机的类型和容量而异。多台搅拌机在平面上布置，两台时采用对置，超过两台时采用辐射形。

贮料仓的高度（C）（见图 5-32）在搅拌楼的竖向尺寸里占比例最大。但减小尺寸 C 就会减少贮料量。在供料没有一个十分可靠保证的情况下不应减少贮量。适当增加贮料斗的平面尺寸（L），可以在不减少贮料的前提下减小贮料斗层的高度。所以在一些大型搅拌楼中尺寸 L 往往大于搅拌楼的平面尺寸 A。

分配层是皮带运输机的入口和安装回转漏斗的地方。在各种不同容量的搅拌楼上，分配层的高度（B）（见图 5-32），是大致相同的，分配层上回转漏斗入口的标高（G）是代表皮带运输机的提升高度，是设计中一个很重要的尺寸。

计量层的高度（D）主要决定于计量设备的尺寸（J）。计量器在平面上的布置应尽可能地紧凑，减小集中斗的尺寸，降低搅拌层的高度（E）。采用累计秤能获得较好的效果。图 5-33 是一种组合称量器，它是由一台水泥秤和一台砂石累计秤组合而成。水泥秤斗在其中部，砂石秤斗包在两侧。在称量杠杆系统上，水泥和砂石是各自独立的，分别进行单独称量和累计称量。水泥秤斗和砂石秤斗有各自的卸料门。当开启卸料闸门时，水泥为砂石裹携进入搅拌机中，这一过程相当于预搅拌，因而可以提高搅拌机的效率。这种组合称量器的秤斗本身就起着集中斗的作用，所以能有效降低搅拌层的高度。

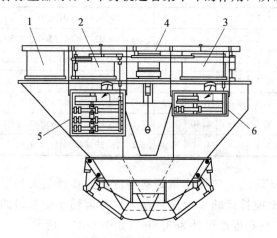 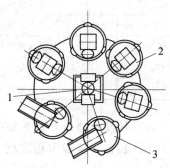

图 5-33　组合称量器	图 5-34　称量器平面布置图
1、2、3—砂石贮斗闸门　4—水泥卸料口	1—水泥秤　2—石子秤
5—砂、石累积秤　6—水泥秤	3—砂子秤

图 5-34 是设有 7 台称量器时的平面布置。两个水泥贮斗，两台给料机共用一台秤。图中 2 是石子秤，贮斗的给料由闸门控制。图中 3 是砂子秤，由皮带给料机给料。

水和附加剂计量装置可以单独布置，可以距中心较远。因为水可以沿很小斜度的管道流动。

业务要点 4：双阶式搅拌楼

1. 工艺流程

骨料第一次提升进入贮料斗，经称量配料集中，第二次提升装入搅拌机。双阶式高度小，只需用小型的运输设备，整套装置设备简单、投资少、建设快。在双阶式搅拌楼中因为材料配好集中后要经过二次提升，所以效率低。在成套装置中一般只能装一台搅拌机。双阶式搅拌楼一般自动化程度较低，往往是采用累计计量，并且由于建筑高度小，容易架设安装，因此拆装式的搅拌站都设计成双阶的，而移动式搅拌站则必须采用双阶式工艺流程。

图 5-35 是目前常用的工艺流程方案。方案的一个共同点是：水泥是由一条单独的，密闭的通路经过提升、称量而进入搅拌机中，这样可避免发生水泥飞扬的现象。

图 5-35 中三个方案相比较，方案 b 省了一套骨料称量斗，而把骨料提

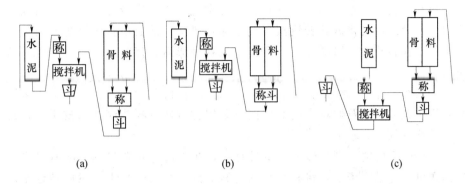

图 5-35 搅拌站的三种工艺流程

(a) 方案 a　(b) 方案 b　(c) 方案 c

升斗兼做称量斗。这样不仅省去了一套秤斗，而且降低了高度。但是，在提升斗提升、下降时会使整个称量系统受到冲击。方案 c 是一个比较新颖的方案。在这个方案里作为二次提升的不是提升斗，而是搅拌机本身。

这种方案需要安装一种特殊的"爬升式搅拌机"，这种搅拌机不仅能搅拌混凝土，而且象提升斗一样爬升卸料，在提升过程中还能进行搅拌，节省时间。但是，从图上可以看出，骨料集中斗在向搅拌机中卸料时，还需稍移动提升。实际上成为一种三阶式。

2. 结构形式

双阶式搅拌站的结构型式是多样的，主要在于砂石供料形式上的区别和机电结构组合变形的多样性，现将主要的几种形式分述如下：

（1）以拉铲集砂石料的搅拌站

1）拉铲集料斗门下带称量斗的型式。

悬臂拉铲将砂石堆积在扇形隔料仓的卸料门之上。开启气动卸料门砂石骨料分别卸入称量斗中进行累计称量。当砂石提升斗下降至累计称量斗底部时开启称量斗底部料门，将称量好的砂石骨料卸入提升斗中，提升至卸料高度，将砂石投入搅拌机中。

2）提升斗又是称量斗的形式。

提升斗下行至底部时进入称量架中开启卸料门，砂石先后进入提升斗进行累计计量。

这种方式在砂石进料时序上增加了累计称量时间（累计称量时间＋料斗提升时间＋料斗卸料时间＋料斗下降时间）大于搅拌机搅拌周期，比拉铲集料斗门下带称量斗的型式的生产率下降了。但是它在基础处理上不增设地坑，相对而言它的适应性更广泛。

3）拉铲集料斗门下设置皮带秤，用皮带输送机上料的形式。

　　拉铲下料门分别开启后，砂石骨料分别进入累计皮带秤，称量完后皮带机启动，短皮带机将砂石转运至斜皮带输送机上，然后由斜皮带将砂石集于搅拌机上存料斗中，当搅拌机一个搅拌周期完成后，存料斗斗门开启将砂石投入搅拌机。

　　(2) 搅拌站与配料机相结合的形式　　目前国内各种配料站中，以砂石采用装载机上料，在砂石贮料斗的卸料门下装置称量斗（秤斗底部为皮带机）进行累计称量的型式较多。

　　大、中型配料机则是砂、石单独计量，在称量斗卸料门下方配有水平皮带输送机，计量完毕后，将称量斗的骨料卸到水平皮带机上，然后转运至搅拌机或搅拌机上方的贮料斗。配料机的计量方式目前均采用电子秤，有采用多吊点传感器的，也有通过一级杠杆采用单吊点传感器的。

　　3. 设备配置

　　双阶式搅拌站有多种工艺方案及结构型式所以其配置设备也是多种多样的。常见的双阶式搅拌站设备配套情况见表 5-7，可供设计时选择。

表 5-7　双阶式搅拌站配置设备

功　能		设备配置选择
骨料贮存		星形贮料仓 直列式贮料仓 圆筒形贮料仓
水泥贮存		金属筒仓 塑料筒仓
骨料输送（一次提升）		拉铲 皮带运输机 斗式提升机 装载机
水泥输送（一次提升）		螺旋输送机、斗式提升机 气力输送设备
称量	骨料	杠杆秤、电子秤（自动或手动）、机械电子秤
	水泥	杠杆秤、电子秤（自动或手动）、机械电子秤
	水	水秤、自动水表、定量水箱
骨料二次提升		提升机 皮带机
水泥提升（二次提升）		螺旋输送机
搅拌机		双锥反转出料式 双锥倾翻出料式 涡浆强制式 行星强制式 卧轴强制式

业务要点 5：移动式搅拌站

移动式搅拌站是一种机动性很强的小型搅拌装置，整套装置十分紧凑，由几个能够整体装运的机组组成，能够拖运迁移。尽管是一种小型搅拌装置，但其产量并不很小，而且能生产高质量的混凝土。因此，移动式搅拌站无疑是采用双阶工艺方案，累计称量器等。贮料斗对移动式搅拌站是一个很大的负担。所以必须减小贮斗的容量以减小其体积及质量。贮料斗容积减小以后，就有可能发生供料中断的现象。必须有机动性好的供料设备与之相配合，如装载机等。为了移动方便，移动式搅拌站本身都是很矮小的。为了使搅拌站能有较大的出料高度，则应采取一些措施。图 5-36 为一种移动式搅拌站，其主要结构介绍如下：

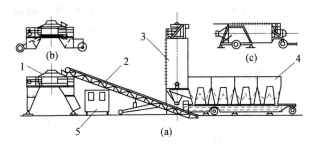

图 5-36　移动式搅拌站
1—搅拌设备　2—水泥和骨料二次提升皮带机　3—水泥筒仓
4—骨料和水泥秤量设备　5—控制柜

1. 搅拌设备

搅拌设备有一个可升降的支架。在支架上装有一台强制式搅拌机和一个压力水箱，没有混凝土贮斗。一般移动式搅拌站都不设置混凝土贮斗，而由搅拌机直接向混凝土运输设备中装料。这样可以降低搅拌机的安装高度。支架支腿的下部是两台小车，在拖运状态时它们可以在液压缸的作用下绕一个销轴转动，成为图 5-36b 中所示状态，使搅拌设备在运输状态时离地高度很小，然后装上前后轮即可拖运。在安装时只要液压缸活塞杆推出，支腿下部自动回转到垂直位置。穿好销轴，装上支腿即可进行工作。这时搅拌机具有一定的出料高度，运输混凝土的车辆可以在搅拌机下面通行。

2. 提升设备

称量好的骨料和水泥是通过一条皮带机装入搅拌机内的。为了避免水泥落在皮带机上时飞扬损失，在水泥秤斗卸料口处有一犁头装置。这一犁头把从下面运上来的骨料分到两边，使水泥卸在中间，这样继续向上运送时，骨料很自然地把水泥埋在下面。另外,整条皮带机上面都有防雨罩,使运送的材料不受风吹雨淋。皮带机的倾角可以借其中部的液压缸来调整。当液压缸活塞杆全部缩回时,可把皮带机降至最低位置,以便拖运。

3. 水泥筒仓

水泥筒仓下部有一支架,上部焊有一前车架。在拖运状态时,在支架上装上后轮,在前车架上装上转向的前轮。到达安装位置后,只要开动油泵把多级(四级)液压缸的活塞杆推出,筒仓即可竖立起来。筒仓与水泥秤斗之间以一条倾斜螺旋运输机相连。

4. 骨料贮存与称量设备

在一台大平板拖车上装有四只骨料斗。每只贮斗下面各有两个颚式闸门,用压缩空气缸控制其开闭。闸门的下面有一条皮带称量秤。整条皮带机作为称量器的秤斗。称量时皮带机停止运转,进行累计称量。称量完毕后,开动皮带机将物料转运至斜皮带机上,而后装入搅拌机内。水泥称量斗在车的最前端,装在一伸出的托架上。拖车除装有车轮外,还装有三对液压支腿,工作时,打起支腿使轮胎脱离地面。

5. 控制站

在控制站内装有配电盘、操纵台、水泵、空压机和液压系统。这种搅拌站是电力拖动的,但它的架设是靠液压,闸门的操作是靠压缩空气。整个控制站也可以装上轮子拖运转移。

业务要点 6:混凝土搅拌站(楼)的使用与维护

1. 使用操作要点

1)混凝土搅拌站(楼)的操作人员必须熟悉所操作设备的性能与特点,并认真执行操作规程和保养规程。

2)新设备使用前,必须经过专业人员安装调试,在技术性能各项指标全部符合规定并经验收合格后方可投产使用。经过拆卸运输后重新组装的搅拌站,也应调试合格后方可使用。

3)电源电压、频率、相序必须与搅拌设备的电器相符。电气系统的熔断丝必须按照电流大小规定使用,不得任意加大或用其他非熔丝代替。

4)操作盘上的主令开关、旋钮、按钮、指示灯等应经常检查其准确性、可靠性。操作人员必须弄清操作程序和各旋钮、按钮的作用后,方可独立进行操作。

5)机械起动后应先观察各部运转情况,并检查油、气、水的压力是否符合要求。

6)骨料规格应与搅拌机的性能相符,粒径超出许可范围的不得使用。

7）机械运转中，不得进行润滑和调整工作。严禁将手伸入料斗、搅拌筒探摸进料情况。

8）因为搅拌机不具备满载起动的性能，所以搅拌中不得停机。如发生故障或停电时，应立即切断电源，将搅拌筒内的混凝土清除干净，然后进行检修或等待电源恢复。

9）控制室的室温应保持在25℃以下，以免因温度而影响电子元件的灵敏度和精确度。

10）切勿使机械超载工作，并应经常检查电动机的温升。如发现运转声音异常、转速达不到规定时，应立即停止运行，并检查其原因。如因电压过低，不得强制运行。

11）停机前应先卸载，然后按顺序关闭各部开关和管路。作业后，应对设备进行全面清洗和保养。

12）电气部分应按一般电气安全规程进行定期检查。三相电源线截面积，铜线不得小于25mm²，铝线不得小于35mm²，并需有良好的接地保护，电源电压波动应在±10%以内。

2. 维护保养

（1）作业前检查

1）检查搅拌机润滑油箱及空压机曲轴箱的油面高度。搅拌机采用20号机油，空压机冬季用13号压缩机油，夏季用19号压缩机油。

2）冷冻季节和长期停放后使用，应对水泵和附加剂泵进行排气引水。

3）检查气路系统中气水分离器积水情况。积水过多时，打开阀门排放。检查油、水、气路通畅情况和有无溢漏。各料门启闭是否灵活。

（2）作业后清理维护

1）清理搅拌筒、出料门及出料斗积灰，并用水冲洗，同时冲洗附加剂及其供给系统。

2）冰冻季节，应放净水泵、附加剂泵、水箱及附加剂箱内的存水，并起动水泵和附加剂泵运转1～2min。

（3）每周检查维护

1）润滑点，如出料门轴、各储料斗和称量斗门轴、胶带输送机托轮、压轮、张紧轮轴承和传动链条、螺旋输送机各部轴承等处，必须进行润滑。铲臂固定座应定期润滑。

2）检查搅拌机叶片、内外刮板和铲臂保护磨损情况，必要时调整间隙或更换。

3）检查调整传动胶带张紧度；检查紧固各部连接螺栓；检查各接触点和中间继电器的静、动触头是否损伤或烧坏；必要时应修复或更新。

4）搅拌站需要转移或停用时，应将水箱，附加剂箱，水泥、砂、石储存斗及称量斗内的物料排净，并清洗干净。转移中应将杠杆秤表头平衡砣及秤杆加以固定，以保护计量装置。

第三节　混凝土搅拌运输车

◎ 本节导图：

本节主要介绍混凝土搅拌运输车，内容包括混凝土搅拌运输车的用途和分类、混凝土搅拌运输车的主要构造、混凝土搅拌运输车的操作要点、混凝土搅拌运输车的保养与维护、混凝土搅拌运输车的常见故障及排除方法等。其内容关系框图如下：

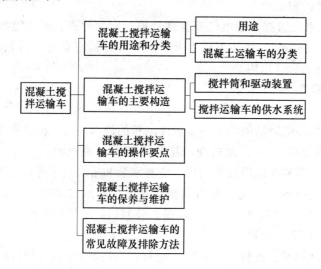

混凝土搅拌运输车的关系框图

◎ 业务要点 1：混凝土搅拌运输车的用途和分类

混凝土搅拌运输车是一种远距离输送混凝土的专用车辆。实际上就是在汽车底盘装一个可以自行转动的搅拌筒，车辆在行驶过程中混凝土仍能进行搅拌，因此，是具有运输与搅拌双重功能的专用车辆，是发展商品混凝土必不可少的配套设备。

1. 用途

根据运距和材料供应情况的不同，搅拌运输车有以下几种用途：

（1）湿料输送　从预拌工厂的搅拌机出料口下，运输车搅拌筒以进料速度运转。在运输途中，搅拌筒旋转使混凝土不断地慢速搅动。到达施工现场后，搅拌筒卸出混凝土。

(2) 半干料输送 对尚未配足水的混凝土进行搅拌输送。

(3) 干料输送 把经过称量后的砂、石子和水泥等干料装入搅拌筒内，在输送车到达现场前加入水进行搅拌。搅拌完成后再反转出料。

(4) 搅拌混凝土 如配料站无搅拌机，可将输送车作搅拌机用，把经过称量的各种骨料按一定的加料顺序加入搅拌筒，搅拌后再送至施工现场。

2. 混凝土运输车的分类

按运载底盘结构形式的不同，可分为普通载重汽车底盘和专用半挂式底盘两类。一般采用载重汽车底盘。

按搅拌装置传动方式的不同，可分为机械传动和液压传动两类。早期国产的采用机械传动，现普遍采用液压传动。

按搅拌筒的动力供给方式的不同，可分为共用运载底盘发动机和增加搅拌筒专用发动机两类。

搅拌筒使用运载底盘发动机的，按发动机的动力引出方式不同，有飞轮取力和由轴前端取力，也可从运载底盘传动系统中的分动箱或专设的动力输出轴引出。国产输送车都采用曲轴前端取力，即由发动机曲轴的前端加装取力齿轮箱和液压泵联接，输出压力油，驱动液压马达，再经减速器和链条传动带动搅拌筒。

按搅拌筒容量大小可分为小型（搅拌容量为 $3m^3$ 以下）、中型（搅拌容量为 $3 \sim 8m^3$）和重型（搅拌容量为 $8m^3$ 以上）。中型车较为通用，特别是容量为 $6m^3$ 的最为常用。

业务要点 2：混凝土搅拌运输车的主要构造

混凝土搅拌运输车由载重汽车、水箱、搅拌筒、装料斗、传动系统和卸料机构等组成，如图 5-37 所示。

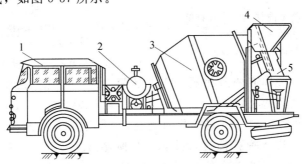

图 5-37 混凝土搅拌运输车

1—载重汽车 2—水箱 3—搅拌筒 4—装料斗 5—卸料机构

1. 搅拌筒和驱动装置

混凝土搅拌运输车搅拌筒旋转的动力源由两种形式：一种是搅拌筒旋转和汽车底盘共用一台发动机，即集中驱动；另一种是搅拌筒旋转单独设置一台发动机，即单独驱动。单独驱动的优点是：搅拌筒工作状态不受汽车底盘负荷的影响，更能保证混凝土输送质量，同时底盘行驶性能也不受搅拌机的影响，有利于充分发挥底盘的牵引力。目前，较大容量的混凝土搅拌运输车均采用单独驱动。

混凝土搅拌运输车搅拌筒传动形式有机械传动和液压机械传动两种。由于液压机械传动具有结构紧凑、操作方便、噪声小、平稳且能实现无级调速，所以大多采用液压机械传动形式。典型的液压机械传动形式有：

1）变量泵—液压马达—减速器—链传动—搅拌筒。

2）变量泵—液压马达—减速器—搅拌筒。

混凝土搅拌运输车的搅拌筒为固定倾角斜置的反转出料梨形结构，安装在机架的滚轮及轴承座上，与水平方向的倾角为 $18°\sim20°$，其构造如图 5-38 所示。

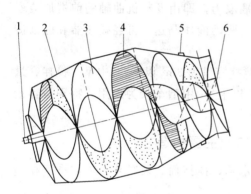

图 5-38 混凝土搅拌运输车搅拌筒
1—中心轴 2—搅拌筒体 3、4—螺旋叶片
5—环形滚道 6—进料导管

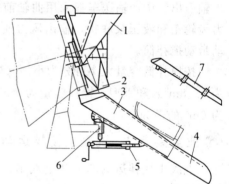

图 5-39 进、出料装置
1—进料斗 2—固定出料槽 3—活动出料槽
4—接长卸料溜槽 5—伸缩机构
6—摆动机构 7—中间加长溜槽

在搅拌筒内壁焊有两条相隔 $180°$ 的从筒口到筒底连续的带状螺旋叶片，在筒口部位沿两条螺旋叶片的内边缘焊接一段进料导管。当搅拌筒正转时，混凝土拌合物或原材料沿进料导管内侧进料，沿切向被叶片带起并靠自重落下，沿轴向移动进入搅拌筒进行拌和，当搅拌筒反转时，已拌好的混凝土，则沿着螺旋叶片，从进料导管外侧被推进筒口。

混凝土搅拌运输车的进、出料装置如图 5-39 所示。进料斗在搅拌筒口上方，下斗口插入搅拌筒的进料导管内，物料经进料斗在其自重和转动的搅拌筒螺旋叶片作用下快速进入筒内。进料斗的上部与机架铰接，可以绕铰接轴向上翻转，便于对搅拌筒进行清洗和维护。

卸料机构由固定出料槽和活动出料槽、摆动机构和伸缩机构等组成。固定出料槽位于搅拌筒口的两侧下方，活动出料槽中间加长溜槽和接长卸料槽，由销轴相互连接，并起导向作用。通过摆动机构可使活动溜槽部分在水平面内摆动，又借助伸缩机构使活动溜槽在垂直面内作一定角度俯仰。从搅拌筒口卸出的混凝土拌合物，从固定出料槽和活动出料槽及中间加长溜槽和接长卸料槽卸出。

当前，混凝土搅拌运输车已推出了带有振动子的新一代产品，其上车部分如图 5-40 所示。带振动子的搅拌运输车与一般自落式搅拌运输车相比，其优点是：搅拌作用强烈，可避免强制式搅拌机或多或少地引起骨料细化（骨料细化是使骨料总表面积增加，要求更多的水泥）的缺点，这种搅拌运输车用高压喷嘴把水直接喷射到拌和物中，能更快更有效地生产优质混凝土。由于有振动装置，使卸料迅速干净，只需很少的清洗水，并可回收使用搅拌用水，减少能耗和叶片的磨损。带有振动子的混凝土搅拌运输车能有效地拌和钢纤维混凝土、泡沫混凝土和轻骨料混凝土等。

2. 搅拌运输车的供水系统

搅拌运输车的供水系统主要用于清洗搅拌装置，不可缺少。搅拌混凝土用水一般由搅拌站供应。如果进行干料注水搅拌运输或在一些特殊地区需要车载搅拌用水，则在搅拌车设计时即应予以考虑。一般不能随便增大水箱容积，以免汽车底盘超载。

搅拌运输车的供水系统，一般由水泵、水泵驱动装置（有机械驱动的、电动机驱动的，也有液压驱动的）、水箱和量水器等组成，与一般搅拌机供水系统相仿。近年来，对一些中小容量的搅拌运输车，为简化供水系统的机构，节省动力，减轻上车重量，省去水泵及其一套驱动装置，采用了气压供水方式。在这种供水系统中只设置一个能承受一定空气压力的密封水箱量水器和有关控制水阀。工作时，利用汽车的压缩空气，经减压通入水箱，而将水箱

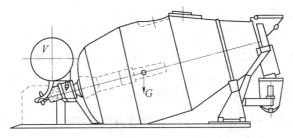

图 5-40　带有振动子的搅拌运输车上车部分

储水从管道压出，供清洗或搅拌混凝土使用。

图 5-41 是这种供水系统的原理，它由密封压力水箱、闸阀、水表（量水器）和三通阀等组成。压力水箱下部接出水管，并通过阀门分别与水源或工作部分相通。水箱盖上装有排气阀和安全阀，备进水排气和超压保护用。另外，还接有压缩空气进气管，压缩空气引自汽车的储气罐，经减压阀和控制阀供水箱排水。工作前先向水箱加满用水，工作时与水箱接通压缩空气，按需要调整三通阀，水即沿管路和阀门被送到冲洗管或搅拌筒中。

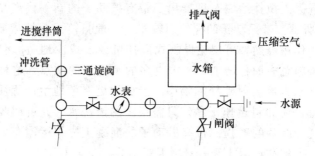

图 5-41　气压供水系统原理图

业务要点 3：混凝土搅拌运输车的操作要点

1）新车开始使用前必须进行全面检查和试车，一切正常后方可正式使用。

2）起动前检查燃油、机油和冷却水的容量，轮胎气压，各紧固件的紧固情况，以及各主要操作系统的工作性能，确认合格方可起动。

3）各部液压油的压力应按规定要求不能随意改动，液压油的油量、油质、油温应达到规定要求，所有油路各部件无渗漏现象。

4）起动后应低速运转，检查发动机运转情况及机油压力是否正常，待水温上升后再开始工作。正常工作水温应保持在 75～90℃ 之间。

5）必须以一挡起步。离合器要分离彻底，结合平稳，禁止用离合器处于结合状态来控制车速。

6）搅拌运输时，装载混凝土的重量不能超过允许载重量。

7）行驶前检查锁紧装置必须将料斗锁牢，以防行驶时掉斗，损坏机件。

8）搅拌车在露天停放时，装料前应先将搅拌筒反转，使筒内的积水和杂物排出，以保证运输混凝土的质量。

9）搅拌车通过桥、洞时，应注意通过高度及宽度，以免发生碰撞事故。

10）工作装置连续运转时间不应超过 8h。

11）上坡时如遇路面不良或坡度较大，应提前换入低速挡行驶，下坡时严禁脱挡滑行，转弯时应先减速，急转弯时应换入低速挡。

12）翻斗车采用前轮驱动、前轮制动，因此制动时必须均匀逐渐踩下制动踏板，尽量避免紧急制动。

13）通过泥泞地段或雨后砂地要低速缓行，避免换挡、制动或急剧加速，并不要靠近路边或沟旁行驶，防止侧滑。

14）翻斗车排成纵列行驶时，要和前车保持8m左右的距离，在下雨或冰雪的路面上还应加大间距。

15）搅拌车运送混凝土的时间不得超过搅拌站规定的时间，若中途发现水分蒸发，可适当加水，以保证混凝土质量。

16）运送混凝土途中，搅拌筒不得停转，以防止混凝土产生初凝及离析现象。

17）搅拌筒由正转变为反转时，必须先将操纵手柄放至中间位置，待搅拌筒停转后，再将操作手柄放置反转位置。

18）水箱的水量要经常保持装满，以防急用。冬季停车时，要将水箱和供水系统水放尽。

19）如用作搅拌混凝土使用时，应按下列步骤进行：

① 进料、搅拌。先注入总用水量的2/3，再按配合比设计的1/2粗骨料和1/2细骨料以及全部水泥顺次装入搅拌筒，随后将余下的1/2细骨料装入，再后将余下1/2粗骨料和1/3的水装入。

② 搅拌筒转速及搅拌时间。进料时搅拌筒转速应为6～10r/min；搅拌时间为进料完毕后5～10r/min。

③ 搅动、出料。在输送途中，搅拌筒应以1～3r/min的速度搅动；出料时，搅拌筒转速应为2～10r/min。

20）出料斗根据需要使用，不够长时可自行接长。

21）出料前，最好先向筒内加少量水，使进料流畅，并可防止粘料。

22）在坑沟边缘卸料时，应设安全挡块，车辆接近坑边应减速行驶，避免剧烈冲撞。

23）停车时要选择适当地点，不要在坡道上停车。冬季要防止车辆与地面冻结。

业务要点4：混凝土搅拌运输车的保养与维护

1）搅拌车发动前，必须进行全面检查，确保各部件正常，连接牢固，操作灵活。

2）严格按照表5-8规定的润滑部位及周期进行润滑，并保持加油处清洁。

表 5-8　混凝土搅拌运输车上车润滑部位及周期

润滑部位	润滑剂	润滑周期
斜槽销	钙基脂 ZG-1	每日
加长斗连接销		
升降机构连接销		
操纵机构连接点		
斜槽销支撑轴		每周
万向节十字轴		每周
托轴		每月
操纵软轴	齿轮油 HL-2D	每月

3）对液压泵、马达、阀等液压和气压元件，应按产品说明书要求进行保养。

4）及时检查并排除液压、气压、电气等系统管路的漏损及断电等现象。

5）定期检查搅拌叶片的磨损情况并及时修补。

6）经常检查各减速器是否有异响和漏油现象并及时排除。

7）对机械进行清洗、维修以及换油时，必须将发动机熄火停止运转。

8）下班前要清洗搅拌筒和车身表面，以防混凝土凝结在筒壁和叶片及车身。

9）露天停放时，要盖好有关部位，以防生锈，失灵。

10）汽车部分按汽车说明书进行维护保养。

业务要点 5：混凝土搅拌运输车的常见故障及排除方法

混凝土搅拌运输车的常见故障及排除方法见表 5-9。

表 5-9　混凝土搅拌运输车的常见故障及排除方法

常见故障	故障原因	排除方法
进料斗堵塞	进料搅拌不均匀，出现"生料"，放料过快	堵塞后用工具捣通，控制放料速度
搅拌筒不能转动	发动机或液压泵发生故障	检修柴油机或液压泵，若混凝土已装入搅拌筒时，柴油机或液压泵发生故障，则应采取如下紧急措施： 将一辆救援搅拌运输车驶近有故障的车，将有故障的液压马达油管接到救援车的液压泵上，由救援车的液压泵带动故障车的液压马达旋转，紧急排除故障车拌筒内的混凝土
	液压管路损坏	修理管路
	操纵失灵	修理操作系统

续表

常见故障		故障原因	排除方法
搅拌筒转动不出料		混凝土坍落度太小	加适量水，拌筒以搅拌速度搅拌 30 转，然后反转出料
		叶片磨损严重	修复或更换
		滚道和托轮磨损不均	修复或更换
		夹卡套太松	调整夹卡套螺母
噪声	油泵吸空	吸油滤油器堵塞	更换滤油器
	油生泡沫	油量不足	补油
		空气滤清器堵塞	更换滤清器
	油温过高	冷却器故障	检修冷却器
液压泵压力不足		油脏，油泵磨损	清洗更换油，修理油泵
流量太小	真空表度数很大	吸油滤油器失效	更换滤油器
	漏油	机件磨损，接头松动，管壁磨损	修理或更换

第四节　混凝土泵及泵车

本节导图：

本节主要介绍混凝土泵及泵车，内容包括混凝土泵及泵车的分类、混凝土泵的构造及操作、混凝土泵车的构造及操作、混凝土泵及泵车的使用及维护、混凝土泵的常见故障及排除方法等。其内容关系框图如下：

业务要点 1：混凝土泵及泵车的分类

混凝土泵是将混凝土拌合料加压并通过管道作水平或垂直连续输送到浇筑工作面的一种混凝土输送机械。这种输送方法，既能保证混凝土质量（保持混凝土的均匀性，提高其密实性），又能降低劳动强度，提高生差率。尤其对于混凝土量较大的大型混凝土构筑物和高层建筑，以及场地狭窄的城市施工，更能显示其优越性。但因输送距离有一定限度，对泵送混凝土拌合物的坍落度和骨料粒径也有一定要求，因而也限制了它的使用范围。

混凝土泵车是将混凝土泵装置在汽车底盘上，并用液压折叠式臂架（又称布料杆）管道来输送混凝土。臂架具有变幅、曲折和回转三个动作，在其活动范围内可任意改变混凝土浇筑位置，在其有效幅度内进行水平与垂直方

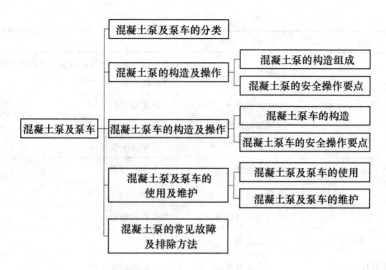

混凝土泵及泵车的关系框图

向的混凝土输送，从而降低劳动强度，提高生产率，并能保证混凝土质量。

　　混凝土泵按移动方式分为固定式、拖式、车载式、臂架式等，常用的为拖式。按其驱动方法分为活塞式、挤压式和风动式，其中活塞式混凝土泵又因传动方式不同而分为机械式和液压式两类，挤压式混凝土泵适用于泵送轻质混凝土，由于压力小，故泵送距离短。机械式混凝土泵结构笨重、寿命短、能耗大，已不生产。目前生产和使用较多的是液压活塞式混凝土泵。其具体分类如图 5-42 所示。

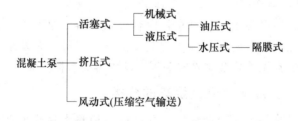

图 5-42　混凝土泵的分类

业务要点 2：混凝土泵的构造及操作

　　1. 混凝土泵的构造组成

　　(1) 液压活塞式混凝土泵　混凝土泵根据其排量（输送量）的大小，划分多种型号。早期生产的排量较小（8～15m³/h），现已向大排量发展，最大排量达 100m³/h。不论排量大小，其工作原理都是通过液压缸的压力推动活塞，再通过活塞杆上的工作活塞来压送混凝土。

　　液压活塞式混凝土泵目前定型生产的有 HB8、HB15、HB30、HB60 等型号，分单缸和双缸两种。图 5-43 为 HB8 型液压活塞式混凝土泵，由电动机、料斗、输出管、球阀、机架、泵缸、空气压缩机、液压缸、行走轮等组成。

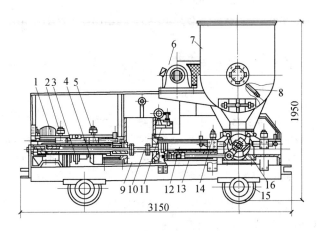

图 5-43　HB8 型液压活塞式混凝土泵

1—空气压缩机　2—主液压缸行程阀　3—空压机离合器

4—主电动机　5—主液压缸　6—电动机　7—料斗　8—叶片　9—水箱

10—中间接杆　11—操纵阀　12—混凝土泵缸　13—球阀液压缸

14—泵缸行程阀　15—车轮　16—球阀

图 5-44 是 HB30 型混凝土泵的示意图，该型号属于中小排量、中等运距的双缸液压活塞式混凝土泵。它还有 HB30A 和 HB30B 两种改进型号，其主要区别在于液压系统。液压活塞式混凝土泵的工作原理如图 5-45 所示，其是通过液压缸的压力活塞杆推动混凝土缸中的工作活塞来进行压送混凝土的。

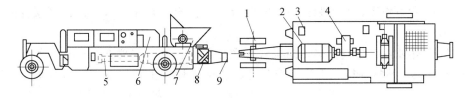

图 5-44　HB30 型混凝土泵总成示意图

1—机架及行走机构　2—电动机和电气系统　3—液压系统

4—机械传动系统　5—推送机械　6—机罩

7—料斗及搅拌装置　8—分配阀　9—输送管道从水箱到混凝土缸

2. 混凝土泵的安全操作要点

1) 混凝土泵应安放在平整、坚实的地面上，周围不得有障碍物，在放下

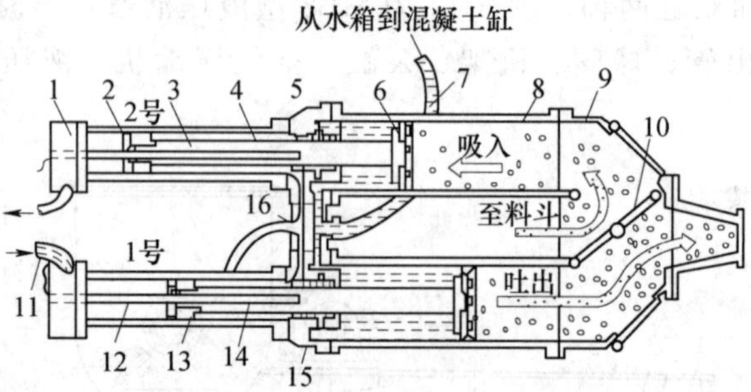

图 5-45　液压活塞式混凝土泵工作原理图

1—液压缸盖　2—液压缸　3—活塞杆　4—闭合油路　5—V 型密封圈
6—活塞　7—水管　8—混凝土缸　9—阀箱　10—板阀　11—油管　12—铜管
13—液压缸活塞　14—干簧管　15—缸体接头　16—双缸连接缸体

支腿并调整后应使机身保持水平和稳定，轮胎应楔紧。

2）泵送管道的敷设符合下列要求：

① 水平泵送管道应直线敷设。

② 垂直泵送管道不得直接装接在泵的输出口上，应在垂直管前端加装长度不小于 20m 的水平管，并在水平管近泵处加装逆止阀。

③ 敷设向下倾斜的管道时，应在输出口上加装一段水平管，其长度不应小于倾斜管高低差的 5 倍。当倾斜度较大时，应在坡度上端装设排气活阀。

④ 泵送管道应有支承固定，在管道和固定物之间应设置木垫作缓冲，不得直接与钢筋或模板相连，管道与管道间应连接牢靠；管道接头和卡箍应扣牢密封，不得漏浆；不得将已磨损管道装在后端高压区。

⑤ 泵送管道敷设后，应进行耐压试验。

3）砂石粒径、水泥强度等级及配合比应按出厂规定，满足泵机可泵性的要求。

4）作业前应检查并确认泵机各部螺栓紧固，防护装置齐全可靠，各部位操纵开关、调整手柄、手轮、控制杆、旋塞等均在正确位置，液压系统正常无泄漏，液压油符合规定，搅拌斗内无杂物，上方的保护格网完好无损并盖严。

5）输送管道的管壁厚度应与泵送压力匹配，近泵处应选用优质管子。管道接头、密封圈及弯头等应完好无损。高温烈日下应采用湿麻袋或湿草袋遮盖管路，并应及时浇水降温，寒冷季节应采取保温措施。

6）应配备清洗管、清洗用品、接球器及有关装置。开泵前，无关人员应离开管道周围。

7）起动后，应空载运转，观察各仪表的指示值，检查泵和搅拌装置的运转情况，确认一切正常后，方可作业。泵送前应向料斗加入 10L 清水和 $0.3m^3$ 的水泥砂浆润滑泵及管道。如果管长超过 100m，应随布料管延伸适当增加水和砂浆。

8）若气温较低，空运转时间应长些，要求液压油的温度升至 15℃ 以上时才能投料泵送。

9）泵送作业中，料斗中的混凝土平面应保持在搅拌轴轴线以上。料斗格网上不得堆满混凝土，应控制供料流量，及时清除超粒径的骨料及异物，不得随意移动格网。

10）当进入料斗的混凝土有离析现象时应停泵，待搅拌均匀后再泵送。当骨料分离严重，料斗内灰浆明显不足时，应剔除部分骨料，另加砂浆重新搅拌。

11）泵送混凝土应连续作业；当因供料中断被迫暂停时，停机时间不得超过 30min。暂停时间内应每隔 5～10min（冬季 3～5min）作 2～3 个冲程反泵→正泵运功，再次投料泵送前应先将料搅拌。当停泵时间超限时，应排空管道。

12）垂直向上泵送中断后再次泵送时，应先进行反向推送，使分配阀内混凝土吸回料斗，经搅拌均匀后再正向泵送。

13）泵机运转时，严禁将手或铁锹伸入料斗或用手抓握分配阀。当需在料斗或分配阀上工作时，应先关闭电动机和消除蓄能器压力。

14）不得随意调整液压系统压力。当油温超过 70℃ 时，应停止泵送，但仍应使搅拌叶片和风机运转，待降温后再继续运行。

搅拌轴卡住不转时，要暂停泵送，及时排除故障。

15）水箱内应贮满清水，当水质浑浊并有较多砂粒时，应及时检查处理。

16）泵送时，不得开启任何输送管道和液压管道；不得调整、修理正在运转的部件。

17）作业中，应对泵送设备和管路进行观察，发现隐患应及时处理。对磨损超过规定的管子、卡箍、密封圈等应及时更换。

18）应防止管道堵塞。泵送混凝土应搅拌均匀，控制好坍落度；在泵送过程中，不得中途停泵。

19）当出现输送管堵塞时，应进行反泵运转，使混凝土返回料斗；当反泵几次仍不能消除堵塞，应在泵机卸载情况下，拆管排出堵塞。

20）作业后，应将料斗内和管道内的混凝土全部输出，然后对泵机、料斗、管道等进行冲洗。当用压缩空气冲洗管道时，进气阀不应立即开大，只有当混凝土顺利排出时，方可将进气阀开至最大。在管道出口端前方 10m 内严禁站人，并应用金属网篮等收集冲出的清洗球和砂石粒。对凝固的混凝土，应采用刮刀清除。

21）作业后，应将两侧活塞转到清洗室位置，并涂上润滑油。各部位操纵开关、调整手柄、手轮、控制杆、旋塞等均应复位。液压系统应卸载。

业务要点3：混凝土泵车的构造及操作

1. 混凝土泵车的构造

国产混凝土泵车已有多厂生产，但都属于从国外引进技术或合作生产，其中一些关键部件（如液压泵等元件）多来自国外，因而其构造及技术性能和国外同型产品相似。现以改进后的 85B－2 型的构造特点简述如下。

该机安装在 SJR461 型载重汽车经过改装的底盘上，功率大、机动性好。整个工作机构采用液压传动和控制，可根据工作需要自动控制混凝土的输送量和压力。上车设有"Z"形三段液压折叠式臂架，前端附有橡胶软管，能作 360°全回转，作业范围大，输送管径为 125mm 时，可对垂直距离 110m、水平距离 520m 的远处进行泵送和浇注。其外形如图 5-46 所示。

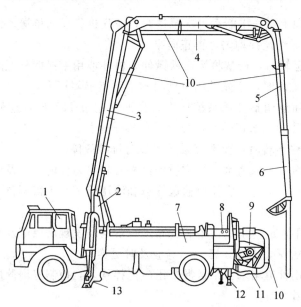

图 5-46　混凝土泵车外形结构

1—汽车底盘　2—布料杆回转台　3—第一节布料杆　4—第二节布料杆

5—第三节布料杆　6—伸缩杆　7—混凝土输送泵　8—操纵台　9—受料台

10—输送管　11—Y 型管　12—后支腿　13—前支腿

该机由汽车底盘上的发动机驱动，汽车底盘上装有混凝土推送机构及料斗，带有输送管路的臂架、支腿、水泵、润滑装置、冷却装置以及用来操纵和控制上述设备的液压系统等构成。如图 5-47 所示。

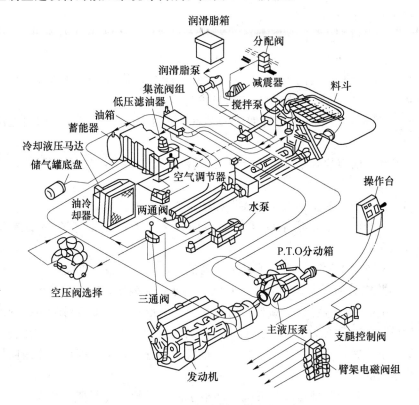

图 5-47　混凝土泵车总体构成示意

2. 混凝土泵车的安全操作要点

1）泵车就位地点应平坦坚实，周围无障碍物，上空无高压输电线。泵车不得停放在斜坡上。

2）泵车就位后，应支起支腿并保持机身的水平和稳定。当用布料杆送料时，机身倾斜度不得大于 3°。

3）就位后，泵车应显示停车灯，避免碰撞。

4）作业前检查项目应符合下列要求：

① 燃油、润滑油、液压油、水箱添加充足，轮胎气压符合规定，照明和信号指示灯齐全良好。

② 液压系统正常工作，管道无泄漏；清洗水泵及设备齐全良好。

③ 搅拌斗内无杂物，料斗上保护格网完好并盖严。

④ 输送管路连接牢固，密封良好。

5）布料杆所用配管和软管应按出厂说明书的规定选用，不得使用超过规定直径的配管，装接的软管应拴上防脱安全带。

6）伸展布料杆应按出厂说明书的顺序进行。布料杆升离支架后方可回转。严禁用布料杆起吊或拖拉物件。

7）当布料杆处于全伸状态时，不得移动车身。作业中需要移动车身时，应将上段布料杆折叠固定，移动速度不得超过 10km/h。

8）不得在地面上拖拉布料杆前端软管；严禁延长布料配管和布料杆。当风力在六级及以上时，不得使用布料杆输送混凝土。

9）泵送前，当液压油温度低于 15℃时，应采用延长空运转时间的方法提高油温。

10）泵送前应检查泵和搅拌装置的运转情况，监视各仪表的指示灯，发现异常，应及时停机处理。

11）料斗中混凝土面应保持在搅拌轴中心线以上。

12）作业中，不得取下料斗上的格网，并应及时清除不合格的骨料或杂物。

13）泵送中当发现压力表上升到最高值，运转声音发生变化时，应立即停止泵送，并应采用反向运转方法排除管道堵塞；无效时，应拆管清洗。

14）作业后，应将管道和料斗内的混凝土全部输出，然后对料斗、管道等进行清洗。当采用压缩空气冲洗管道时，管道出口端前方 10m 内严禁站人。

15）作业后，不得用压缩空气冲洗布料杆配管，布料杆的折叠收缩应按规定顺序进行。

16）作业后，各部位操纵开关、调整手柄、手轮、控制杆、旋塞等均应复位，液压系统应卸荷，并应收回支腿，将车停放在安全地带，关闭门窗。冬季应放尽存水。

◎ 业务要点 4：混凝土泵及泵车的使用及维护

1. 混凝土泵及泵车的使用

（1）泵机类型的选择　混凝土泵车具有机动性强、布料灵活等特点，但价格比托式泵贵 1 倍左右，结构复杂，维修费用高，能耗大，泵送距离短。适用于大体积基础、零星分散工程和泵送距离较短的混凝土浇筑施工。拖式泵结构较简单，价格较低，能耗较少，使用费也低，输送距离长，适用于在固定地点长时间作业、远距离泵送和浇筑混凝土。

（2）泵机规格的选择　选用泵机的规格，主要取决于单位时间内混凝土浇筑量和输送距离。生产厂提供的性能参数往往是理论计算值或在理想条件下得出的，即最大理论排量 Q_{max}，选用时应按平均排量 Q_m 进行修正：

$$Q_m = \alpha E_t Q_{max} \tag{5-1}$$

式中　E_t——泵的作业率，一般取 $0.4 \sim 0.8$；

　　　α——泵送距离影响系数，见表 5-10。

表 5-10　泵送距离影响系数 α

换点的水平泵送距离/m	0～49	50～99	100～149	150～179	180～199	200～250
α	1.0	0.9～0.8	0.8～0.7	0.7～0.6	0.6～0.5	0.5～0.4

表 5-10 适用于 $30 \sim 40 m^3/h$ 泵，对于 $60 \sim 90 m^3/h$ 泵，换算水平泵送距离超过 150m 时，α 值增大 0.1。

泵送距离和输送压力的关系，可参照生产厂提供的资料及有关公式进行核算。

（3）液压系统的选择　液压回路有开式和闭式两类。开式回路系统结构较简单，控制部件少，价格低，维修方便，储油量大，油温不易升高，不需配备冷却器，但泵送时压力波动较大，油耗较大；闭式回路系统结构复杂，控制和驱动元件多，必须配备油冷却系统，价格较高，但泵送时压力平稳，油耗较少。

（4）泵缸缸径的选择　泵缸缸径的大小，主要取决于对输送压力和排量的要求，用于大排量短距离或低扬程输送时应选用较大缸径；用于小排量远距离或高扬程输送时应选用较小缸径。但缸径也受到混凝土中粗骨料最大粒径的限制，一般不能小于骨料最大粒径的 $3.5 \sim 4$ 倍（碎石）或 $2.5 \sim 3$ 倍（卵石）。

（5）料斗高度和容量的选择　料斗离地高度必须低于搅拌输送车卸料槽的高度，以备受料。料斗容量一般为 $400 \sim 600L$ 左右，这对于用 $6 m^3$ 搅拌输送车喂料，特别是采用摆动管式阀的泵，料斗容量嫌小，最好选用 $800 \sim 900L$ 的，以提高搅拌车的使用效率，并使料斗中经常保持一定的存量，以防吸入空气。

2. 混凝土泵及泵车的维护

本节以混凝土泵的维护为主要内容，混凝土泵车汽车底盘的维护，应参照相关汽车的维护规定。

混凝土泵执行日常、月度、年度等三级维护制。如有可靠的运转记录，除日常维护外可执行间隔 200 工作小时的一级维护和间隔 1200 工作小时的二级维护。各级维护规程见表 5-11～表 5-13，HB 系列混凝土泵润滑部位及周期见表 5-14。

表 5-11　混凝土泵日常维护（工作前、中、后进行）

序号	维护部件	作业项目	技 术 要 求
1	电气设备	检查	线路连接牢固，绝缘良好，各种开关、按钮、接触器、继电器等作用正常，接地装置可靠
2	连接件及管路	检查紧固	各部连接螺栓完整无缺，紧固牢靠，输送管路固定、垫实，无渗漏
3	液压油箱及空压机曲轴箱油量	检查	油位指示器应在蓝线范围内，不足时添加
4	水箱水量	检查	水箱水量充足
5	液压系统	检查	液压泵、缸、马达及各操纵阀、管路等元件应无渗漏，工作压力正常，动作平稳正确，油温在 15～65℃ 范围内
6	搅拌机构	检查	工作正常，无卡阻等现象
7	推送机构	检查	分配阀动作及时，位置正确，泵送频率正常，正反泵操纵便捷，无漏水、漏油、漏浆等现象
8	整机	清洁	开动泵机，用清水将泵体、料斗、阀箱、泵缸和管路中所有剩余混凝土冲洗干净，如作业面不准放水时，可采用气洗
9	各润滑点	润滑	按润滑表进行

表 5-12　混凝土泵月度维护（每月或 200 工作小时后进行）

序号	维护部件	作业项目	技 术 要 求
1	连接、紧固件	检查、紧固	各部连接和紧固件应齐全完好，缺损者补齐
2	减速器（分动器）	检查	放出底部沉积的污垢，补充润滑油至规定油面高度
3	搅拌传动链条	检查、调整	调整传动链条松紧度，一般挠度为 20～30mm
4	分配阀	检查、调整	检查分配阀磨损情况。球阀的阀心和阀体之间的间隙应为 0.5～1mm；板阀和系杆的间隙超过 3mm、板阀上端间隙超过 1mm，下端间隙超过 1.5mm，以及板阀和杆系对中程度超过 3mm 均应调整或更换密封件。阀窗应关闭严密
5	料斗和搅拌装置	检查	料斗和搅拌叶片应无变形、磨损、视需要进行调整或修复
6	推送机构	检查	推送活塞、橡胶圈应无磨损、脱落、剥离或扯裂等现象，必要时予以更换
7	液压系统	检查、清洁	清洁过滤器滤芯，如有内泄外漏或压力失调等现象，应予调整或更换密封件
8	空气压缩机	检查、清洗	空压机压力应正常，清洗空气过滤器
9	输送管道	检查	无漏水、漏浆等现象，安装牢固
10	主机	清洁、润滑	清除机身外表灰浆，按润滑表规定进行润滑

表 5-13　混凝土泵年度维护（每年或 1200 工作小时后进行）

序号	维护部件	作业项目	技 术 要 求
1	减速器（分动箱）	拆检	打开上盖，放尽脏油，冲洗内部。检查齿轮副和轴承的磨损情况，更换磨损零件及油封，调整齿轮的啮合间隙，加注新油至规定油面
2	搅拌装置	拆检	料斗、搅拌叶片、搅拌轴和支座等如有磨损应修复或更换，传动链轮和链条应无过量磨损，更换已磨损的轴承、密封盘、压圈、螺栓等易损件
3	推送机构	拆检	拆检混凝土缸和活塞的磨损情况，更换橡胶圈、密封圈等易损件，如果活塞杆弯曲或混凝土缸磨损超限应修复或更换
4	分配阀	拆检	拆检各部零件的磨损情况，必要时修复或更换，更换密封件
5	液压系统	检查、清洁	清洁各液压元件，检测其工作性能，必要时调整或拆修。检测液压油，如油质变坏应更换，更换时应进行全系统清洗
6	给水系统	拆检	拆检水泵，检查轴承、叶片、泵壳等应无磨损，水管及吸水笼头应无老化或损坏，必要时予以修复和更换。更换填木、水封及其他易损件
7	电气设备	检查	检查输电导线的绝缘情况和接线柱头等应完好，检查各开关和继电器触头的接触情况，如有烧伤和弧坑应予清除，必要时调整继电器的整定值
8	输送管道	检查	检查随机配备的各型管子及管接头等，如有破损应予修复并补齐连接螺栓
9	整机	清洁、补漆	全机清洗，对外表进行补漆防腐
10	整机	润滑	按润滑表规定进行
11	整机	试运行	按试运转要求进行，各部应运转正常，作业性能符合要求

表 5-14　HB 系列混凝土泵润滑部位及周期

序号	润滑点名称	润滑点数	润滑剂	加油周期 /h		换油周期 /h	
				HB30	HB60	HB30	HB60
1	板阀上下轴承	2		3	2	240	176
2	搅拌轴承	2		3	2	240	176
3	搅拌链条	1		3		240	
4	液压马达支承座	1		80	480		
5	板阀液压缸传动销	1	钙基脂	8	8	240	176
6	板阀液压缸支承销	1	冬 ZG-2	8	8	240	176
7	板阀夹紧螺母	2	夏 ZG-4	16	16	240	176
8	板阀下轴承顶螺钉	1		80	64	240	176
9	阀窗铰链销	2		80	64	480	
10	阀窗夹紧臂销	4		90	64	480	
11	链条万向节	2				480	
12	前后轮转向架轴承	6				2880	2100

序号	润滑点名称	润滑点数	润滑剂	加油周期/h	换油周期/h
13	分动器	1	齿轮油 冬 HL-20 夏 HL-30	16	首次 480 常规 1440

业务要点 5：混凝土泵的常见故障及排除方法

混凝土泵常见故障及排除方法见表 5-15。

表 5-15　混凝土泵常见故障及排除方法

故障现象	故障原因	排除方法
电动机起动时空气开关跳闸	1) 空气开关内过流装置故障 2) 通电流整定值偏小 3) 前次运转停机时未按泵送停止按钮，造成电动机带负荷起动	1) 检查修理 2) 重新调整 3) 按一下泵送停止按钮再起动
电动机起动后运转指示灯不亮	1) 灯内限流电阻断线 2) 交流接触器常闭接点、时间继电器微动开关接点有故障	1) 更换 2) 检修或更换
泵指示灯全不亮但推送正常，或一侧灯亮，但无推送动作	1) 限流电阻接线故障 2) 灯座接线错误或松动 3) 主电液阀电磁线圈或行程开关有故障	1) 更换 2) 检查接线，拧紧螺栓 3) 检修或更换
活塞反向失灵或活塞能循环动作，但板阀不反向	1) 反向按钮接触不良 2) 反向继电器插座接线松动 3) 板阀反向开关损坏或接线不良 4) 辅电液阀电磁线圈损坏	1) 检修 2) 检修，消除接线松动 3) 检修或更换 4) 检修或更换
搅拌自动反向失灵	1) 时间继电器微动开关失灵 2) 微动开关与油压推杆错位 3) 搅拌电磁阀损坏	1) 检查接线或更换 2) 调整或更换 3) 检修或更换
搅拌轴不转	1) 料斗内有异物卡阻 2) 搅拌轴两端轴承密封损坏，砂浆渗入硬结 3) 润滑条件恶劣	1) 清除 2) 更换密封，排除砂浆积块 3) 改善润滑条件

续表

故障现象	故障原因	排除方法
推送机构动作正常但无混凝土排出	混凝土活塞从活塞杆上脱落	重新安装
板阀上下轴承端有水泥浆，水从水箱盖处冒山	1）轴承磨损 2）阀窗损坏或关闭不严	1）更换 2 检修或重新关严
分动箱漏油	1）油封损坏或轴颈磨损 2）箱盖结合面损坏或密封垫损坏	1）更换油封、修复轴颈 2）修理或更换
水系统有浮油或水泥浆，水从水箱盖冒出	1）推进机构液压缸密封圈损坏 2）混凝土活塞橡胶圈损坏 3）混凝土缸壁磨损	1）更换 2）更换 3）更换
推送混凝土频率过低或过高	1）油箱油面过低，液压泵吸空气 2）主溢流阀不正常，有泄漏现象 3）滤油器堵塞 4）封闭油路油量减少，冲程缩短	1）加油至规定油面 2）检修 3）清洗滤芯 4）检修封闭油路安全阀
推送活塞在行程终端停顿	主电液阀阀心卡住	检修
板阀换向缓慢	1）蓄能器充压不足 2）卸荷溢流阀压力过低 3）液压缸活塞密封损坏	1）检修 2）调整溢流阀压力 3）更换密封圈
蓄能器压力不稳定，呈不规则变化	1）液压泵吸入空气 2）卸荷阀故障	1）油箱补油，检修吸油管路 2）检修
板阀阀压缸不动作	1）阀箱内混凝土堵塞 2）板阀液压缸失灵	1）清除堵塞 2）检修
主液压缸活塞杆振动	1）油箱油位低，液压泵吸空 2）主泵吸油管泄漏 3）主液压缸杆腔密封圈压得过紧，油温提高后活塞杆咬死	1）加油至规定油面 2）检修 3）重新装配
两个推送液压缸不同步，发生撞缸现象	闭合回路存在空气	在停机状态下，缓缓松开闭合油路管接头进行排气，拧紧接头后开机运转几分钟，再停机进行排气，直至排完存气
油温过高	1）泵送负载太高而使主溢流阀经常溢流 2）辅电液阀和卸荷阀有故障，使辅泵不能卸荷 3）液压油粘度过低	1）适当提高溢流压力 2）检修 3）更换

故障现象	故障原因	排除方法
电动机停转后，使蓄能器释放能量时板阀动作少于 6 次	1）卸荷阀泄漏，不保压 2）辅电液阀失灵	1）检修 2）检修
液压油污浊，呈锈色	1）推送液压缸密封圈损坏 2）液压系统有损坏而引起污染	1）更换密封圈 2）检查、排除

第五节　混凝土喷射机械

本节导图：

　　本节主要介绍混凝土喷射机械，内容包括混凝土喷射机的分类、双罐式混凝土喷射机、转子式混凝土喷射机、螺旋式混凝土喷射机、鼓轮式混凝土喷射机、风动式湿式混凝土喷射机、混凝土喷射机的使用与维护、转子式混凝土喷射机常见故障及排除方法等。其内容关系框图如下页所示：

业务要点 1：混凝土喷射机的分类

　　1. 按混凝土拌合料的加水方法分

　　（1）干式　按一定比例的水泥基骨料，搅拌均匀后，经压缩空气吹送到喷嘴和来自压力水箱的压力水混合后喷出。这种方式施工方法简单，速度快，但粉尘太大，喷出料回弹量损失较大，且要用高标号水泥。国内生产的大多为干式。

　　（2）湿式　进入喷射机的是已加水的混凝土拌合料。因而喷射中粉尘含量低，回弹也减少，是理想的喷射方式。但是湿料易于在料罐、管路中凝结，造成堵塞，清洗麻烦，而未能推广使用。

　　（3）半湿式　也称潮式，即混凝土拌合料为含水为 $5\% \sim 8\%$ 的潮料（按体积计），这种料喷射式粉尘减少，由于比湿料粘接性小，不粘罐，是干式和湿式的改良方式。

　　2. 按喷射机结构形式分

　　（1）缸罐式　缸罐式喷射机坚固耐用。但机体过重，上、下钟形阀的启闭需手工繁重操作，劳动强度大，且易造成堵管，故已逐步淘汰。

　　（2）螺旋式　螺旋式喷浆机结构简单、体积小、质量小、机动性好。但输送距离超过 30m 时容易返风，生产率低且不稳定，只适用于小型巷道的喷射支护。

　　（3）转子式　转子式喷射机具有生产能力大、输送距离远、出料连续稳

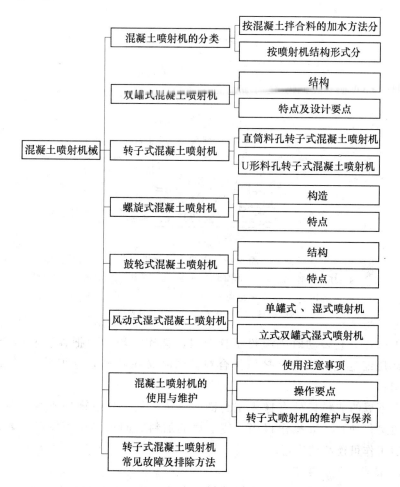

混凝土喷射机械关系框图

定、上料高度低、操作方便，适合机械化配套作业等优点，并可用于干喷、半湿喷和湿喷等多种喷射方式，是目前广泛应用的机型。

业务要点2：双罐式混凝土喷射机

1. 结构

图 5-48 是双罐式喷射机的结构图，这是最早发展起来的一种喷射机。

上罐作为贮料室，搬动杠杆，放下钟形阀门，干拌合料可借助于皮带运输机或人力加入到上罐中，此时下罐上的钟形阀门应处于关闭状态。

下罐实际是起给料器作用。搬动杠杆，打开阀门，上罐中的拌合料即落入下罐中；关闭阀门通入压缩空气，开动电动机、经 V 带传动、蜗杆蜗轮传动、竖轴驱动搅拌给料叶轮回转，叶轮是一个具有径向叶片而分成个

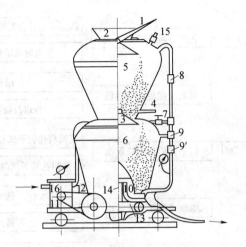

图 5-48 双罐式喷射机

1、4—杠杆手柄 2、3—钟形阀 5—上罐 6—下罐 7、8、9—压气阀门
10—叶轮 11—电动机 12—V带 13—蜗轮减速箱
14—竖轴 15—排气阀门 16—风动马达

空格的圆盘，它转动时既疏松了拌合料，又连续均匀地把拌合料送至出料口。而压缩空气一面自上挤压拌合料，同时又在叶轮附近把拌合料吹松送向出料口。

上下罐的加料口处有橡皮密封圈，以防漏气。当下罐处于给料状态时，上罐再进行加料。如操作得当，使上罐的加料时间远小于下罐的给料时间，则喷射工作可连续地进行。

2. 特点及设计要点

1）罐体呈漏斗形，以便于拌合料靠自重下流，其罐壁的倾角应大于拌合料的静自然坡角，以防拱塞。

2）双罐可以上下连接，也可以并列。双罐上下连接，使构造简单，共用一套搅拌叶轮装置，造价低；但高度较大，给加料带来困难，必需用皮带机加料；双罐并列式，高度可降低40%左右，使加料状况有所改善，但仍需皮带加料，而其构造比较复杂、造价高，故采用这种型式的较少。

3）加料口及钟形阀应保证圆形，用橡胶圈密封，密闭效果很好，密封圈既耐用又便于制作、更换，因此可用较高的气压输送较远的距离。其压气压力可视输送管道的长度而调整。

4）从操作强度方面来讲，罐体愈大，劳动强度愈低，因为每送出一罐要用较长的时间，操作者可以有较多的停歇的时间。但罐体过大，非但高度增加很多，而且自重加大。

5）罐壁的厚度可按薄壁筒（圆柱部分）来计算，但还要考虑长期使用造成内壁的磨损。

6）双罐式喷射机的磨损件不多，构造简单，因此在工作中故障较少；而手柄多、阀门多，每输送一罐拌合料，就要把这些手柄、气阀和钟形阀重复操作一遍，故劳动强度相当大。

业务要点3：转子式混凝土喷射机

1. 直筒料孔转子式混凝土喷射机

直筒料孔转子式喷射机结构如图5-49所示。

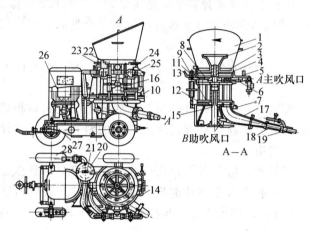

图5-49　直筒料孔转子式喷射机

1—贮料斗　2—搅拌器　3—配料器　4—变量夹板　5—转子
6—上底座　7—下底座　8—上结合胶板　9—下结合胶板　10—支座
11—拉杆　12—衬板　13—橡皮弹簧　14—冷却水管　15—传动轴
16—转向指示箭头　17—出料弯管　18—输送软管　19—喷嘴
20—油水分离器　21、22—风压表　23—压气开关　24—堵管讯号器
25—压气阀　26—电动机　27—齿轮减速箱　28—走行轮胎

搅拌器对拌合料进行二次拌合，以保证级配均匀。配料器及变量夹板使拌合料经上底座上的孔洞流入转子上的料孔中，料孔呈直筒形穿通转子，因此易于制作，且很少发生堵塞故障。贮料斗是不动的，与底座相连并通过支座、拉杆与下底座连接。压缩空气由主吹风口 A 经上底座通入。转子的周向排列着个料孔，当转子转动至某一个料孔与上底座上的进料孔相对时，拌合料即被配料器拨入料孔中。

转子在竖置的电动机经联轴器、齿轮减速箱及传动轴的带动下回转，当装有拌合料的料孔转到上孔口与上底座的进风口相对、下孔口与下底座上的出料口相对时，拌合料就被压缩空气吹送着顺出料弯管、软管至喷嘴与压力水混合后喷射出去，喷射到支护面上。搅拌器及配料器也是由传动轴带动的。

为了防止漏气，在上下底座上各装有上下胶合板，胶合板可用聚氨酯耐磨橡胶制作，板面与转子端面衬板接触，因此，胶合板是密封件，并要求耐磨损。衬板可用球墨铸铁制作，表面经过精磨，因为它与胶合板之间的接触良好与否，将直接影响漏气与灰尘大小。

自上底座、上胶合板、上衬板、转子、下衬板、下胶合板至下底座，它们之间是靠 5 个拉杆及其橡皮弹簧来保持压紧的，一般只要使橡皮弹簧具有 2～3mm 的变形，即可达到密封的要求；如过紧，会使胶合板磨损增加、动力消耗加大。

在上底座上装有冷却水管，开车前应先接通水源，不允许未通冷却水而进行工作或空转。

变量夹板在安装时，其下料口必须与上底座上的进料口相错开，最好处于相对称的方向；避免让拌合料直接落入转子的料孔之中，这样会发生堵管及上下胶合板严重磨损。

变量夹板及配料器，每次刮入料孔的拌合料最多只达到全部料孔高度的80%左右，过满时，胶合板会很快磨损、漏风、堵管。喷嘴所接水压力，应大于 0.1MPa，太低时，供水不足，与拌合料混合不均，既影响混凝土强度，也使喷射时灰尘增大回弹量增多。

如输送距离在 200m 以上时，则需两台 0.7MPa 的压气机并联供气。转子的转向必须如箭头所示的方向回转。当发生堵管时，讯号器可使压气机停车。

这种直筒料孔式转子式喷射机的缺点是：作为密封件的胶合板直径大而且要用上、下两块；胶合板易于磨损，在更换时要整个拆开，很不方便。

2. U 形料孔转子式混凝土喷射机

U 形料孔转子式喷射机是转子料孔呈 U 形。如图 5-50 所示，转子在中央竖轴的带动下回转转子上周向地排列着一些 U 形孔（一般为 12～14 个），其靠近中心轴的为风孔，而外侧的为料孔。进风口及出料弯管皆与上壳体固定。

拌合料在搅拌器、定量隔板及配料器的配合下，使之从漏斗进入转子的 U 形孔中。当这个 U 形孔转过 180°，U 形孔的二口分别与出料弯管及进风管口对接时，则 U 形孔的拌合料就被压送出去。

显然，这种转子式喷射机的橡胶密封板比直筒式料孔转子喷射机的橡胶密封板尺寸小得多，这对于密封效果和备件供应都比前一种要好；另外，

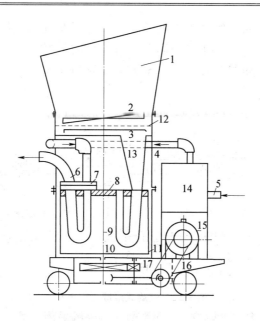

图 5-50　U 形料孔转子喷射机

1—贮料斗　2—搅拌器　3—配料器　4—上壳体　5—进风管
6—出料弯管　7—橡胶密封板　8—衬板　9—传动轴
10—转子　11—下壳体　12—定量隔板　13—下料斗
14—油水分离器　15—电动机　16—V 带　17—蜗轮、齿轮箱

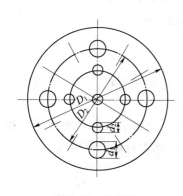

图 5-51　配料孔

当橡胶板磨坏时，只要拆开上壳体即可进行更换，也比前一种方便。但是这种喷射机的转子料孔，制造比较麻烦，当发生堵塞时对 U 形道的清理不够方便。

为了使出料流畅，料孔的中心线对转子轴的中心线呈一定倾角，实践证明，以 10°最佳。料孔的断面积与风孔的断面积越接近，吹送的效果越好，但因为转子上 U 形孔外圈直径 D_1 大于内圈直径 D_2（图 5-51），因此，料孔的直径 d_1 常大于风孔的直径 d_2，其断面积比值经试验证明为 2.2∶1 较好。

业务要点 4：螺旋式混凝土喷射机

1. 构造

螺旋式混凝土喷射机是一种用螺旋作给料器、把从漏斗口下来的拌合料推挤到吹送室进行吹送的。如图 5-52 所示，电动机经减速器、轴承座而带动螺旋回转。螺旋的前部呈锥形，因此，自贮料漏斗流入的拌合料被螺旋带着愈向前移动，就被挤得愈加密实，从而起了密封作用，而进入输送管后则松散开来。

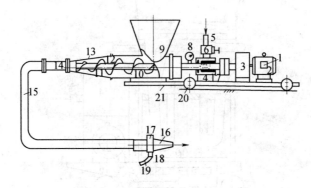

图 5-52 螺旋式混凝土喷射机

1—接线盒 2—电动机 3—减速器 4—轴承座 5—压风管 6—风门
7—接风管座 8—压力表 9—加料斗 10—平直螺旋 11—锥形螺旋
12—螺旋轴 13—锥形壳体 14—接管 15—橡胶软管 16—喷嘴
17—混合室 18—水阀 19—把手 20—车轮 21—底座

压缩空气由压风管引入，经风门、接风管通入中空的螺旋轴至锥形壳体的端部与拌合料混合、吹送进入输料软管。螺旋轴是由轴承座等悬臂支承在壳体中的。整个设备安装在底座上，可以沿着轨道行走。

2. 特点

1）机构简单、重量轻，只有 300kg 左右。

2）上料高度低，操作方便，一般可不用皮带运输机上料，因机器高度只有 70～80cm，故可由人工直接加料。

3）输送距离较短，一般只有十几米，因为它是靠螺旋及挤实的拌合料作密封装置的，如输送距离太远则需增加风压，会出现贮料器返风现象。

4）这种喷射机的工作风压一般为 0.15～0.25MPa。

5）造价低。

3. 设计要点

1）螺旋处于悬臂状态，若自齿轮箱至螺旋为一条通轴，使安装和更换螺旋皆不方便，应在齿轮箱出轴端与螺旋轴分段，并用联轴器连接。

2）螺旋轴的悬臂较长时，对防止反风是有利的。但由于螺旋有一定的重量，而螺旋下垂，会加剧螺旋及壳体的磨损，经不断试验，如圆柱部分的螺旋径为 520mm 内径为 198mm 时，采用圆柱部分的长度在 500mm 左右，螺距为 120mm，锥形部分的锥度为 9°，锥管长度 390mm 可以得到最佳的输送效果。

◎ 业务要点 5：鼓轮式混凝土喷射机

1. 结构

图 5-53 是一种鼓轮式混凝土喷射机，它是以鼓轮作为配料器，并将吹送室与贮料器隔离。

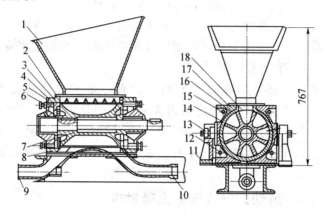

图 5-53　鼓轮式混凝土喷射机
1—料斗　2—端面密封环　3—端环　4—压紧环　5—端盖　6—调节螺栓
7—鼓轮　8—轴承座　9—卸料弯头　10—进风弯头　11—支架　12—拉杆
13—丝杠　14—衬条　15—衬板　16—弹性衬垫　17—壳体　18—齿条筛

鼓轮的周向均布有 8 个 V 形槽，V 形槽的隔板（叶片）顶部镶以密封用的衬条，衬条可用锰钢，但最好用聚四氟乙烯、氯丁橡胶或尼龙 60，以提高密封和耐磨性能，衬板装在壳体内。壳体通过丝杠支承在支架上，调整丝杠可以使壳体左右移动。

壳体的两端装有端盖，通过调整螺钉、压紧环而压紧端面密封环与鼓轮端面接触。进风弯头由支架下部引入，经鼓轮下部的 V 形槽至卸料弯头，即是吹送室。

鼓轮轴带动鼓轮以低速回转，当拌合料由贮料斗经齿条筛进入鼓轮中时，则如图中所示，有三个轮槽中充满拌合料与衬条一起，起着密封作用，当转到最下方时即被压缩空气吹送出去。由于轮叶的厚度较薄，鼓轮在不停的转动，所以输送管的送料是连续的。

鼓轮的端面与密封环板不断地进行摩擦，用螺钉可随时调整其压紧程度以防漏风。密封环板用胶质材料制成，磨坏后可以更换。

2. 特点

1）结构简单、体积小、质量轻（约 300～400kg）、移动方便。

2）连续出料、运转平稳、脉冲效应小。

3）上料高度低，仅 1m 左右，可以人工直接加料。

4）鼓轮控制了加料、卸料，故不易堵塞。

5）操作简单、劳动强度低。

6）易磨损零件（如衬条、密封环板）易于更换。

7）因为是靠衬条等进行密封的，密封能力不强，故输送距离最大不超过 100m，一般以几十米以内为佳，否则压气漏损增大、容积效率降低，拌合料流速减慢，容易产生堵塞现象。

8）这种喷射机还可以在砂石原料中含有一定水分的情况下与水泥拌合进行工作，这样就可以不管是阴雨天气、砂子是干或湿，皆可开展喷射作业。实践证明，当拌合料中含有 4%～5% 的水分时，喷射工作面的粉尘浓度可降至 $12mg/m^3$ 以下，有利于保护操作人员的健康，且不发生堵管现象。

业务要点 6：风动式湿式混凝土喷射机

风动式湿式喷射机是把已加水拌合好的混凝土，经喷射机压送至喷嘴又受压缩空气作用而进行喷射的设备。风动式湿式喷射机大半是在干式喷射机的基础上发展起来的，一般都是正压式的。因为湿拌合料的重率较大，所以耗风量要比干式的多 20%～35%，而输送距离不及干式的远，一般为 60～100m。

1. 立式双罐式湿式喷射机

图 5-54 是一台搅拌机与一个喷射罐重迭组成的风动式湿式混凝土喷射机。混凝土干拌合料在搅拌机中加水得到良好的强制拌合后，打开球面阀落入到喷射罐中，再经拨料叶片送入螺旋输送机，使混凝土均匀地流到出料口与压气混合后喷出。

工作时，搅拌机及喷射罐皆通入压缩空气。搅拌机的加料口滑阀及喷射罐的球面阀皆由压缩空气控制其开闭。这种机型的缺点是上料高度大和比较笨重。

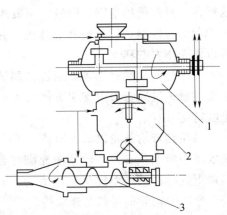

图 5-54 立式双罐式湿式喷射机
1—搅拌筒 2—喷射贮料罐 3—输送螺旋

2. 单罐式湿式喷射机

图 5-55 是一种单罐式湿式喷射机。这种单罐式喷射机是周期式工作的，即每喷完一罐要停歇一段时间加料。

打开球面阀，混凝土湿拌合料由受料斗落入罐中，加满后关闭球面阀打开快速风阀门 2，则压缩空气进入分风器，分别经 6 个风嘴及风管进入锥体环向螺旋风嘴，这 6 个风嘴焊在罐底锥体上，各嘴之间互呈 120°并与水平呈 9°仰角，风嘴舌尖与锥面距离约 9mm，所以送风后在罐内形成压气螺旋。并按切线方向扫射罐壁且吹扫拌合料；当罐内压力与进风管的压力达到平衡时，压气螺旋由动压转为静压，迫使拌合料流向输料管至喷嘴喷射。

此时，分风器上的另一个风嘴经压气管接到速凝剂贮存器的底部，通过扩散栅把速凝剂经输送管吹送到喷嘴处与湿拌合料混合后喷出。

这种具有螺旋布置的风嘴，既有利于疏松拌合料防止堵管，又有清理罐体内壁的作用。

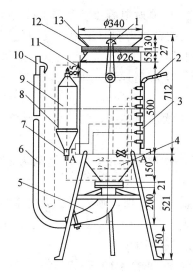

图 5-55　单罐或湿式喷射机

1—把手　2—快速开关阀　3—分风器　4—螺旋风环　5—输料弯管
6—输料软管　7—调节开关　8—扩散栅　9—速凝剂贮存器　10—喷嘴
11—罐体　12—球面阀　13—受料斗

业务要点 7：混凝土喷射机的使用与维护

1. 使用注意事项

（1）喷射混凝土前　喷射混凝土之前，应先用喷射机喷嘴喷洒清水，冲洗岩壁。

（2）喷嘴的操作

1）喷嘴与受喷面的角度：在喷敷平整的受喷面时，喷嘴应与受喷面垂直，如喷混凝土射流不能与受喷面形成 90°，便将会造成过多回弹和降低密实度。喷敷中喷嘴方向控制不当也将使喷混凝土强度有很大变化。

2）喷嘴与受喷面间的距离：喷嘴与受喷面的最佳距离一般为 0.8～1.0m。距离大于 1m 将增加回弹量，并降低密实度，从而也降低了强度。如喷嘴距受喷面小于 0.8m，则不仅回弹增加，而且喷射手也会受到回弹颗粒的打击。

3）喷嘴的移动：喷嘴指向一个地点的时间不应过久，因为这样会增加回弹并难以取得均匀厚度。一种好的喷敷方法是横过岩面将喷嘴稳定而系统地作圆形或椭圆形移动。喷嘴有节奏地作一系列环形移动可形成均匀的产品和最少回弹。若喷嘴不能首尾地移动，则可造成有的地方密实而临近部分却不够密实。喷射手所画的环形圈应为横向 40～60cm、高 15～20cm。

4）一次喷射的厚度：以喷射混凝土不滑移，不坠落为度。即既不能因喷层太厚而影响喷射混凝土的粘结力和凝聚力，又不能因喷层太薄而增加回弹。适宜的一次喷层厚度如下：

① 喷射方向向上，一次喷射厚度，加凝速剂为 50～70mm，不加凝速剂为 30～50mm。

② 喷射方向水平，一次喷射厚度，加凝速剂为 70～100mm，不加凝速剂为 60～70mm。

③ 喷射方向向下，一次喷射厚度，加凝速剂为 100～150mm，不加凝速剂为 100～150mm。

（3）回弹率　由于重力的作用，喷射部位的不同，则回弹率有明显的差异。不同喷射部位的回弹率为：

1）底板，回弹率为 5％～10％。

2）倾斜或垂直壁面，回弹率为 10％～20％。

3）顶面，回弹率为 20％～30％。

（4）堵管现象　在喷射过程中一旦发生堵管现象，应先停机后停风，再检查堵管部位（一般堵管部位长度约 20cm）。一般用脚踩住输料管，并用锤打堵管部位，迫使物料松散，然后用压气吹通。此时喷嘴操作工一定要紧握住喷嘴，以防输料管甩动伤人。当管道中还有压力时，不得卸管接头，以防飞石伤人。

2. 操作要点

1）混凝土喷射机必须正确使用，在没有熟悉机械构造和性能以前，不能随意开机。

2）机械就位以后应检查电路、风路、输送管路、水路等安装是否正确，连接处是否紧固和密封。

3）使用前应先调好工作压力。每次开机时，必须先通压缩空气、起动电动机，然后才能加料。而停机时应先停止加料后才能停止电动和压缩空气。

4）混凝土干料配合比及潮湿程度必须符合喷射机使用要求。

5）喷射混凝土时，应事先估计起动压力和工作压力，并依此为据初调堵管发讯器的压力，然后进行试喷。在试喷过程中，调整最佳工作压力，使喷射能符合要求。

6）喷嘴前方，在任何情况下都不能站人，操作工应始终站在已喷射过的混凝土护面以内。

7）操作时喷射嘴离工作面 0.8～1.2m，以使混凝土粘结最好，回弹率最小为合适。若工作面较大，可采用机械手进行喷射。

8）发生堵管时，应先停止喂料，对堵管部位用脚踩或锤击，迫使物料松散，然后用压缩空气吹通。此时操作工要紧握喷嘴，以防管道甩动伤人。在管道中还有压力时，不得拆卸管接头。

3. 转子式喷射机的维护与保养

1）应经常保持喷嘴水环孔眼的通畅，如被杂物堵塞，应拆开清洗，并应检查其磨损情况，及时进行更换。

2）每喷射作业一段时间后，打开出料弯头和输料管路的快速接头，将输料管路稍微转过一定角度，以达到输料胶管孔壁均匀磨损，延长其使用寿命。

3）橡胶密封板和衬板虽属易损件，正确使用和维护可降低粉尘和延长使用寿命。

4）每星期应检查一次压力表的灵敏度，不允许在压力表失灵的状态下工作。

5）在地下施工中，由于湿度很大，安全阀很容易锈蚀，每班工作前都要搬动其阀柄，防止锈蚀后失灵。

6）地下工程条件恶劣，要经常注意保护电源线，防止在外缘破裂、部分折断等情况下工作。

7）每月（或 60 工时）要检查减速器中的油位，润滑油不足时应补充；每三个月（或 250 工时）应更换润滑油。平时减速器工作温升不应大于 40℃。

8）每月（或 60 工时）要对主轴上部轴承加注润滑脂。

9）更换密封板时，要在所有螺钉上涂抹润滑脂。

10）每年（或 1200 工时）应对全机拆修，修复或更换磨损机件。

业务要点 8：转子式混凝土喷射机常见故障及排除方法

转子式混凝土喷射机常见故障及排除方法见表 5-16。

表5-16　转子式混凝土喷射机常见故障及排除方法

故障现象	故障原因	排除方法
电动机不运转	电气线路发生故障	检修电路
电动机旋转而转子不变	1) 齿轮损坏 2) 键被剪断 3) 主轴四方或转子四方孔损坏	1) 更换齿轮 2) 重新装键 3) 更换主轴或转子
橡胶密封板与衬板结合面跑风跑灰	1) 压紧杆没有压紧 2) 橡胶密封板与衬板结合面各自磨损严重 3) 结合面间存有小砂石 4) 堵管	1) 调整压紧力 2) 修复或更换磨损件 3) 清除（主机通风，移动上座体，用压风吹净） 4) 疏通管道
堵管	1) 加入的拌合料太潮，有初凝现象 2) 主吹风口工作压力不稳定 3) 有大骨料或木片、布片等杂物混入 4) 工作完毕或工间停喷未将料管内料吹净，造成凝结 5) 输料胶管过于弯曲	1) 重新配料 2) 调整工作风压 3) 用压风吹通或停机拆卸清理 4) 拆卸清理 5) 加大弯曲半径
喷头处粉尘大喷射回弹大	1) 水压太低 2) 水量太小 3) 进水孔堵塞 4) 筛分曲线不适当 5) 喷嘴离受喷面距离和角度不适当	1) 提高水压 2) 增水量 3) 清除堵物 4) 调整级配 5) 改变喷嘴距离和角度

第六节　混凝土振动机械

◎ 本节导图：

　　本节主要介绍混凝土振动机械，内容包括混凝土振动机械的分类、混凝土内部振动机械、混凝土外部振动机械、混凝土振动机械的维护、混凝土振动机械的常见故障及排除方法等。其内容关系框图如下页所示：

◎ 业务要点 1：混凝土振动机械的分类

　　混凝土振动机械的种类繁多，可按照其作用方式、驱动方式和振动频率等进行分类。

　　1. 按作用方式分类

　　按照对混凝土的作用方式，可分为插入式内部振捣器、附着式外部振捣

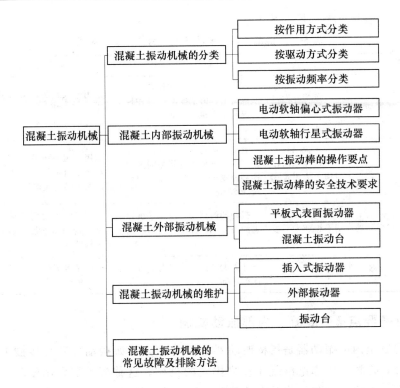

混凝土振动机械的关系框图

器和固定式振动台等三种。附着式振动器加装一块平板可改装为平板式振动器。

2. 按驱动方式分类

按照振动器的动力源可分为电动式、气动式、内燃式和液压式等。电动式结构简单，使用方便，成本低，一般情况都用电动式的。

3. 按振动频率分类

按照振动器的振动频率，可分为高频式（133～350Hz 或 8000～20000 次/min）、中频式（83～133Hz 或 5000～8000 次/min）、低频式（33～83Hz 或 2000～5000 次/min）三种。

高频式振动器适用于干硬性混凝土和塑性混凝土的振捣，其结构形式多为行星滚锥插入式振动器；中频式振动器多为偏心振子振动器，一般用作外部振动器；低频振动器用于固定式振动台。

由于混凝土振动器的类型较多，施工中应根据混凝土的骨料粒径、级配、水灰比、稠度及混凝土构筑物的形状、断面尺寸、钢筋的疏密程度以及现场动力源等具体情况进行选用。

同时要考虑振动器的结构特点、使用、维修及能耗等技术经济指标选用。

各类混凝土振动器的特点及适用范围见表 5-17。

表 5-17　混凝土振动器的分类、特点及适用范围

分　类	形　式	特　点	适　用　范　围
插入式振动器	行星式、偏心式、软轴式、直接式	利用振动棒产生的振动波捣实混凝土，由于振动棒直接插入混凝土内振捣，效率高，质量好	适用于大面积、大体积的混凝土基础和构件，如柱、梁、墙、板以及预制构件的捣实
附着式振动器	用螺栓紧固在模板上为附着式	振动器固定在模板外侧，借助模板或其他物件将振动力传递到混凝土中，其振动作用深度为 25cm	适用于振动钢筋较密、厚度较小及不宜使用插入式振动器的混凝土结构或构件
平板式振动器	振动器安装在钢平板或木平板上为平板式	振动器的振动力通过平板传递给混凝土，振动作用的深度较小	适用于面积大而平整的混凝土结构物，如平板、地面、屋面等构件
振动台	固定式	动力大、体积大，需要有牢固的基础	适用于混凝土制品厂振实批量生产的预制构件

业务要点 2：混凝土内部振动机械

混凝土内部振动器是指将振动器的振动部分（如振动棒）直接插入混凝土内部，将振动传递给混凝土使之捣实的机械。这种振动器多用于较厚的混凝土层的振捣，如建筑物厚大的基础、梁、柱、桥墩、深井和基础现浇柱等。

内部振捣器，由于传动机构的不同，又有软轴式、硬轴式和锤式几种。其中以电动软轴式应用最为广泛。

1. 电动软轴偏心式振动器

电动软轴偏心式振动器如图 5-56 所示。它由机体（电动机）、增速机构、传动软轴、振动棒等四大部分组成。其构造特点是振动体用传动软轴与驱动部分联系，形成柔性连接，这样可以最大限度地减轻操作人员的持重，并且传动软轴允许在一定范围内的各向挠曲。因此，振动体能从任何方向穿过钢筋骨架而插入混凝土中，使操作方便。

电动软轴偏心式振动器的缺点是振动子的振动力直接作用在两端轴承上，并且通过滚动轴承将离心振动力传给振动棒形成环形振波而捣实混凝土。这样，滚动轴承的工作条件极差，极易发热和磨损，所以，耐用度低。为了提高偏心振动子的振动频率，尚须增设齿轮增速机构，使整个机构趋于复杂。再有，从混凝土捣固效率着眼，电动软轴偏心式的振动器振动频率还偏低，所以，这种振动器已逐渐被电动软轴行星式振动器代替。

2. 电动软轴行星式振动器

电动软轴行星式振动器的外形与电动软轴偏心式振动器相似，保持着操

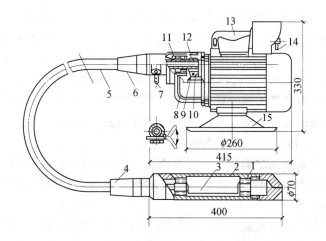

图 5-56　电动软轴偏心式振动棒构造示意

1、11—轴承　2—振动棒　3—偏心振动子　4、6—软管接头　5—软轴
7—软管紧锁扳手　8—增速器　9—电动机转子轴　10—胀轮式防逆装置
12—增速小齿轮　13—提手　14—电源开关　15—回转底盘

作方便的优点。在构造上和偏心式振动器的主要不同之处是采用了行星振动子和不再设增速器。

图 5-57 所示为电动软轴行星式振动棒的外形构造。它由电动机、限向器、弹簧软轴振动棒和底盘等部分组成。

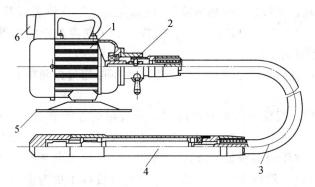

图 5-57　插入式振动器

1—电动机　2—限向器　3—软轴　4—振动棒　5—电动机支座　6—开关

作业时，电动机通过限向器带动弹簧软轴旋转，软轴再驱动振动子产生高频振动，此高频振动和振动力传给振动体（棒头），从而对周围的混凝土产生振实。

电动软轴行星式振动器的主要优点是传动软轴的转速无需提高，这样不仅省掉了增速机构，减轻机重，而且改善了软轴的工作条件。另外，在振动体壳内虽也安装了滚动轴承，但由于软轴的转速不很高，从振动子上传过来的振动，已被弹性铰万向节缓冲，其受载不大，所以轴承不易发热和磨损，使用寿命较长。行星式振动棒的振动频率远远高于偏心式振动棒，有高速振动器之称。所以，近年来这种振动器在建筑工程使用得越加广泛。

3. 混凝土振动棒的操作要点

1）振动棒的选择，振动棒的直径、频率和振幅是直接影响生产率的主要因素。所以在工作前应选择合适的振动棒。

2）在振动器使用之前，首先应检查所有电动机的绝缘情况是否良好，长期闲置的振动器启用时必须测试电动机的绝缘电阻，检查合格后方可接通电源进行试运转。

3）振动器的电动机旋转时，若软轴不转，振动棒不起振，系电动机旋转方向不对，可调换任意两相电源线即可；若软轴转动，振动棒不起振，可摇晃棒头或将棒头轻磕地面，即可起振。当试运转正常后，方可投入作业。

4）作业时，要使振动棒自然沉入混凝土，不可用猛力往下推。一般应垂直插入，并插到下层尚未初凝层中 $50\sim100\mathrm{mm}$，以促使上下层互相结合。

5）电动机运转正确时振动棒应发出"呜——"的声音，振动稳定而有力；如果振动棒有"哗哗"声而不振动，可将棒头摇晃几下或将振动棒的尖头对地面轻磕 $1\sim2$ 下，待振动棒发出"呜——"的声音，振动正常以后方能插入混凝土中振捣。

6）振捣时，要做到"快插慢拔"。快插是为了防止将表面混凝土先振实，与下层混凝土发生分层、离析现象。慢拔是为了使混凝土能来得及填满振动棒抽出时所形成的空间。

7）振动棒各插点间距应均匀，一般间距不应超过振动棒有效作用半径的 1.5 倍。

8）振动棒在混凝土内振密的时间，一般每插点振密 $20\sim30\mathrm{s}$，见到混凝土不再显著下沉，不再出现气泡，表面泛出水泥浆和外观均匀为止。如振密时间过长，有效作用半径虽然能适当增加，但总的生产率反而降低，而且还可能使振动棒附近混凝土产生离析。这对塑性混凝土更为重要。此外，振动棒下部的振幅要比上部大，故在振密时，应将振动棒上下抽动 $5\sim10\mathrm{cm}$，使混凝土振密均匀。

9）作业中要避免将振动棒触及钢筋、芯管及预埋件等，更不得采取通过振动棒振动钢筋的方法来促使混凝土振密。否则就会因振动而使钢筋位置变动，还会降低钢筋与混凝土之间的粘结力，甚至会发生相互脱离，这对预应力钢筋影响更大。

10）作业时，振动棒插入混凝土的深度不应超过棒长的 $2/3\sim3/4$。否则振动棒将不易拔出而导致软管损坏；更不得将软管插入混凝土中，以防砂浆浸蚀及渗入软管而损坏机件。

11）振动器在使用中如遇温度过高，应立即停机冷却检查，如系机件故障，要及时进行修理。冬季低温下，振动器作业前，要采取缓慢加温，使棒体内的润滑油解冻后，方能作业。

4. 混凝土振动棒的安全技术要求

1）在插入式振动器电动机电源上，应安装漏电保护装置，熔断器选配应符合要求，接地应安全可靠。电动机未接地线或接地不良者，严禁开机使用。

2）振动器操作人员应掌握一般安全用电意识，作业时应穿戴好胶鞋和绝缘橡皮手套。

3）工作停止移动振动器时，应立即停止电动机转动；搬动振动器时，应切断电源。不得用软管和电缆线拖拉、扯动电动机。

4）电缆上不得有裸露之处，电缆线必须放置在干燥、明亮处；不允许在电缆线上堆放其他物品，以及车辆在其上面直接通过；更不能用电缆线吊挂振动器等物。

5）作业时，振动棒软管弯曲半径不得小于规定值；软管不得有断裂。若软管使用过久，长度变长时，应及时进行修复或更换。

6）振动器起振时，必须由操作人员掌握，不得将起振的振动棒平放在钢板或水泥板等坚硬物上，以免振坏。

7）严禁用振动棒撬拔钢筋和模板，或将振动棒当锤使用；操作时勿使振动棒头夹到钢筋里或其他硬物中而造成损坏。

8）作业完毕，应将电动机、软管、振动棒擦刷干净，按规定要求进行保养作业。振动器存放时，不要堆压软管，应平直放好，以免变形；并防止电动机受潮。

业务要点 3：混凝土外部振动机械

混凝土外部振动器可分为平板式表面振动器和附着式振动器两种。它们的基本构造都是在一台两极电动机转子轴的两端安装偏心块（盘）振动子而形成电动机振子，只是由于使用目的的不同装着形式不同的底板而已。所以，在工程上可以互换改装使用，不加什么区别。

1. 平板式表面振动器

平板式振动器是放置在混凝土表面进行直接捣固的振动器。工作时，通过矩形底盘将振动波传递给混凝土，其有效振动深度一般为 200～300mm。适用于浇筑厚度为 150～200mm 的肋形板、多孔空心板及大面积的厚度不超过 300mm 的地面、道路的混凝土工程的捣固。

平板式振动器有标准产品，但目前应用最多的是用附着式振动器加上底板改装而成。图 5-58 所示为附着式振动器的构造，它实际上是一台特殊构造的交流电动机，在其转子轴两端装有偏心振动子，直接装在模板上进行作业。工作时，振动波传给模板，模板再将振动波传给里面的混凝土，使之达到捣实的目的。

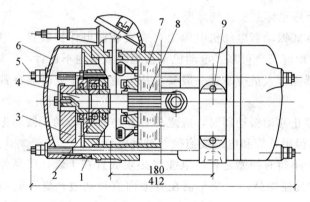

图 5-58　附着式振动器

1—轴承座　2—轴承　3—偏心块　4—轴　5—螺栓

6—端盖　7—定子　8—转子　9—地脚螺栓孔

附着式振动器一般采用扇形偏心振动子，振子装在转子轴两端，并由护盖加以保护。有的附着式振动器还采用盘形振动子，图 5-59 所示为两种振动子的构造。

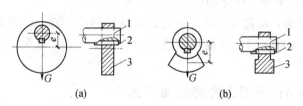

图 5-59　偏心振动子

（a）盘形偏心振动子　（b）扇形偏心振动子

1—电动机转子轴　2—平键　3—振动子

附着式振动器偏心动力矩的大小等于不平衡的重量 G 与不平衡重心离旋转轴心的距离（偏心距）e 的乘积，其单位是 N·m。

2. 混凝土振动台

混凝土振动台是钢筋混凝土构件的主要成型机械，是混凝土预制构件厂的重要生产设备。它的特点是激振力强，振动效率高，振动质量好。

振动台的构造如图 5-60 所示。它由电动机、同步器（亦称协调箱）、万向节、偏心振动子、振动台面、弹簧及弹簧支座等组成。工作时，电动机经传动装置带动两组频率相同而轴相反且对称的偏心块或偏心锤装置相对转动，使整个振动台上下振动（无横向振动）。振动频率可根据主动轴的安装位置和电动机的转速进行调节。

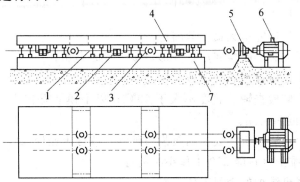

图 5-60　混凝土振动台构造示意图

1—弹簧座　2—偏心振动子　3—联轴万向节　4—振动台面

5—同步器（协调箱）　6—电动机　7—底座

偏心块振动子轴用联轴万向节或花键轴联接，可起调整作用，也可减少同步器的振动偏心块轴通过轴承和轴承座固定在振动台面下。图 5-61 为可调式偏心盘振动子的组装构造。振动台最大的优点是其所产生的振动力与混凝土的重力方向是一致的，振波正好通过颗粒的直接接触由下向上传递，能量损失很少。而插入式的内部振动器只能产生水平振波，与混凝土重力方向不一致，振波只能通过颗粒间的摩擦来传递，所以其效率不如振动台高。

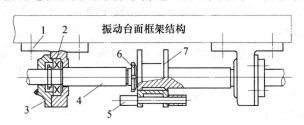

图 5-61　可调节振动子

1—吊轴承座　2—轴承　3—轴承座盖　4—传动轴

5—调重销　6—锁母及垫圈　7—偏心盘

业务要点 4：混凝土振动机械的维护

混凝土振动机械属小型机具，结构简单，其定期维护可分为每班维护和定期维护两级。定期维护的间隔期为 200 工作小时，由于振动器一般没有运转记录，间隔期很难掌握，因此可在混凝土工程完成后将振动器集中进行检查维护后存放，以备下次需要时即可使用。

1. 插入式振动器

（1）每班维护（作业前、中、后进行）

1）作业前检查

① 各连接件应完整无损，紧固良好。

② 软管无破裂、断层和严重变形，接头紧固牢靠。

③ 防逆装置应灵敏有效，装上振动棒后，运转应平稳，声音正常。

2）作业中应检查轴承温度不大于 60℃（以手摸能忍住为限），如温度过高，应停机降温后再用。

3）作业后，清除机体表面的灰浆和赃物，放置干燥处保管。

（2）定期维护（每隔 200 工作小时进行）

1）进行每班维护的全部工作。

2）将振动棒从软管、软轴的接头拧下，再将棒头拧下（均为左旋螺纹），即可将滚锥连同其上的轴承、油封等一并取出，检查轴承完好情况，清洗后加润滑脂，清除棒内油污，更换油封后重新装配，其连接螺纹处应涂密封材料进行密封，以防渗水。

3）拆检软轴磨损情况，如磨损严重或折断，可将损坏处切掉后重新焊接，但不得超过两个焊接点。软轴直径允许偏差为 ±0.3mm，前后插销应装配牢固并加注润滑油。

4）如因软管伸长造成软轴插头不能和锥键相结合，可将软管截去约50mm，再重新装好。

5）电动机使用 500h 后，应将轴承拆下清洗干净，加注润滑油脂后重新装好。

2. 外部振动器

附着式、平板式振动器的维护，可参照插入式振动器相关内容执行。

3. 振动台

每班维护（作业前、中、后进行）如下：

（1）作业前检查

1）各部螺栓应紧固牢靠，不得有缺损。

2）齿轮箱的油量，不足时添加。

3）传动轴无弯曲变形，连接应牢固。

（2）定期维护（每隔 200h 工作小时后进行）

1）进行每班维护的全部工作。

2）检查各部油封，更换渗油的油封。

3）检查传动机构，校正弯曲的轴、销。万向节的胶垫应无硬化变质，连接孔磨损不得过大，装配时应保持在同一轴线上。对各轴承加注润滑油，更换磨损超限的轴承。

4）清洗齿轮箱和箱体，检查齿轮和轴承的磨损情况，必要时进行调整或修复，加注或更换齿轮油。

5）检查偏心振动装置，如有磨损，应予更换。

业务要点5：混凝土振动机械的常见故障及排除方法

混凝土振动器的常见故障及排除方法见表5-18～表5-20。

表5-18　插入式振动器常见故障及排除方法

故障现象	故障原因	排除方法
电动机转速降低，停机再起动时不转	1）定子磁铁松动 2）一相熔丝烧断或一相断线	1）拆卸检修 2）更换熔丝、检查、接通断线
电动机旋转，软轴不旋转或缓慢转动	1）电动机旋向接错 2）软管过长 3）防逆装置失灵 4）软轴接头或软轴松脱	1）对换电源任两项 2）软轴软管接头一端对齐，另一端要使软轴接头比软管接头长55mm，多余软管要锯去 3）修复防逆装置使之正常工作 4）设法紧固
开启电动机，软管抖振剧烈	1）软轴过长 2）软轴损坏，软管压坏或软管衬簧不平	1）软轴软管接头一端对齐，多余的软轴锯去 2）更换合适的软轴软管
振动棒轴承发热	1）轴承润滑脂过多或过少 2）轴承型号不对，游隙过小 3）轴承外圈与套管配合过松	1）相应增减润滑脂 2）更换符合要求的轴承 3）更换轴承或套管
滚道处过热	滚锥与滚道安装相对尺寸不对	重新装配
振动棒不起动	1）软轴和振动子之间未接好或软轴扭断 2）滚锥与滚道安装尺寸不对 3）轴承型号不对 4）锥轴断 5）滚道处有油、水	1）接好接头，或更换软轴 2）重新装配 3）更换符合要求的轴承 4）更换锥轴 5）清除油、水，检查油封，消除漏油
振动无力	1）电压过低 2）从振动棒外壳漏入水泥浆 3）行星振动子不起振 4）滚道有油污 5）软管与软轴摩擦力太大	1）调整电压 2）清洗干净，更换外壳密封 3）摇晃棒头或将端部轻轻碰木块或地面 4）清除油垢，检查油封，并消除漏油 5）检测软管，使其相符

表 5-19　平板式振动器常见故障及排除方法

故障现象	故障原因	排除方法
不振动	1) 偏心块紧固螺栓松脱 2) 振动轴弯曲，偏心块卡死	1) 拆卸电动机端盖，重新紧固偏心块，使其在轴上固定牢靠 2) 拆卸电动机端盖，校正振动轴，重新安装偏心块
振动板振动不正常，有异响	连接螺栓松动或脱落	重新连接并紧固螺栓
电动机过热	电动机外壳粘有灰浆使散热不良	清除灰浆结块，保持电动机外壳清洁

表 5-20　振动台常见故障及排除方法

故障现象	故障原因	排除方法
振动不均匀	1) 万向节螺栓松动或断裂 2) 万向节不同心	1) 拧紧或更换螺栓 2) 调整两轴的同心度
振动不起来	1) 电气系统有故障 2) 传动部位有杂物卡住	1) 检查找出原因并排除 2) 清除杂物
运转时有异响	1) 齿轮啮合间隙过大或折断 2) 轴承损坏或松旷 3) 缺少润滑油	1) 检查更换齿轮 2) 更换轴承 3) 清洗并重新加注润滑油

第六章　钢筋加工及连接机械

第一节　钢筋加工机械

本节导图：

　　本节主要介绍钢筋加工机械，内容包括钢筋冷拉机、钢筋冷拔机、钢筋切断机、钢筋弯曲机等。其内容关系框图如下：

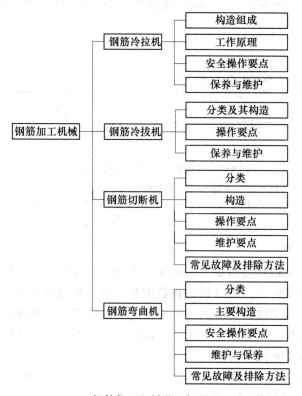

钢筋加工机械关系框图

业务要点 1：钢筋冷拉机

　　经过冷拉的钢筋，强度屈服极限可以提高 20%～25%，长度增加 3%～

8%，对于节约钢材，提高利用率是一种相当有效地措施。

所谓冷拉，实际上是在常温下进行钢筋的拉伸，除了有上述的优点外，还可以起到平直钢筋及除掉钢筋表面氧化铁皮的作用。粗细钢筋都可进行冷拉，但粗钢筋拉直需要的拉力甚大，一般以冷拉细钢筋为多。

冷拉设备有卷扬机式（一般均采用慢动卷扬机）、液压式及螺旋式等种类。卷扬机式的机构简单，维护方便，是最常用的冷拉设备。因此本业务要点以卷扬机冷拉机械为例。

1. 构造组成

如图 6-1 所示，卷扬机冷拉机主要由电动卷扬机、滑轮组、地锚、导向滑轮、夹具和测力机构等组成。主机采用慢速卷扬机，冷拉粗钢筋时选用 JM5 型；冷拉细钢筋时选用 JM3 型。为提高卷扬机牵引力，降低冷拉速度，以适应冷拉作业需要，常配装多轮滑轮组。如 JM5 型卷扬机配装六轮滑轮组后，其牵引力由 50kN 提高到 600kN，绳速由 9.2m/min 降低到 0.76m/min。

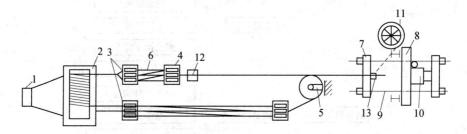

图 6-1　卷扬机式钢筋冷拉机结构示意图

1—地锚　2—卷扬机　3—定滑轮组　4—动滑轮组　5—导向滑轮

6—钢丝绳　7—活动横梁　8—固定横梁　9—传力杆

10—测力器　11—放盘架　12—前夹具　13—后夹具

2. 工作原理

由于卷筒上钢丝绳是正、反向穿绕在两副动滑轮组上，因此，当卷扬机旋转时，夹持钢筋的一组动滑轮被拉向卷扬机，使钢筋被拉伸；而另一组动滑轮则被拉向导向滑轮，为下一次冷拉时交替使用。钢筋所受的拉力经传力杆、活动横梁传给测力装置，从而测出拉力的大小。拉伸长度可通过标尺测出或用行程开关来控制。

3. 安全操作要点

1）应根据冷拉钢筋的直径，合理选用卷扬机。卷扬钢丝蝇应经封闭式导向滑轮并和被拉钢筋水平方向成直角。卷扬机的位置应使操作人员能见到全部冷拉场地，卷扬机与冷拉中线距离不得少于 5m。

2）冷拉场地应在两端地锚外侧设置警戒区，并应安装防护栏及警告标志。

无关人员不得在此停留。操作人员在作业时必须离开钢筋 2m 以外。

3）用配重控制的设备应与滑轮匹配，并应有指示起落的记号，没有指示记号时应有专人指挥。配重框提起时高度应限制在离地面 300m 以内，配重架四周应有栏杆及警告标志。

4）作业前，应检查冷拉夹具，夹齿应完好，滑轮、拖拉小车应润滑灵活，拉钩、地锚及防护装置均应齐全牢固。确认良好后，方可作业。

5）卷扬机操作人员必须看到指挥人员发出信号，并待所有人员离开危险区后方可作业。冷拉应缓慢、拉匀。当有停车信号或见到有人进入危险区时，应立即停拉，并稍稍放松卷扬钢丝绳。

6）用延伸率控制的装置，应装设明显的限位标志，并应有专人负责指挥。

7）夜间作业的照明设施，应装设在张拉危险区外。当需要装设在场地上空时，其高度应超过 5m。灯泡应加防护罩，导线严禁采用裸线。

8）作业后，应放松卷扬钢丝绳，落下配重，切断电源，锁好开关箱。

4. 保养与维护

1）外观检查冷拉钢筋时，其表面不应发生裂纹和局部缩颈；不得有沟痕、鳞落、砂孔、断裂和氧化脱皮等现象。

2）液压式冷拉机还应注意液压油的清洁，要按期换油，夏季用 HC－11 号，冬季用 HC－8 号。

3）对于冷拉设备和机具及电器装置等，在每班作业前要认真检查，并对各润滑部位加注润滑油。

4）低于室温冷拉钢筋时，可适当提高冷拉力。用伸长率控制的装置，必须装有明显的限位装置。

5）进行钢筋冷拉作业前，应先检查冷拉设备的能力和钢筋的力学性能是否相适应，防止超载。

6）成束钢筋冷拉时，各根钢筋的下料长度应一致，其互差不可超过钢筋长度的 1‰，并不可大于 20mm。

7）冷拉钢筋时，如焊接接头被拉断，可重焊再拉，但重焊部位不可超过两次。

8）作业后应对全机进行清洁、润滑等维护作业。

◎ 业务要点 2：钢筋冷拔机

钢筋冷拔是钢筋冷加工方法之一。对于直径为 6～10mm 的 HPB300 级光圆钢筋，使其通过钨丝合金制成的拔丝模进行强力拉拔，可以使钢筋的屈服点强度提高 40%～60%，长度也大幅度增加，而且进行了除锈。拔丝模具有较高的硬度，其孔径（即定径区直径）一般比原钢筋直径小 0.5～1mm，如经过几次这样的拉拔时，则钢筋会越拔越细。钢筋经过拉拔后，屈服极限固然提高了，但塑性降低，伸长率变小。

1. 分类及其构造

钢筋冷拔机又称为拔丝机，按其构造形式分为立式和卧式两种。立式按其作业性能可分为单次式（1/750 型）、直线式（4/650 型）、滑轮式（4/550 型、D5C 型）等；卧式构造简单，多用于施工现场拔钢丝，按其结构可分为单卷筒式和双卷筒式两种，后者效率较高。

（1）立式钢筋冷拔机构造 图 6-2 为一台立式圆锥齿轮传动的拔丝机。

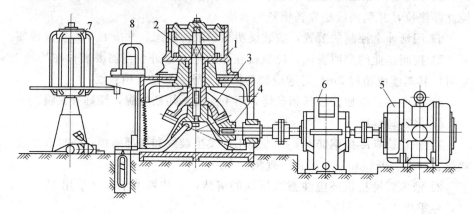

图 6-2 拔丝机

1—拔丝卷筒 2—竖轴 3、4—圆锥齿轮 5—电动机
6—减振器 7—盘圈钢筋架 8—拔丝模架

（2）卧式钢筋冷拔机构造 卧式钢筋冷拔机的卷筒是水平设置，有单筒、双筒之分，常用的为双筒，其构造如图 6-3 所示。

2. 操作要点

1）冷拔机应由两人操作，密切配合。使用前，要检查机械各传动部分、电气系统、模具、卡具及保护装置等，确认正常后，方可作业。

2）开机前，应检查拔丝模的规格是否符合规定，在拔丝模盒中加入适量的润滑剂，并在作业中视情况随时添加，在钢筋头通过拔丝模以前也应抹少量润滑剂。

3）冷拔钢筋时，每道工序的冷拔直径应按机械出厂说明书规定进行，不可超量缩减模具孔径。无资料时，可按每次缩减孔径 0.5～1mm。

4）扎头时，应先使钢筋的一端穿过模具长度达到 100～150mm，再用夹具夹牢。

5）作业时，操作人员不可用手直接接触钢筋和滚筒。当钢筋的末端通过拔丝模后，应立即脱开离合器，同时用手闸挡住钢筋末端，注意防止弹出

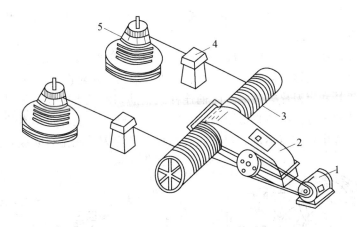

图 6-3　卧式双筒冷拔机构造示意
1—电动机　2—减速器　3—卷筒　4—拔丝模盒　5—承料架

伤人。

6）拔丝过程中，当出现断丝或钢筋打结乱盘时，应立即停机；待处理完毕后，方可开机。

7）冷拔机运转时，严禁任何人在沿钢筋拉拔方向站立或停留。冷拔卷筒用链条挂料时，操作人员必须离开链条甩动区域。不可在运转中清理或检查机械。

8）对钢号不明或无出厂合格证的钢筋，应在冷拔前取样检验。遇到扁圆的、带刺的、太硬的钢筋，不要勉强拔制，以免损坏拔丝模。

3. 保养与维护

1）应按润滑周期的规定注油，传动箱体内要保持一定的油位。

2）齿轮副式蜗轮副及滚动轴承处采用油泵喷射润滑。润滑油冬季用 HJ－20 号，夏季用 HJ－30 号机械油。

3）润滑油由齿轮泵输出，通过单向阀分为两路：一路经安全阀和油箱通连，另一路经滤油器向外输出至各润滑点。

4）冷拔机的卷筒由于局部受力集中磨损较快，应定期检查，发现磨损严重时，可用锰钢焊条补平，然后用砂轮打光。或在磨损处加工出一条环形槽，镶上球墨铸铁制成的新衬套。

业务要点 3：钢筋切断机

钢筋切断机是用于对钢筋原材或调直后的钢筋按混凝土结构所需要的尺寸进行切断的专用设备。

1. 分类

按结构型式分为卧式和立式；按传动方式分为机械式和液压式。机械式切断机分为曲柄连杆式和凸轮式。液压式分为电动式和手动式，电动式又分为移动式和手持式。

（1）曲柄连杆式钢筋切断机 图6-4是曲柄连杆式钢筋切断机的外形和传动系统。曲柄连杆式钢筋切断机主要由电动机、带轮、两对齿轮、曲柄轴、连杆、滑块、动刀片和定刀片等组成。曲柄连杆式钢筋切断机由电动机驱动，通过皮带传动、两对齿轮传动使曲柄轴旋转。装在曲柄轴上的连杆带动滑块和动刀片在机座的滑道中作往复运动，与固定在机座上的定刀片相配合切断钢筋。

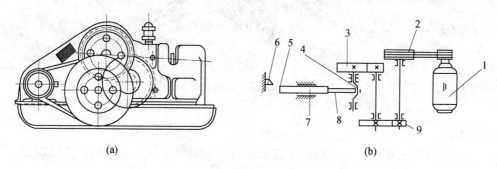

（a）　　　　　　　　　　　　　　　（b）

图6-4　曲柄连杆式钢筋切断机

（a）外形　（b）传动系统

1—电动机　2—带轮　3、9—减速齿轮　4—曲柄轴

5—动刀片　6—定刀片　7—滑块　8—连杆

（2）凸轮式钢筋切断机 图6-5为凸轮式钢筋切断机，主要由电动机、传动机构、操纵机构和机架等组成。

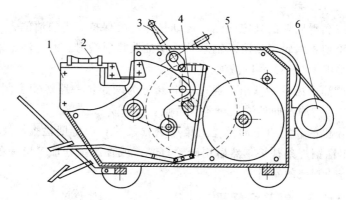

图6-5　凸轮式钢筋切断机

1—机架　2—托料装置　3—操作机构　4、5—传动机构　6—电动机

（3）液压式钢筋切断机

1）电动液压移动式钢筋切断机。

图 6-6 为 DYJ－32 型电动液压钢筋切断机的结构，主要由电动机、液压泵缸、缸体、连接架、放油阀、油箱、偏心轴、切刀等组成。工作原理为：电动机直接带动柱塞式高压泵工作，泵产生的高压油推动活塞运动，从而推动动刀片实现切断动作。当高压油推动活塞运动到一定位置时，两个回位弹簧被压缩而开启主阀，工作油开始回流。弹簧复位后，方可继续工作。

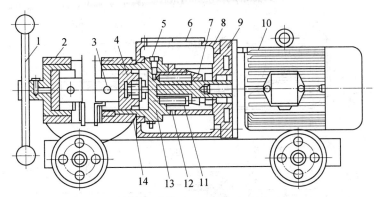

图 6-6 DYJ－32 型电动液压钢筋切断机

1—手柄 2—支座 3—主刀片 4—活塞 5—放油阀 6—观察玻璃

7—偏心轴 8—油箱 9—连接架 10—电动机 11—柱塞

12—液压泵缸 13—缸体 14—皮碗

2）电动液压手持式钢筋切断机。

图 6-7 为 GQ20 型电动液压手持式钢筋切断机，主要由电动机 5、油箱 4、工作头 2 和机体 3 等组成。

电动液压手持式钢筋切断机自重轻，适合于高空和现场施工作业。

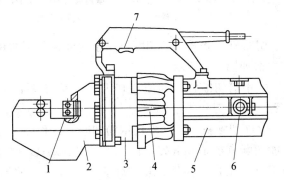

图 6-7 GQ20 型电动液压手持式钢筋切断机

1—活动刀头 2—工作头 3—机体 4—油箱 5—电动机 6—碳刷 7—开关

2. 构造

（1）卧式钢筋切断机 卧式钢筋切断机属于机械传动，因其结构简单，使用方便，得到广泛采用。如图6-8所示，主要由电动机、传动系统、减速机构、曲轴机构、机体及切断刀等组成。适用于切断直径为6～40mm普通碳素钢筋。

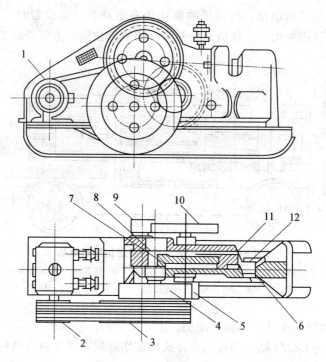

图 6-8 卧式钢筋切断机

1—电动机　2、3—V带　4、5、9、10—减速齿轮　6—固定刀片

7—连杆　8—曲柄轴　11—滑块　12—活动刀片

（2）立式钢筋切断机　立式钢筋切断机用于构件预制厂的钢筋加工生产线上固定使用，其构造如图6-9所示。

（3）电动液压式钢筋切断机　如图6-10所示，它主要由电动机、液压传动系统、操纵装置、定动刀片等组成。

（4）手动液压钢筋切断机　手动液压钢筋切断机体积小，使用轻便，但工作压力较小，只能切断直径16mm以下的钢筋。如图6-11所示，液压系统由活塞、柱塞、液压缸、压杆、拔销、复位弹簧、贮油筒、放油阀及吸油阀等元件组成。

其工作原理是：把放油阀按顺时针方向旋紧，揿动压杆，使柱塞提升，吸油阀被打开，工作油进入油室；提升压杆，工作油便被压缩进缸体内腔，压力油推动活塞前进，安装在活塞前部的刀片即可断料。切断完毕后立即按

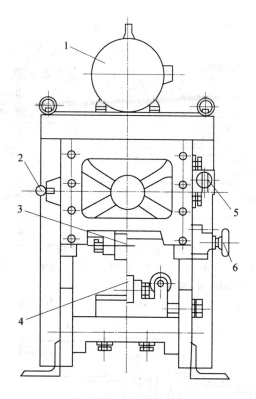

图 6-9　立式钢筋切断机构造

1—电动机　2—离合器操纵杆　3—动刀片
4—固定刀片　5—电气开关　6—压料机构

逆时针方向开放油阀，在回位弹簧的作用下，压力油又流回油室，刀头自动缩回缸内，如此重复动作，进行切断钢筋操作。

3. 操作要点

1）接送料的工作台面应和切刀下部保持水平，工作台的长度可根据加工材料长度决定。

2）起动前，先空运转，检查各传动部分及轴承运转正常后，方可作业。

3）新投入使用的切断机，应先切直径较细的钢筋，以利于设备磨合。

4）被切钢筋应先调直。切料时必须使用刀刃的中下部位，并应在动刀片后退时，紧握钢筋对准刀口迅速送入，以防钢筋末端摆动或蹦出伤人。严禁在动刀片已开始向前推进时向刀口送料，否则易发生事故。

5）严禁切断超出切断机规定范围的钢筋和材料。一次切断多根钢筋时，其总截面面积应在规定范围以内。禁止切断中碳钢钢筋和烧红的钢筋。切断低合金钢等特种钢筋时，应更换相应的高硬度刀片。

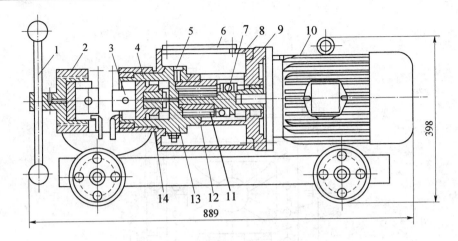

图 6-10　液压式钢筋切断机构造

1—手柄　2—支座　3—主刀片　4—活塞　5—放油阀　6—观察玻璃

7—偏心轴　8—油箱　9—连接架　10—电动机　11—皮碗

12—液压缸体　13—液压泵缸　14—柱塞

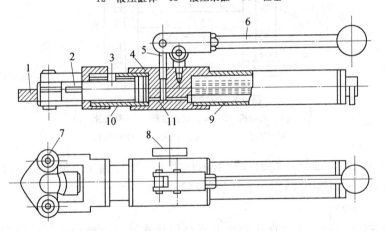

图 6-11　手动液压钢筋切断机构造

1—滑轨　2—刀片　3—活塞　4—缸体　5—柱塞　6—压杆

7—拔销　8—放油阀　9—贮油筒　10—回位弹簧　11—吸油阀

6）断料时，必须将被切钢筋握紧，以防钢筋末端摆动或弹出伤人。在切断料时，靠近刀片的手和刀片之间的距离应保持 150mm 以上，如手握一端的长度小于 400mm 时，应用套管或夹具将钢筋短头压住或夹牢，以防弹出伤人。

7）在机械运转时，严禁用手去摸刀片或用手直接清理刀片上的铁屑，也不可用嘴吹。钢筋摆动周圈和刀片附近，非操作人员不可停留。切断长料时，也要注意钢筋摆动方向，防止伤人。

8）运转中如发现机械不正常或有异响，以及出现刀片歪斜、间隙不合等现象时，应立即停机检修或调整。

9）工作中操作者不可擅自离开岗位，取放钢筋时既要注意自己，又要注意周围的人。已切断的钢筋要堆放整齐，防止个别切口凸出，误踢割伤。

10）液压式切断机每切断一次，必须用手扳动钢筋，给动刀片以回程压力，才能继续工作。

11）作业后，切断电源，用钢刷清除切刀间的杂物，进行整机清洁润滑。

4. 维护要点

钢筋切断机属于电动简易机械，一般执行每班维护和定期维护的两级维护制，定期维护间隔期为工作400～600h，也可在工程竣工或冬休时执行。其维护规程及润滑表，机械式的见表6-1～表6-3；液压式的见表6-4～表6-6。

表 6-1　机械式钢筋切断机每班维护作业项目及技术要求

序号	维修部位	作业项目	技　术　要　求
1	电气设备及线路	检查	电动机运行正常，线路连接牢固，绝缘良好，电源开关无损坏，接地保护装置良好
2	V 带	检查、调整	带松紧度合适，以拇指按带中部，下垂度为10～15mm
3	刀具	检查	刀片安装牢固，动、定刀片正常重迭量为2mm，侧向间隙在0.5～1mm 范围内
4	防护罩	检查	完好无损，安装牢固
5	各连接件	检查、紧固	连接件无缺损，紧固可靠
6	整机	清洁、润滑	清除机体上的油污及杂物，按润滑表进行润滑

表 6-2　机械式钢筋切断机定期维护作业项目及技术要求

序号	维修部位	作业项目	技　术　要　求
1	电动机	拆检	1）检查轴承，松旷严重时更换 2）清洁内腔，除去各部尘土 3）测量绝缘电阻值不小于0.5MΩ
2	各电器元件	检查、清洁	1）各控制元件灵敏有效，作用可靠，不合格者更换 2）清洁起动设备，各触电和导线接头处应无烧伤，三相触头应同时接触和分离
3	带及带轮	检查、调整	1）带长度一致，松紧适宜 2）带轮键不松旷，两带轮应在同一平面上
4	传动齿轮副	拆检	1）齿面无裂纹、脱层和斑痕，轮键不松旷 2）齿轮侧向间隙不大于1.7mm，接触面沿齿高不小于40%～50%，沿齿宽不小于70%，最大磨损量不超过齿厚的20%～25%

序号	维修部位	作业项目	技 术 要 求
5	各部轴承	拆检	清洗后检查磨损及损伤情况，如磨损严重或有损伤应更换
6	曲轴连杆机构	拆检	应无裂纹及扭曲现象，偏心体和滑板座之间的间隙应不大于 0.5mm
7	滑板及滑座	拆检	滑板和滑座纵向游动间隙应不大于 0.5mm，横向间隙应不大于 0.2mm
8	各连接件	拆检	如有缺损应补齐或更换
9	整机	清洁、除锈、润滑	1) 全机清洁后除锈补漆 2) 按润滑表规定进行润滑

表 6-3 机械式钢筋切断机润滑部位及周期

润滑部位	润滑点数	润滑剂	润滑周期/h	备注
偏心轴滑动轴承 第一齿轮轴滑动轴承 第二齿轮轴滑动轴承 连杆盖	2 2 2 1	钙基润滑脂 冬 ZG-2， 夏 ZG-4	2	旋紧油杯加注
机体刀座	1	气缸机油 HG-11	工作时间继续自动给油	油杯应加足润滑油
齿轮	3	石墨脂 ZG-S	8	
刀具 电动机轴承	2 2	钙基润滑脂 冬 ZG-2， 夏 ZG-4	2 500	

表 6-4 液压式钢筋切断机每班维护作业项目及技术要求

序号	维护部件	作业项目	技 术 要 求
1	电气设备	检查	电动机运行正常，线路连接牢固，绝缘良好，电源开关无破损，接地装置良好
2	液压系统	检查	1) 液压油箱油位符合规定，不足时添加 2) 液压泵及各元件工作正常，无渗漏 3) 油温不超过规定（一般为 60℃）
3	刀具	检查	1) 刀片安装牢固间隙符合规定 2) 刀片推动机构的液压缸、活塞工作正常，无渗漏
4	整机	清洁、润滑	1) 清除全机的尘土和渣屑 2) 按润滑表规定执行

表 6-5 液压式钢筋切断机定期维护作业项目及技术要求

序号	维护部件	作业项目	技 术 要 求
1	电气设备	拆检	1）清洁电动机内腔，检查轴承，如松旷严重应予更换 2）测量绝缘电阻，冷态时应不小于 0.5MΩ 3）清洁起动设备，各触头应无损伤，接触良好 4）各开关及线路应作用良好
2	液压装置	拆检	1）液压油检测，超标时更换，更换前应清洗液压系统 2）各液压元件如有损伤，应修复或更换
3	工作装置	拆检	1）刀片如有损伤，应修复或更换 2）刀片推动机构的液压缸和活塞如有磨损，应修复或更换
4	整机	检查	1）机架如有裂损或变形，应予修复 2）各连接螺栓如有缺损，应补齐或更换 3）全机除锈后补漆 4）按润滑表规定进行全机润滑

表 6-6 液压式钢筋切断机润滑部位及周期

序号	润滑部分	润滑点数	润滑周期/h	油品种类	备注
1	液压系统	1	8	合成锭子油	检查补充
			1200		更换
2	刀具	1	8	钙基润滑脂	加注
3	电动机轴承	2	1200		

5. 常见故障及排除方法

钢筋切断机常见故障及排除方法见表 6-7。

表 6-7 钢筋切断机常见故障及排除方法

故障现象	故障原因	排除方法
剪切不顺利	1）刀片安装不牢固，刀口损伤 2）刀片侧间隙过大	1）紧固刀片或修磨刀口 2）调整间隙
切刀或衬刀打坏	1）一次切断钢筋太多 2）刀片松动 3）刀片质量不好	1）减少钢筋数量 2）调整垫铁，拧紧刀片螺栓 3）更换
切细钢筋时切口不直	1）切刀过钝 2）上、下刀片间隙过大	1）更换或修磨 2）调整间隙
轴承及连杆瓦发热	1）润滑不良，油路不通 2）轴承不清洁	1）加油 2）清洁
连杆发出撞击声	1）铜瓦磨损，间隙过大 2）连接螺栓松动	1）研磨或更换轴瓦 2）紧固螺栓
齿轮传动有噪声	1）齿轮损伤 2）齿轮啮合部位不清洁	1）修复齿轮 2）清洁齿轮，重新加油

业务要点 4：钢筋弯曲机

1. 分类

1) 按传动方式可分为机械式、液压式和数控式三种，其中以机械式使用最广泛。

2) 按工作原理可分为蜗杆式和齿轮式两种。

3) 按结构形式可分为台式和手持式两种，台式工作效率高而得到广泛应用。

在钢筋弯曲机的基础上改进而派生出钢筋弯箍机、螺旋绕制机及钢筋切断弯曲组合机等。

2. 主要构造

(1) 蜗轮式钢筋弯曲机　图 6-12 为 GW－40 型蜗轮式钢筋弯曲机的结构，主要由电动机 11、蜗轮箱 6、工作圆盘 9、孔眼条板 12 和机架 1 等组成。图 6-13 为 GW－40 型钢筋弯曲机的传动系统。电动机 1 经 V 带 2、齿轮 6 和 7、齿轮 8 和 9、蜗杆 3 和蜗轮 4 传动，带动装在蜗轮轴上的工作盘 5 转动。工作盘上一般有 9 个轴孔，中心孔用来插心轴，周围的 8 个孔用来插成型轴。当工作盘转动时，心轴的位置不变，而成型轴围绕着心轴作圆弧运动，通过调整成型轴位置，即可将被加工的钢筋弯曲成所需要的形状。更换相应的齿轮，可使工作盘获得不同转速。钢筋弯曲机的工作过程如图 6-14 所示。将钢筋 5 放在工作盘 4 上的心轴 1 和成型轴 2 之间，开动弯曲机使工作盘转动，由于钢筋一端被挡铁轴 3 挡住，因而钢筋被成型轴推压，绕心轴进行弯曲，当达到所要求的角度时，自动或手动使工作盘停止，然后使工作盘反转复位。如要改变钢筋弯曲的曲率，可以更换不同直径的心轴。

(2) 齿轮式钢筋弯曲机　图 6-15 为齿轮式钢筋弯曲机，主要由机架、工作台、调节手轮、控制配电箱、电动机和减速器等组成。

齿轮式钢筋弯曲机全部采用自动控制。工作台上左右两个插入座可通过手轮无级调节，并与不同直径的成型轴及挡料装置相配合，能适应各种不同规格的钢筋弯曲成型。

(3) 钢筋弯箍机　钢筋弯箍机是适合弯制箍筋的专用机械，弯曲角度可任意调节，其构造和弯曲机相似，如图 6-16 所示。

电动机动力通过一双带轮和两对直齿轮减速，使偏心圆盘转动。偏心圆盘通过偏心铰带动两个连杆，每个连杆又绞接一根齿条，于是齿条沿滑道作往复直线运动。齿条又带动齿轮使工作盘在一定角度内往复回转运动。工作盘上有两个轴孔，中心孔插中心轴，另一孔插成形轴。当工作盘转动时，中心轴和成形轴都随之转动，和钢筋弯曲机同一原理，能将钢筋弯曲成所需的

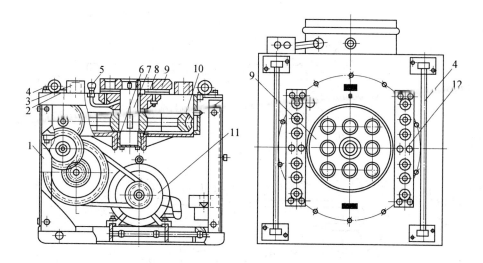

图 6-12　GW—40 型蜗轮式钢筋弯曲机

1—机架　2—工作台　3—插座　4—滚轴　5—油杯　6—蜗轮箱　7—工作主轴
8—立轴承　9—工作圆盘　10—蜗轮　11—电动机　12—孔眼条板

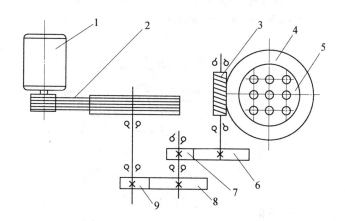

图 6-13　传动系统

1—电动机　2—V 带　3—蜗杆　4—蜗轮　5—工作盘
6、7—配换齿轮　8、9—齿轮

箍筋。

（4）液压式钢筋切断弯曲机　如图 6-17 所示，主要由液压传动系统、切断机构、弯曲机构、电动机、机体等组成。其结构及工作原理如图 6-17 所示。

有一台电动机带动两组柱塞式液压泵，一组推动切断用活塞；另一组驱动回转液压缸，带动弯曲工作盘旋转。

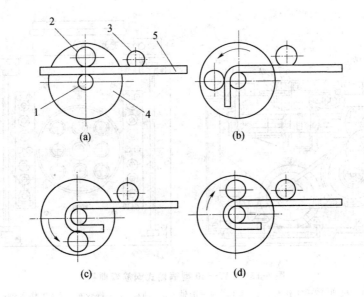

图 6-14 工作过程

(a) 装料 (b) 弯90° (c) 弯180° (d) 回位

1—心轴 2—成型轴 3—挡铁轴 4—工作盘 5—钢筋

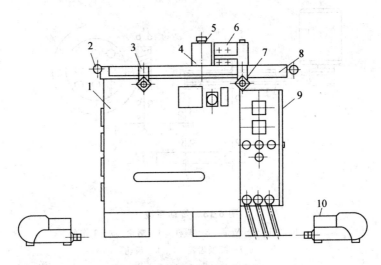

图 6-15 齿轮式钢筋弯曲机

1—机架 2—滚轴 3、7—调节手轮 4—转轴 5—紧固手轮 6—夹持器

8—工作台 9—控制配电箱 10—电动机

1) 切断机构的工作原理。在切断活塞中间装有中心阀柱及弹簧，当空转时，由于弹簧的作用，使中心阀柱离开液压缸的中间油孔，高压油则从此也经偏心轴油道流回油箱。在切断时，以人力推动活塞，使中心阀柱堵死液压

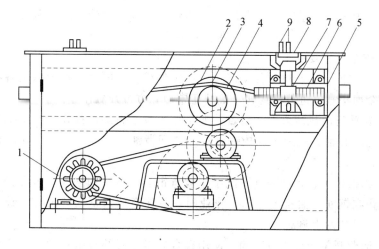

图 6-16　钢筋弯箍机构造

1—电动机　2—偏心圆盘　3—偏心铰　4—连杆　5—齿条

6—滑道　7—正齿条　8—工作盘　9—心轴和成形轴

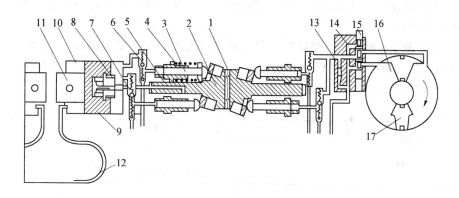

图 6-17　液压式钢筋切断弯曲机结构示意

1—双头电动机　2—轴向偏心泵轴　3—液压泵柱塞　4—弹簧　5—中心油孔

6、7—进油阀　8—中心阀柱　9—切断活塞　10—液压缸

11—切刀　12—板弹簧　13—限压阀　14—分配阀体

15—滑阀　16—回转液压缸　17—回转叶片

缸的中心孔，此时由柱塞泵来的高压油经过油阀进入液压缸中，产生高压推动活塞运动，活塞带动切刀进行切筋。此时压力弹簧的反推力作用大于液压缸内压力，阀柱便退回原处，液压油又沿中心油孔的油路流回油箱。切断活塞的回程是依靠板弹簧的回弹力来实现。

2) 弯曲机构的工作原理。进入组合分配阀的高压油，由于滑阀的位置变换，可使油从回转液压缸的左腔进油或右腔进油而实现液压缸的左右回转。

当油阀处于中间位置时，压力油流回油箱。当液压缸受阻或超载时，油压迅速增高，自动打开限压阀，压力油流回油箱，以确保安全。

3. 安全操作要点

1）操作前，应对机械传动部分，各工作机构、电动机接地以及各润滑部位进行全面检查，进行试运转。确认正常后，方可开机作业。

2）钢筋弯曲机应设专人负责，非工作人员不得随意操作；严禁机械运转过程中更换心轴、成形轴、挡铁轴；加注润滑油、保养工作必须在停机后方可进行。

3）挡铁轴的直径和强度不能小于被弯钢筋的直径和强度；未经调直的钢筋，禁止在钢筋弯曲机上弯曲；作业时，应注意放入钢筋的位置、长度和回转方向，以免发生事故。

4）倒顺开关的接线应正确，使用符合要求，必须按指示牌上"正转→停→反转"转动，不得直接由"正转→反转"而不在"停"位停留，更不允许频繁交换工作盘的旋转方向。

5）作业中不可更换中心轴、成形轴和挡铁轴，也不可在运转中进行维护和清理作业。

6）表6-8所列转速及最多弯曲根数仅适用于极限强度不超过450MPa的材料，如材料强度变更时，钢筋直径应相应变化。不可超过机械对钢筋直径、根数及转速的有关规定的限制。

表6-8　不同转速的钢筋弯曲根数

钢筋直径 /mm	工作盘（主轴）转速/（r/min）		
	3.7	7.2	14
	可弯曲钢筋根数		
6	—	—	6
8	—	—	5
10	—	—	5
12	—	5	—
14	—	4	—
19	3	—	不能弯曲
27	2	不能弯曲	不能弯曲
32～40	1	不能弯曲	不能弯曲

7）为使新机械正常磨合，在开始使用的三个月内，一次最多弯曲钢筋的根数应比表6-8所列的数值少一根。最大弯曲钢筋的直径应不超过25mm。

8）工作完毕，要先将开关扳到"停"位，切断电源，然后整理机具应在指定地点堆码钢筋并应清扫铁锈等污物。

4. 维护与保养

钢筋弯曲机属于电动简易机具，其定期维护可分为每班维护和定期维护两级，定期维护间隔期为400～600工作小时，也可在工程竣工后或冬修期内进行。其维护规程及润滑表见表6-9～表6-11。

表6-9 钢筋弯曲机每班维护作业项目及技术要求

序号	维护部件	作业项目	技 术 要 求
1	电气线器	检查	1）接线牢固，开关及磁力起动器灵敏可靠 2）熔断器、接地装置良好
2	V带	检查	1）各带松紧度一致 2）用拇指按V带中间，挠度在10～15mm
3	变速齿轮	检查	1）按装牢固，位置不偏移 2）啮合良好，键槽不松旷
4	工作装置	检查	1）工作盘转动灵活，无卡阻现象 2）挡板卡头安装牢固，无缺损
5	各连接件	检查、紧固	各连接螺栓无松紧、缺损
6	各运转部件	检查、察听	运转平稳，无异常振动及撞击声
7	整机	清洁、润滑	1）清除各表油污、尘土及杂物 2）按润滑规定进行润滑作业

表6-10 钢筋弯曲机定期维护作业项目及技术要求

序号	维护部件	作业项目	技 术 要 求
1	电器控制元件及电动机	拆检	1）各电器控制元件如有漏电、动作不灵敏等应予更换 2）电动机内部清理，轴承松动应更换
2	V带及V带轮	拆检	1）V带如有磨损、开裂或松紧度不一致应更换 2）两V带轮应在同一平面内，径向和端面偏摆不超过0.5mm
3	减速机构	拆检	1）蜗轮蜗杆表面无损伤，其侧向间隙应小于1.5mm 2）齿轮轴键槽不松旷，轴的弯曲度不超过0.2mm 3）齿轮表面无损伤，其侧向间隙应大于1.7mm
4	主轴及工作盘	拆检	主轴和工作盘的配合、轴套和轴键的配合如有松旷应修换
5	行走轮及轴	拆检	1）清洗润滑轴承，更换磨损的轴承 2）行走轮轴如弯曲应校正
6	机架	拆检	机架变形应校正，框架如有开焊、弯曲应修复
7	各连接件	拆检	配齐缺少或损坏的螺栓、开口销、垫圈、油嘴、油杯等
8	整机	清洁、补漆、润滑	1）全机清洁，外表除锈并补漆 2）按润滑表进行润滑

表 6-11 钢筋弯曲机的润滑部位及周期

润滑部位	润滑方法	润滑点数	润滑剂种类		润滑周期/h
			冬季	夏季	
蜗轮减速器	油池润滑	1	齿轮油		720
			HL-20	HL-30	
传动轴轮轴承	贮入润滑脂	4	钙基润滑脂		720
立轴上部轴套	油杯	1	ZG-1	ZG-2	8
传动齿轮	齿面加油	4			56
送料滚轴承	贮入润滑脂	4			720

5. 常见故障及排除方法

钢筋弯曲机常见故障及排除方法见表 6-12。

表 6-12 钢筋弯曲机常见故障及排除方法

故障现象	故障原因	排除方法
弯曲的钢筋角度不合适	运用中心轴和挡铁轴不合理	按规定选用中心轴和挡铁轴
弯曲大直径钢筋时无力	传动带松弛	调整带的紧度
弯曲多根钢筋时，最上面的钢筋在机器开动后跳出	钢筋没有把住	将钢筋用力把住并保持一致
立轴上部与轴套配合处发热	1) 润滑油路不畅，有杂物阻塞，不过油 2) 轴套磨损	1) 清除杂物 2) 更换轴套
传动齿轮噪声大	1) 齿轮磨损 2) 弯曲的直径大，转速太快	1) 更换磨损齿轮 2) 按规定调整转速
电动机只有嗡嗡响声，但不转	1) 一相断电 2) 倒顺开关触头接触不良	1) 接通三相电源 2) 修磨触电，使接触良好
弯曲 $\phi30$ 以上钢筋时无力	V 带松弛	调整 V 带轮间距，使松紧适宜
运转吃力，噪声过重	1) V 带过紧 2) 润滑部位缺油	1) 调整 V 带松紧度 2) 加润滑油
运转时有异响	1) 螺栓松动 2) 轴承松动或损坏	1) 紧固螺栓 2) 检修或更换轴承
机械渗油漏油	1) 涡轮箱加油过多 2) 各封油部件失效	1) 放掉过多的油 2) 用硝基油漆重新封死
工作盘只能一个方向转	换向开关失灵	断开总开关后检修
被弯曲的钢筋在滚轴处打滑	1) 滚轴直径过小 2) 垫板的长度和厚度不够	1) 选用较小的滚轴 2) 更换较长、较厚的垫板

第二节　钢筋连接机械

本节导图：

　　本节主要介绍钢筋连接机械，内容包括钢筋气压焊机、钢筋对焊机、钢筋电渣压力焊机、钢筋套筒挤压连接设备、钢筋锥螺纹套筒连接机具设备、钢筋冷镦粗直螺纹套筒连接机具设备等。其内容关系框图如下：

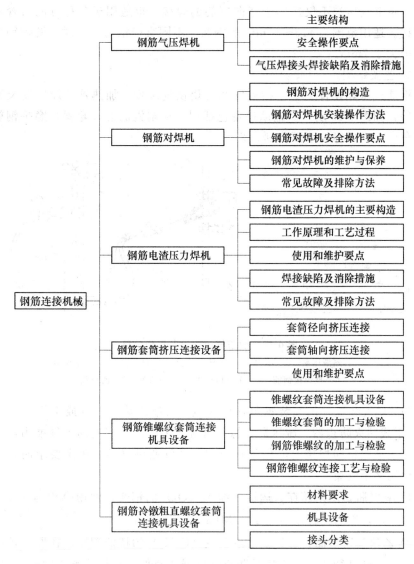

钢筋连接机械关系框图

业务要点 1：钢筋气压焊机

钢筋气压焊是采用一定比例的氧气和乙炔焰为热源，对需要连接的两钢筋端部接缝处加热烘烤，使其达到热塑状态，同时对钢筋施加 $30\sim40N/mm^2$ 的轴向压力，使钢筋接合在一起。这种焊接方法属于固相焊接，其机理是在还原性气体的保护下，钢筋端部发生塑性变形后相互紧密接触，使端面金属晶体相互扩散渗透，再结晶，再排列，形成牢固的接头。这种方法具有设备投资少、施工安全、节约钢筋和电能等优点，但对操作人员的技术水平要求较高。钢筋气压焊不仅适用于竖向钢筋的焊接，也适用于各种方向布置的钢筋连接。适用范围为 $\phi16\sim40mm$ 的钢筋。不同直径钢筋焊接时，两钢筋直径差不得大于 7mm。

1. 主要结构

钢筋气压焊设备主要包括氧气和乙炔供气装置、加热器、加压器及钢筋卡具等，如图 6-18 所示。辅助设备包括用于切割钢筋的砂轮锯、磨平钢筋端头的角向磨光机等，下面分别介绍。

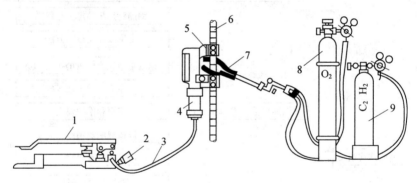

图 6-18　钢筋气压焊设备工作示意
1—脚踏液压泵　2—压力表　3—液压胶管　4—液压缸　5—钢筋卡具
6—被焊接钢筋　7—多火口烤钳　8—氧气瓶　9—乙炔瓶

（1）供气装置　供气装置包括氧气瓶、溶解乙炔气瓶（或中压乙炔发生器）、干式回火防止器、减压器、橡胶管等。溶解乙炔气瓶的供气能力，必须满足现场最粗钢筋焊接时的供气量要求。若气瓶供气不能满足要求时，可以并联使用多个气瓶。

1）氧气瓶是用来储存、运输压缩氧（O_2）的钢瓶，常用容积为 40L，储存氧气 $6m^3$，瓶内公称压力为 14.7MPa。

2）乙炔气瓶是储存、运输溶解乙炔（C_2H_2）的特殊钢瓶，在瓶内填满浸渍丙酮的多孔性物质，其作用是防止气体爆炸及加速乙炔溶解于丙酮的过程。

瓶的容积为 40L，储存乙炔气为 $6m^3$，瓶内公称压力为 1.52MPa。乙炔钢瓶必须垂直放置，当瓶内压力减低到 0.2MPa 时，应停止使用。氧气瓶和溶解乙炔气瓶的使用，应遵照《气瓶安全监察规定》[中华人民共和国国家质量监督检验检疫总局（2003）46 号令] 的有关规定执行。

3）减压器是用于将气体从高压降至低压，设有显示气体压力大小的装置，并有稳压作用。减压器按工作原理分正作用和反作用两种，常用的有如下两种单级反作用减压器。

① QD－2A 型单级氧气减压器，高压额定压力为 15MPa，低压调节范围为 0.1～1.0MPa。

② QD－2O 型单级乙炔减压器，高压额定压力为 1.6MPa，低压调节范围为 0.01～0.15MPa。

4）回火防止器是装在燃料气体系统防止火焰向燃气管路或气源回烧的保险装置，分水封式和干式两种。其中水封式回火防止器常与乙炔发生器组装成一体，使用时一定要检查水位。

5）乙炔发生器是利用电石（主要成分为 CaC_2）中的主要成分碳化钙和水相互作用，以制取乙炔的一种设备。使用乙炔发生器时应注意：每天工作完毕应放出电石渣，并经常清洗。

（2）加热器　加热器由混合气管和多火口烤钳组成，一般称为多嘴环管焊炬。为使钢筋接头处能均匀加热，多火口烤钳设计成环状钳形，如图 6-19 所示，并要求多束火焰燃烧均匀，调整方便。其火口数与焊接钢筋直径的关系见表 6-13。

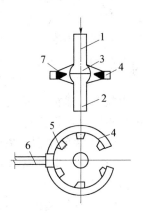

图 6-19　多火口烤钳
1—上钢筋　2—下钢筋
3—镦粗区　4—环形加
热器（火钳）　5—火口
6—混气管　7—火焰

表 6-13　加热器火口数与焊接钢筋直径的关系

焊接钢筋直径/mm	火口数	焊接钢筋直径/mm	火口数
$\phi22～\phi25$	6～8	$\phi33～\phi40$	10～12
$\phi26～\phi32$	8～10		

（3）加压器　加压器由液压泵、压力表、液压胶管和液压缸四部分组成。在钢筋气压焊接作业中，加压器作为压力源，通过连接夹具对钢筋进行顶锻，施加所需要的轴向压力。

液压泵分手动式、脚踏式和电动式三种。

（4）钢筋卡具（或称连接钢筋夹具）　由可动和固定卡子组成，用于卡紧、调整和压接钢筋用。

连接钢筋夹具应对钢筋有足够握力，确保夹紧钢筋，并便于钢筋的安装定位，应能传递对钢筋施加的轴向压力，确保在焊接操作中钢筋不滑移，钢筋头不产生偏心和弯曲，同时不损伤钢筋的表面。

2. 安全操作要点

1）使用前要先检查各操作手柄、压力机构、夹具等是否灵活可靠，根据被焊钢筋的规格，调节好动力源，并检查气路系统应无渗漏现象。

2）操作人员必须熟悉气焊焊机的构造、各组成装置的性能及使用方法，并严格按气压焊机操作规程进行作业。

3）一次加电石10kg或每小时产生5m³乙炔气的乙炔发生器应采用固定式，并应建立乙炔站（房），由专人操作。乙炔站与厂房及其他建筑物的距离应符合现行国家标准《乙炔站设计规范》GB 50031—1991及《建筑设计防火规范》GB 50016—2012的有关规定。

4）乙炔发生器（站）、氧气瓶及软管、阀、表均应齐全有效，紧固牢靠，不得松动、磁损和漏气。氧气瓶及其附件、胶管、工具不得沾染油污。软管接头不得采用铜质材料制作。

5）乙炔发生器、氧气瓶和焊炬相互间的距离不得小于10m。当不满足上述要求时应采取隔离措施。同一地点有两个以上乙炔发生器时，其相互间距不得小于10m。

6）电石的贮存地点应干燥，通风良好，室内不得有明火或敷设水管、水箱。电石桶应密封，桶上应标明"电石桶"和"严禁用水消火"等字样。电石有轻微的受潮时，应轻轻取出电石，不得倾倒。

7）搬运电石桶时，应打开桶上小盖。严禁用金属工具敲击桶盖。取装电石和砸碎电石时，操作人员应戴手套、口罩和眼镜。

8）电石起火时必须用干砂或二氧化碳灭火器，严禁用泡沫、四氧化碳灭火器或水灭火。电石粒末应在露天销毁。

9）使用新品种电石前，应作温水浸试，在确认无爆炸危险时，方可使用。

10）乙炔发生器的压力应保持正常，压力超过147kPa时应停用。乙炔发生器的用水应为饮用水。发气室内壁不得用含铜或含银材料制作，温度不得超过80℃。对水入式发生器，其冷却水温不得超过50℃；对浮桶式发生器，其冷却水温不得超过60℃。当温度超过规定时应停止作业，并采用冷水喷射降温和加入低温的冷却水。不得与金属棒等硬物敲击乙炔发生器的金属部分。

11）使用浮筒式乙炔发生器时，应装设回火防止器。在内筒顶部中间，应设有防爆球或胶皮薄膜，球壁或膜壁厚度不得大于1mm，其面积应为内筒底面积的60%以上。

12）乙炔发生器应放在操作地点的上风处，并应有良好的散热条件，不得放在供电电线的下方，也不得放在强烈日光下暴晒。四周应设围栏，并应悬挂"严禁烟火"标志。

13）碎电石应在掺入小块电石后装入乙炔发生器中使用，不得完全使用碎电石。夜间添加电石时不得采用明火照明。

14）氧气橡胶软管应为红色，工作压力应为1500kPa；乙炔橡胶软管应为黑色，工作压力应为300kPa。新橡胶软管应经压力试验，未经压力试验或代用品及变质、老化、脆裂、漏气及沾上油脂的胶管均不得使用。

15）不得将橡胶软管放在高温管道和电线上，或将重物及热的物件压在软管上，且不得将软管与电焊用的导线敷设在一起。软管经过车行道时，应加护套或盖板。

16）氧气瓶应与其他易燃气瓶、油脂和其他易燃、易爆物品分别存放，且不得通车运输。氧气瓶应有防震圈和安全帽；不得倒置；不得在强烈日光下暴晒。不得用行车或起重机吊运氧气瓶。

17）开启氧气瓶阀门时，应采用专门工具，动作应缓慢，不得面对减压器，压力表指针应灵敏正常。氧气瓶中的氧气不得全部用尽，应留49kPa以上的剩余压力。

18）未安装减压器的氧气瓶严禁使用。

19）安装减压器时，应先检查氧气瓶阀门接头，不得有油脂，并略开氧气瓶阀门吹除污垢，然后安装减压器，操作者不得正对氧气瓶阀门出气口，关闭氧气瓶阀门时，应先松开减压器的活门螺钉。

20）点燃焊（割）炬时，应先开乙炔阀点火，再开氧气阀调整火焰。关闭时，应先关闭乙炔阀，再关闭氧气阀。

21）在作业中，发现氧气瓶阀门失灵或损坏不能关闭时，应让瓶内的氧气自动放尽后，再进行拆卸修理。

22）当乙炔发生器因漏气着火燃烧时，应立即将乙炔发生器朝安全方向推倒，并用黄砂扑灭火种，不得堵塞或拔出浮筒。

23）乙炔软管、氧气软管不得错装。使用中，当氧气软管着火时，不得折弯软管断气，应迅速关闭氧气阀门，停止供氧。当乙炔软管着火时，应先关熄炬火，可采用弯折前面一段软管将火熄灭。

24）冬季在露天施工，当软管和回火防止器冻结时，可用热水或在暖气设备下化冻，严禁用火焰烘烤。

25）不得将橡胶软管背在背上操作。当焊枪内带有乙炔、氧气时不得放在金属管槽、缸、箱内。

26）氢氧并用时，应先开乙炔气，再开氢气，最后开氧气，再点燃。熄灭时，应先关氧气，再关氢气，最后关乙炔气。

27）气压焊可用于钢筋在垂直位置、水平位置或倾斜位置时的对接焊接。当两钢筋直径不同时，其两直径之差不得大于 7mm。

28）为保证焊接质量，焊接前应对焊接端头进行除污、除锈、矫直。

29）施焊前，钢筋端面应切平，并应和钢筋轴线相垂直，并经打磨，使其露出金属光泽。钢筋装上夹具时应夹紧，并使两根钢筋的轴线在同一直线上。钢筋安装后应加压顶紧，两根钢筋之间的局部缝隙不得大于 2mm。

30）气压焊时，应根据钢筋直径和焊接设备等具体条件选用等压法、二次加压法或三次加压法等焊接工艺。在两根钢筋缝隙密合和镦粗过程中，对钢筋施工的轴向压力，按钢筋截面面积计算，应为 30～40MPa。

31）气压焊开始阶段应采用碳火焰，对准两钢筋接缝处居中加热，并应使其内焰包住缝隙，防止钢筋端面产生氧化；待确认两根钢筋的缝隙已完全密合，应改用中性焰，以压焊面为中心，在两侧各一倍钢筋直径长度范围内往复宽幅加热，钢筋端面的加热温度应为 1150～1250℃；钢筋端部表面的加热温度应升至稍高于该温度，并应随钢筋直径大小而产生的温度梯差确定。

32）施焊过程中，通过最终加热加压，应使接头的镦粗区形成规定的形状，然后应停止加热，略微延时，卸除压力，拆下焊接夹具。

33）在加热过程中，当在钢筋取下重新打磨、安装，然后再点燃火焰进行焊接。当钢筋端面缝隙完全密合后，可继续加热加压。

34）作业后，应卸下减压器，拧上气瓶安全帽，将软管卷起捆好，挂在室内干燥处，并将乙炔发生器卸压，防水后取出电石篮。剩余电石和电石淬，应分别放在指定的地方。

3. 气压焊接头焊接缺陷及消除措施

焊接过程中，如发现焊接缺陷时，应按表 6-14 查找原因，并采取措施及时消除。

表 6-14　气压焊接头焊接缺陷及消除措施

焊接缺陷	产 生 原 因	消 除 措 施
轴线偏移（偏心）	1）焊接夹具变形，两夹头不同心，或夹具刚度不够 2）两钢筋安装不正 3）钢筋接合端面倾斜 4）钢筋未夹紧进行焊接	1）检查夹具，及时修理或更换 2）重新安装夹紧 3）切平钢筋端面 4）夹紧钢筋再焊
弯折	1）焊接夹具变形，两夹头不同心 2）焊接夹具拆卸过早	1）检查夹具，及时修理和更换 2）熄火后半分钟再拆夹具
镦粗直径不够	1）焊接夹具动夹头有效行程不够 2）顶压液压缸有效行程不够 3）加热温度不够 4）压力不够	1）检查夹具和顶压液压缸，及时更换 2）采用适宜的加热温度及压力

焊接缺陷	产 生 原 因	消 除 措 施
镦粗长度不够	1）加热幅度不够宽 2）顶压过大过急	1）增大加热幅度 2）加压时应平稳
压焊面 偏移	1）焊缝两侧加热温度不均 2）焊缝两侧加热长度不等	1）同径钢筋焊接时两侧加热温度和加热长度基本一致 2）异径钢筋焊接时对较大直径钢筋加热时间稍长
钢筋表面 严重烧伤	1）火焰功率过大 2）加热时间过长 3）加热器摆动不匀	调整加热火焰，正确掌握操作方法
未焊合	1）加热温度不够或热量分布不均 2）顶压力过小 3）接合端面不洁 4）端面氧化 5）中途灭火或火焰不当	合理选择焊接参数，正确掌握操作方法

业务要点 2：钢筋对焊机

1. 钢筋对焊机的构造

UN1 系列对焊机构造（图 6-20）主要由焊接变压器、固定电极、移动电极、送料机构（加压机构）、水冷却系统及控制系统等组成。左右两电极分别通过多层铜皮与焊接变压器次级线圈的导体连接，焊接变压器的次级线圈采用循环水冷却。在焊接处的两侧及下方均有防护板，以免熔化金属溅入变压器及开关中。焊工须经常清理防护板上的金属溅沫，以免造成短路等故障。

（1）送料机构　送料机构能够完成焊接中所需的熔化及挤压过程，它主要包括操纵杆、可动横架、调节螺钉等，当将操纵杆在两极位置移动时，可获得电极的最大工作行程。

（2）开关控制　按下按钮，此时接通继电器，使交流接触器吸合，于是焊接变压器接通。移动操纵杆，可实施电阻焊或闪光焊。当焊件因塑性变形而缩短，达到规定的顶锻留量，行程螺栓触动行程开关使电源自动切断。控制电源由次级电压为 36V 的控制变压器供电，以保证操作者的人身安全。

（3）钳口（电极）　左右电极座 8 上装有下钳口、杠杆式夹紧臂、夹紧螺栓，另有带手柄的套钩，用以夹持夹紧臂。下钳口为铬锆铜，其下方为借以通电的铜块，由两楔形铜块组成，用以调节所需的钳口高度。楔形铜块的两侧由护板盖住（图 6-20 拆去了铜护板）。

（4）电气装置。焊接变压器为铁壳式，其初级电压为 380V，变压器初级

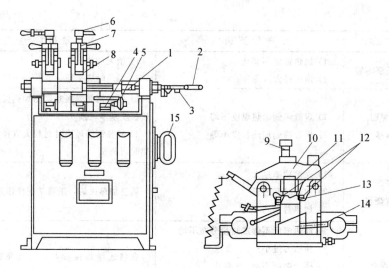

图 6-20　UN1 系列对焊机构造示意图

1—调节螺栓　2—操纵杆　3—按钮　4—行程开关　5—行程螺栓
6—手柄　7—套钩　8—电极座　9—夹紧螺栓　10—夹紧臂　11—上钳口
12—下钳口紧固螺栓　13—下钳口　14—下钳口调节螺杆　15—插头

线圈为盘式绕阻，次级绕阻为三块周围焊有铜水管的铜板并联而成，焊接时按焊接大小选择调节级数，以取得所需要的空载电压。变压器至电极由多层薄铜片连接。焊接过程通电时间的长短，可由焊工通过按钮开关及行程开关控制。

上述开关控制中间继电器，由中间继电器使接触器接通或切断焊接电源。

2. 钢筋对焊机安装操作方法

1）UN1－25 型对焊机为手动偏心轮夹紧机构。其底座和下电极固定在焊接机座板上，当转动手柄时，偏心轮通过夹具上板对焊件加压，上下电极间距离可通过螺钉来调节。当偏心轮松开时，弹簧使电极压力去掉。

2）UN1 系列其他型号对焊机先按焊件的形状选择钳口，如焊件为棒材，可直接用焊机配置钳口；如焊件异形，应按焊件形状定做钳口。

3）调整钳口，使钳口两中心线对准，将两试棒放于下钳口定位槽内，观看两试棒是否对应整齐，如能对齐，对焊机即可使用；如对不齐，应调整钳口，调整时先松开紧固螺栓，再调整调节螺杆，并适当移动下钳口，获得最佳位置后，拧紧紧固螺栓。

4）按焊接工艺的要求调整钳口的距离。当操纵杆在最左端时，钳口（电极）间距应等于焊件伸出长度与挤压量之差；当操纵杆在最右端时，电极间距相当于两焊件伸出长度，再加 2～3mm（即焊前原始位置），该距离调整由调节螺栓 1 获得。焊接标尺可帮助调整参数。

5）试焊。在试焊前为防止焊件的瞬间过热，应逐级增加调节级数。在闪光焊时须使用较高的次级空载电压。闪光焊过程中有大量熔化金属溅沫，焊工须戴深色防护眼镜。

6）钳口的夹紧动作如下：

① 先把手柄转动夹紧螺栓，适当调节上钳口的位置。

② 把焊件分别插入左右两上下钳口间。

③ 转动手柄，使夹紧螺栓夹紧焊件。焊工必须确保焊件有足够的夹紧力，方能施焊，否则可能导致烧损机件。

7）焊件取出动作如下：

① 焊接过程完成后，用手柄松开夹紧螺栓。

② 将套钩卸下，则夹紧臂受弹簧的作用而向上提起。

③ 取出焊件，拉回夹紧臂，套上套钩，进行下一轮焊接。

焊工也可按自己的习惯装卡工件，但必须保证焊前工件夹紧。

8）闪光焊接法。碳钢焊件的焊接规范可参考下列数据：

① 电流密度。烧化过程中，电流密度通常为 $6\sim25A/mm^2$，较电阻焊时所需的电流密度低 $20\%\sim50\%$。

② 焊接时间。在无预热的闪光焊时，焊接时间视焊件的截面及选用的功率而定。当电流密度较小时，焊接时间即延长，通常约为 $2\sim20s$。

③ 烧化速度。烧化速度决定于电流密度、预热程度及焊件大小，在焊接小截面焊件时，烧化速度最大可为 $4\sim5mm/s$，而焊接大截面时，烧化速度则小于 $2mm/s$。

④ 顶锻压力：顶锻压力不足，可能造成焊件的夹渣及缩孔。在无预热闪光焊时，顶锻压力应为 $5\sim7kg/mm^2$。而预热闪光焊时，顶锻压力则为 $3\sim4kg/mm^2$。

⑤ 顶锻速度。为减少接头处金属的氧化，顶锻速度应尽可能的高，通常等于 $15\sim30mm/s$。

3. 钢筋对焊机安全操作要点

1）对焊机操作人员必须经过专业培训，熟悉对焊机构造、性能、操作规程，并掌握工艺参数选择、质量检查规范等知识。

2）操作前应检查焊机各机构是否灵敏可靠，电气系统是否安全，冷却水泵系统有无漏水现象，各润滑部位是否注油良好等。

3）操作人员作业时，必须戴好有色防护眼镜及帽子等，以免弧光刺激眼睛和熔化的金属灼伤皮肤。

4）工作人员应熟知对焊机焊接工艺过程。

① 连续闪光焊。连续闪光、顶锻，顶锻后在焊机上通过电加热处理。

② 预热闪光焊。一次闪光、烧化预热、二次闪光、顶锻。

5）操作人员必须熟知所用机械的技术性能（如变压器级数、最大焊接截面、焊接次数、最大顶锻力、最大送料行程）和主要部件的位置及应用。

6）焊件准备。清除钢筋端头 120mm 内的铁锈、油污和灰尘。如端头弯曲则应整直或切除。

7）对焊机应安装在室内并应有可靠的接地（或接零），多台对焊机安装在一起时，机间距离至少要在 3m 以上，分别接在不同的电源上，每台均应有各自的控制开关。开关箱至机身的导线应加保护套管。导线的截面应不小于规定的截面面积。

8）操作前应对焊机各部进行检查：

① 压力杠杆等机械部分是否灵活。

② 各种夹具是否牢固。

③ 供电、供水是否正常。

9）操作场所附近的易燃物应清除干净，并备有消防设备。操作人员必须戴防护镜和手套，站立的地面应垫木板或其他绝缘材料。

10）操作人员必须正确地调整和使用焊接电流，使与所焊接的钢筋截面相适应。严禁焊接超过规定直径的钢筋。

11）断路器的接触点应经常用砂纸擦拭，电极应定期锉光。二次电路的全部螺栓应定期拧紧，以免发生过热现象。

12）冷却水温度不得超过 40℃，排水量应符合规定要求。

13）较长钢筋对焊时应放在支架上。随机配合搬运钢筋的人员应注意防止火花烫伤。搬运时，应注意焊接处烫手。

14）焊完的半成品应堆码整齐。

15）闪光区内应设挡板，焊接时禁止其他人员入内。

16）冬季焊接工作完毕后，应将焊机内的冷却水放尽，以免冻坏冷却系统。

4. 钢筋对焊机的维护与保养

钢筋对焊机属于构造简单的焊接机具，一般可执行两级维护制，即每班维护和间隔期为 400～600 工作小时的定期维护（也可在工程竣工或冬修期执行），其作业项目及技术要求见表 6-15、表 6-16，润滑部位及周期见表 6-17。

表 6-15　钢筋对焊机每班维护作业项目及技术要求

序号	维护部件	作业项目	技 术 要 求
1	正、负电极	检查	正、负电极接触面烧损不超过 1/3
2	电路及开关	检查	电路接头牢固，开关接触可靠
3	活动横梁	检查	活动横梁移动应平稳，电极钳口不得有油污，并能适合焊件形状

续表

序号	维护部件	作业项目	技 术 要 求
4	各连接件	检查、紧固	各部螺栓无缺损，紧固牢靠
5	冷却系统	检查	水路畅通，水量充足，无渗漏，工作中冷却水压力应为 0.15MPa
6	整机	清洁、润滑	清除机体上的溅渣、灰尘，按润滑规定进行润滑

表 6-16　钢筋对焊机定期维护作业项目及技术要求

序号	维护部件	作业项目	技 术 要 求
1	冷却系统	清洗、检查	清洗冷却水管道，用压缩空气将水吹尽，检查软管完好情况，必要时更换
2	接线板、接线柱	检查	接线柱表面应平整无烧损，接线头上下面应垫置钢垫圈，连接线头的螺栓应紧固，接线板如有损裂应修复或更换
3	变压器	检查	清除灰尘，紧固夹板螺栓，水套不漏水，测量绝缘电阻值不低于 1.4MΩ，否则应予干燥
4	夹具	检查	当螺杆和螺母之间的游动间隙大于 0.4mm 时应更换螺杆，内螺母磨损超过 30% 应更换
5	整机	清洁、润滑	清除外表积垢，按润滑表进行润滑

表 6-17　钢筋对焊机润滑部位及周期

序号	润滑点名称	润滑点数	润滑剂	润滑周期/h	备注
1	螺杆				
2	夹具铰链	2			
3	溜板及导轨	4	机械油		
4	操作杆	2	冬 HJ-20	8	
5	手把开关控制机构	3	夏 HJ-30		
6	各部销轴				

1）检查主变压器是否有短路造成电流太大。

2）根据检查出来的故障部位进行修理、换件、调整。

5. 钢筋对焊机常见故障及排除方法

钢筋对焊机常见故障及排除方法见表 6-18。

表 6-18　钢筋对焊机常见故障及排除方法

故 障 现 象	故 障 原 因	排 除 方 法
焊接时次级没有电流，焊件不能熔化	1）继电器接触点不灵活，不能随按钮动作，接触器接触不良 2）按钮开关不灵	1）修理继电器接触点，清除积垢灰尘，使接触点接触良好 2）修理开关的接触部分或更换

续表

故障现象	故障原因	排除方法
焊件熔接后不能自动断路	限制行程开关失效不能动作	修理开关的接触部分或更换
变压器通路，但焊接时不能良好焊牢	1) 电极和焊件接触不良，有氧化物 2) 焊件间接触不良	1) 修理电极钳口，把氧化物用砂纸打光，使接触良好 2) 清除焊件端部的氧化皮和污物
焊接时零件熔化过快，不能很好接触	电流过大	改变接触组插头位置，调整电流
焊接时零件熔接不好，焊不牢有粘点现象	电流太小	改变接触组插头位置，调整电压

◉ 业务要点 3：钢筋电渣压力焊机

1. 钢筋电渣压力焊机的主要构造

（1）主机　如图 6-21 所示。该机的齿轮箱上有两根导柱，导柱下端固定下夹钳，上夹钳借助升降螺杆在导柱中上下移动。上下夹钳钳口为 90°V 形定位面，配合夹紧顶杆可以夹紧上下钢筋。顶杆上的小手把是加力用的。齿轮箱装有伞齿轮，分别和手柄、螺杆用键联接，摇动手柄可使上夹钳上下移动。操作盒上安装有按钮、指示灯、电压表等，在焊接过程中起监视、控制作用。在现场施焊时，可手持提梁上下操作。

（2）焊接电源　可采用焊接变压器，其容量应根据所焊钢筋的直径选用。

（3）控制箱　如图 6-22 所示，正面板上有焊接参数，定时器旋钮、电源开关、指示灯、电压表、保险座以及连结焊机控制电缆的插座。此外还装有电流表和信号电铃，便于操作者控制焊接参数和准确掌握焊接通电时间。控制箱后盖打开为联接电源、焊接变压器、接地保护的各接线柱。控制箱内部是由变压器、整流稳压单元、中间继电器、接触器、时间继电器等主要电器元件组成。

（4）焊剂盒　内装焊剂，其内径为 90～100mm，应和所焊钢筋的直径相适应。焊剂可用 431 焊剂或其他性能相近的焊剂，使用前必须经 250℃ 温度烘烤 2h，以保证焊剂易熔化形成渣池。

2. 工作原理和工艺过程

（1）工作原理　如图 6-23 所示，它是利用电流通过两根待焊钢筋端面之间引燃的电弧，使电能转化为热能，将焊剂熔化，形成渣池，同时逐渐熔化被焊钢筋的端面，并形成有利于保护焊接质量的端面，再断电迅速挤压，把钢筋焊接在一起。

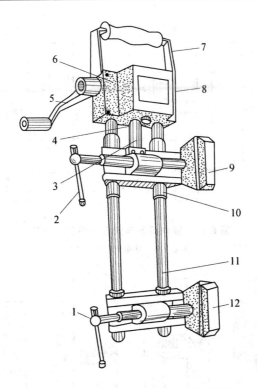

图 6-21 竖向钢筋电渣压力焊机主机构造简图

1—夹紧顶杆 2—小手把 3—触杆 4—升降螺杆 5—手杆 6—齿轮箱
7—提梁 8—操作盒 9—上夹钳 10—导套 11—导柱 12—下夹钳

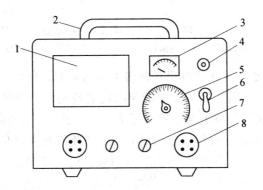

图 6-22 控制箱正面布置图

1—参数表 2—提把 3—电压表 4—指示灯 5—定时器
6—电源开关 7—保险座 8—电缆插座

(2) 工艺过程　如图 6-24 所示，可分为以下 4 个阶段：

1) 引弧过程。可采用直接引弧法或铁丝球引弧法。

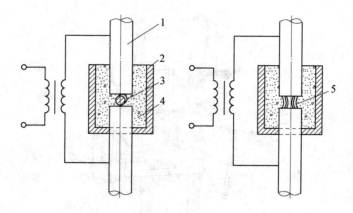

图 6-23　竖向钢筋电渣压力焊工作原理

1—钢筋　2—焊剂盒　3—导电电焊剂　4—焊剂　5—电弧

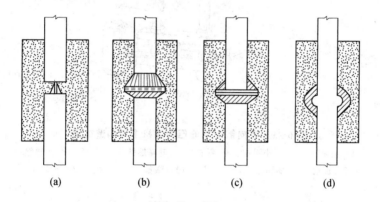

(a)　　　　　(b)　　　　　(c)　　　　　(d)

图 6-24　电渣压力焊工艺过程示意

（a）引弧过程　　（b）电弧过程　　（c）电渣过程　　（d）顶压过程

　　① 直接引弧法。是在通电后迅速将上钢筋提起，使两端头之间的距离为2～4mm 以引弧。当钢筋端头夹杂不导电物质或端头过于平滑造成引弧困难时，可以多次把上钢筋移下与下钢筋短接后再提起，达到引弧目的。

　　② 铁丝球引弧法。是将铁丝球放在上、下钢筋短头之间，电流通过铁丝球与上、下钢筋端面的接触点形成短路引弧。铁丝球采用直径 0.5～1.0mm 退火铁丝，球径不小于10mm，球的每一层缠绕方向应相互垂直交叉。当焊接电流较小，钢筋端面较平整或引弧距离不易控制时，宜采用此法。

　　2）造渣过程。电弧的高温作用，将钢筋端头的凸出部分不断烧化；同时将接口周围的焊剂充分熔化，形成一定深度的渣池。

　　3）电渣过程。渣池形成一定深度后，将上钢筋缓缓插入渣池中，此时电弧熄灭，进入电渣过程。由于电流直接通过渣池，产生大量的电阻热，使渣池温度升到近 2000℃，将钢筋端头迅速而均匀地熔化。其中，上钢筋端头熔化量比下钢筋大一倍左右。经熔化后的上钢筋端面呈微凸形，并在钢筋的端面形成一个由液态向固态转化的过渡薄层。

4）挤压过程。电渣压力焊的接头，是利用过渡层使钢筋端部的分子与原子产生巨大的结合力完成的。因此，在停止供电的瞬间，对钢筋施加挤压力，把焊口部分熔化的金属、熔渣及氧化物等杂质全部挤出结合面。由于挤压时焊口处于熔融状态，所需的挤压力很小，对各种规格的钢筋仅为 0.2～0.3kN。

电渣压力焊的焊接参数主要有焊接电流、焊接电压和焊接时间等。焊接电流宜按钢筋端头面积取 0.8～0.9A/mm^2。电渣压力焊接过程中，焊接电压是变化的，当引弧后，进入电弧稳定燃烧过程时，电压为 40～45V；当钢筋与焊剂熔化，进入电渣过程时，电压为 22～27V。如电压过高易再度产生电弧现象，过低则易产生夹渣缺陷，焊接电压易受网路电压和操作因素的影响而波动。为了确保焊接质量，应使波动值控制在 ±5V 的范围内。焊接时间是指电弧过程和电渣过程的延续时间，引弧和挤压是瞬间，其耗时可忽略不计。焊接时间长短根据钢筋直接确定，对直接 14～40mm 的钢筋电弧过程时间为12～33s，电渣过程时间为 3～9s。如因引弧不顺利或网路电压偏低，总的焊接时间必须相应延长，延长时间只能加在电弧过程之中。

3. 钢筋电渣压力焊机的使用和维护要点

1）焊机操作人员必经过培训，合格后方可上岗操作。

2）操作前应检查焊机各机构是否灵敏、可靠，电气系统是否安全。

3）按焊接钢筋的直径选择焊接电流、焊接电压和焊接时间。

4）正确安装夹具和钢筋，对接钢筋的两端面应保证平行，与夹具保证垂直，轴线基本保持一致。

5）配电设备的电压和电流必须符合要求，焊接时要注意供电电压是否正常，焊接电流是否有足够的输出。当一次电压降大于 8％时，则不宜焊接。焊接电流不足除用电设备配合不合理或接触不良外，还可能是二次把线太长或太细。要求把线最长不得超过 30m，截面不小于 50mm^2。

6）起弧前，上下钢筋端头应接触良好，焊钳口和钢筋也要接触良好，如钢筋表面有锈蚀或水泥等应清除干净，保证导电良好。

7）采用直接起弧时，如发生钢筋粘住，可稍用力即可提起，如无法分开时，应按动断电按钮断电后重新拆装，不可生硬摇动手柄使其分开。顶压时用力不要过大过猛。

8）焊接后应有一定保温时间，如提前卸下时应有人扶住上钢筋防止倾斜，并保证接头质量。敲去渣壳要待焊包完全冷却后，稍作振动，即可脱落。

4. 焊接缺陷及消除措施

焊接生产中，如发现偏心、弯折、烧伤等焊接缺陷时，可按表6-19查找原因和采取措施，及时消除。

表6-19　电渣压力焊接头焊接缺陷及消除措施

焊接缺陷	消　除　措　施	焊接缺陷	消　除　措　施
轴线偏移	1) 矫直钢筋端部 2) 正确安装夹具和钢筋 3) 避免过大的顶压力 4) 及时修理或更换夹具	未焊合	1) 增大焊接电流 2) 避免焊接时间过短 3) 检修夹具，确保上钢筋下送自如
弯折	1) 矫直钢筋端部 2) 注意安装和扶持上钢筋 3) 避免焊过后过快卸夹具 4) 修理或更换夹具	焊包不匀	1) 钢筋端面求平整 2) 填装焊剂尽量均匀 3) 延长焊接时间，适当增加熔化量
		气孔	1) 按规定要求烘焙焊剂 2) 清除钢筋焊接部位的铁锈 3) 确保接缝在焊剂中合适埋入深度
咬边	1) 减小焊接电流 2) 缩短焊接时间 3) 注意上钳口的起点和止点，确保上钢筋顶压到位	烧伤	1) 钢筋导电部位除净铁锈 2) 尽量夹紧钢筋
		焊包下淌	1) 彻底封堵焊剂筒的漏孔 2) 避免焊后过快回收焊剂

5. 钢筋电渣压力焊机的常见故障及排除方法

钢筋电渣压力焊机的常见故障及排除方法见表6-20。

表6-20　钢筋电渣压力焊机常见故障及排除方法

故障现象	产 生 原 因	排 除 方 法
手柄转动而夹不移动	1) 键脱落 2) 压紧螺钉松动 3) 铜螺母磨损	1) 修键重装 2) 下压力轴承处加平垫后紧固螺钉 3) 更换铜螺母
丝杠和铜螺母变形、啃伤	长期润滑不好、使用不当	重新修理和润滑
顶杆弯曲	用力过大	矫正
丝杆与铜螺母咬死	无润滑、生锈	更换
指示灯不亮	1) 熔丝烧坏 2) 灯泡损坏 3) 变压器损坏	用万用表检查，确认损坏部分换新
控制失灵，接触器不动作或不断电	1) 插接不实或插头端子焊片脱焊 2) 短路 3) 电缆线砸断 4) 中间继电器接触不良或损坏 5) 接触器线圈烧坏 6) 接钮连线脱焊或损坏	1) 插接、焊好 2) 修理 3) 修复 4) 处理接触不良处可更换 5) 更换 6) 修复脱焊处或更换

续表

故障现象	产生原因	排除方法
定时不准确	1) 旋钮位置不当 2) 可变电位器未调准	1) 调整旋钮位置 2) 调准
定时不显示	1) 线路接触不良 2) 时间继电器损坏	1) 检查修复 2) 更换
焊接电压表 有卡针现象	1) 指针变形、蹭针 2) 动圈变形、蹭圈 3) 永磁心吸附铁屑	1) 矫正指针 2) 矫正动圈 3) 清除铁屑
焊接电压表损坏	1) 二极管损坏 2) 动圈断路 3) 游丝开焊	1) 修复或更换 2) 换新 3) 更换

业务要点4：钢筋套筒挤压连接设备

1. 套筒径向挤压连接

套筒径向挤压连接是将两根待接钢筋插入优质钢套筒，用挤压设备沿径向挤压钢套筒，使之产生塑性变形，依靠变形后的钢套筒与被连接钢筋纵、横肋产生的机械咬合作用使套筒与钢筋成为整体的连接方法，如图6-25所示。这种方法适用于直径18～40mm的带肋钢筋的连接，所连接的两根钢筋的直径之差不宜大于5mm。该方法具有接头性能可靠、质量稳定、不受气候的影响、连接速度快、安全、无明火、节能等优点。但设备笨重，工人劳动强度大，不适合在高密度布筋的场合使用。

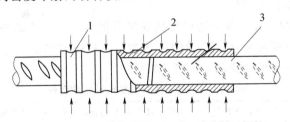

图 6-25 钢筋套管径向挤压连接
1—压痕 2—钢套管 3—变形钢筋

钢套筒的材料宜选用强度适中、延性好的优质钢材，其力学性能宜符合下列要求：屈服强度 $R_{eL} = 225 \sim 350 \text{N/mm}^2$，抗拉强度 $R_m = 375 \sim 500 \text{N/mm}^2$，伸长率 $A \geqslant 20\%$。

（1）套筒径向挤压连接挤压设备 钢筋套筒径向挤压设备主要由超高压液压泵、挤压机、超高压软管、压接钳等组成，如图6-26所示。

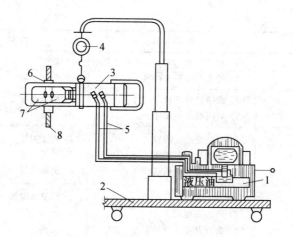

图 6-26　钢筋套筒径向挤压设备示意

1—超高压液压泵　2—吊挂小车　3—挤压机　4—平衡器
5—超高压软管　6—钢套管　7—压接钳　8—被连接的钢筋

（2）套筒径向挤压连接挤压工艺

1）准备工作。钢筋端头的锈、泥沙、油污等杂物应清理干净；钢筋与套筒应进行试套，对不同直径钢筋的套筒不得串用；钢筋端部应划出定位标记与检查标记；检查挤压设备情况，并进行试压。

2）挤压作业。钢筋挤压连接宜预先挤压一端套筒，在施工现场插入待接钢筋后再挤压另一端套筒；压力钳就位时，应对正钢套筒压痕位置的标记，并应与钢筋轴线保持垂直；压接钳施压应由钢套筒中部顺序向端部进行；每次施压时，主要控制压痕深度。

3）工艺参数。在选择合适材质和规格的钢套筒及压接设备后，接头性能主要取决于挤压变形量这一关键的工艺参数。挤压变形量包括压痕最小值直径和压痕总宽度，见表 6-21 和表 6-22。

表 6-21　同规格钢筋连接时的参数选择

连接钢筋直径/mm	钢套筒型号	压膜型号	压痕最小直径/mm	压痕最小总宽度/mm
40~40	G40	M40	60~63	≥80
36~36	G36	M36	54~57	≥70
32~32	G32	M32	48~51	≥60
28~28	G28	M28	41~44	≥55
25~25	G25	M25	37~39	≥50
22~22	G22	M22	32~34	≥45
20~20	G20	M20	29~31	≥45
18~18	G18	M18	27~29	≥40

表 6-22　不同规格钢筋连接时的参数选择

连接钢筋直径/mm	钢套筒型号	压模型号	压痕最小直径/mm	压痕最小总宽度/mm
40～36	G40	M40	60～63	≥80
		M36	57～60	≥80
36～32	G36	M36	54～57	≥70
		M32	51～54	≥70
32～28	G32	M32	48～51	≥60
		M28	45～48	≥60
28～25	G28	M28	41～44	≥55
		M25	38～41	≥55
25～22	G25	M25	37～39	≥50
		M22	35～37	≥50
25～20	G25	M25	37～39	≥50
		M20	33～35	≥50
22～20	G22	N22	32～34	≥45
		M20	31～33	≥45
22～18	G22	M22	32～34	≥45
		M18	29～31	≥45
20～18	G20	M20	29～31	≥45
		M18	28～30	≥45

（3）质量检验　工程中应用钢筋套筒挤压接头时，应由技术提供单位提交有效的形式检验报告和套筒出厂合格证。现场检验，一般只进行接头外观检查和单向拉伸试验。

1）外观检查。在自检基础上每批随机抽取 10％的接头作外观检查。应符合下列要求：挤压后套筒长度应为原长度的 1.10～1.15 倍，或压痕处套筒的外径为原套筒外径的 0.8～0.9；挤压接头的压痕道数应符合形式检验确定的道数；接头处弯折不得大于 4°；挤压后的套筒不得有肉眼可见的裂缝。若外观质量合格数大于等于抽检数的 90％，则该批为合格。若不合格数超过抽检数的 10％，则应逐个进行复验，在外观不合格的接头中抽取 6 个试件作单向拉伸试验再判别。

2）单向拉伸试验。按同规格同制作条件的 500 个接头为一批（不足 500 个时也作为一批）。每一批抽取 3 个试件作单向拉伸试验。在现场检验合格的基础上，连续 10 个验收批单向拉伸试验合格率为 100％时，可以扩大验收批所代表的接头数量一倍。3 个接头试件的抗拉强度均应满足《钢筋机械连接技术规程》（JGJ 107—2010）中对 A 级或 B 级抗拉强度的要求。对 A 级接头，试件抗拉强度尚应大于等于 0.9 倍钢筋母材的实际抗拉强度（计算实际抗拉强度时，应采用钢筋的实际横截面面积）。如有一个试件的抗拉强度不符合要求，则加倍抽样复验。

2. 套筒轴向挤压连接

套筒轴向挤压连接是将两根待接钢筋插入优质钢套筒，用挤压设备沿轴向挤压钢套筒，使之产生塑性变形，依靠变形后的钢套筒与被连接钢筋纵、横肋产生的机械咬合作用使套筒与钢筋成为整体的连接方法，如图 6-27 所示。这种方法一般用于直径 25~32mm 的同直径或相差一个型号直径的带肋钢筋连接。

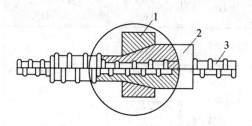

图 6-27　钢筋套筒轴向挤压连接
1—压模　2—钢套筒　3—变形钢筋

钢套筒应符合优质碳素结构钢要求，与钢筋直径要配套。挤压用设备主要有挤压机、超高压泵等。挤压机由液压缸、压模、压模座、导杆等组成，如图 6-28 所示。

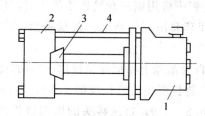

图 6-28　GT232 型挤压机简图
1—液压缸　2—压模座　3—压模　4—导杆

钢筋套筒轴向挤压连接与径向挤压连接的施工工艺大同小异，其连接接头的质量检查与径向挤压连接接头相同。

3. 钢筋挤压连接设备的使用和维护要点

（1）使用要点

1）检查挤压设备情况，并进行试压，符合要求后方可作业。

2）钢筋端头的锈、泥沙、油污等杂物应清理干净。

3）钢筋与套筒应进行试套，如钢筋有马蹄、弯折或纵肋尺寸过大者，应预先矫正或用砂轮打磨；对不同直径钢筋的套筒不得串用。

4）新设备在使用前、挤压设备大修后、压力表受损或强烈震动后、挤压设备使用超过一年、挤压的接头超过 5000 个及套筒压痕异常且查不出来其他原因时，应对挤压机的挤压力进行标定。

（2）维护要点

1）在使用过程中，通常两个月应对液压油进行一次过滤，同时对设备进行清洗。在环境温度较高或使用较为频繁的状况下，每 5～6 个月应更换一次液压油，并对设备进行一次大修。

2）在清洗或检查时，应及时更换密封圈。

3）现场施工中，特别是设备使用前后的拆装过程中，超高压油管两端的接头及压接钳换向阀的进出油接头，必须保持清洁，及时用专用防尘帽封盖。

4）超高压油管的弯曲半径不得小于 250mm，扣压接头处不得扭转，不得产生死弯。

💿 业务要点 5：钢筋锥螺纹套筒连接机具设备

锥螺纹套筒连接是将两根待接钢筋端头用套螺纹机做出锥形外丝，然后用带锥形内丝的钢套筒将钢筋两端拧紧的连接方法，如图 6-29 所示。这种方法适用于直径 16～40mm 的各种钢筋的直径的连接，所连接钢筋的直径之差不宜大于 9mm。该方法具有接头可靠、操作简单、不用电源、全天候施工、对中性好、施工速度快等优点。接头的价格适中，低于挤压套筒接头，高于电渣压力焊和气压焊接头。但加工后有的锥螺纹丝头的底径小于钢筋母材的基圆直径，接头受力截面积小；如果一旦操作中接头拧不紧，受力后钢筋产生滑脱，将影响工程质量。

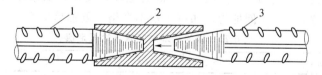

图 6-29　钢筋锥螺纹连接

1—已连接的钢筋　2—锥螺纹套筒　3—未连接的钢筋

1. 锥螺纹套筒连接机具设备

（1）钢筋套螺纹机　钢筋套螺纹机是加工钢筋连接端的锥螺纹用的一种专用设备，可套制直径 16～40mm 的钢筋。

（2）扭力扳手　扭力扳手是保证钢筋连接质量的测力扳手，它可以按照钢筋直径大小规定的力矩值，把钢筋与连接套筒拧紧，并发出声响信号。

（3）量规　量规包括牙形规、卡规和锥螺纹塞规。牙形规是用来检查钢筋连接端的锥螺纹牙形加工质量的量规。卡规是用来检查钢筋连接端的锥螺纹小端直径的量规。锥螺纹塞规是用来检查锥螺纹连接套筒加工质量的量规。

2. 锥螺纹套筒的加工与检验

（1）锥螺纹套筒的材质　对 HRB335 级钢筋采用 30～40 号钢，对 HRB400 和 RRB400 级钢筋采用 45 号钢。

（2）锥螺纹套筒的尺寸　应与钢筋端头锥螺纹的牙形与牙数匹配，并应满足承载力略高于钢筋母材的要求。

（3）锥螺纹套筒的加工　宜在专业工厂进行，以保证产品质量。各种规格的套筒外表面，均应有明显的钢筋级别及规格标记。套筒加工后，其两端锥孔必须用与其相应的塑料密封盖封严。

（4）锥螺纹套筒的验收　应检查：套筒的规格、型号与标记；套筒的内螺纹圈数、螺距与齿高；螺纹有无破损、歪斜、不全、锈蚀等现象。其中套筒检验的重要一环是用锥螺纹塞规检查同规格套筒的加工质量，当套筒大端边缘在锥螺纹塞规大端缺口范围内时，套筒为合格品。

3. 钢筋锥螺纹的加工与检验

钢筋下料时应采用无齿锯切割。其端头截面应与钢筋轴线垂直，并不得翘曲。

将钢筋两端卡在套丝机上套螺纹。钢筋套螺纹所需的完整牙数见表 6-23。套螺纹时要用水溶性切削冷却润滑液进行冷却润滑。对大直径钢筋要分次车削到规定的尺寸，以保证螺纹精度，避免损坏梳刀。

钢筋锥螺纹的检查。对已加工的螺纹端要用牙形规及卡规逐个进行自检，要求钢筋螺纹的牙形必须与牙形规吻合，小端直径不超过卡规的允许误差，丝扣完整牙数不得小于规定值。不合格的螺纹，要切掉后重新套螺纹，然后再由质检员按 3％ 的比例抽检，如有 1 根不合格，要加倍抽检。

表 6-23　钢筋套螺纹完整牙数规定值

钢筋直径/mm	16～18	20～22	25～28	32	36	40
完整牙数	5	7	8	10	11	12

锥螺纹检查合格后，一端拧上塑料保护帽，另一端拧上钢套筒与塑料封盖，并用扭力扳手将套筒拧至规定的力矩，以利保护和运输。

4. 钢筋锥螺纹连接工艺与检验

钢筋锥螺纹连接预先将套筒拧入钢筋的一端，在施工现场再拧入待接钢筋。连接钢筋前，将钢筋未拧套筒的一端的塑料保护帽拧下来露出螺纹，并将螺纹上的污物清理干净。连接钢筋时，将已拧套筒的钢筋拧到被连接的钢筋上，并用扭力扳手按表 6-24 规定的力矩值把钢筋接头拧紧，直至扭力扳手在调定的力矩值发出响声，并随手画上油漆标记，以防有的钢筋接头漏拧。

力矩扳手应每半年标定一次。

表 6-24　连接钢筋拧紧力矩值

钢筋直径/mm	16	18	20	22	25～28	32	36～40
扭紧力矩/（N/m）	118	145	177	216	275	314	343

钢筋拧紧力矩的检查：首先目测已作油漆标记的钢筋接头螺纹，如发现有一个完整螺纹外露，应责令工人重新拧紧或进行加固处理，然后用质检用的扭力扳手对接头质量进行抽检。抽检数量对梁、柱构件为每根梁、柱 1 个接头；对板、墙、基础构件为 3‰（但不少于 3 个）。抽检结果要求达到规定的力矩值。如有一种构件的一个接头达不到规定值，则该构件的全部接头必须重新拧到规定的力矩值。

单向拉伸试验：按同规格同制作条件的 300 个接头为一批（不足 300 个也为一批），取 3 个接头试件作单向拉伸试验。当接头试件达到下列要求时，即为合格接头：

1）屈服强度实测值不小于钢筋的屈服强度标准值。

2）抗拉强度实测值与钢筋屈服强度标准值的比值不小于 1.35 倍，异径钢筋接头以小直径抗拉强度实测值为准。

如有一个锥螺纹套筒接头不合格，则该构件全部接头采用电弧贴角焊方法加以补强，焊缝高度不得小于 5mm。

◉ 业务要点 6：钢筋冷镦粗直螺纹套筒连接机具设备

镦粗直螺纹钢筋接头是通过冷镦粗设备，先将钢筋连接端头冷镦粗，再在镦粗端加工成直螺纹丝头，然后，将两根已镦粗并套好螺纹的钢筋连接端穿入配套加工的连接套筒，旋紧后，即成为一个完整的接头。该接头的钢筋端部经冷镦后不仅直径增大，使加工后的丝头螺纹底部最小直径不小于钢筋母材的直径；而且钢材冷镦后，还可提高接头部位的强度。因此，该接头可与钢筋母材等强，其性能可达到 SA 级要求。

钢筋冷镦粗直螺纹套筒连接机具适用于钢筋混凝土结构中直径为 16～40mm 的 HRB335、HRB400 级钢筋的连接。

由于镦粗直螺纹钢筋接头的性能指标可达到 SA 级（等强级）标准，因此，适用于一切抗震和非抗震设施工程中的任何部位。必要时，在同一连接范围内钢筋接头数目可以不受限制，如钢筋笼的钢筋对接；伸缩缝或新老结构连接部位钢筋的对接以及滑模施工的筒体或墙体同以后施工的水平结构（如梁）的钢筋连接等。

1. 材料要求

1）钢筋应符合国家标准《钢筋混凝土用钢　第 2 部分热轧带肋钢筋》国家

标准第 1 号修改单（GB 1499.2—2007/XG1—2009）的要求及《钢筋混凝土用余热处理钢筋》（GB 13014—1991）的要求。

2）套筒与锁母材料应采用优质碳素结构钢或合金结构钢，其材质应符合《优质碳素结构钢》（GB/T 699—1999）的规定。

2. 机具设备

机具设备包括切割机、液压冷锻压床、套丝机（图 6-30）、普通扳手及量规。

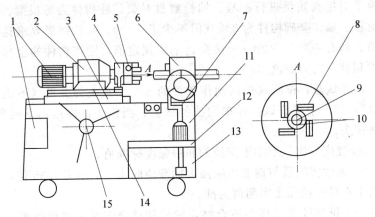

图 6-30　套丝机示意

1—电动机及电气控制装置　2—减速机　3—拖板及导轨　4—切削头
5—调节蜗杆　6—夹紧虎钳　7—冷却系统　8—刀具　9—限位顶杆
10—对刀心棒　11—机架　12—金属滤网　13—水箱　14—拨叉手柄　15—手轮

（1）镦粗直螺纹机具设备　机具设备应配套使用，每套设备平均每 40s 生产 1 个丝头，每台班可生产 400～600 个丝头。

（2）环规　环规是丝头螺纹质量检验工具。每种丝头直螺纹的检验工具分为止端螺纹环规和通端螺纹环规两种，如图 6-31 所示。

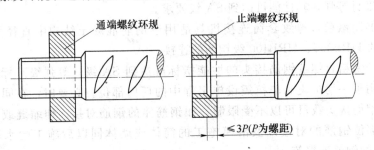

通端螺纹环规　　　止端螺纹环规

$\leqslant 3P$（P 为螺距）

图 6-31　丝头螺纹质量检验示意

（3）塞规　塞规是套筒螺纹质量检验工具。每种套筒直螺纹的检验工具分为止端螺纹塞规和通端螺纹塞规两种，如图 6-32 所示。

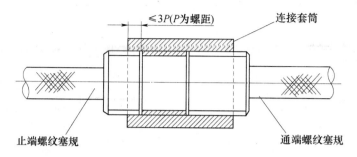

图 6-32　套筒螺纹质量检验示意

3. 接头分类

（1）按接头使用要求分类　接头类型见表 6-25。

表 6-25　直螺纹钢筋接头类型

形式	适　用　场　合
标准型	用于钢筋可自由转动的场合。利用钢筋端头相互对顶力锁定连接件，可选标准型或变径型连接套筒
加长型	用于钢筋过长而密集、不便转动的场合。连接套筒预先全部拧入一根钢筋的加长螺纹上，再反拧入被接钢筋的端螺纹，转动钢筋 1/2～1 圈即可锁定连接件，可选用标准型连接套筒
加锁母型	用于钢筋完全不能转动，如弯折钢筋以及桥梁灌注桩等钢筋笼的相互对接。将锁母和连接套筒预先拧入加长螺纹，再反拧入另一根钢筋端头螺纹，用锁母锁定连接套筒。可选用标准型或扩口型连接套筒加锁母
正反螺纹型	用于钢筋完全不能转动而要求调节钢筋内力的场合，如施工缝、后浇带等。连接套筒带正反螺纹，可在一个旋合方向中松开或拧紧两根钢筋，应选用带正反螺纹的连接套筒
扩口型	用于钢筋较难对中的场合，通过转动套筒连接钢筋
变径型	用于连接不同直径的钢筋

各类型接头连接方法如图 6-33 所示。

（2）按接头套筒分类　接头套筒类型见表 6-26。

表 6-26　接头套筒类型

类型	说　明
标准型套筒	带右旋等直径内螺纹，端部两个螺纹带有锥度
扩口型套筒	带右旋等直径内螺纹，一端带有 45°或 60°的扩口，以便对中入扣
变径型套筒	带右旋两端具有不同直径的内直螺纹，用于连接不同直径的钢筋
正反螺纹型套筒	套筒两端各带左、右旋等直径内螺纹，用于钢筋不能转动的场合
可调型套筒	套筒中部带有加长型调节螺纹，用于钢筋轴向位置不能移动且不能转动时的连接

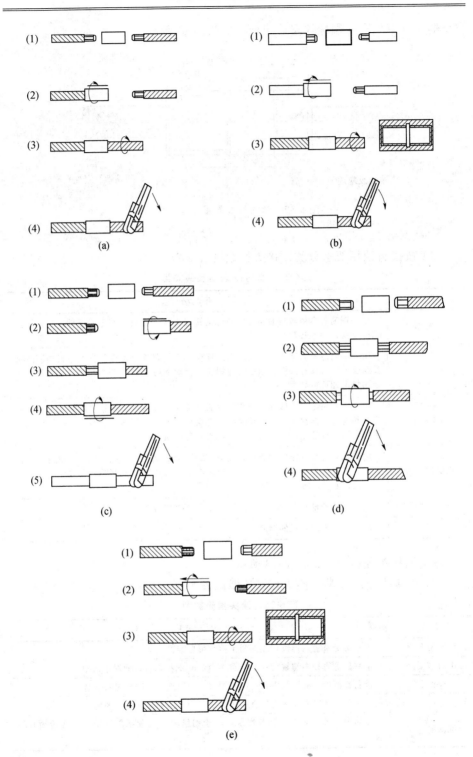

(a)

(b)

(c)

(d)

(e)

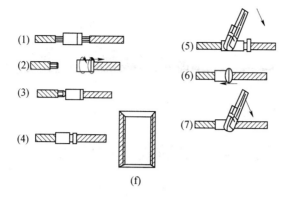

图 6-33　钢筋冷镦直螺纹套筒连接方法示意

（a）标准型接头　　（b）加锁母型接头　　（c）加长型接头

（d）变径型接头　　（e）正反螺纹型接头　　（f）扩口型接头

连接套筒分类如图 6-34 所示。

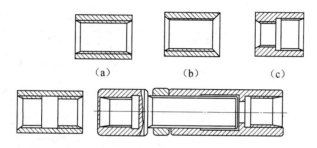

图 6-34　连接套筒分类

（a）标准型套筒　　（b）扩口型套筒　　（c）变径型套筒

（d）正反螺纹型套筒　　（e）可调型套筒

第七章　施工机械设备管理

第一节　机械设备的前期管理

⊙ **本节导图：**

　　本节主要介绍机械设备的前期管理，内容包括机械设备规划、机械设备选型、机械设备的招标采购、机械设备的验收、机械设备的索赔、机械设备的技术试验、机械设备的初期管理等。其内容关系框图如下：

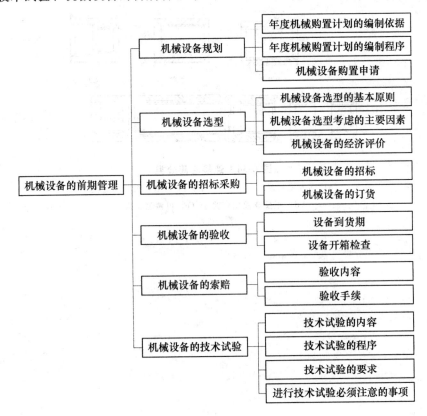

机械设备的前期管理关系框图

◎ 业务要点1：机械设备规划

机械设备规划是远期目标规划，还需要通过年度机械购置计划来实现，并应根据客观情况变化而对规划进行必要的调整和补充，使之符合实际需要。

1. 年度机械购置计划的编制依据

1）企业近期生产任务和技术装备规划。

2）企业承担的建筑体系、施工工艺和施工机械化的发展规划。

3）年度企业承担施工任务的实物工程量、工程进度以及工程的施工技术特点。

4）年内机械设备的报废更新情况。

5）充分发挥现有机械效能后的施工生产能力。

6）机械购置资金的来源情况。

7）社会施工机械租赁业的发展和可租性情况。

8）施工机械年台班、年产量定额和技术装备定额。

2. 年度机械购置计划的编制程序

（1）准备阶段　主要是搜集资料，摸清情况，掌握有关装备原则，澄清任务。

（2）平衡阶段　编制机械购置计划草案，并会同有关部门进行核算，在充分发挥机械效能的前提下，力求施工任务与施工能力相平衡，机械费用和其他经济指标相平衡。

（3）选择论证阶段　机械购置计划所列的机械品种、规格、型号等都要经过认真的选样论证。

（4）确定阶段　年度机械购置计划由企业机械管理部门编制，经生产、技术、计划、财务等部门进行会审，并经企业领导批准，必要时报企业上级主管部门审批。

3. 机械设备购置申请

1）根据工程的需要，需增添或更新设备时，公司机械管理部门填写机械设备购置申请（审批）表，经生产副总经理审核、报总经理，由机械管理部门负责购置。

2）需自行添置机械设备的单位，由各单位设备负责人写出申请报告，各单位领导批准后方可自行购买。

3）机械设备的选型、采购，必须对设备的安全可靠性、节能性、生产能力、可维修性、耐用性、配套性、经济性、售后服务及环境等因素进行综合论证，择优选用。

4）购置进口设备，必须经主管经理审核，总经理批准，委托外贸部门与外商联系，公司机械管理部门和主管经理应参与对进口机械设备的质量、价格、售后服务、安全性及外商的资质和信誉度进行评估、论证工作，以决定进口设备的型号、规格和生产厂家。

5）进口机械设备所需的易损件或备件，在国内尚无供应渠道或不能替代生产时，应在引进主机的同时，适当地订购部分易损、易耗配件以备急需用。

6）公司各单位在购置机械设备后，应将机械设备购置申请（审批）表、发票、购置合同、开箱检验单、原始资料登记表等复印件交设备管理员验收、建档，统一办理新增固定资产手续。

7）各单位、施工项目部所自购的设备经验收合格后，填写相关机械设备记录报公司机械管理部门建档。

机械设备购置计划申报表见表 7-1。

表 7-1　机械设备购置计划申报表

序号	机械名称	规格	厂家	数量	单价	使用项目	备注

业务要点 2：机械设备选型

1. 机械设备选型的基本原则

设备选型即从多种可以满足相同需要的不同型号、规格的设备中，经过技术经济的分析评价，选择最佳方案以作出购买决策。合理选择设备，可使有限的资金发挥最大的经济效益。设备选择的目的是为了给施工生产选择最优的机械设备，使其在技术上先进，经济上合理，获得最佳的经济效益。

设备选型应遵循的原则如下：

（1）生产上适用　所选购的设备应与本企业扩大生产规模或开发新产品，施工生产等需求相适应。

（2）技术上先进　在满足生产需要的前提下，要求其性能指标保持先进水平，以提高产品质量和延长其技术寿命，不能片面追求技术上的先进，也要防止购置技术已属落后的机型。

（3）经济上合理　即要求设备购置价格合理，购置费的降低能减轻机械使用成本，在使用过程中能耗、维护费用低，并且回收期较短。

设备选型首先应考虑的是生产上适用，只有生产上适用的设备才能发挥其投资效果；其次是技术上先进，技术上先进必须以生产适用为前提，以获得最大经济效益为目的；最后，把生产上适用、技术上先进与经济上合理统一起来。

2. 机械设备选型考虑的主要因素

（1）生产率　设备的生产率一般用设备单位时间（分、时、班、年）的产品产量来表示，设备生产率要与企业的经营方针、工厂的规划、生产计划，运输能力、技术力量、劳动力、动力和原材料供应等相适应，不能盲目要求生产率越高越好。

（2）工艺性　机械设备最基本的一条是要符合产品工艺的技术要求，把设备满足生产工艺要求的能力叫工艺性。

（3）设备的维修性　维修性是指机械设备是否容易维修的性能，它要求机械设备结构简单合理、容易拆装、易于检查，零部件要通用化和标准化，并具有互换性。这在设备使用过程中，可缩短检修时间，降低维护保养费用，提高机械的使用率。对设备的维修性可从以下几方面衡量。

1）设备的技术图纸、资料齐全。便于维修人员了解设备结构，易于拆装、检查。

2）结构设计合理。设备结构的总体布局应符合可达性原则，各零部件和结构应易于接近，便于检查与维修。

3）结构的简单性。在符合使用要求的前提下，设备的结构应力求简单，需维修的零部件数量越小越好，拆卸较容易，并能迅速更换易损件。

4）标准化、组合化原则。设备尽可能采用标准零部件和元器件，容易被拆成几个独立的零部件，并且不需要特殊手段即可装配成整机。

5）结构先进。设备尽量采用参数自动调整、磨损自动补偿和预防措施自动化原理来设计。

6）状态监测与故障诊断能力。可以利用设备上的仪器、仪表、传感器和配套仪器来检测设备有关部位的温度、压力、电压、电流、振动频率、消耗功率、效率、自动检测成品及设备输出参数动态等，以判断设备的技术状态和故障部位。

7）提供特殊工具和仪器、适量的备件或有方便的供应渠道。

此外，要有良好的售后服务质量，维修技术要求尽量符合设备所在区域情况。

（4）设备的安全可靠性和操作性

1）设备的安全可靠性：安全可靠性是设备对生产安全的保障性能，即设备应具有必要的安全防护设计与装置，并能生产出高质量的产品，完成高质量的工程，能避免在操作不当时发生重大事故。

2）设备的操作性：设备的操作性属于人机工程学范畴内容，总的要求是方便、可靠、安全，符合人机工程学原理。

（5）设备的环保与节能性　工业、交通运输业和建筑业等行业企业设备的环保性，通常是指其噪声振动和有害物质排放等对周围环境的影响程度。在设备选型时必须要求其噪声、振动频率和有害物排放等控制在国家和地区标准的规定范围内。在选型时，其所选购的设备必须符合国家《节约能源法》规定的各项标准要求。

（6）设备的配套性和灵活性　成套性是指机械设备配套的性能；灵活性是指机械设备有广泛应用程度的性能。机械设备灵活性的具体要求是：机械设备应体积小、重量轻、机动灵活、能够适应不同的工作条件和工作环境，具备多种功能（一机多用）。

（7）设备的经济性　影响设备经济性的主要因素有：初期投资、对产品的适应性、生产效率、耐久性、能源与原材料消耗、维护修理费用等。设备的初期投资主要指购置费、运输与保险费、安装费、辅助设施费、培训费、相关税费等。在选购设备时不能简单寻求价格便宜而降低其他影响因素的评价标准，尤其要充分考虑停机损失、维修、备件和能源消耗等项费用，以及各项管理费。总之，以设备寿命周期费用为依据衡量设备的经济性，在寿命周期费用合理的基础上追求设备投资的经济效益最高。

3. 机械设备的经济评价

机械设备的评价是指机械设备在选购阶段的经济评价。设备投资项目对企业经营情况有着长期的影响，其投资也须经过若干年后才能收回，所以进行技术经济评价与决策时，必须考虑投资额的时间价值。常用的设备投资评价方法有投资回收期法、净现值法、贴现投资收益法、内部报酬率法、设备寿命周期费用评价法等。具体方法是通过几个方案的分析和比较，选择最优的方案。下面介绍两种常用的设备评价方法。

（1）投资回收期法

$$设备投资回收期（年）=\frac{设备投资费用（元）}{采用新设备后年利润（元/年）} \tag{7-1}$$

从式中可知，设备投资回收期越短，投资效果就越好。由于科学技术的发展，机械设备的更新速度加快，对设备投资回收期要求也相应缩短。

（2）费用效率分析法（又叫寿命周期费用法）

$$设备费用效率=\frac{生产效率}{寿命周期费用} \tag{7-2}$$

式中　生产效率——设备每天完成的生产量；

寿命周期费用——设备寿命周期中费用的总和，它包括设备的原始费用（原值）和维持费用（人员工资、能源及材料的消耗费用、保修费、养路费、保险费及各种税金等）。费用效率分析法可以在同样的费用支出下，进行效率比较，也可以在同样的效率下，进行费用比较。

◎ 业务要点3：机械设备的招标采购

1. 机械设备的招标

确定了设备的选型方案后，就要协助采购部门进行设备的采购。对于国家规定必须招标的进口机电设备，地方政府、行业主管部门规定必须招标的机电设备以及企业自行规定招标的机电设备，企业必须招标采购。

设备的招标投标，与其他货物、工程、服务项目的各类招标投标一样，要求公正性、公开性、公平性，使投标人有均等的投标机会，使招标人有充分的选择机会。设备的招标采购形式大体有三种，即竞争性招标、有限竞争性招标和谈判性招标。

2. 机械设备的订货

（1）订货程序　根据确定选型后的购置计划，先进行市场货源调查，参加设备订货会议及向制造厂家（或供应商）联系、询价和了解供货情况，收集各种报价和供货可能做出评价选择，与制造厂家对某些细节进行磋商，经双方谈判达成协议（或采用招标办法），最后签订订货合同或订货协议，由双方签章后生效。

（2）订货合同及管理　设备订货合同是供需双方在达成一致协议后，经双方签章具有法律效用的文件。国内合同条款按《中华人民共和国经济合同法》《招标投标法》及国家有关规定执行。其注意事项如下：

1）合同的签订必须以洽商结果和往来函电为依据，双方加盖合同章后生效。

2）合同必须明确表达供需双方的意见，文字要准确，内容必须完整，包括供、收货单位双方的通信地址、结算银行全称、货物到达站及运输方式、交货期、产品名称、规格型号、数量、产品的技术标准和包装标准、质量保证以及双方需要在合同中明确规定的事项、违约处理方法和罚金、赔款金额、签订日期等，都不要漏掉或误写。

3）合同必须符合国家经济法令政策和规定，要明确双方互相承担的责任。

4）合同必须考虑可能发生的各种变动因素。如质量验收标准、价格、交货期、

交货地点，并应有防止措施和违章罚款的规定。

在合同正文中不能详细说明的事项，可以附件形式作为补充。附件是合同的组成部分，与合同正文有同等法律效用，附件也要经双方签章。对大型、特殊高精度或价格高的设备订货，合同应提出到生产厂的现场监督、参加验收试车，并要求生产厂负责售后的技术服务工作。合同签订后，有关解释、澄清合同内容的往来函电，也应视为合同的组成部分。

企业应做好设备订货合同的管理。订货合同一经签订就受法律保护，订货双方均应受法律制约，都必须信守合同。合同要进行登记，建立台账和档案，合同的文本、附件、往来函电、预付款单据等都应集中管理，这样便于查阅，也是双方发生争议时的仲裁依据。乙方应按合同规定交货，甲乙双方

应经常交流合同执行情况,对到期未交货要及时查询。

(3)进口机械订购　订购进口机械时首先应做好可行性研究,按照有关规定,申请进口许可证,在签订合同时必须具体细致,不得含糊,合同条款要符合我国的有关规定,并参照国际条例注明双方的权利和义务,明确验收项目和检验标准,对结构复杂、安装技术要求高的机械,应在合同内注明由卖方负责免费安装及售后技术股务项目,保修期一般以到货之日算起,应争取以安装调试完毕投产之日算起。

另外,进口机械常用、易损配件及备品,如国内无供应渠道或不能生产,应适当订购一部分易耗、易损配件,以备需求。

业务要点 4:机械设备的验收

设备到货后,需凭托收合同及装箱单,进行开箱检查,验收合格后办理相应的入库手续。

1. 设备到货期

验收订货设备应按期到达指定地点,不允许任意变更尤其是从国外订购的设备,影响设备到货期执行的因素多,双方必须按合同要求履行验收事项。

2. 设备开箱检查

设备开箱检查由设备采购部门、设备主管部门、组织安装部门、技术部门及使用部门参加。若是进口设备,应有商检部门人员参加。开箱检查主要内容如下:

1)到货时检查箱号、件数及外包装有无损伤和锈蚀;若属裸露设备(部件),则要检查其刮、碰等伤痕及油迹、海水侵蚀等损伤情况。

2)检查有无因装卸或运输保管等方面的原因而导致设备残损。若发现有残损现象则应保持原状,进行拍照或录像,请在检验现场的有关人员共同查看,并办理索赔现场签证事项。

3)依据合同核定发票、运单,核对(订货清单)设备型号、规格、零件、部件、工具、附件、备件等是否与合同相符,并作好清点记录。

4)设备随机技术资料(图纸、使用与保养说明书、合格证和备件目录等)、随机配件、专用工具、监测和诊断仪器、润滑油料和通信器材等,是否与合同内容相符。

5)凡属未清洗过的滑动面严禁移动,以防磨损。

6)不需要安装的附件、工具、备件等应妥善装箱保管,待设备安装完工后一并移交使用单位。

7)核对设备基础图和电气线路图与设备实际情况是否相符;检查地脚螺钉孔等有关尺寸及地脚螺钉、垫铁是否符合要求;核对电源接线口的位置及有关参数是否与说明书相符。

8）检查后作出详细检查记录。填写设备开箱检查验收单。

业务要点 5：机械设备的索赔

索赔是业主按照合同条款中有关索赔、仲裁条件，同制造商和参与该合同执行的保险、运输单位索取所购设备受损后赔偿的过程。不论国内订购还是国外订购，其索赔工作均要通过商检部门受理经办方有效，同时索赔亦要分清下述情况：

1）设备自身残缺，由制造商或经营商负责赔偿。

2）属运输过程造成的残损，由承运者负责赔偿。

3）属保险部门负责范畴，由保险公司负责赔偿。

4）因交货期拖延而造成的直接与间接损失，由导致拖延交货期的主要责任者负责赔偿。

1. 验收内容

1）依据合同核定发票、运单、检查样品、规格和数量是否相符。如发现问题，应立即向承运单位及生产厂家提出质问、索赔或拒付货款及运费。

2）开箱后依据装箱单、说明书、合格证等所写物品的种类、规格、数量及外观的质量进行检查，发现问题应向厂家提出索赔。

3）国外引进设备的验收：

① 数量验收：由接运部门会同国家商检部门开箱验收，确认是否符合合同规定的数量和要求。

② 引进设备质量验收时，请国外生产厂家派人参加验收，调试合格后签字确认。

③ 机械本身性能的试验，除运转检查外，主要技术数据要通过仪器、仪表检测。

④ 引进设备生产成品的试验，同样要求通过仪器、仪表测定各种数据，是否符合规范的要求。

⑤ 调试验收以后以使用单位为主，并写出专题报告，报上级部门归档检查备案。

2. 验收手续

1）验收时机械管理人员和设备购置部门的人员同时参加，设备购置部门的人员负责验收设备的规格、型号、数量是否与合同相符，机械管理部门负责验收技术资料。

2）国外引进的主要设备，档案部门同时参加验收其随机技术资料。

3）验收结束，填写"固定资产验收单"（表 7-2），作为建立固定资产的依据。

表 7-2　固定资产验收单

验收单号：字第　　号
验收日期：　年　月　日

资产类别
资产编号

资产名称	型号规格	生产厂家	出厂日期	出厂号码	新旧程度	来源
设备组成 动力 主	厂牌	型号	规格	kW 号码	出厂年月	
设备组成 动力 副	厂牌	型号	规格	kW 号码	出厂年月	
底盘	厂牌	型号	规格	号码	出厂年月	
附属机组	厂牌	型号	规格	号码	出厂年月	

购入价值/元					估计重置价格/元		外形尺寸及自重/mm		牌照号码
原价	配套件价值	运杂费	每台价值	数量	完全价值	残余价值	自重/kg	外形尺寸 长×宽×高	

随机工具及附件

名称	规格	单位	数量

验收情况	1）质量是否合格 2）构件是否完整齐全 3）外部是否完好无损 4）需要处理的问题或其他事项

主管部门	管理	合计	验收

（随机工具及附件如填不下可贴条或写在背面）

4）验收完毕，验收人在验收单签字并向使用单位办理交接手续后，方可投入使用，未验收和未办理交接手续的设备不能投入使用。

5）验收不合格的设备，由购置部门按合同向该厂索赔问题解决后方可验收。

业务要点6：机械设备的技术试验

凡新购机械或经过大修、改装、改造，重新安装的机械，在投产使用前，必须进行检查、鉴定和试运转（统称技术试验），以测定机械的各项技术性能和工作性能。

未经技术试验或虽经试验尚未取得合格签证前，不得投入使用。

1. 技术试验的内容

1）新购或自制机械必须有出厂合格证和使用说明书。

2）大修或重新组装的机械必须有大修质量检验记录或重新组装检查记录。

3）改装或改造的机械必须有改装或改造的技术文件、图纸和上级批准文件，以及改装改造后的质量检验记录。

2. 技术试验的程序

技术试验程序分为：试验前检查、无负荷试验，额定负荷试验、超负荷试验。试验必须按顺序进行，在上一步试验未经确认合格前，不得进行下一步试验。

（1）试验前检查　机械的完整情况；外部结构装置的装配质量和工作可靠性；连接部位的紧固程度；润滑部位、液压系统的油质、油量以及电气系统的状况等，是否具备进行试验的条件。

（2）无负荷试验　试验目的是熟悉操作要领，观察机械运转状况；试验起动性、操纵和控制性，必要时进行调整。各项操纵的动作均须按使用说明书的要求进行。

（3）负荷试验　试验是机械在不同负荷下进行，目的是对机械的动力性、经济性、安全性以及仪表信号和工作性能等作全面实际的检验，以考核是否达到机械正常使用的技术要求。负荷试验要按规定的轻负荷、额定负荷和超负荷循序进行。如果需要进行超负荷试验时，要有相应的计算依据和安全措施。

3. 技术试验的要求

1）技术试验的内容和具体项目要求，除原厂有特殊规定的试验要求外，应参照相关规定进行。

2）试验后要对试验过程中发生的情况或问题，进行认真的分析和处理，以便作出是否合格和能否交付使用的决定。

3）试验合格后，应按照《技术试验记录表》所列项目逐项填写，由参加试验人员共同签字，并经单位技术负责人审查签证。技术试验记录表一式两份，一份交使用单位，一份归存技术档案。

4. 进行技术试验必须注意的事项

1）参加试验人员，必须熟悉所试验机械的有关资料和了解机械的技术性能。新型机械和进口机械的试验操作人员，必须掌握操作技术和使用要领。对技术性能较复杂和价值较高的重点机械，应制订试验方案，并在单位技术负责人指导和监督下进行。

2）应选择适合试验要求的道路、坡道、场地或符合试验要求的施工现场进行试验。

3）新机械应先清除各部防腐剂和积沉杂物；重新安装的机械应做好清洁、润滑、调整和紧固工作，以保证试验的正确性。

4）在试验过程中，如发现不正常现象或严重缺陷时，应立即停止试验，待排除故障后再继续试验。

5）进口机械应按合同具体规定进行试验。

业务要点 7：机械设备的初期管理

设备使用初期管理是指设备经安装试验合格后投入使用到稳定生产的这一段时间的管理工作，一般为半年左右（内燃机要经过初期走合的特殊过程）。

1. 初期管理的内容

1）机械在初期使用中调整试车，降低机械载荷，平稳操作，加强维护保养，使其达到原设计预期的功能。

2）操作工人使用维护能力的技术培训工作。

3）对设备使用初期的运转状态变化观察，作好各项原始记录，包括运转台时、作业条件、使用范围、零部件磨损及故障记录等。

4）对典型故障和零部件失效情况进行研究，提出改善措施和对策。

5）机械初期使用结束时，对使用初期的费用与效果进行技术经济分析，机械管理部门应根据各项记录填写机械初期使用鉴定书。

6）由于内燃机械结构复杂、转速高、受力大等特点，当新购或经过大修、重新安装的机械，在投入施工生产的初期，必须经过运行磨合，使各相配机件的摩擦表面逐渐达到良好的磨合，从而避免部分配合零件因过度摩擦而发热膨胀形成粘附性磨损，以致造成拉伤、烧毁等损坏性事故。因此，认真执行机械走合期的有关规定，是机械初期管理的重要环节。

① 机械的走合期应按原机技术文件规定的要求执行。如无规定，一般内

燃机械为 100h，汽油汽车为 1000km，柴油汽车为 1500km。

② 在走合期内应采用符合规定的优质润滑油料，以免影响润滑作用；内燃机使用的燃料应符合机械性能要求，以免燃料在燃烧过程中产生突爆而损伤机件。

③ 内燃机起动时，严禁猛加油门，应在 500～600r/min 的转速下，稳定运转数分钟，使内燃机内部运动机件得到良好的润滑，随着温度的上升而逐渐增加转速。在严寒季节，必须先对内燃机进行预热后方可起动。在内燃机运转达到额定温度后，应对气缸盖螺丝按规定程序和扭矩用扭力扳手逐个进行紧固，在走合期内不得少于两次。

④ 走合期满后，应更换内燃机曲轴箱内的机油，并清洗润滑系统，更换滤清器滤芯，应检查各齿轮箱润滑油的清洁情况，必要时更换。同时进行调整、紧固等走合期后的保养作业，并拆除内燃机的限速装置。

2. 机械使用初期的信息反馈

对上述机械使用初期所收集的信息进行分析后作如下处理：

1）属于设计、制造和产品质量上的问题，应向设计、制造单位进行信息反馈。

2）属于安装、调试上的问题，向安装、试验单位进行信息反馈。

3）属于需采取维修对策的，向机械维修部门进行信息反馈。

4）属于机械规划、采购方面的问题，向规划、采购部门进行信息反馈。

第二节　机械设备的资产管理

本节导图：

本节主要介绍机械设备的资产管理，内容包括固定资产、机械设备的分类及重点机械设备的管理、机械设备的基础资料、机械设备的库存管理与报废等。其内容关系框图如下页所示：

业务要点 1：固定资产

1. 固定资产的划分

企业的固定资产是固定资金的实物状态，生产用固定资产能在生产过程中长期使用而不改变原有的实物形态。随着它的本身在生产过程中的磨损程度，逐渐有部分以折旧形式将其价值转移到所生产的产品成本中，在实现价值转移时，其实物状态一般并不发生明显的变化，所以称为固定资产。

（1）施工企业固定资产的划分原则

1）耐用年限在一年以上；非生产经营的设备、物品，耐用年限超过 2

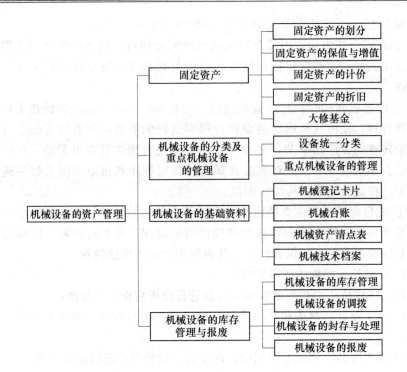

机械设备的资产管理关系框图

年的。

2）单位价值在 2000 元以上。

不同时具备以上两个条件的为低值易耗品。

3）有些劳动资料，单位价值虽然低于规定标准，但为企业的主要劳动资料，也应列作固定资产。

4）凡是与机械设备配套成台的动力机械（发电机、电动机），应按主机成台管理；凡作为检修更换、更新、待配套需要购置的，不论功率大小、价值多少，均作为备品、备件处理。

（2）固定资产分类

1）按经济用途分，可分为生产用固定资产和非生产用固定资产。

2）按使用情况分，可分为使用中的固定资产、未使用的固定资产、不需用的固定资产、封存的固定资产和租出的固定资产。

3）按资产所属关系分，可分为国有固定资产、企业固定资产、不同经济所有制的固定资产和租入固定资产。

4）按资产的结构特征分，可分为房屋及建筑物、施工机械、运输设备、生产设备和其他固定资产。

2. 固定资产的计价

固定资产计价，是按货币单位进行计算的。在固定资产核算中，根据情况不同有以下计价项目。

（1）原值 原值又称原始价值或原价，是企业在制造、购置某项固定资产时实际产生的全部费用支出，包括制造费、购置费、运杂费和安装调试费。它反映固定资产的原始投资，是计算折旧的基础。

（2）净值 净值又称折余价值，它是固定资产原值减去累计折旧的差额，反映使用过程中的固定资产尚未折旧部分的价值。通过净值与原值的对比，可以大概地了解固定资产的新旧程度。

（3）重置价值 重置价值又分为重置完全价值，是按照当前生产条件和价值水平，重新购置固定资产时所需的全部支出，一般在用于企业获得馈赠或核查无法确定的设备资产或经主管部门批准对设备固定资产进行重新估价时，作为计价的标准。

（4）增值 增值是指在原有固定资产的基础上进行改建、扩建或技术改造后增加的固定资产价值。固定资产大修理不增加固定资产价值，但在大修理的同时进行技术改造，属于用更新改造基金等专用基金以及用专用拨款和专用借款开支的部分，应当增加固定资产的价值。

（5）残值与净残值 残值是指固定资产报废时的残余价值，即报废资产拆除后余留的材料、零部件或残体的价值；净残值则为残值减去清理费后的余额。

3. 固定资产的保值与增值

固定资产保值增值是资产所有者对经营管理者的一项要求，所说的资产是所有者的全部权益，可用下式表示。

$$资产保值期末所有者权益＝期初所有者权益×（1＋年利率）^n \qquad (7-3)$$

$$资产增值期末所有者权益＞期初所有者权益×（1＋年利率）^n \qquad (7-4)$$

$$固定资产保值增值率＝\frac{期末所有者权益}{期初所有者权益}×100\% \qquad (7-5)$$

上面两式中的所有者权益用下式计算：

$$所有者权益＝企业资产总额－企业负债总额 \qquad (7-6)$$

4. 固定资产的折旧

固定资产的折旧是对固定资产磨损和损耗价值的补偿，是固定资产管理的重要内容。

（1）折旧年限 机械折旧年限就是机械投资的回收周期，回收周期过长则投资回收慢，将会影响机械正常更新和改进的进程，不利于企业技术进步；回收期过短则会提高生产成本，降低利润，不利于市场竞争。

(2) 计算折旧的方法 根据国务院对大型建筑施工机械折旧的规定，应按每班折旧额和实际工作台班计算提取，专业运输车辆根据单位里程折旧额和实际行驶里程计算提取，其余按平均年限计算，提取折旧。

1）平均年限法（直线折旧法）：这种方法是指在机械使用年限内，平均地分摊继续的折旧费用，计算公式为：

$$年折旧额 = \frac{原值 - 残值}{折旧年限} = \frac{原值（1-残值率）}{折旧年限} \tag{7-7}$$

式中 设备的原值——指机械设备的原始价值，包括机械设备的购置费、安装费和运输费等；

残值——指机械设备失去使用价值报废后的残余价值；

残值率——指残值占原值的比例，根据建设部门的有关规定，大型机械残值率为5%，运输机为6%，其他机械为4%。

在实际工作中，通常先确定折旧额，再根据折旧额计算折旧率，其公式为：

$$年折旧率 = \frac{年折旧额}{原值} \times 100\% \tag{7-8}$$

$$月折旧率 = \frac{年折旧额}{12 \times 原值} \times 100\% \tag{7-9}$$

2）工作量法：对于某些价值高而又不经常使用的大型机械，采用工作时间（或工作台班）计算折旧；运输机械采用行驶里程计算折旧。

① 按工作时间计算折旧

$$每小时（每台班）折旧额 = \frac{原值 - 残值}{折旧年限内总工作时间（总台班额）} \tag{7-10}$$

② 按行驶里程计算折旧

$$每公里折旧额 = \frac{原值 - 残值}{车辆总行驶里程定额} \tag{7-11}$$

3）快速折旧法：从技术性能分析，机械的性能在整个寿命周期内是变化的，投入使用初期，机械性能较好、产量高、消耗少，创造的利润也较多。随着使用的延续，机械效能降低，为企业提供的经济效益也就减少。因此，机械的折旧费可以逐年递减，以减少投产的风险，加快回收资金。快速折旧法就是按各年的折旧额先高后低，逐年递减的方法计提折旧。常用的有以下几种：

① 年限总额法（年序数总额法）。这种方法的折旧率是以折旧年限序数的总和为分母，以各年的序数分子组成为序列分数数列，数列中最大者为第一年的折旧率，然后按顺序逐年减少，其计算公式为：

$$Z_t = \frac{n+1-t}{\sum\limits_{t=1}^{n} t}(S_0 - S_t) \tag{7-12}$$

式中 Z_t——第 t 年折旧（第一年 t 为 1，最末年 t 为 n）；

    n——预计固定资产使用年限；

    S_0——固定资产原值；

    S_t——固定资产预计残值。

② 余额递减法。这种方法是指计提折旧额时以尚待折旧的机械净值作为该次机械折旧的基数；折旧率固定不变。因此机械折旧额是逐年递减的。

5. 大修基金

大修基金提取额和提取率的计算公式为：

$$年大修基金提取额＝（每次大修费用×使用年限内$$

$$大修次数）/使用年限 \tag{7-13}$$

$$年大修基金提取率＝（年大修基金提取额/原值）×100\% \tag{7-14}$$

$$月大修基金提取率＝[（年大修基金提取额÷12）/原值]×100\%$$

$$\tag{7-15}$$

大修基金也可以分类综合提取，在提取折旧的同时提取大修基金，运输设备按综合折旧率 100％计算，其余设备按综合折旧率的 50％计算。

机械设备的大修必须预先编制计划，大修基金必须专款专用。

业务要点 2：机械设备的分类及重点机械设备的管理

1. 设备统一分类

（1）按设备在企业中的用途分类

1）生产设备

生产设备是指企业中直接参与生产活动的设备，以及在生产过程中直接为生产服务的辅助生产设备。

2）非生产设备

非生产设备是指企业中用于生活、医疗、行政、办公、文化、娱乐、基建等设备。通常情况下，企业设备管理部门主要对生产设备的运动情况进行控制和管理。

（2）按设备的技术特性分类

按设备本身的精度、价值和大型、重型、稀有等特点分类，可分为高精度、大型、重型、稀有设备。所谓高精度设备是指具有极精密元件并能加工精密产品的设备；大型设备一般是指体积较大、较重的设备；重型、稀有设备是指单一的、重型的和国内稀有的大重型设备及购置价值高的生产关键设备。

根据国家统计局颁发的《主要生产设备统计目录》，对高精度、大型、重型、稀有设备的划分作出了规定，凡精、大、稀设备，都应按照国家统计局的规定进行划分。

（3）按设备在企业中的重要性分类

按照设备发生故障后或停机修理时，对企业的生产、质量、成本、安全、交货期等方面的影响程度与造成损失的大小，将设备划分为三类。

1）重点设备（也称 A 类设备），是重点管理和维修的对象，尽可能实施状态监测维修。

2）重要设备（也称 B 类设备），应实施预防维修。

3）普通设备（也称 C 类设备），为减少不必要的过剩修理，考虑到维修的经济性，可实施事后维修。

重点设备的划分，既考虑设备的固有因素又考虑设备在运行过程中的客观作用，两者结合起来，使设备管理工作更切合实际。

企业应建立重点设备台账。重点设备应有明显标志；重点设备操作人员必须严格执行工艺规程和操作规程，要求人员相对稳定；重点设备应积极采用设备故障诊断技术和状态监测方法；要加强重点设备的检查，加强对重点设备的操作和维修人员的技术培训。

2. 重点机械设备的管理

重点机械重点管理是现代科学管理方法之一。企业拥有大量机械设备，它们在生产中所起的作用及其重要性各不相同，管理时不能同等对待。对那些在施工生产中占重要地位和起重要作用的机械，应列为企业的重点机械，对其实行重点管理，以确保企业施工生产。

（1）重点机械的选定　重点机械的选定依据可参考表 7-3，其选定方法通常有经验判定法和分项评分法两种。

表 7-3　重点机械选定依据

影响关系	选 定 依 据
生产方面	1）关键施工工序中必不可少而又无替换的机械 2）利用率高并对均衡生产影响大的机械 3）出故障后影响生产面大的机械 4）故障频繁，经常影响生产的机械
质量方面	1）施工质量关键工序上无代用的机械 2）发生故障即影响施工质量的机械
成本方面	1）购置价格高的高性能、高效率机械 2）耗能大的机械 3）修理停机对产量、产值影响大的机械
安全方面	1）出现故障或用坏时可能发生事故的机械 2）对环境保护及作业有严重影响的机械
维修方面	1）结构复杂、精密，损坏后不易修复的机械 2）停修期长的机械 3）配件供应困难的机械

（2）重点机械的管理　对重点机械的管理应实行五优先原则。具体要求如下：

1）建立重点机械台账及技术档案，内容必须齐全，并有专人管理。

2）重点机械上应有明显标志，可在编号前加符号（A）。

3）重点设备的操作人员必须严格选拔，能正确操作和做好维护保养，人机要相对稳定。

4）明确专职维修人员，逐台落实定期定点检（保养）内容。

5）对重点机械优先采用监测诊断技术，组织好重点机械的故障分析和管理。

6）重点机械的配件应优先储备。

7）对重点机械的各项考核指标与奖惩金额应适当提高。

8）对重点机械尽可能实行集中管理，采取租赁和单机核算，力求提高经济效益。

9）重点机械的修理、改造、更新等计划，要优先安排，认真落实。

10）加强对重点机械的操作和维修人员的技术培训。

A、B、C 三类机械的管理和维修对策见表 7-4。

表 7-4　A、B、C 三类机械的管理和维修对策

项目 ＼ 类别	A 类	B 类	C 类
机械购置	企业组织论证	机械部门组织论证	不论证，一般选用
机械验收	企业组织验收	机械部门组织验收	使用单位验收
机械登记卡片	集中管理	使用单位管理	可不要求
机械技术档案	内容齐全、重点管理	内容符合要求	不要求
"三定"责任制	严格定人定机定岗	定人定机定岗	一般不要求
操作证	合格率 100% 经过技术培训， 考核合格后颁发	合格率 80% 经过工种培训， 考核合格后颁发	一般不采用
操作规程	专用	通用	通用
保养规程	专用	通用	通用
故障分析	分析探索维修规律	一般分析	不分析
维修制度	重点预防维修	预防维修	可事后维修
维修计划	重点保证	尽可能安排	一般照顾
修理分类	分大修、项修及小修 重点实施	分大修、项修及小修 一般实施	不分类

类别 项目	A类	B类	C类
改善性修理	齐全	一般记录	不要求
维修记录			不要求
维修力量配备	高级修理工、主要维修力量	一般维修力量	适当照顾
配件储备	重点储备零部件及 总成，供应率100%	储备常用零部件， 供应率80%	少量储备
各项技术经济指标	重点考核	一般考核	不考核
红旗设备	重点评比	一般评比	不评比
安全检查	每月一次	每年一次	每年一次

注：A类指重点机械；B类指主要机械；C类指一般机械。

业务要点3：机械设备的基础资料

1. 机械登记卡片

机械登记卡片是反映机械主要情况的基础资料，其主要内容有：正面是机械各项自然情况，如机械和动力的厂型、规格，主要技术性能，附属设备、替换设备等情况；反面是机械主要动态情况，如机械运转、修理、改装、机长变更、事故等记录。

机械登记卡片由产权单位机械管理部门建立，一机一卡，按机械分类顺序排列，由专人负责管理，及时填写和登记。本卡片应随机转移，报废时随报废申请表送审。

本卡的填写要求，除表格及时填写外，"运转工时"栏，每半年统计一次填入栏内，具体填写内容见表7-5及表7-6。

表7-5　机车车辆登记卡

名称		规格		管理编号	
厂牌		应用日期		重量/kg	
		出厂日期		长×宽×高/mm	
	厂牌	型式	功率	号码	出厂日期
底盘					
主机					
副机					
电机					
附属设备	名称	规格	号码	单位	数量

续表

名称		规格			管理编号		
	前轮						
	中轮	规格	汽缸	数量		备胎	
	后轮						
来源		动调拨记录		日期	调入		调出
计算日期							
原值							
净值							
折旧年限							
更新时间	时间		更新改装内容			价值	

填写日期：　　年　　月　　日

表 7-6　运转统计

（每半年汇总填一次）

记载日期	运转工时	累计工时	记载日期	运转工时	累计工时
大修理记录	进厂日期	出厂日期	承修单位	进厂日期	出厂日期	承修单位
事故记录	时间	地点	损失和处理情况		肇事人

2. 机械台账

机械台账是掌握企业机械资产状况，反映企业各类机械的拥有量、机械分布及其变动情况的主要依据，它以《机械分类及编号目录》为依据，按类组代号分页，按机械编号顺序排列，其内容主要是机械的静态情况，由企业机械管理部门建立和管理，作为掌握机械基本情况的基础资料。其应填写的表格见表7-7～表7-9。

表 7-7　机械设备台账

类别												动力部分					调出		备注
序号	管理编号	名称	型号规格	制造厂	出厂日期	出厂号码	底盘号码	来源	调入日期	原值/元	净值/元	名称	制造	型号	功率/kW	号码	日期	接收单位	

表 7-8 机械车辆使用情况月报表

共 页 第 页

序号	分类	管理编号	机械名称	技术规格	制度台日	质量情况		运转情况		利用率	行驶里程		完成情况		燃油消耗		备注
						完好台日	完好率(%)	实作日	实作台时		重驶里程	空驶里程	定额产量	实作台班	汽油	柴油	

表 7-9 机械车辆单机完好、利用率统计台账

年	月	制度台日	完好台日	完好率(%)	实作台日	利用率(%)	加班台日数	实作台时		台班或行驶里程		油料消耗/kg		维修情况		
								本月	累计	本月	累计	本月	累计	大修	中修	小修

（1）对统计报表的基本要求

1）统计报表要求做到准确、及时和完整，不得马虎草率，数字经得起检查分析，不能有水分。

2）规定的报表式样、统计范围、统计目录、计算方法和报送期限等都必须认真执行，不能自行修改或删减。

3）要逐步建立统计分析制度，通过统计分析的资料，可以进一步指导生产，为生产服务。

4）进一步提高计算机网络技术设备管理中的应用。

3. 机械资产清点表

按照国家对企业固定资产进行清查盘点的规定，企业于每年终了时，由企业财务部门会同机械管理部门和使用保管单位组成机械清查小组，对机械固定资产进行一次现场清点。清点中要查对实物，核实分布情况及价值，做到台账、卡片、实物三相符。

清点工作必须做到及时、深入、全面、彻底的要求，在清查中发现的问题要认真解决。如发现盘盈、盘亏，应查明原因，按有关规定进行财务处理。清点后要填写机械资产清点表，留存并上报。

为了监督机械的合理使用，清点中对下列情况应予处理：

1）如发现保管不善、使用不当、维修不良的机械，应向有关单位提出意见，帮助并督促其改进。

2）对于实际磨损程度与账面净值相差悬殊的机械，应查明造成原因，如由于少提折旧而造成者，应督促其补提；如由于使用维护不当，造成早期磨损者，应查明原因，作出处理。

3）清查中发现长期闲置不用的机械，应先在企业内部调剂；属于不需用的机械，应积极组织向外处理，在调出前要妥善保管。

4）针对清查中发现的问题，要及时修改补充有关管理制度，防止前清后乱。

4. 机械技术档案

1）机械技术档案是指机械自购入（或自制）开始直到报废为止整个过程中的历史技术资料，能系统地反映机械物质形态运动的变化情况，是机械管理不可缺少的基础工作和科学依据，应由专人负责管理。

2）机械技术档案由企业机械管理部门建立和管理，其主要内容有：

① 机械的随机技术文件。包括：使用保养维修说明书、出厂合格证、零件装配图册、随机附属装置资料、工具和备品明细表，配件目录等。

② 新增（或自制）或调入的批准文件。

③ 安装验收和技术试验记录。

④ 改装、改造的批准文件和图纸资料。

⑤ 送修前的检测鉴定、大修进厂的技术鉴定、出厂检验记录及修理内容等有关技术资料。

⑥ 事故报告单、事故分析及处理等有关记录。

⑦ 机械报废技术鉴定记录。

⑧ 机械交接清单。

⑨ 其他属于本机的有关技术资料。

3）A、B类机械设备使用同时必须建立设备使用登记书，主要记录设备使用状况和交接班情况，由机长负责运转的情况登记。应建立设备使用登记书的设备有：塔式起重机、外用施工电梯、混凝土搅拌站（楼）、混凝土输送泵等。

4）公司机械管理部门负责 A、B 类机械设备的申请、验收、使用、维修、租赁、安全、报废等管理工作。做好统一编号、统一标识。

5）机械设备的台账和卡片是反映机械设备分布情况的原始记录，应建立专门账、卡档案，达到账、卡、物三项符合。

6）各部门应指定专门人员负责对所使用的机械设备的技术档案管理，做好编目归档工作，办理相关技术档案的整理、复制、翻阅和借阅工作，并及时为生产提供设备的技术性能依据。

7）已批准报废的机械设备，其技术档案和使用登记书等均应保管，定期编制销毁。

8）依据其主要内容有：

① 试运转及走合期记录。

② 运转台时、产量和消耗记录。

③ 保养、修理记录。

④ 主要机件及轮胎更换记录。

⑤ 机长更换交接记录。

⑥ 检查、评比及奖惩记录。

⑦ 事故记录。

（1）机械原始记录的种类

1）机械原始记录共包括以下几种：

① 机械使用记录，是施工机械运转的记录。由驾驶操作人员填写，月末上报机械部门。

② 汽车使用记录，是运输车辆的原始记录。由操作人员填写，月末上报机械部门。

2）机械原始记录的填写应符合下列要求：

① 机械原始记录，均按规定的表格，不得各搞一套，这样既便于机械统计的需要，又避免造成混乱。

② 机械原始记录，要求驾驶操作人员按实际工作小时填写准确及时完整，不得有虚假，机械运转工时按实际运转工时填写。

③ 机械驾驶人员的原始记录填写得好坏，应与奖励制度结合起来，作为评奖条件之一。

（2）机械统计报表的种类

1）机械使用情况月报。本表为反映机械使用情况的报表，由机械部门根据机械使用原始记录按月汇总统计上报。

2）施工单位机械设备的实有及利用情况（季、年报表）。

3）机械技术装备情况（年报），是反映各单位机械化装备程度的综合考核指标。

4）机械保修情况（月、季、年）报表。本表为反映机械保修性能情况的报表，由机械部门每月汇总上报。

（3）几项统计指标的计算公式和解释

1）机械完好率。指本期制度台日数内处于完好状态下的机械台日数，不管该机械是否参加了施工，都应计算完好台日数，包括修理不满一天的机械，不包括在修、待修、送修在途的机械。

$$机械完好率 = \frac{机械完好日台数 + 例节假日加班台日数}{报告期制度台日数 + 例节假日加班台日数} \times 100\% \quad (7\text{-}16)$$

制度台日数是指日历台日数扣除例节假日数。

2）机械利用率。指在期内机械实际出勤进行施工的台日数，不论该机械在一日内参加生产时间的长短，都作为一个实作台日；节假日加班工作时，则在计算利用率分子和分母都加例节假日加班台日数。

3）技术装备：

$$技术装备率（元/人） = \frac{报告期内自有机械净值（元）}{报告期内职工人数（人）} \quad (7\text{-}17)$$

$$动力装备率（kW/人） = \frac{报告期内所有机械动力总功率（kW）}{报告期内职工人数（人）} \quad (7\text{-}18)$$

业务要点 4：机械设备的库存管理与报废

1. 机械设备的库存管理

（1）机械保管

1）机械仓库要建立在交通方便、地势较高、易于排水的地方，仓库地面要坚实平坦；要有完善的防火安全措施和通风条件，并配备必要的起重设备。根据机械类型及存放保管的不同要求，建立露天仓库、棚式仓库及室内仓库等，各类仓库不宜距离过远，以便于管理。

2）机械存放时，要根据其构造、重量、体积、包装等情况，选择相应的仓库，对不宜日晒雨淋，而受风沙与温度变化影响较小的机械，如汽车、内燃机、空压机和一些装箱的机电设备，可存放在棚式仓库。对受日晒雨淋和灰沙侵入易受损害、体积较小、搬运较方便的设备，如加工机床、小型机械、电气设备、工具、仪表以及机械的备品配件和橡胶制品、皮革制品等应储存在室内仓库。

（2）出入库管理

1）机械入库要凭机械管理部门的机械入库单，并核对机械型号、规格、名称等是否相符，认真清点随机附件、备品配件、工具及技术资料，经点收无误签认后，将其中一联通知单退机械管理部门以示接收入库，并及时登记建立库存卡片。

2）机械出库必须凭机械管理部门的机械出库单办理出库手续。原随机附件、工具、备品配件及技术资料等要随机交给领用单位，并办理签证。

3）仓库管理人员对库存机械应定期清点，年终盘点，对账核物，做到账物相符，并将盘点结果造表报送机械管理部门。

（3）库存机械保养

1）清除机体上的尘土和水分。

2）检查零件有无锈蚀现象，封存油是否变质，干燥剂是否失效，必要时进行更换。

3）检查并排除漏水、漏油现象。

4）有条件时使机械原地运转几分钟，并使工作装置动作，以清除相对运动零件配合表面的锈蚀，改善润滑状况和改变受压位置。

5）电动机械根据情况进行通电检查。

6）选择干燥天气进行保养，并打开库房门窗和机械的门窗进行通气。

2. 机械设备的调拨

列入固定资产的设备进行调拨时，必须按分级管理原则办理报批手续。设备调拨一般可分为有偿调拨与无偿调拨两种。

有偿调拨，可按设备质量情况，由调出单位与调入单位双方协商定价，按有关规定办理有偿调拨手续。

无偿调拨，由于企业生产产品转产或合并等原因，经报企业主管领导部门及财政部门批准，可办理设备固定资产调拨手续。

企业外调设备一般均应是闲置多余的设备。企业调出设备时，所有附件、专用备件和使用说明书等，均应随机一并移交给调入单位。由于设备调拨是产权变动的一种形式，在进行设备调拨时应办理相应的资产评估和验证确认手续。

3. 机械设备的封存与处理

（1）机械设备的封存　闲置设备是指过去已安装验收、投产使用而目前因生产和工艺上暂时不需用的设备。它不仅不能为企业创造价值，而且占用生产场地，消耗维护费用，产生自然损耗，成为企业的负担。因此，企业应设法把闲置设备及早利用起来，确实不需用的要及时处理或进入调剂市场。

凡停用三个月以上的设备，由使用部门提出设备封存申请单，经批准后，通知财务部门暂时停止该设备折旧。封存的设备应切断电源，进行认真保养，上防锈油，盖（套）上防护罩，一般是就地封存。这样能使企业中一部分暂时不用的设备减缓其损耗的速度和程度。同时达到减少维修费用，降低生产成本的目的。

已封存的设备，应有明显的封存标志，并指定专人负责保管、检查。对封存闲置设备必须加强维护和管理，特别应注意附机、附件的完整性。

封存后需要重新使用时，应由设备使用部门提出，并报设备管理部门办理启封手续。

封存机械明细表见表 7-10。

表 7-10　封存机械设备明细表

填报单位：　　　　　　　　　　　　　　　　　　　　　　年　　月　　日

序号	机械编号	机械名称	规格型号	技术状况	封存时间	封存地点	备　注

单位主管　　　　　　　　　　　　机械部门　　　　　　　　　　制表

（2）闲置机械的处理　凡封存一年以上的设备，在考虑企业发展情况以后，确认是不需要的设备，应填报闲置设备明细表，报上级主管部门，参加多余设备的调剂利用。有关闲置设备调剂工作应按照国务院生产办公室《企业闲置设备调剂利用管理办法》办理，做好闲置设备的处理工作。积极开展闲置设备处理是设备部门一项经常性的重要工作，主要要求如下：

1) 企业闲置机械是指除了在用、备用、维修、改装等必需的机械外，其他连续停用一年以上不用或新购验收后两年以上不能投产的机械。

2) 企业对闲置机械必须妥善保管，防止丢失和损坏。

3) 企业处理闲置机械时，应建立审批程序和监督管理制度，并报上级机械管理部门备案。

4) 企业处理闲置机械的收益，应当用于机械更新和机械改造。专款专用，不准挪用。

5) 严禁把国家明文规定的淘汰、不许扩散和转让的机械，作为闲置机械进行处理。

4. 机械设备的报废

机械设备的报废，是指由于长期使用，机械逐渐磨损而丧失生产能力，或者由于自然灾害或事故造成的损坏等原因，使其丧失使用价值，达到无法修复或者经修理虽能恢复精度，但经济上不如更换新设备合算时，应及时进行报废处理，办理报废手续。

(1) 设备报废条件

企业对属于下列情况之一的设备，应当按报废处理：

1) 主要结构或主要部件已损坏预计大修后技术性能低劣仍不能满足生产使用要求、保证安全生产和产品质量的设备。

2) 设备老化、技术性能落后、耗能高、效率低、经济效益差的设备。

3) 意外情况设备严重损坏，技术上无条件修复，大修虽能恢复精度，但不如更新更为经济的设备，修理费超过原值的50%。

4) 严重污染环境，危害人身安全与健康，无修复、改造价值的设备。

5) 对于非标准的专用机械，由于工程项目停建，或者任务变更，本单位不适用，其他单位也不适用。

6) 属于淘汰机型或国家规定强制报废的设备。

(2) 机械设备报废的基本原则 折旧费已提完，使用年限已到。对未达到使用年限，折旧费未提完的设备，应从严掌握。特别是年代近的产品，一般不应提出报废申请。

(3) 设备报废的审批程序 机械设备的报废，必须由使用单位提出报废申请，阐明报废理由，送交设备部门初步审查，并组织专业人员进行技术鉴定和价值评估，符合报废条件的方可报废，由设备管理部门审核后，由使用部门填写"设备报废申请单"（见表7-11）连同报废鉴定书，送交主管领导（总工程师）批准。批复下达后方可执行。严防不办理报废手续，任意报废设备的做法。

表 7-11　机械设备报废申请单

填报单位：　　　　　　　　　　　　　　　　　　　　　年　　月　　日

管理编号		机械名称		规格	
厂牌		发动机号		底盘号	
出厂年月		规定使用年限		已使用年限	
机械原值		已提折旧		机械残值	
报废净值		停放地点		报废审批权限	
设备现状及报废原因					
"三结合"小组及领导鉴定意见	审批签章				
总公司审批意见	审批签章				
部门审批意见	审批签章				
备注					

（4）报废设备处理

1）通常报废设备应从生产现场拆除，使其不良影响减少到最小限度。同时做好报废设备的处理工作，做到物尽其用。

2）一般情况下，报废设备只能拆除后留用可利用的部分零部件，不应再作价外调，以免落后、陈旧、淘汰的设备再次投入社会使用。

3）由于发展新产品或工艺进步的需要，某些设备在本企业不宜使用，但尚可提供给其他企业使用，将这些设备作报废（属于提前报废）处理时，应向上级主管部门和国有资产管理部门提出申请，核准后予以报废。

4）因固定资产折旧年限已到而批准报废的工程机械，可根据工程的需要和机械技术状况的好坏，在保证安全生产的前提下留用，也可以进行整机转让。

5）已经公司批准报废的车辆，原则上将车上交到指定回收公司进行回收，注销牌照，暂时留用的车辆，必须根据车管部门的规定按期年审。

6）报废留用的车辆、机械都应建立相应的台账，做到账物相符。

7）设备报废后，设备部门应将批准的设备报废单送交财会部门注销账卡。

8）企业转让和报废设备所得的收益，上交企业财务，此项款必须用于设备更新和改造。

第三节　机械设备的经济管理

⚙ **本节导图：**

　　本节主要介绍机械设备的经济管理，内容包括机械寿命周期费用、施工机械定额管理、施工机械的租赁管理、施工机械的经济核算与经济分析等。其内容关系框图如下：

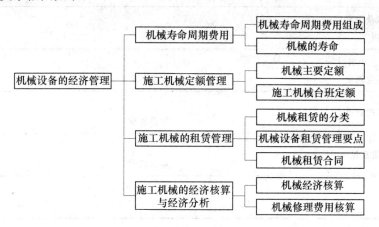

机械设备的经济管理关系框图

⚙ **业务要点 1：机械寿命周期费用**

　　1. 机械的寿命

　　机械寿命通常指机械从交付使用，直到不能使用以致报废所经过的时间，根据不同的计算依据，分为物质寿命、技术寿命和经济寿命。

　　机械的物质寿命又称自然寿命或物理寿命，是指机械从开始使用直到报废为止的整个时间阶段，也称使用寿命，与机械维护保养的好坏有关，并可通过修理来延长。

　　机械的技术寿命，是指机械开始使用，到因技术落后被淘汰所经过的时间，与技术进步有关，要延长机械的技术寿命，就必须用新技术对机械加以改造。

　　机械的经济寿命又称价值寿命，指机械从开始使用到创造最佳经济效益所经过的时间，是从经济的角度选择机械最合理的使用年限，机械的经济寿命期满后，如不进行改造或更新，就会加大机械使用成本，影响企业经济效益。

2. 机械寿命周期费用组成

机械寿命周期费用就是在其全寿命周期内，为购置和维持其正常运行所支付的全部费用，它包括与该机械有关的研究开发、设计制造、安装调试、使用维修、一直到报废为止所发生的一切费用总和。研究寿命周期费用的目的，是全面追求该费用最经济、综合效率最高，而不是只考虑机械在某一阶段的经济性。机械寿命周期费用由其设置费（原始费）和维持费（使用费）两大部分组成。

在机械的整个寿命周期费用内，从各个阶段费用发生的情况来分析，在一般情况下，机械从规划到设计、制造，其所支出的费用是递增的，到安装调试后开始下降，其后运转阶段的费用支出则保持一定的水平。但是到运转阶段的后期，机械逐渐劣化，修理费用增加，维持费上升，上升到一定程度，机械寿命终止，机械就需要改造和更新，机械的寿命周期也到此完结。

机械的寿命周期费用最经济是评价机械经济性的一个方面，还要评价机械的效率，机械效率是作为机械设备使用是否经济的后天因素。同样的机械如果寿命周期费用相同，就要选择效率高而又全面的机械。评价机械的效率有综合效率和费用效率。

业务要点 2：施工机械定额管理

1. 机械主要定额

技术经济定额是企业在一定生产技术条件下，对人力、物力、财力的消耗规定的数量标准。有关机械设备技术经济定额的种类和内容如下：

（1）产量定额　产量定额按计算时间区分为台班产量定额、年台班定额和年产量定额。

台班产量定额指机械设备按规格型号，根据生产对象和生产条件的不同，在一个台班中所应完成的产量数额。

年台班定额是机械设备在一年中应该完成的工作台班数。它根据机械使用条件和生产班次的不同而分别制定。

年产量定额是各种机械在一年中应完成的产量数额。其数量为台班产量定额与年台班定额之积。

（2）油料消耗定额　油料消耗定额是指内燃机械在单位运行时间中消耗的燃料和润滑油的限额。一般按机型、道路条件、气候条件和工作对象等确定。润滑油消耗定额按燃油消耗定额的比例制定，一般按燃油消耗定额的 2%～3% 计算。油料消耗定额还应包括保养修理用油定额，应根据机型和保养级别而定。

（3）轮胎消耗定额　轮胎消耗定额是指新轮胎使用到翻新或翻新轮胎使用

到报废所应达到的使用期限数额（以 km 计）。按轮胎的厂牌、规格、型号等分别制定。

（4）随机工具、附具消耗定额　随机工具、附具消耗定额是指为做好主要机械设备的经常性维修、保养必须配备的随机工具、附具的限额。

（5）替换部件消耗定额　替换部件消耗定额是指机械的替换部件，如蓄电池、钢丝绳、胶管等的使用消耗限额。一般换算成耐用班台数额或每台班的摊销金额。

（6）大修理间隔期定额　大修理间隔期定额是新机到大修，或本次大修到下一次大修应达到的使用间隔期限额（以台班数计）。它是评价机械使用和保养、修理质量的综合指标，应分机型制定，对于新机械和老机械采取相应的增减系数。新机械第一次大修间隔期应按一般定额时间增加 10%～20%。

（7）保养、修理工时定额　保养、修理工时定额指完成各类保养和修理作业的工时限额，是衡量维修单位（班组）和维修上的实际工效，作为超产计奖的依据，并可供确定定员时参考。分别按机械保养和修理类别制定：为计算方便，常以大修理工时定额为基础，乘以各类保养、修理的换算系数，即为各类保养、修理的工时定额。

（8）保养、修理费用定额　保养、修理费用定额包括保养和修理过程中所消耗的全部费用的限额，是综合考核机械保养、修理费用的指标。保养、修理费用定额应按机械类型、新旧程度、工作条件等因素分别制定。并可相应制定大修配件、辅助材料等包干费用和大修喷漆费用等单项定额。

（9）保养、修理停修期定额　保养、修理停修期定额指机械进行保养、修理时允许占用的时间，是保证机械完好率的定额。

（10）机械操作、维修人员配备定额　机械操作、维修人员配备定额指每台机械设备的操作、维修人员限定的名额。

（11）机械设备台班费用定额　机械设备台班费用定额是指使用一个台班的某台机械设备所耗用费用的限额。它是将机械设备的价值和使用、维修过程中所发生的各项费用科学地转移到生产成本中的一种表现形式，是机械使用的计费依据，也是施工企业实行经济核算、单机或班组核算的依据。

上述机械设备技术经济定额由行业主管部门制定。企业在执行上级定额的基础上，可以制定一些分项定额。

2. 施工机械台班定额

施工机械使用费是根据施工中耗用的机械台班数量和机械台班单价确定的。施工机械台班耗用量按预算定额规定计算；施工机械台班单价是指一台施工机械，在正常运转条件下一个工作班中所发生的全部费用，每台班按八小时工作制计算。正确制定施工机械台班单价是合理控制工程造价的重要方面。

施工机械台班单价由七项费用组成，包括折旧费、大（中）修理费、经常修理费、安拆费及场外运费、机械人工费、燃料动力费、养路费及车船使用税。

（1）折旧费　折旧费是指施工机械在规定使用期限内，陆续收回其原值及购置资金的时间价值。计算公式如下：

$$台班折旧费 = \frac{机械预算价格 \times （1-残值率）\times 时间价值系数}{耐用总台班} \qquad (7\text{-}19)$$

1）机械预算价格：

① 国产机械的预算价格：国产机械预算价格按照机械原值、供销部门手续费和一次运杂费以及车辆购置税之和计算。

a. 机械原值，国产机械原值应按下列途径询价、采集：

（a）编制期施工企业已购进施工机械的成交价格。

（b）编制期内施工机械展销会发布的参考价格。

（c）编制期施工机械生产厂、经销商的销售价格。

b. 供销部门手续费和一次运杂费可按机械原值的5%计算。

c. 车辆购置税根据相关规定计算。

② 进口机械的预算价格：进口机械的预算价格按照机械原值、关税、增值税、消费税、外贸手续费和国内运杂费、财务费、车辆购置税之和计算。

a. 进口机械的机械原值按其到岸价格取定。

b. 关税、增值税、消费税及财务费应执行编制期国家有关规定，并参照实际发生的费用计算。

c. 外贸部门手续费和国内一次运杂费应按到岸价格的6.5%计算。

d. 车辆购置税的计税价格是到岸价格、关税和消费税之和。

2）残值率：机械报废时回收的残值占机械原值的百分比。残值率按目前有关规定执行：运输机械为2%，掘进机械为5%，特大型机械为3%，中小型机械为4%。

3）时间价值系数：购置施工机械的资金在施工生产过程中随着时间的推移而产生的单位增值。

$$时间价值系数 = 1 + \frac{年折旧率 + 1}{2} \times 年折现率 \qquad (7\text{-}20)$$

其中，年折现率应按编制期银行年贷款利率确定。

4）耐用总台班：施工机械从开始投入使用至报废前使用的总台班数，应按施工机械的技术指标及寿命期等相关参数确定。

机械耐用总台班的计算公式为：

耐用总台班＝折旧年限×年工作台班－大修间隔台班×大修周期(7-21)

年工作台班是根据有关部门对各类主要机械最近三年的统计资料分析确定。

大修间隔台班是指机械自投入使用起至第一次大修止或自上一次大修后投入使用起至下一次大修止，应达到的使用台班数。

（2）大（中）修理费 大修理费是指机械设备按规定的大修间隔台班进行必要的大（中）修理，以恢复机械正常技术性能所需的费用。台班大修理费是机械使用期限内全部大修理费之和在台班费用中的分摊额，它取决于一次大修理费用、大修理次数和耐用总台班的数量。其计算公式为：

$$台班大修理费＝\frac{一次大修理费×寿命期内大修理次数}{耐用总台班数} \qquad (7-22)$$

1）一次大修理费指施工机械一次大修理发生的工时费、配件费、辅料费、油燃料费及送修运杂费。

2）寿命期大修理次数指施工机械在其寿命期（耐用总台班）内规定的大修理次数。

（3）经常修理费 指施工机械除大修理以外的各级保养和临时故障排除所需的费用。包括为保障机械正常运转所需替换与随机配备工具、附具的摊销和维护费用，机械运转及日常保养所需润滑与擦拭的材料费用及机械停滞期间的维护和保养费用等。分摊到台班费中，即为台班经修费。

1）各级保养一次费用。分别指机械在各个使用周期内为保证机械处于完好状况，必须按规定的各级保养间隔周期、保养范围和内容进行的一、二、三级保养或定期保养所消耗的工时、配件、辅料、油燃料等费用。

2）寿命期各级保养总次数。分别指一、二、三级保养或定期保养在寿命期内各个使用周期中保养次数之和。

3）临时故障排除费。指机械除规定的大修理及各级保养以外，临时故障所需费用以及机械在工作日以外的保养维护所需润滑擦拭材料费，可按各级保养（不包括例保辅料费）费用之和的 3％计算。

4）替换设备及工具、附具台班摊销费。指轮胎、电缆、蓄电池、运输皮带、钢丝绳、胶皮管、履带板等消耗性部件和按规定随机配备的全套工具、附具的台班摊销费用。

5）例保辅料费。即机械日常保养所需润滑擦拭材料的费用。

（4）安拆费及场外运费 安拆费指施工机械在现场进行安装与拆卸所需的人工、材料、机械和试运转费用以及机械辅助设施的折旧、搭设、拆除等费用；场外运费指施工机械整体或分体自停放地点运至施工现场或由一施工地点运至另一施工地点的运输、装卸、辅助材料及架线等费用。

（5）人工费　人工费指机上司机和其他操作人员的工作日人工费及上述人员在施工机械规定的年工作台班以外的人工费。按下列公式计算：

$$台班人工费 = \frac{人工消耗量 \times （1 + 年制度工作日） \times 年工资台班 \times 人工单价}{年工作台班}$$

（7-23）

1）人工消耗量指机上司机和其他操作人员工日消耗量。

2）年制度工作日应执行编制期国家有关规定。

3）人工单价应执行编制期工程造价管理部门的有关规定。

（6）燃油动力费　燃料动力费是指施工机械在运转作业中所耗用的固体燃料（煤、木柴）、液体燃料（汽油、柴油）及水、电等费用。计算公式如下：

$$台班燃料动力费 = 台班燃料动力消耗量 \times 相应单价$$（7-24）

1）燃料动力消耗量应根据施工机械技术指标及实测资料综合确定。

2）燃料动力单价应执行编制期工程造价管理部门的有关规定。

（7）车船使用费　车船使用费指施工机械按照国家和有关部门规定应缴纳的车船使用税、保险费及年检费用等。

业务要点 3：施工机械的租赁管理

1. 机械租赁的分类

根据租赁的目的，以与租赁资产所有权有关的风险和报酬归属于出租方或承租方的程度为依据，将租赁分为融资租赁和经营租赁两类。

（1）融资租赁　融资租赁是将借钱和租物结合在一起的租赁业务。从法律上讲是一种合同关系，涉及三方面当事人：出租方、承租方和出卖方，其中出租人为租赁资产的购买者和所有者，承租人为租赁资产的使用者和受益者，出卖方为租赁资产的生产者或销售者。从经济关系上融资租赁是承租人将租赁作为融资的一种手段，承租人相当于从出租方那里借了一笔资金，每期支付的租金相当于分期付款，在形式上同分期付款购买物品相似，但在法律上有着根本的区别，即在租赁期内，租赁资产的所有权归出租方所有，承租方只享有租赁资产的所有权。

（2）经营租赁　经营租赁又称融物性租赁，租赁经营合同只涉及出租方和承租方，承租方按合同规定支付租金取得对某型号机械的使用权。在租赁合同期内，出租方一般提供有关设备的维修保养和操作业务等全方位的服务。合同期满后，不存在该机械产权转移问题。承租单位可按新协议合同继续租用该机械。

租用机械设备相比购置其优点是投资少，负担轻，效益高，可以通过下面两式，进行租赁和购置方案的经济性比较。

对租赁设备方案，其现金流量为：

现金流量＝（销售收入－作业成本－租赁费）×（1－税率）　（7-25）

对购置设备方案，其现金流量为：

现金流量＝（销售收入－作业成本－已发生的设备购置费）

－（销售收入－作业成本－折旧）×税率　　　（7-26）

2. 机械设备租赁管理要点

1）项目经理部在施工进场或单项工序开工前，合理编制机械使用计划，了解机械设备租赁市场行情。

2）项目施工使用的机械设备必须以现有机械设备为主，在现有机械不能满足施工需要时，应向公司机械主管部门上报机械租用计划，待批复后，由项目或委托设备管理部门负责实施机械租赁的具体工作。

3）大型机械设备应实行公开招租，全面考评出租供方资质情况，维修服务能力和租赁价格等，择优确定出租供方，确定最佳租赁模式，租用的机械设备应选择整机性能好、安全可靠、效率高、故障率低、维修方便和环境影响达标的设备。

4）机械设备租赁时，要严格执行合同式管理，签订机械租赁合同，报公司主管部门批准后方可生效。租赁合同应明确合同履约条款，明确供需双方的安全生产责任和经济责任。

5）设备进场前，项目部对设备进行技术安全性能评估，做好租赁设备的进场检查和验收工作。

6）项目经理部对租用设备建立台账和各项管理资料。

7）项目部应建立有良好的机械租赁联系网络，并报公司机械管理部门，以保证在需要租用机械设备时，能准时按要求进场。

8）租赁双方应掌握租用机械设备的使用运行和完好情况，按合同约定及时办理租赁费结算、付款及财务对账手续。杜绝因租赁费用结算而发生法律纠纷。

建筑起重机械的租赁：

建筑起重机械设备由于体积和重量大，技术要求高，危险性较大，国家对起重设备实行限制和淘汰制，施工单位严禁使用国家和地方明令淘汰、规定不准使用的起重机械设备。

3. 机械租赁合同

租赁合同是出租方和承租方为租赁活动而缔结的具有法律性质的经济契约，用以明确租赁双方的经济责任。承租方根据施工生产计划，按时签订机械租赁合同，出租方按合同要求如期向承租方提供符合要求的机械，保证施工需要。

（1）合同的内容

1）机械设备的名称、型号、租赁形式及单价。

2）租赁的用途。

3）机械设备调遣费。

4）甲乙双方的权利和义务。

5）租赁费的结算及付款方式。

6）租赁合同的变更及解除。

7）安全责任。

8）其他约定。

（2）合同形成　根据机械的不同情况，采取相应的合同形式：

1）能计算实物工程量的大型机械，可按施工任务签订实物工程量承包合同。

2）一般机械按单位工程工期签订周期租赁合同。

3）长期固定在班组的机械（如木工机械，钢筋、焊接设备等），签订年度一次性租赁合同。

4）临时租用的小型设备（如打夯机、水泵等）可简化租赁手续，以出入库单计算使用台班，作为结算依据。

业务要点 4：施工机械的经济核算与经济分析

施工机械经济核算是企业经济核算的重要组成部分。实行机械经济核算，就是把经济核算的方法运用到机械施工生产和经营的各项工作中，通过核算和分析，以实施有效的监督和控制，谋求最佳的经济效益。

1. 机械经济核算

机械经济核算主要有机械使用费核算和机械维修费核算。

（1）机械使用费核算　机械使用费指机械施工生产中所发生的费用，即使用成本。按核算单位可分为单机、班组、中间单位、公司等级别。本书重点介绍施工机械的单机核算。

单机核算是机械核算中最基本的核算形式，它是对一台机械在一定时期内维持其施工生产的各项消耗和费用进行核算，以具体反映各项定额完成情况和经济效果，促使机械操作人员和管理人员能关心机械的生产和使用成本。

（2）核算的起点　凡项目经理部拥有大、中型机械设备 10 台以上，或按能耗计量规定单台能耗超过规定者，均应开展单机核算工作，无专人操作的中小型机械，有条件的也可以进行单机核算，以提高机械使用的经济效益。

（3）单机核算的内容与方法　单机核算可分为单项核算、逐项核算、大修间隔期核算和寿命周期核算。

1）单机选项核算：是指核算范围限于几个主要指标（如产量或台班）或

主要消耗定额（如燃料消耗）进行核算的一种形式。核算时用实际完成数与计划指标或定额进行比较，计算出盈亏数。这种核算简单易行，但不能反映全面情况。

单机选项核算：一般核算完成年产量、燃油消耗等，因为这两项是经济指标中的主要指标。

2）单机逐项核算：是指按月、季（或施工周期）对机械使用费收入与台班费组成中各项费用的实际支出（有些项目无法计算时，可采用定额数）进行逐项核算，计算出单机使用成本的盈亏数。这种核算形式内容全面，不仅能反映单位产量上的实际成本，而且能了解机械的合理使用程度，并可以进一步了解机械使用成本盈亏的主、客观原因，从而找出降低机械使用成本的途径。

3）大修间隔期费用核算：它是以上次大修（或新机启用）到本次大修的间隔期作为核算期，对机械使用费的总收入与各项支出进行比较的核算。由于机械使用中有些项目的支出间隔较长（如某些替换设备或较大的修理，不是几个月甚至几年能发生一次），进行月、季度核算不能准确反映机械的实际支出。因此，按大修间隔期核算能较为准确地反映单机运行成本。由于大修间隔期一般需要 3～5 年，需要具备积累资料的条件。

4）寿命周期费用核算：它是对一台机械从购入到报废一生中的经济成果的核算。这种核算能反映整个寿命周期过程中的全部收入、支出和经济效益，从中得出寿命周期费用构成比例和变化规律的分析资料，作为改进机械管理的依据，并可对改进机械的设计、制造和选购提供资料。

（4）单机核算台账（表7-12）　是一种费用核算，一般按机械使用期内实际收入金额与机械使用期内实际支出的各项费用的比较，考核单机的经济效益如何，是节约还是超支。

（5）核算期间　一般每月进行一次，如有困难也可每季进行一次，每次核算的结果要定期向群众公布，以激发群众的积极性。

2. 机械修理费用核算

（1）单机大修理成本核算　单机大修理成本核算是由修理单位对大修竣工的机械按照修理定额中划分的项目，分项计算其实际成本。其中主要项目是：

1）工时费：按实际消耗工时乘以工时单价，即为工时费。工时单价包括人工费、动力燃料费、工具使用费、固定资产使用费、劳动保护费、车间经常费、企业管理费等项的费用分摊，由修理单位参照修理技术经济定额制定。

2）配件材料费：如采取按实报销，则应收支平衡；如采取配件材料费用包干，则以实际发生的配件材料费与包干费相比，即可计算其盈亏数。

3）油燃料及辅料：包括修理中加注和消耗的油燃料、辅助材料、替换设

表 7-12　单机核算台账

机械名称：　　　　　　　　编号：　　　　　　　　　　　　　　　　　　　　驾驶员：

年	月	实际完成数量及收入					各项实际支出/元																节（＋） 超（－）
		台班收入		吨公里收入		合计/元	折旧费	大修费	中修三保费	一二保及小修费	配件费	轮胎费	设备替换及工具附具费	安装拆卸及附注设施费	燃料及其他润滑油费	工资奖金	管理费	车船养路营运费	事故费	合计/元			
		数量	金额/元	数量	金额/元																		

备等一般按定额结算，根据定额费用和实际费用相比，计算其盈亏数。

上述各项构成机械大修实际成本，与计划成本（修理技术经济定额）对比，计算出一台机械大修成本的盈亏数。

（2）机械保养、小修成本核算　机械保养项目有定额的，可计算实际发生的费用和定额相比，核算其盈亏数。对于没有定额的保养、小修项目，应包括在单机或班组核算中，采取维修承包的方式，以促进维修工与操作工密切配合，共同为减少机械维修费用而努力。

（3）核算时应具备的条件

1）要有一套完整的先进的技术经济定额，作为核算依据。

2）要有健全的原始记录，要求准确、齐全、及时，同时要统一格式、内容及传递方式等。

3）要有严格的物资领用制度，材料、油料发放时做到计量准确，供应及时，记录齐全。

4）要有明确的单机原始资料的传递速度。

（4）机械的经济分析　机械经济分析是机械经济核算的组成部分，它是利用经济核算资料或统计数据，对机械施工生产经营活动的各种因素进行深入、具体的分析，从中找出有影响的因素及其影响程度，揭露存在问题和原因，以便采取改进措施，提高机械使用管理水平和经济效益。

1）机械经济分析的内容。

① 机械产量（或完成台班数）。这是经济分析的中心，通过分析说明生产计划的完成与否的原因以及各项技术经济指标变动对计划完成的影响，这就能反映机械管理工作的全貌。分析时，要对机械产量、质量、安全性、合理性等进行分析，还要在施工组织、劳动力配备、物资供应等方面进一步说明对机械生产的影响。

② 机械使用情况分析。合理使用机械，定期维护保养，是保证机械技术状况良好的必要条件。对机械使用状况的分析，在于指出机械使用、维修等方面存在的问题，造成机械技术状况变化对机械生产计划完成的影响程度。

③ 机械使用成本和利润的分析。机械经营的目标是获得最优的经济效益。根据经济核算获得机械使用成本的盈亏数，进一步分析机械使用各项定额的完成情况，从中找出影响机械使用成本的主要因素，提出相应的改进措施。

成本是以货币数量来反映机械经营管理的综合性指标。机械产量的高低，使用费的超支或节约，机械利用率、劳动生产率、物资消耗率以及机械维护保养等各项工作的经济成果，最终都反映到成本上来。因此，对机械使用成本作系统、全面的分析，是经济分析的主要内容。

④ 机械经营管理工作的分析。这是机械经营单位根据经济核算资料，包

括各项技术经济指标和定额的完成情况，对机械经营管理工作全面、深入地进行分析，从中找出存在问题和薄弱环节，据此提出改进措施，提高机械经营管理水平。

此外，还可以对物资供应和消耗、维修质量和工期，以及劳动力的组成和技术熟练程度等方面进行分析。

2）机械经济分析的方法。机械经济分析主要有以下几种，应根据分析的对象和要求选用，也可以综合使用。

① 比较法。比较法是运用最广泛的一种分析法，具有对各项指标进行一般评价的作用。它是以经济核算取得的数据进行比较分析，以数据之间的差异为线索，找出产生差异的原因，采取有效的解决措施。在进行比较时应注意指标数字的可比性。不同性质的指标不能相比。指标性质相同，也要注意它们的范围、时间、计算口径等是否一致。

常用的有以下几种：

a. 实际完成数与计划数或定额数比较，用以检查完成计划或定额的程度，找出影响计划或定额完成的原因，采取改进措施。

b. 本期完成数与上期完成数比较，了解不同时期升降动态，巩固成绩，缩短差距。

c. 与历史先进水平或同行业先进水平比较，采取措施，赶超先进水平。

② 因素分析法。这是对因素的影响做定量分析的方法。当影响一个指标的因素有两个以上时，要分别计算和分析这两个因素的影响程度。因素分析法一般采用替换法，即列出计算公式，用改变了的因素数字逐项替代未改变的因素数字，比较其差异，以确定各因素的影响程度。

③ 因素比较法。对影响某一指标的各项因素加以比较，找出影响最大的因素。例如，机械施工直接成本中，材料费占70％，机械费占18％，人工费占12％，加以比较后得出降低材料费是主要因素。

④ 综合分析法。把若干个指标综合在一起，进行比较分析，通过指标间相互关系和差异情况，找出工作中的薄弱环节和存在问题的主要方面。分析时可使用综合分析表格、排列图、因果分析图等方法。

第四节　机械设备的使用管理

本节导图：

本节主要介绍机械设备的使用管理，内容包括施工机械的合理选用、施工机械的工作参数、施工机械需要量、施工机械的正确使用、施工机械的维护保养等。其内容关系框图如下：

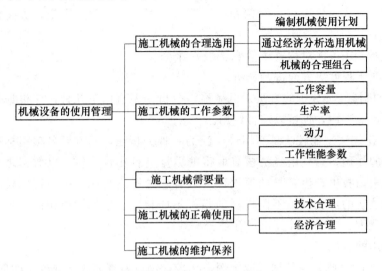

机械设备的使用管理关系框图

◉ 业务要点1：施工机械的合理选用

在机械化施工中，机械的选用是否合理，将直接关系到施工进度、质量和成本，是优质、高产、低耗地完成施工生产任务和充分发挥机械效能的关键。

1. 编制机械使用计划

根据施工组织设计编制机械使用计划。编制时要采用分析、统筹、预测等方法，计算机械施工的工程量和施工进度，作为选择调配机械类型、台数的依据，以尽量避免大机小用、早要迟用，既要保证施工需要，又不使机械停置，或不能充分发挥其效率。

2. 通过经济分析选用机械

建筑工程配备的施工机械，不仅有机种上的选用，还有机型、规格上的选择。在满足施工生产要求的前提下，对不同类型的机械施工方案，从经济性进行分析比较。即将几种不同的方案，计算单位实物工程量的成本费，取其最小者为经济最佳方案。对于同类型的机械施工方案，如果其规格、型号不相同，也可以进行分析比较，按经济性择优选用。

3. 机械的合理组合

机械施工是多台机械的联合作业，合理地组合和配套，才能最大限度地发挥每台机械的效能。

1）尽量减少机械组合的机种类，机械组合的机种数越多，其作业效率会越低，影响作业的概率就会越多，如组合机械中有一种机械发生故障，将影响整个组合作业。

2）选择机械能力相适应的组合。

3）机械组合要配套和系列化。

4）组合机械应尽可能简化机型，以便于维修和管理。

5）尽量选用具有多种作业装置的机械，以利于一机多用，提高机械利用率。

业务要点2：施工机械的工作参数

1. 工作容量

施工机械的工作容量常以机械装置的尺寸、作用力（功率）和工作速度来表示。例如挖掘机和铲运机的斗容量，推土机的铲刀尺寸等。

2. 生产率

施工机械的生产率是指单位时间（小时、台班、月年）机械完成的工程数量。

生产率的表示可分以下三种：

（1）理论生产率 机械在设计标准条件下，连续不停工作时的生产率。理论生产率只与机械的型式和构造（工作容量）有关；与外界的施工条件无关。一般机械技术说明书上的生产率就是理论生产率，是选择机械的一项主要参数。

施工机械的理论生产率，通常按下式表示：

$$Q_L = 60A \tag{7-27}$$

式中 Q_L——机械每小时的理论生产率；

A——机械一分钟内所完成的工作量。

（2）技术生产率 机械在具体施工条件下，连续工作的生产率，考虑了工作对象的性质和状态以及机械能力发挥的程度等因素。这种生产率是可以争取达到的生产率，用下列公式表示：

$$Q_w = 60AK_w \tag{7-28}$$

式中 Q_w——机械每小时的生产率；

K_w——工作内容及工作条件的影响系数，不同机械所含项目不同。

（3）实际生产率 机械在具体施工条件下，考虑了施工组织及生产时间的损失等因素后的生产率。可用下列公式表示：

$$Q_z = 60AK_w k_b \tag{7-29}$$

式中 Q_z——机械每小时的生产率；

k_b——机械生产时间利用系数。

3. 动力

动力是驱动各类施工机械进行工作的原动力。

4. 工作性能参数

施工机械的主要参数,一般列在机械的说明书上,选择、计算和运用机械时可参照查用。

业务要点 3: 施工机械需要量

施工机械需要数量是根据工程量、计划时段内的台班数、机械的利用率和生产率来确定的,可用下列公式计算:

$$N = P/(WQ\kappa_B) \tag{7-30}$$

式中　N——需要机械的台数;

　　P——计划时段内应完成的工程量（m^3）;

　　W——计划时段内的制度台班数;

　　Q——机械的台班生产率（m^3/台班）;

　　κ_B——机械的利用率。

对于施工工期长的大型工程,以年为计划时段。对于小型和工期短的工程,或特定在某一时段内完成的工程,可根据实际需要选取计划时段。

机械的台班生产率 Q 可根据现场实测确定,或者在类似工程中使用的经验确定。机械的生产率亦可根据制造厂家推荐的资料,但须持谨慎态度。采用理论公式计算时,应当仔细选取有关参数,特别是影响生产率最大的时间利用系数 κ_B 值。

业务要点 4: 施工机械的正确使用

正确使用机械是机械使用管理的基本要求,它包括技术合理和经济合理两个方面的内容:

1. 技术合理

就是按照机械性能、使用说明书、操作规程以及正确使用机械的各项技术要求使用机械。

2. 经济合理

就是在机械性能允许范围内,能充分发挥机械的效能,以较低的消耗,获得较高的经济效益。

根据技术合理和经济合理的要求,机械的正确使用主要应达到以下三个标志:

(1) 高效率　机械使用必须使其生产能力得以充分发挥。在综合机械化组合中,至少应使其主要机械的生产能力得以充分发挥。机械如果长期处于低效运行状态,那就是不合理使用的主要表现。

（2）经济性　在机械使用已经达到高效率时，还必须考虑经济性的要求。使用管理的经济性，要求在可能的条件下，使单位实物工程量的机械使用费成本最低。

（3）机械非正常损耗防护　机械正确使用追求的高效率和经济性必须建立在不发生非正常损耗的基础上，否则就不是正确使用，而是拼机械，吃老本。机械的非正常损耗是指由于使用不当而导致机械早期磨损、事故损坏以及各种使机械技术性能受到损害或缩短机械使用寿命等现象。

以上三个标志是衡量机械是否做到正确使用的主要标志。要达到上述要求的因素是多方面的，有施工组织设计方面和人的因素，也有各种技术措施方面的因素等。

业务要点 5：施工机械的维护保养

按时做好机械的维护保养，是保证机械正常运行、延长使用寿命的必要手段，为此，在编制施工生产计划的同时，要按规定安排机械保养时间，保证机械按时保养。机械使用中发生故障，要及时排除，严禁带病运行和只使用不保养的做法。

1）汽车和以汽车底盘为底车的建筑机械，在走合期公路行驶速度不得超过 30km/h，工地行驶速度不得超过 20km/h；载重量应减载 20%～25%，同时在行驶中应避免突然加速。

2）电动机械在走合期内应减载 15%～20% 运行，齿轮箱亦应采取粘度较低的润滑油，走合期满应检查润滑油状况，必要时更换（如更换新齿轮，或全部更换润滑油）。

3）机械上原定不得拆卸的部位走合期内不应拆卸，机械走合时应有明显的标志。

4）入冬前应对操作使用人员进行冬季施工安全教育和冬季操作技术教育，并做好防寒检查工作。

5）对冬季使用的机械要做好换季保养工作，换用适合本地使用的燃油、润滑油和液压油等油料，并安装取暖设备。凡带水工作的机械、车辆，停用后将水放尽。

6）机械起动时，先低速运转，待仪表显示正常后再提高转速和负荷工作。内燃发动机应有预热程序。

7）机械的各种防冻和保温措施不得遗漏。冷却系统、润滑系统、液压传动系统及燃料和蓄电池，均应按各种机械的冬季使用要求进行使用和养护。机械设备应按冬季起动、运转、停机清理等规程进行操作。

第五节　机械设备的安全管理

本节导图：

本节主要介绍机械设备的安全管理，内容包括机械设备的安全防护装置、危险源及其识别、机械事故的性质、应对及处理、施工现场设备的安装、调试流程等。其内容关系框图如下：

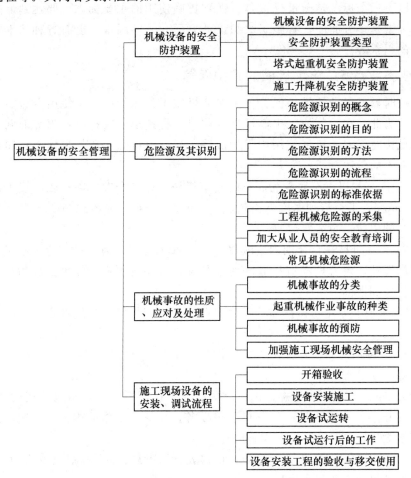

机械设备的安全管理关系框图

业务要点 1：机械设备的安全防护装置

1. 机械设备的安全防护装置

安全保护装置是否有效可靠是决定机械能否安全运行的最主要因素之一，

为了保证机械设备的安全运行和操作工人的安全和健康，所采取的安全防护装置一般可分为直接、间接和指导性三类。

1) 直接安全技术措施是在设计机器时，考虑消除机器本身的不安全因素。

2) 间接安全技术措施是在机械设备上采用和安装各种安全有效的防护装置，克服在使用过程中产生的不安全因素。

3) 指导性安全技术措施是制定机器安装、使用、维修的安全规定及设置标志，以提示或指导操作程序，从而保证安全作业。

2. 安全防护装置类型

(1) 固定安全装置　固定安全装置是防止操作人员接触机器危险部件的固定安全装置。该装置能自动地满足机器运行的环境及过程条件。装置的有效性取决于其固定的方法和开口的尺寸，以及在其开启后距危险点应有的距离。该安全装置只有用改锥、扳手等专用工具才能拆卸。

(2) 联锁安全装置　联锁安全装置的基本原理是：只有当安全装置关合时，机器才能运转；而只有当机器的危险部件停止运动时，安全装置才能开启。联锁安全装置可采取机械的、电气的、液压的、气动的或组合的形式。在设计联锁装置时，必须使其在发生任何故障时，都不使人员暴露在危险之中。

(3) 控制安全装置　为使机器能迅速地停止运动，可以使用控制装置。控制装置的原理是：只有当控制装置完全闭合时，机器才能开动。当操作者接通控制装置后，机器的运行程序才开始工作；如果控制装置断开，机器的运动就会迅速停止或者反转。通常在一个控制系统中，控制装置在机器运转时，不会锁定在闭合的状态。

(4) 自动安全装置　自动安全装置的机制是把暴露在危险中的人体从危险区域中移开。它只能使用在有足够的时间来完成这样的动作而不会导致伤害的环境下，因此，仅限于在低速运动的机器上采用。

(5) 隔离安全装置　隔离安全装置是一种阻止身体的任何部分靠近危险区域的设施，例如固定的栅栏等。

(6) 可调安全装置　在无法实现对危险区域进行隔离的情况下，可以使用部分可调的固定安全装置。这种安全装置的保护作用取决于操作者的使用和对安全装置正确的调节以及合理的维护。

(7) 自动调节安全装置　自动调节装置由于工件的运动而自动开启，当操作完毕后又回到关闭的状态。

(8) 跳闸安全装置　跳闸安全装置的作用，是在操作到危险点之前，自动使机器停止或反向运动。该类装置依赖于敏感的跳闸机构，同时也有赖于机器能够迅速停止（使用刹车装置可能做到这一点）。

3. 塔式起重机安全防护装置

(1) 载荷限制装置

1) 起重力矩限制器：起重力矩限制器的保护对象是塔机钢结构。因此，使起重力矩限制器限位开关动作的信息，来源于钢结构的弹性变形。

拉伸式力矩限制器适用于塔帽式的塔机，它焊接在塔帽的后弦杆上。吊重时，塔帽的后弦杆受拉延伸，力矩限制器变形板的尺寸 L 伸长，尺寸 H 变小，当超过设定的起重力矩值时，调节螺钉触及行程开关，行程开关动作切断所控制电路的电源。

压缩式力矩限制器，焊接在塔帽的前弦杆，或桅杆式塔机平衡臂的上弦杆上。吊重时，塔帽的前弦杆、或桅杆式塔机平衡臂的上弦杆受压缩短，行程开关随着底板向右移动，调节螺钉向左移动。超过设定的力矩值时，调节螺钉触及行程开关，行程开关动作切断所控制电路的电源。

现行国家规范要求每套力矩限制器一般设置两只限位开关，分别用于 90% 力矩报警和超力矩切断相应动作的电流。当起重力矩大于额定起重力矩而小于额定起重力矩的 110% 时，限位开关应切断吊钩上升和幅度增大方向的电源，但机构可作下降和减小幅度方向的运动。对于变幅小车运行速度超过 40m/min 的塔机，必须在力矩限制器上再增加一只限位开关。在小车向外运行，且起重力矩达到额定起重力矩的 80% 时，这只限位开关应动作，把变幅小车的运行速度自动转换为慢速运行。

2) 起重量限制器：起重量限制器的保护对象是塔机的起升机构。因此，使起重量限制器限位开关动作的信息，来源于起升钢丝绳的张力，起重量越大钢丝绳的张力越大。

起重量限制器有多种形式，若起重量限制器悬挂在塔帽上，起升钢丝绳张力的合力使转向滑轮向下位移，测力环变形，两弹簧片之间的间距变小，当吊物重量超过设定值时，调节螺钉触及微动开关的触头，切断起升机构上升方向的电源。

若起重量限制器安装在起重臂的根部，起升钢丝绳张力的合力推动杠杆按逆时针方向转动，杠杆拉动螺杆向左移动，当吊物重量超过设定值时，螺杆上的撞块触及行程开关的滚轮，行程开关动作，切断起升机构上升方向的电源。起重量限制器至少设置三只限位开关，分别用于限制最大起重量、90% 起重量报警、重载换速。

当吊物重量达到最大起重量的 100%~110% 时，限制最大起重量开关切断吊钩上升方向的电源，但吊钩可以下降。

当吊物重量达到最大起重量的 90% 时，90% 起重量报警开关动作，声光报警装置发出断续的报警信号，提醒塔机操作人员注意。

由于塔机起升机构有"轻载高速，重载低速"的特性，当吊物重量超过相应挡位允许的吊重值时，超重换速限位开关切断高速挡的电源，自动转换成低一挡的速度运行。对于起升机构挡位多于两挡的塔机，起重量限制器中限位开关的数量应多于三只。

（2）运行限位装置　固定式塔机的运行限位装置主要包括：起升高度限位器、幅度限位器、回转限位器。目前这些限位器的功能基本上都是通过配套使用一种 DZX 多功能限位器来实现。DXZ 限位器由蜗轮蜗杆减速器、调整轴、记忆凸轮、微动开关组成。当输入轴上的蜗杆转动时，带动蜗轮转动从而再带动其上的记忆凸轮转动，凸轮上的凸块碰触到微动开关的触头，使微动开关断开相对应动作的电流。

1）起升高度限位器：起升高度限位器用于防止在吊钩提升或下降时可能出现的操作失误。当吊钩滑轮组上升接近载重小车时，应停止其上升运动；当吊钩滑轮组下降接近地面时，应停止其下降运动，以防止卷筒上的钢丝绳松脱造成乱绳甚至以相反方向缠绕在卷筒上以及钢丝绳跳出滑轮绳槽。相关国家标准要求吊钩装置顶部升至小车架下端的最小距离为 800mm 处之前，应能停止起升运动，但应有下降运动。

2）幅度限位器：幅度限位器的作用是限制载重小车在吊臂的允许范围内运行，限制小车最大幅度位置的是前限位，限制小车最小幅度位置的是后限位。幅度限位器也是将 DZX 限位器安装在变幅卷筒的一侧，其工作原理、调试方法与起升高度限位器相同。

根据现行国家标准规定，限位开关动作后应保证小车停车时其端部距缓冲装置最小距离为 200mm。

3）回转限位器：对回转部分不设集电器的塔机，应设置正反两个方向回转限位开关。回转限位开关的作用是防止塔机连续向一个方向转动，把电缆扭断发生事故。

常见的回转限位器由 DXZ 限位器和小齿轮组成。将 DZX 限位器安装在回转的支座上，限位器的输入轴上安装一只小齿轮，小齿轮与回转支承的大齿轮啮合。塔机转动时，回转限位器随着塔机上部结构绕着回转支承公转，而小齿轮则在自转，从而带动限位器的输入轴转动。限位器的工作原理及调试方法与起升高度限位器相同。

开关动作时，臂架旋转角度应不大于 $\pm540°$。

（3）其他安全装置

1）小车断绳保护装置：小车变幅塔机应设置双向小车断绳保护装置。其工作原理是：当变幅钢丝绳折断时，安装于变幅小车上的断绳保护装置在重力的作用下，自动翻转成垂直状态，受到起重臂底面缀条的阻挡，使小车不能沿着起重臂轨道向前或向后滑行。

2）小车防坠落装置：小车变幅塔机应设置小车防坠落装置，既使小车车轮失效，小车也不得脱离臂架坠落。其结构原理是：在小车上焊接四个悬挂装置，小车正常运行时，这四个悬挂装置位于起重臂轨道的上方，当小车轮轴折断时，悬挂装置搁置在起重臂轨道上，使小车不致坠落。

3）钢丝绳防脱（防跳绳）装置：滑轮、起升卷筒均应设有钢丝绳防脱装置，该装置表面与滑轮或卷筒侧板边缘间的间隙不应超过钢丝绳直径的 20%，装置可能与钢丝绳接触的表面不应有棱角。

4）防脱钩保险装置：吊钩应设有防脱钩保险装置，以防止吊物过程中，挂物绳因种种原因脱出吊钩，造成吊物坠落。

5）电气系统保护装置，塔机的电气系统中须设置以下电气保护装置：

① 非自动复位型的紧急断电开关。

② 漏电保护装置。

③ 短路保护装置。

④ 过流保护装置。

⑤ 欠压、过压及失压保护装置。

⑥ 断相及错相保护装置。

⑦ 零位保护装置。

⑧ 接地保护装置。

（4）风速仪 对臂架铰点超过 50m 的塔机，应配备风速仪，当风速大于工作允许风速时，应能发出停止作业的报警。

（5）安全警示装置

1）电笛：电笛或电铃起提示、提醒作用。用笛声告诉现场作业人员塔机即将作业或吊物将至，提醒他们注意避让。

2）警示灯或旗帜：根据《塔式起重机安全规程》GB 5144—2006 的规定，当塔顶高度大于 30m 且高于周围建筑物的塔机，应在塔顶和起重臂的端部安装红色障碍指示灯，该指示灯的供电不受停机的影响。塔机操作人员在下班或晚上作业时，一定要把障碍指示灯及时打开，提醒空中飞行物注意避让，直到第二天天亮后才能关闭。

4. 施工升降机安全防护装置

（1）阻尼式断绳保护装置 当驱动吊笼的钢丝绳松弛或断裂时，镶有非金属摩擦材料的制动斜块在弹簧的作用下向上托起，与导轨架摩擦而实现制动，将吊笼停止在导轨架上。当驱动吊笼的钢丝绳张紧并向上拉时，制动斜块对导轨产生的压力消除，回到原位。制动斜块与导轨无缝钢管间平时应保持 3～4mm 间隙，保证吊笼可以上、下自由运动。制动斜块与滑道间要定期加油、经常活动，以防止生锈，保证动作的灵活性。

（2）手刹车制动装置　在吊笼上装有手刹车制动装置。当扳动制动手柄时，制动斜块被托起并与导轨架的无缝钢管之间产生摩擦力，实现制动。手刹车制动是使吊笼停止在导轨架上，安装人员进行导轨架接高或拆除时，为保证安全而使用的。

（3）门钩安全插块　在吊笼上装有安全插块机构。当吊笼笼门打开，插块自动插入导轨架内，以保证当钢丝绳松弛或断裂时，吊笼仍可停在导轨架上。当吊笼门关闭、门钩锁上时，插块退回，吊笼即可上下自由运动。该装置在吊笼达到工作面后人员进入吊笼之前起作用，使吊笼稳定在导轨架上，以保证装卸物料人员的安全。

（4）笼门联锁开关　在吊笼上装有笼门联锁开关，该开关使笼门在开启状态时吊笼不能起动。

（5）断绳开关　当断绳时，该开关立即切断控制电路，制动器抱闸，卷扬机停止转动。

（6）上、下限位开关　上、下限位开关，安装在导轨架和吊笼上，吊笼运行超出限位开关和越程后，极限开关须切断总电源使吊笼停车。极限开关为非自动复位型，其动作后必须手动复位才能使吊笼重新起动。

（7）上、下极限开关　施工升降机均设置了极限开关，其作用是当吊笼运行超出限位开关和越程后，极限开关将切断总电源而使吊笼停车。极限开关为非自动复位型，动作后只能通过手动复位才能使吊笼重新起动。极限开关安装在导轨架和吊笼上。

1）上极限开关：在正常工作状态下，上极限开关与上限位开关之间有一段越程距离。若上限位开关控制系统失灵，经过越程距离后，吊笼斜尺碰撞上极限开关，整个升降机总电源切断，卷扬机停止工作，保证升降机工作安全。

2）下极限开关：在正常工作状态下，吊笼碰到缓冲器之前，下极限开关首先动作，即下极限开关的安装位置介于下限位开关与缓冲器之间。

若下限位开关控制系统失灵，经一段越程距离后，吊笼斜尺碰撞下极限开关，整个升降机总电源切断，卷扬机停止工作，保证钢丝绳不呈松弛状态。

（8）弹簧式缓冲装置　是一种安装在升降机底座上用以减缓冲击的装置。当下极限开关失灵吊笼继续下行时，它可以吸收吊笼的撞击动能；在正常工作状态下，弹簧式缓冲装置是不工作的。

◉ 业务要点 2：危险源及其识别

危险源是指一个系统中具有潜在能量和物质释放危险的、可造成人员伤害、财产损失或环境破坏的、在一定的触发因素作用下可转化为事故的部位、区域、场所、空间、岗位、设备及其位置。它的实质是具有潜在危险的源点或部位，是爆发事故的源头，是能量、危险物质集中的核心，是能量从那里传出来或爆发的地方。危险源存在于确定的系统中。不同的系统范围，危险源的区域也不同。例如，从一个工地范围来说，某台设备可能就是一个危险源，而从一个设备系统来说，可能是某个零部件就是危险源。因此，分析工程机械危险源应将其看作一个系统按不同层次来进行。

1. 危险源识别的概念

危险源识别是发现、识别系统中危险源的工作。这是一件非常重要的工作，它是危险源控制的基础，只有识别了危险源之后才能有的放矢地考虑如何采取措施控制危险源。

以前，人们主要根据以往的事故经验进行危险源识别工作。由于危险源是"潜在的"不安全因素，比较隐蔽，所以危险源识别是件非常困难的工作。在系统比较复杂的场合，危险源识别工作更加困难，需要许多知识和经验。下面简要阐述一下进行危险源识别所必需的知识和经验：

1) 关于识别对象系统的详细知识，诸如系统的构造、系统的性能、系统的运行条件、系统中能量、物质和信息的流动情况等。

2) 与系统设计、运行、维护等有关的知识、经验和各种标准、规范、规程等。

3) 关于识别对象系统中的危险源及其危害方面的知识。

2. 危险源识别的目的

一般情况下，危险源识别的目的就是通过对系统的分析，界定出系统中的哪些部分、区域是危险源，其危险的性质、危害程度、存在状况、危险源能量与物质转化为事故的转化过程规律、转化的条件、触发因素等，以便有效地控制能量和物质的转化，使危险源不至于转化为事故。可以说对机械产品进行危险源识别的目的是为了评价其安全性。

在我国现阶段开展危险源识别及安全评价至少可以实现两个目的：一是降低设备设计、生产、使用等过程中的安全风险，减少人身伤亡事故；二是提高我国机械产品本质安全水平，增强国际竞争力。

3. 危险源识别的方法

危险源识别方法可以粗略地分为对照法和系统安全分析法两类。

(1) 对照法　与有关的标准、规范、规程或经验相对照来识别危险源。有关的标准、规范、规程，以及常用的安全检查表，都是在大量实践经验的基础上编制而成的。因此，对照法是一种基于经验的方法，适用于有以往经验可供借鉴的情况。对照法的最大缺点是，在没有可供参考的先例的新开发系统的场合没法应用，它很少被单独使用。

(2) 系统安全分析法　系统安全分析是从安全角度进行的系统分析，通过揭示系统中可能导致系统故障或事故的各种因素及其相互关联来识别系统中的危险源。系统安全分析方法经常被用来识别可能带来严重事故后果的危险源，也可用于识别没有事故经验的系统的危险源。系统越复杂，越需要利用系统安全分析方法来识别危险源。

4. 危险源识别的流程

危险源识别一般分为三个步骤：

1）在确定的区域内识别具体的危险源，可以从两方面着手：

① 根据已发生过的某些事故，查找其触发因素，然后再通过触发因素找出其现实的危险源。

② 模拟或预测系统内尚未发生的事故，追究可能引起其发生的原因，通过这些原因找出触发因素，再通过触发因素识别出潜在的危险源。

2）把通过各类事故查找出的现实危险源与识别出的潜在危险源汇总后，得出确定的区域内的全部危险源。

3）将各区域内的所有危险源归纳综合到所研究系统的危险源中。

5. 危险源识别的标准依据

国际方面，ISO 作为国际标准化组织，已制定属于机械安全的标准 240 余项，涵盖了起重机、连续机械搬运设备、工业车辆、挖掘机械等几十个方面。

同时，我国机械安全标准体系经过不断修改和完善已有覆盖整个机械安全类的国家和行业标准 500 余项。目前，在工程机械危险源识别方面能够应用的有：《机械安全基本概念与设计通则》GB/T 15706.1—2007、《机械安全风险评价》GB/T 16856—2008、《工程机械通用安全技术要求》JB 6030—2001、《工程机械安全标志和危险图示通则》GB 20178—2006、《场（厂）内机动车辆安全检验技术要求》GB/T 16178—2011、《机动车运行安全技术条件》GB 7258—2012、《机动工业车辆安全规范》GB 10827—1999 等，但未能满足危险源识别的需要，所以还要采用技术、性能标准和试验方法作为识别的补充依据。

6. 工程机械危险源的采集

工程机械主要用于城乡建设、铁路、公路、港口码头、农田水利、电力、冶金、矿山等各项基本建设工程中，作业面临比较复杂的工作环境。因此，机器需要采集的危险源也比较多、比较复杂。从国家防范和遏制事故发生的实践看，对细节问题的把握程度决定了危险源识别的充分性，也会影响风险评价等后续活动的有效进行。为了尽可能充分地采集工程机械危险源，我们从以下三个方面着手。

（1）工程机械必须采集的危险源

1）机械危险源：加速、减速、活动零件、旋转零件、弹性零件、接近固定部件上的运动零件、角形部件、粗糙/光滑的表面、锐边、机械活动性、稳定性等。

2）电气危险源：带电部件、静电现象、短路、过载、电压、电弧、与高压带电部件无足够距离或在故障条件下变为带电零件等。

3）热危险源：热辐射、火焰、具有高温或低温的物体或材料等。

4）噪声危险源：作业过程、运动部件、气穴现象、气体高速泄漏、气体啸声等。

5）振动危险源：机器/部件振动、机器移动、运动部件偏离轴心、刮擦表面、不平衡的旋转部件等。

6）辐射危险源：低频率电磁辐射、无线频率电磁辐射、光学辐射（红外线，可见光和紫外线）等。

7）材料和物质产生的危险源：易燃物、可燃物、爆炸物、粉尘、烟雾、悬浮物、氧化物、纤维等。

8）与人类工效学原则有关的危险源：出入口、指示器和视觉显示单元的位置、控制设备的操作和识别费力、照明、姿势、重复活动、可见度等。

9）与机器使用环境有关的危险源：雨、雪、风、雾、温度、闪电、潮湿、粉尘、电磁干扰、污染等。

10）综合危险源：重复的活动、费力、高温环境等。

（2）非常规作业产生的危险源　纵观安监部门的人身伤亡事故统计报告发现，在非常规作业活动中发生的安全事故占有相当的比例。因此关注非常规作业，识别非常规作业中的危险源，并进行有效的风险控制，是避免安全事故发生的关键工作之一。

对工程机械产品而言，所谓非常规作业是指除正常工作状态外的异常或紧急作业，比较典型的有故障维修、定期保养等作业。它与常规生产作业的最大不同之处，就是作业的不确定性和不连续性。例如：在故障维修过程中，应识别出"有无防止设备误启动的锁止装置"这一危险源，以便采取措施避免维修人员伤亡事故的发生。

（3）充分考虑发生过的安全事故　曾经发生过的安全事故给人们留下了惨痛的教训，每次事故发生后都会有相应的原因分析和预防对策。我们在进行危险源识别时，应积极通过安监部门、行业、企业等多种渠道查找以往的事故记录，明确引发事故的安全隐患，并将其列入危险源行列，从而充分识别危险源。

7. 加大从业人员的安全教育培训

在工程机械发生的安全事故中，由于操作人员、驾驶人员操作失误等原因引起的事故也占到了一定比例，故进行危险源识别时也应结合工程机械的特点，把操作人员、驾驶人员是否经过培训纳入危险源识别中去。

加大从业人员的安全教育和培训，将工程机械的有关操作人员纳入特种作业人员范围，严格按照有关特种作业人员的规定，实行特种作业人员操作资格制度，是有效避免人为事故发生的有效途径。

8. 常见机械危险源

常见机械危险源识别见表 7-13。

表 7-13　常见机械危险源识别

序号	机械设备、机构和外界因素	危险源	后　果	识　别
1	塔机、桥式起重机：			
	力矩限制装置、安全限位装置	起吊超重	起重伤害	强制安装
	吊臂回转半径内障碍物、人员逗留	挂电线、碰撞	起重伤害	现场检查
	楼梯走道护栏完整	滑倒、坠落	意外坠落	停止作业
	变幅、提升、回转、行走制动装置	失效、失控	起重伤害	停止作业
	钢丝绳及连接件完好	松脱、断裂	起重伤害	停止作业
	电缆无破损漏电	漏电	触电	停止作业
	灾害天气、大风、雷电	倾翻、雷击	机械伤害	停机检修
2	轮式吊车、汽车吊车：			
	内燃发动机机油电路	漏油失火	火灾	班前检查
	方向机、横直拉杆	方向失控	车辆伤害	班前检查
	制动系统	刹车失灵	车辆伤害	班前检查
	变幅指示、力矩限制	起吊超重	起重伤害	现场检查
	支腿摆放水平坚实	超吊不稳定	起重伤害	现场检查
	钢丝绳及连接件完好	松脱断裂	起重伤害	现场检查
3	推土机：			
	内燃发动机机油电路	漏油失火	火灾	班前检查
	行驶时驾驶室外载人	颠覆坠落	意外坠落	现场控制
	夜间前后灯齐全完好	司机视线不良	机械伤害	班前及现场检查
	全车附件紧固	运行颠落损坏	机械伤害	班前检查
	停车时铲刀放平着地	自行滑动	机械伤害	班后检查
	边坡作业	铲刀超出边坡	机械伤害	现场检查
4	装载机：			
	内燃发动机机油电路	漏油失火	火灾	班前检查
	转向系统	方向失控	交通事故	班前检查
	制动系统	刹车失灵	交通事故	班前检查
	驾驶室外载人	运行中颠覆坠落	人员伤亡	现场控制
	铲斗吊物举人	坠落	人员伤亡	现场控制
	夜间前后灯齐全完好	司机视线不良	伤人碰物、倾翻事故	班前及现场检查

续表

序号	机械设备、机构和外界因素	危险源	后　果	识　别
	液压挖掘机：			
	内燃发动机机油电路	漏油失火	火灾	班前检查
	回转上盘载人	坠落	人员伤亡	现场检查
	铲斗吊物举人	坠落	人员伤亡	现场检查
5	大臂回转半径内障碍物、人员逗留	挂电线、碰撞	触电、碰物、伤人、损机	现场检查
	边坡作业	履带距边坡太近	倾翻	现场检查
	斜坡横向行驶	重心偏移	倾翻	现场检查
	夜间前后灯齐全完好	司机视线不良	碰物伤人、倾翻事故	现场检查
	混凝土搅拌楼、站：			
	外露运转齿轮防护装置	绞碾伤害	人员伤害	制度、强检
	卷扬提升安全防护装置		砸物、伤人、损机	制度、强检
	皮带机清洁	坠物	人员伤害	制度、强检
6	电器外壳接地	触电	人员伤害	制度、强检
	走道护栏完整可靠	坠落	人员伤害	现场检查
	禁放易燃品、禁明火	起火	火灾事故	制度
	楼站避雷装置	雷击	触电、火灾	制度、强检
	振动压路机，平地机：			
	内燃发动机机油电路	漏油失火	火灾	班前检查
	行驶时驾驶室外载人	颠簸坠落	人员伤亡	现场控制
7	夜间前后灯齐全完好	司机视线不良	碰物伤人、倾翻事故	班前及现场检查
	全车附件紧固	运行颠落损坏	机械事故	班前检查
	边坡作业	重心偏移	机车倾覆	班前检查
	平地停放	自行滑动	伤人、碰物、损机	班后检查
	混凝土泵车：			
	内燃发动机机油电路	漏油失火	火灾	班前检查
	搅拌车	绞碾伤害	人员伤害	制度、现场控制
8	电缆、电器安全防护	触电	人员伤害	班前及现场检查
	阀门、管道维护防护	高压油及混凝土外泄	人员伤害	现场检查
	伸缩臂操作与载物	坠落、倾覆、变形	伤人、损机	制度、强检
	支腿摆放水平坚实	失稳	倾覆	现场检查

序号	机械设备、机构和外界因素	危险源	后　　果	识　　别
9	混凝土搅拌运输车：			
	内燃发动机机油电路	漏油失火	火灾	班前检查
	方向转向系统	方向失控	交通事故	班前检查
	制动系统	刹车失灵	交通事故	班前检查
	传动系统	绞碾伤害	伤人	制度、现场控制
	搅拌滚筒	绞碾伤害	伤人	制度、现场控制
10	电焊机：			
	电缆线绝缘连接	触电、火灾	人员伤害、火害	制度、强检
	护罩等劳保用品	伤害眼睛、烫伤皮肤	人员伤害	制度、强检
11	钢筋切断机、弯曲机：			
	传动部分防护装置	绞碾伤害	伤人	制度、强检
	工作装置	绞碾挤压	伤人	制度、强检
	电器线路连接、防护	触电	伤人	制度、现场控制
12	卷扬机：			
	电器线路防护装置	触电	伤人	班前及现场检查
	传动部分外露防护罩	绞碾伤害	伤人	制度及现场检查
	钢丝绳及连接件完好	坠落抛物反弹伤害	伤人碰物	班前及现场检查
	制动器	失灵	伤人碰物	班前及现场检查

业务要点 3：机械事故的性质、应对及处理

机械设备由于保管、使用、维修不当及自然灾害等原因引起设备非正常损坏或损失，造成机械设备的精度、技术性能降低、使用寿命缩短甚至不能使用，无论对生产有无影响均为设备事故。设备事故会给企业生产带来损失，甚至危及职工的安全。因此要提高对机械事故的认识，并采取积极有效的预防措施，对在用设备认真做好安全评价，以防止事故的发生。同时，应从机械事故中分析原因，吸取教训，制定防范措施，更要查明原因，追究责任，严肃处理。

1. 机械事故的分类

（1）按机械事故产生的原因，可将机械事故性质分成三类：

1）责任事故：凡属人为原因，维护不良，修理质量差、违反操作规程，造成翻、倒、撞、坠、断、扭、烧、裂等情况，引起机械设备的损坏，或保

管不当丢失重要的随机附件，称为责任事故。

2）质量事故：凡因设备原设计、制造、安装等原因，致使机械损坏停产或效能降低，称为质量事故。

3）自然事故：凡因遭受如台风、地震、山洪等自然灾害，致使设备损坏停产或效能降低，称为自然事故。

一般情况下企业发生的机械事故多为责任事故。

（2）按机械损坏程度或经济损失价值分类　根据机械事故损坏程度或经济损失（修理费用）的多少分类，将机械事故分为一般事故、大事故、重大事故三类：

1）一般事故：造成一般总成、零部件的损坏，经相当于小修或一、二级保养规程作业即可恢复使用或直接经济损失在2000～10000元者为一般事故。

2）大事故：造成主要总成、零部件的损坏，经相当于三级保养规程作业即可恢复或直接经济损失在10000～30000元者为大事故。

3）重大事故：造成重要基础件、部件的损坏，必须经过大修需更换主机才能恢复生产或以致整机报废或直接经济损失在30000元以上者为重大事故。这里再补充一点，有时虽然直接经济损失达不到30000元，但事故性质恶劣，造成人身重大伤残和死亡或产生其他严重后果（如社会影响）者，也为重大事故。

各企业也可根据国家安全部门的法规或相关的行业标准自行规定经济损失；直接损失价值的计算，按机械损坏后修复至原正常状态时所需的工、料费用。

2. 起重机械作业事故的种类

建筑起重机械由于其体积和重量大，技术要求高，危险性大，加上一些从事安拆使用等环节的作业人员和管理人员安全意识不强，业务技术素质较低，从而导致了不少重大建筑起重机械安全事故的发生，严重威胁了人民生命安全，给国家财产造成了重大损失。起重机械常见事故种类有：挤伤事故、触电事故、人员高处坠落事故、吊物（具）坠落打击事故、机体倾覆事故和特殊类型事故等。

（1）挤伤事故　挤伤事故是指起重机械作业中，作业人员被挤压在两个物体之间，所造成的挤伤、压伤等人身伤亡事故。造成此类事故的主要原因是起重机械作业现场缺少安全监督指挥人员，现场吊装作业人员和其他作业人员缺乏安全意识和自我保护意识，或进行了野蛮操作等人为因素，发生伤亡事故的多为吊装作业人员和从事检修维护人员。挤伤事故主要情况有：

1）吊具或吊载与地面物体间的挤伤事故。

2）升降设备的挤伤事故。

3）机体与建筑物的挤伤事故。

4）吊物（具）摆放不稳发生倾覆的挤伤事故。

5）机体回转挤伤事故。

6）翻转作业中的撞伤事故。

（2）触电事故　触电事故是指从事起重操作和检修作业的人员，由于触电遭受电击发生的人身伤亡事故，起重机械作业大部分处在有电的作业环境，触电也是发生在起重机械作业中常见的伤亡事故。其主要情况有：

1）司机碰触滑触线事故。

2）起重机械在露天作业时触及高压输电线事故。

3）电气设施漏电事故。

4）起升钢丝绳碰触滑触线事故。

（3）人员高处坠落事故　高处坠落事故主要是指从事起重机械作业的人员，从起重机机体等高处发生向下坠落至地面的摔伤事故，包括工具、零部件等从高处坠落使地面作业人员致伤的事故。其主要情况有：

1）检修吊笼坠落事故。

2）跨越塔机时坠落事故。

3）连同塔身（节）坠落事故。

4）机体撞击坠落事故。

5）维修工具、零部件坠落砸伤事故。

（4）吊物（具）坠落事故　起重机械吊物（具）坠落事故是指起重机械作业中，吊载（具）等重物从空中坠落所造成的人身伤亡和设备损坏的事故，称为失落事故。其主要情况如下：

1）脱绳事故。

2）脱钩事故。

3）断绳事故。

4）吊钩破断事故。

5）过卷扬事故。

（5）机体倾覆事故　机体倾覆事故是指在起重作业中整台起重机倾翻。其主要情况有：

1）被大风刮倒。

2）履带起重机倾翻。

3）汽车、轮胎起重机倾翻。

3. 机械事故的预防

（1）预防机械事故的基本措施

1）加强思想教育，广泛开展安全教育，使机械人员牢固树立"安全第一，预防为主"的思想，加强机械安全管理，保证安全生产。

2）建立健全安全管理责任制，各级领导要把安全生产当作大事来抓，经常深入基层，抓事故苗头，掌握预防事故的规律，宣传爱机、爱车的好人好事，树立先进典型。

3）机械操作人员必须严格遵守安全技术操作规程和其他有关安全生产的规定，机动车驾驶员除应遵守安全技术操作规程外，还要严格遵守交通法规，非机动车驾驶员不准驾驶机动车，非机械驾驶员不准操纵机械。

4）加强培训教育，机械工人必须经过经过安全技术培训考核，懂得机械技术性能、操作规程、保养规程，掌握操作技术。提高安全技术素质，做到持证上岗作业。

5）定期开展安全工作检查，强化安全监察力度，把事故消灭在萌芽中。

（2）做好机械的防冻、防洪、防火工作

1）机械防冻

① 在每年冰冻前的 15～20 天，要布置和组织一次检查机械的防冻工作，进行防冻教育，解决防冻设备，落实防冻措施。特别是对停置不用的设备，要逐台进行检查，放尽发动机积水，同时加以遮盖，防止雨雪溶水渗入。并挂上"水已放尽"的标牌。

② 驾驶员在冬季驾驶机械和车辆，必须严格按机械防冻的规定办理，不准将机车的放水工作交给他人代放。

③ 加用防冻液的机车，在加用前要检查防冻液的质量，确认质量可靠后方可加用。

④ 机械调运时，必须将机内和积水放尽，以免在运输过程中冻坏机械。

2）机械防洪

① 每年雨季到来前一个月，对于在河下作业、水上作业和在低洼地施工或存放的机械都要进行一次全面的检查，采取有效措施，防止机械被洪水冲毁。

② 在雨季开始前，对于露天存放的停用机械，要上盖下垫，防止雨水进入而锈蚀损坏。

3）事故发生后，责任单位必须认真对待，并按"四不放过"原则进行处理。

① 事故原因分析不清不放过。

② 事故责任者与群众未受到教育不放过。

③ 事故责任者没有受到处理不放过。

④ 没有防范措施不放过。

4）在机械事故处理完毕后，认真做好设备事故的原始记录，存入机械档案。

在查清事故原因、分清责任后，对事故责任者视其情节轻重、责任大小和认错态度，分别给予批评教育、行政处分或经济处罚。触犯法律者要依法制裁。对事故隐瞒的单位和个人，应加重处罚，并追究领导责任。

4. 加强施工现场机械安全管理

1）把好设备进场关，对所有进场的机械设备，都要认真组织好验收工作，施工现场机械设备安全防护装置必须保证齐全、灵敏、可靠、信号准确。

2）对施工现场设备和设备操作人员，要实行"项目部"为主的双重安全管理制度，项目部要对进入施工现场的设备和操作人员实施安全监督和管理。

3）建筑起重设备安拆管理符合《建筑起重机械安全监督管理规定》（建设部令第 166 号），保证每次的安拆、加节附着等工序有安全员监管，项目部会同监理、安拆、租赁单位共同验收的程序。

4）机械设备操作应保证专机专人，持证上岗，严格落实岗位责任制，做好设备的维护保养。

◉ 业务要点 4：施工现场设备的安装、调试流程

当施工设备进入现场后，应按以下流程进行安装、调试：

1. 开箱验收

新设备到货后，由设备管理部门，会同购置单位，使用单位（或接收单位）进行开箱验收，检查设备在运输过程中有无损坏、丢失，附件、随机备件、专用工具、技术资料等是否与合同、装箱单相符，并填写设备开箱验收单，存入设备档案，若有缺损及不合格现象应立即向有关单位交涉处理，索取或索赔。

2. 设备安装施工

按照工艺技术部门绘制的设备工艺平面布置图及安装施工图、基础图、设备轮廓尺寸以及相互间距等要求画线定位，组织基础施工及设备搬运就位。在设计设备工艺平面布置图时，对设备定位要考虑以下因素：

1）应适应工艺流程的需要。

2）应方便于工件的存放、运输和现场的清理。

3）设备及其附属装置的外尺寸、运动部件的极限位置及安全距离。

4）应保证设备安装、维修、操作安全的要求。

应按照机械设备安装验收有关规范要求，做好设备安装找平，保证安装稳固，减轻震动，避免变形，防止不合理的磨损。安装前要进行技术交底，组织施工人员认真学习设备的有关技术资料，了解设备性能及安全要点和施工中应注意的事项。

安装过程中，对基础的制作、装配连接、电气线路等项目的施工，要严

格按照施工规范执行。安装工序中如果有恒温、防震、防尘、防潮、防火等特殊要求时，应采取措施，条件具备后方能进行该项工程的施工。

3. 设备试运转

设备试运转一般可分为空转试验、负荷试验、精度试验三种。

(1) 空转试验 是为了考核设备安装精度的保持性、设备的稳固性，以及传动、操纵、控制、润滑、液压等系统是否正常、灵敏可靠等有关各项参数和性能，在无负荷运转状态下进行一定时间的空负荷运转是新设备投入使用前必须进行磨合的一个不可缺少的步骤。

(2) 设备的负荷试验 试验设备在数个标准负荷工况下进行试验。在负荷试验中应按规范检查轴承的温升，考核液压系统、传动、操纵、控制、安全等装置工作是否达到出厂的标准，是否正常、安全、可靠。不同负荷状态下的试运转，也是新设备进行磨合所必须进行的工作，磨合试验进行的质量如何，对于设备使用寿命影响极大。

(3) 设备的精度试验 一般应在负荷试验后按说明书的规定进行，既要检查设备本身的几何精度，也要检查工作（加工产品）的精度。这项试验大多在设备投入使用两个月后进行。

4. 设备试运行后的工作

首先断开设备的总电路和动力源，然后作好下列设备检查、记录工作：

1) 做好磨合后对设备的清洗、润滑、紧固，更换或检修故障零部件并进行调试，使设备进入最佳使用状态。

2) 作好并整理设备几何精度、加工精度的检查记录和其他机能的试验记录。

3) 整理设备试运转中的情况（包括故障排除）记录。

4) 对于无法调整的问题，分析原因，从设备设计、制造、运输、保管、安装等方面进行归纳。

5) 对设备运转作出评定结论，处理意见，办理移交的手续，并注明参加试运转的人员和日期。

5. 设备安装工程的验收与移交使用

1) 设备基础的施工验收由修建部门质量检查员会同土建施工员进行验收，填写施工验收单。基础的施工质量必须符合基础图和技术要求。

2) 设备安装工程的最后验收，在设备调试合格后进行，由设备管理部门和工艺技术部门会同其他部门，在安装、检查、安全、使用等各方面有关人员共同参加下进行验收，做出鉴定，填写安装施工质量、精度检验、安全性能、试车运转记录等凭证和验收移交单由参加验收的各方人员签字方可完成。

3) 设备验收合格后办理移交手续，设备开箱验收（或设备安装移交验收单）、设备运转试验记录单由参加验收的各方人员签字后及随设备带来的技术文件，由设备管理部门纳入设备档案管理；随设备的配件、备品，应填写备件入库单，送交设备仓库入库保管。安全管理部门应就安装试验中的安全问题进行建档。

4）设备移交完毕，由设备管理部门签署设备投产通知书，并将副本分别文设备管理部门、使用单位、财务部门、生产管理部门，作为存档、通知开始使用、固定资产管理凭证、考核工程计划的依据。

第六节　机械设备的评估与信息化管理

本节导图：

本节主要介绍机械设备的评估与信息化管理，内容包括施工机械设备的评估与优化、机械设备的技术档案、施工机械设备信息化管理等。其内容关系框图如下：

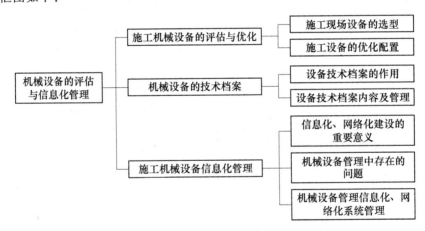

机械设备的评估与信息化管理关系框图

业务要点1：施工机械设备的评估与优化

1. 施工现场设备的选型

在工程建设中，由于项目的需要必须购置新设备时，设备的选择是十分关键的。选择设备的目的，是为施工生产选择最优的技术装备，也就是选择技术上先进、经济上合理的最优设备。要根据施工流程进行装备，使每个施工环节所装备的机械设备，在使用性能、生产效率、经济实用、生产安全等方面都能充分体现机械设备在施工生产上的优越性。因此在选择设备上要注意以下几点：

1）注重设备的生产性，也就是设备的单位产量，即机械设备的生产率，一般是通过功率、速率、转速、行程、方量、容量等来表述设备的生产率。生产率高的设备，一般价格比较昂贵，需要较强的维修力量和管理水平，一次性投入和维护费用较大，主要适合工程量大的工程。因此，项目选择设备时不能贪全求大，要选择适合本项目的机械设备。

2）要考虑设备的可靠性和节能性。设备的精度、性能要可靠，能生产高质量的产品和完成高质量的工程。设备的故障率要低，零部件要耐用、安全、可靠。同时设备的节能性也要充分考虑。

3）要尽量选择可修性强的设备。要求设备结构简单，零部件组合合理，润滑点、调整部位、连接部位应尽可能少，维修时零部件易于接近，可迅速拆卸，易于检查，部件实现通用化和标准化，具有互换性。一般来说，设备越是复杂、精密，备品备件质量要求越高。在选择设备时，要考虑到供方提供有关技术、资料和维修配件、工具等的可能性和持续时间。

4）选择设备时要与项目的其他设备配套。如土石方工程使用的挖掘机、装载机要与自卸汽车配套，混凝土运输设备要与混凝土拌和设备配套等。如果一个项目设备数量很多，但设备之间不配套，不仅设备的性能不能充分发挥，而且在经济上也是巨大的浪费。只有设备在工作能力等方面相互配套，才能提高劳动生产率，带来好的经济效果。

2. 施工设备的优化配置

一个工程项目设备的选用和配置是十分关键的，选好设备、合理配置是干好一个工程项目的前提，对工程项目往往起到事半功倍的作用。

1）首先应了解工程项目的施工组织设计，依据工程的大小、工期、施工条件、场地等，决定进场设备的规格型号和数量，编制适合该项目的机械使用计划和编排所需施工机械进出场的时间计划，做好施工设备总量、进度控制。设备进场前要周密布置，不允许损坏的、闲置的设备进场，进场的设备要充分发挥作用，一开工就修设备的现象要杜绝。

2）根据建筑施工企业的特点，设备的选用应先将企业内部的闲置设备充分利用，不足部分和缺口设备，通过租赁市场租用。企业闲置设备不充分利用起来，是一种巨大的浪费，工程项目干得再好，也填不了这个窟窿，闲置设备利用得好，会带来巨大的经济效益。同时，项目自身购置设备一定要慎重，要经过多方论证、选型，必须预算投资回报率，考虑在本项目中能否收回投资，不能盲目购置设备，造成工程成本增大，给项目后期带来较多存量资产，项目结束后成为负担，难以处置。

3）在建工程项目实行机械设备租赁是设备配置的较好选择，对施工所需设备只需付少量租金，即可解决生产急需，减少了一次性设备大量投资，降低了工程成本，还原了资金的商品价值和流动状态。可以通俗地说：有钱可以买任何设备，而有设备就不一定能换来钱。但这绝不是说施工企业不要设备，而是要充分考虑投入资金的时间价值和各种风险，购置的设备一定要充分发挥作用，创造最大价值。从经济学的角度来看，利用闲置设备就是利用现金；购置设备是动用存款；而租用设备是银行贷款。通过租用设备解决设备不足，是一种"借鸡生蛋"的好方法。

4）在建施工项目在选择设备时，要精打细算，力求少而精。做到生产上适用，技术性能先进，安全可靠，设备状况稳定，经济合理，能满足施工工艺要求。设备选型应按实物工程数量、施工条件、技术力量、配置动力与之生产能力相适应。对要求租用的设备应选择整机性能好、效率高、故障率低、维修方便、互换性强的设备。避免使用淘汰性产品。尽量选择能源消耗低、噪声小，环境污染小的设备，使其综合成本降低。租用设备时要加强时间价值观念的认识，对大型设备的进、出场都应预先书面报告。设备进场，提前做好准备，使其进场就能用，用完早退。以最短的使用时间、发挥最大的设备使用效能，创造较好的经济效益。

业务要点2：机械设备的技术档案

设备档案是指设备从设计、制造（购置）、安装、调试、使用、维护、修理、改造、更新直至报废全寿命周期管理过程中形成的图纸、文字说明、原始证件、工作记录、事故处理报告等不断积累并整理应归档保存的重要文件资料，设备管理部门对每台设备应建立档案并进行编号，便于查用。设备档案资料的完整程度，是体现一个企业设备管理基础工作水平的重要标志，并设专人管理。

1. 设备技术档案的作用

1）掌握机械设备使用性能变化的情况，以保证安全生产。

2）掌握机械设备运行的累计资料和技术状况变化的规律，以便安排好设备的保养和维修工作。

3）为机械设备保修所需的配件供应计划的编制，以及大、中修理的技术鉴定，提供可靠的科学依据。

4）为贯彻技术岗位责任制，分析机械设备的事故原因，申请机械报废等，提供有关技术资料和依据。

2. 设备技术档案内容及管理

（1）设备技术档案内容

1）设备前期的技术档案资料

① 设备购置合同（副本）；随机技术文件：使用保养维修说明书、出厂合格证、零件装配图册、随机附属装置资料、工具和备品明细表，配件目录等；

起重机械的备案证明、制造许可证、监督检验证明等。

② 开箱检验单。

③ 随机附件及工具的交接清单。

④ 设备安装、技术调试、试验等的有关记录及验收单。

2）设备后期技术档案资料

① 计划检修记录及维修保养、设备运转记录、安全检查记录。

② 设备技术改造的批准文件和图纸资料。

③ 起重设备（塔机、施工电梯、物料提升机等）历次安装的检测报告。

④ 事故报告单、事故分析及处理的资料。

⑤ 修前的检测鉴定、大修进厂的技术鉴定、出厂检验记录及修理内容等。

⑥ 机械报废技术鉴定记录。

⑦ 其他属于本机的有关技术资料。

有关设备说明书、原图、图册、底图等作为设备的技术资料由设备技术资料室建账保管和复制供应。

（2）A、B类机械设备　使用时必须建立设备使用登记书，主要记录设备使用状况、维保和交接班情况，由机长负责运转的情况登记。应建立设备使用登记书的设备有：塔式起重机、外用施工电梯、混凝土搅拌站（楼）、混凝土输送泵等。

（3）设备管理部门　应指定专门人员负责对所使用的机械设备的技术档案管理，做好编目归档工作，办理相关技术档案的整理、复制、翻阅和借阅工作，并及时为生产提供设备的技术性能依据。

（4）已批准报废的机械设备　其技术档案和使用登记书等均应保管，定期编制销毁。

（5）机械履历书　由机械使用单位建立和管理，作为掌握机械使用情况，进行科学管理的依据。其主要内容有：

1）试运转及走合期记录。

2）机械运转记录、产量和消耗记录。

3）保养、中大修理、检查记录。

4）主要零部件、装置及轮胎更换记录。

5）机长更换交接班记录。

6）检查、评比及奖惩记录。

7）事故记录。

◎ 业务要点3：施工机械设备信息化管理

1. 信息化、网络化建设的重要意义

信息化建设是提升企业技术水平和管理水平、促进管理创新、提高工作效率、增加经营效益的重要途径；它能够大大提高企业收集、传递、处理、利用信息的能力，为领导决策提供充分的依据，是提高企业决策速度和决策质量的有效措施；是增强市场竞争力、参与国际竞争的客观要求。

2. 机械设备管理中存在的问题

随着社会主义市场经济的深化、现代企业制度的建立，以"动态管理、优化组合"为其精髓的建筑项目管理理念被企业普遍接受和采用，管理方式的改革提高了劳动效率，降低了工程成本。施工企业机械设备管理工作的管理方法和方式也在不断更新和改变，用计算机进行各项管理已普遍被人们采用，在设备方面，由于没有与之相配套使用的设备管理计算机系统，使我们的各项管理没有达到应有的水平，存在的问题主要表现在如下几个方面。

（1）基础管理工作存在薄弱环节　基础管理工作中缺乏标准化、规范化、制度化、程式化的管理，管理的优劣因人而异。各种原始资料、质量记录及统计报表不统一、不规范，尽管通过ISO9000制定了一系列的程序文件和发布了相关的设备管理制度、办法等，但执行的效果因单位和管理者而异，存在不同的差距。

（2）信息分散、不及时、不准确、不共享　众所周知，施工企业工点多、较分散，数据的采集不能够保证及时，同时由于人员的素质及管理经验参差不齐，数据的准确性和完整性不能够得到保证。由于管理信息分散、基础数据不完善、不及时、不准确，大大影响管理决策的科学性。

（3）管理工具落后　大部分项目部仍处于手工分散管理或微机单项管理的阶段，虽然有的企业也建立了局部的计算机网络系统，但目前主要应用于办公系统、文件管理等方面，还没有覆盖到企业的整个管理体系中。设备管理方面由于企业内部没有实现信息的共享，因此企业的资源就谈不上合理化、优化配置或者说给企业整体装备水平带来一定困难，一方面设备的优势没有及时得到发挥和利用，另一方面给企业带来经济上不必要的损失。

（4）成本计算不准确、成本控制差　由于没有运用一套完整的成本核算体系和办法，各个项目部用于成本核算的方法、内容不统一，也不规范，成本费用分摊很粗，而且大量成本数据是人工采集的，数据的准确性很差，使得成本计算不准确。有的项目部虽然也进行了成本计算，但很少进行成本分析，因此成本控制差或根本无法控制。

3. 机械设备管理信息化、网络化系统管理

上述管理中存在的问题严重地影响着企业管理水平、管理效率和企业的竞争能力。采用现代化的管理思想、方法和计算机网络通信技术，实现机械设备管理的管理创新、制度创新和技术创新是刻不容缓的任务。所以建立和完善施工企业内外部的计算机网络设备管理系统，选择先进、成熟、适合企

业设备管理需求的设备管理系统，通过管理咨询和业务流程重组，优化设计企业各级设备管理组织机构、管理模式和业务流程，应用设备管理软件系统，实现企业机械设备管理的信息化、网络化，以克服目前设备管理中存在的问题，提高设备的利用率，提升企业管理水平、管理效率和企业的竞争能力，这是企业面对知识经济和全球经济一体化做出的必然选择。

要创造效益，必须提高机械利用率，目前一方面是在工程急需时，机械少，跟不上；另一方面是全年利用率低，机械闲置。要提高利用率，就必须要加强市场信息交流，组建信息网，开展各种形式出租业务。首先，要收集自身的数据资料，如机械数量品种、性能参数、技术状况、利用情况、能耗折旧租赁等，作为上级主管部门要收集设备先进程度、生产动态、配件供应、维修点布局、市场占有率、价格更新换代周期、折旧期、新产品等信息。其次，相互间利用计算机联网随时交流信息，以服务于机械设备的购置、使用维修、租赁、处理等以及管理所需进行的评估、参考、论证、考核等。此项工作极为重要。

1）突出经济管理和成本控制，随着改革的巨变和信息的发展，单一的、滞后的、被动的静态管理模式已经不适应现代企业管理的发展。系统的开发要充分考虑在市场经济下，企业改制后新的管理思想、管理理念，结合行业发展变化的特点，适应项目施工的需要，以经济核算为主导思想，提高机械设备管理水平，满足企业的发展。

2）突出宏观管理，系统的开发从设备的购置计划申请开始，囊括设备管、用、养、修，到设备的报废整个发生的全部过程。每个过程是由若干相互联系、相互制约的独立成分组成的一个有机整体，系统管理的出发点和依据是通过信息而指导、经由信息而认识、比较信息而决策，信息又通过其特有的反馈，实现对系统的有效管理控制。

3）突出先进性，在 Windows 环境下运行，运用 Windows 的优势，集多种语言、多种环境、Internet 网技术等，采用全新两层架构 .Net 系列，exe（客户端）和 Dll（中间件），用 SQL－Server7.0 分数据库作为中央数据库处理系统，实现真正的网络分布式计算、过程的实时查询、监督、控制和安全管理机制；部件化程序设计，充分适应企业不断变化的业务规则、商业逻辑和数据海量存储，为企业提供数据仓库和决策支持，实现快速信息传递和交流。

4）突出适用性，软件的开发须采用 J2EE 或 Net 系列开发平台，实现客户端的浏览器层、Web 层、业务逻辑层和数据库层的多层体系结构，同时采用符合工业标准的开发语言、开发工具、通信协议和数据库系统，使用户在任何地方、任何时候操作数据成为可能，大大拓展客户范围，将客户扩展到整个 Internet 网络上，且简单、直观、易操作。

参考文献

[1] JGJ 33—2012 建筑机械使用安全技术规程 [S]．北京：中国建筑工业出版社，2012．

[2] JGJ/T 250—2011 建筑与市政工程施工现场专业人员职业标准 [S]．北京：中国建筑工业出版社，2012．

[3] GB 3811—2008 起重机设计规范 [S]．北京：中国标准出版社，2008．

[4] GB/T 19928—2005 土方机械 吊管机和安装侧臂的轮胎式推土机或装载机的起重量 [S]．北京：中国标准出版社，2005．

[5] JGJ 33—2001 建筑机械使用安全技术规程 [S]．北京：中国建筑工业出版社，2001．

[6] GB/T 9142—2000 混凝土搅拌机 [S]．北京：中国标准出版社，2000．

[7] GB/T 17909.1—1999 起重机 起重机操作手册 第一部分：总则 [S]．北京：中国标准出版社，2000．

[8] GB/T 17908—1999 起重机和起重机械 技术性能和验收文件 [S]．北京：中国标准出版社，1999．

[9] GB/T 14781—1993 土方机械 轮式机械的转向能力 [S]．北京：中国标准出版社，1993．

[10] GB/T 13752—1992 塔式起重机设计规范 [S]．北京：中国标准出版社，1992．

[11] 韩实彬，曹丽娟．机械员（第2版）[M]．北京：机械工业出版社，2011．